Reinhard Schuberth

Technologie

ENERGIE

Grundlagen, Thermodynamik, Energietechnik, Umwelt,
erneuerbare Energien, Energieeffizienz

4., völlig überarbeitete und erweiterte Auflage

HANDWERK UND TECHNIK – HAMBURG

Bildquellenverzeichnis

ISBN 978-3-582-**02714**-6

Verlag Handwerk und Technik GmbH,
Lademannbogen 135, 22339 Hamburg, Postfach 63 05 00, 22331 Hamburg – 2012
Internetadresse: www.handwerk-technik.de – E-Mail: info@handwerk-technik.de

Umschlagmotive: REpower Systems SE, 22297 Hamburg, und Siemens AG, 80333 München
Umschlagmotiv-Gestaltung: alias medienproduktion GmbH, 12526 Berlin
Layout: dtp-design, 35085 Ebsdorfergrund
Satz: Reemers Publishing Services GmbH, 47799 Krefeld
Druck: DZA Druckerei zu Altenburg GmbH, 04600 Altenburg

Vorwort zur Neuauflage

Die global zunehmende Nachfrage nach Energie, die damit hervorgerufenen Umweltbelastungen und die immer mehr absehbare Endlichkeit der meistgenutzten fossilen Energieträger machen Energie zu einem Schlüsselthema dieses Jahrhunderts, das die gesamte Menschheit betrifft. Die Brisanz dieses Themas wurde schlaglichtartig wieder deutlich durch große, weltweit beachtete Katastrophen wie zuletzt mit dem Reaktorunglück in Fukushima und vorher mit der Ölkatastrophe im Golf von Mexiko. Dabei ist die im Zusammenhang mit der Energienutzung durch den Menschen verursachte, schleichende Klimaveränderung, die das Leben auf der gesamten Erde gefährden kann, wahrscheinlich dramatischer als die spektakulären Unfälle.

Einerseits ist das menschliche Leben und Zusammenleben in der Zivilisation ohne die Nutzung technisch bereitgestellter Energie kaum vorstellbar, andererseits hat uns die bisherige Form der Energietechnik in eine Sackgasse geführt. Kaum mehr beheb- und beherrschbare Umweltprobleme und die rücksichtslose Ausbeutung der endlichen Ressourcen markieren den Anfang vom Ende der bisherigen Art des Umgangs mit Energie. Es ist höchste Zeit für eine Energiewende, nicht nur in Deutschland, sondern weltweit, nicht nur in Bezug auf Kernenergie, sondern insgesamt.

Fundierte und sachliche Informationen zu diesem komplexen Thema didaktisch aufbereitet bereitzustellen, ist das zentrale Anliegen der komplett überarbeiteten 4. Neuauflage des bewährten Lehrwerkes „Technologie ENERGIE". Vorausgesetzt wird in etwa der Kenntnisstand der 10. Jahrgangstufe. Das Thema Energie wird in dem Buch unter den Aspekten physikalische Grundlagen der Energie, Energieverbrauch, Thermodynamik, Energiewandler, Energie und Umwelt, erneuerbare Energien und Energieeffizienz behandelt. Es geht damit weit über eine rein technisch-naturwissenschaftliche Betrachtung hinaus und bezieht Umweltfragen sowie gesellschaftliche und politische Themen mit ein. Eine wesentliche Erweiterung erfuhren in dieser Auflage ihrer zukünftigen Bedeutung entsprechend die erneuerbaren Energien. Ferner wurde gegenüber den bisherigen Auflagen die Zahl der offenen Aufgabenstellungen erweitert, die eigene Recherchetätigkeit und Projektarbeit anregen sollen. Die Neuauflage kann daher sowohl als klassischer Lehrtext als auch als Basislektüre für eigenständige Erweiterungen und Vertiefungen in offenen Unterrichtsformen verwendet werden. Ziel der Neuauflage ist es, zu vernetztem Denken anzuregen und den Begriff der Nachhaltigkeit auch im Energiebereich zu betonen.

Dieses „Buch zur Energiewende" soll natürlich weiterentwickelt werden, dazu sind Ihre Kritik, Ihre Anregungen und Ihre Informationen herzlich willkommen.

Allen Leserinnen und Lesern wünsche ich einen guten Wirkungsgrad bei der Arbeit mit dem Buch.

Reinhard Schuberth

Lösungen zu diesem Buch können direkt vom Autor bezogen werden per E-Mail:
r_schuberth@hotmail.com

Inhaltsverzeichnis

1 Einführung

$$E = m \cdot c^2$$
ALBERT EINSTEIN

Mit dem Begriff **Energie** (griech. Wirksamkeit) kann intuitiv jeder etwas anfangen. Schließlich ist Energie untrennbar mit Leben im weitesten Sinne verbunden, da ohne Energie kein Leben möglich ist. Im Alltag verbindet man mit diesem Wort: Tatkraft, Wirkungen erzeugen, Durchhaltevermögen, Schwung usw. Aber auch im naturwissenschaftlich-technischen Zusammenhang hat jeder eine Vorstellung von dem, was mit Energie gemeint ist: Zum Heizen braucht man Energie, zum Autofahren, zum Herstellen von Gütern, zum Hochheben von Lasten usw.

Trotz dieses anschaulichen Zugangs handelt es sich bei Energie um einen außerordentlich vielschichtigen Begriff. Das Thema Energie lässt sich unter den verschiedensten Aspekten betrachten, die aber letztlich alle zusammenhängen:

Abb. 1.1 ▶ Ein Blitz symbolisiert eine große Menge Energie, die zerstörerisch sein kann. Trotzdem benötigen wir Energie zum (Über-) Leben.

Zunächst sind da die **physikalischen Grundlagen** des Energiebegriffs zu nennen. Es gibt Naturgesetze, die das Umwandeln von Energie bestimmen. Energie ist sogar zu einem zentralen Begriff der Physik geworden. Man denke nur an die fundamentale Bedeutung des bekannten **Energieerhaltungssatzes**.

Energie spielt auch in der **Technik** eine herausragende Rolle. Viele Ingenieure beschäftigen sich mit der Nutzbarmachung von Energie in den unterschiedlichsten Bereichen und versuchen, die Effizienz der Energienutzung mit technischen Mitteln zu verbessern sowie neue Energietechniken zu entwickeln und marktreif zu machen.

Natürlich hat die Energie darüber hinaus eine sehr große **ökonomische Bedeutung**. Die Energiewirtschaft verzeichnet Umsätze und tätigt Investitionen, die über denen vieler anderer Industriezweige liegen. Sie stellt national und international einen bedeutenden Wirtschaftsfaktor dar. Denn ohne ausreichende Energieversorgung wäre der hohe materielle Lebensstandard in den Industrieländern nicht möglich.

Neben diesen technisch-wirtschaftlichen Betrachtungen sind die **politischen und gesellschaftlichen Bedeutungen** der Energie unübersehbar. Ein hochindustrialisiertes und zivilisiertes Land wie

Abb. 1.2 ▶ Das „Raumschiff Erde" hat nur endliche Energievorräte wie Kohle und Öl an Bord, erhält jedoch eine kontinuierliche Energiezufuhr von der Sonne, ohne die es kein (Über-) Leben gäbe.

die Bundesrepublik Deutschland, das den größten Teil seines Energiebedarfs durch Importe decken muss, ist auf die Zusammenarbeit mit den energiereichen, bislang insbesondere mit den Erdöl exportierenden Staaten angewiesen. Wie abhängig Deutschland von Energieeinfuhren ist, hat das Erdölembargo[1] der OPEC[2]-Staaten 1973 exemplarisch gezeigt. Die sichtbarste Auswirkung, die das Zudrehen des Ölhahnes in Deutschland hatte, war ein staatlich verordnetes Autofahrverbot an vier aufeinanderfolgenden Sonntagen, um Erdöl zu sparen. Andere Auswirkungen waren explosionsartig ansteigende Energiekosten, vor allem für Mineralölprodukte, und als Folge davon eine weltweite Wirtschaftskrise mit vielen neuen Arbeitslosen. Auch gesellschaftspolitisch hat das Thema allerhöchste Brisanz. Nur wenige Themen werden so kontrovers diskutiert wie die Energieversorgung. Nicht erst seit der Reaktorkatastrophe von Tschernobyl (1986) stehen sich in der Bundesrepublik Deutschland die verschiedenen Standpunkte unversöhnlich gegenüber (Stichwort CASTOR-Transporte). Anders als in anderen Ländern ist in Deutschland nach dem atomaren „SuperGAU" in Fukushima/Japan (2011) das Ende der Kernenergie beschlossen worden. Man will möglichst schnell weg von der Kernenergie, hin zu den erneuerbaren Energien. Diese „Energiewende" sieht bis zum Jahr 2022 den kompletten Ausstieg Deutschlands aus der friedlichen Nutzung der Kernenergie vor. Die Auseinandersetzungen, ob das technisch überhaupt geht und ob es ökonomisch zu bezahlbaren Preisen geht, ist im vollen Gange. Auch die Frage, ob ein Industrieland wie Deutschland gleichzeitig aus der Kernenergie aussteigen und die fossilen Brennstoffe reduzieren kann, ist umstritten. Es scheint so, als ob sich in keinem anderen Land der Welt ein derartiger „Glaubenskrieg" um die richtige Energieversorgung abspielt wie in Deutschland. Dabei zählen oftmals sachliche Argumente kaum noch. Sicherlich resultiert diese „aufgeladene" Auseinandersetzung auch daraus, dass Entscheidungen über Energiesysteme außerordentlich langfristige Wirkungen haben, die sich, wenn überhaupt, oft erst nach mehreren Generationen korrigieren lassen.

Das gravierendste Problem der von Menschen umgesetzten Energien ist das **Umweltproblem**. Bis Anfang der 1970er Jahre war kaum die Rede davon, dass es sich bei den meisten Energieträgern um **erschöpfliche Rohstoffe** handelt[3], die wir unwiederbringlich verfeuern; und erst allmählich gelangte es ins öffentliche Bewusstsein, dass nicht nur mit der Kernenergie, sondern auch mit dem exzessiven Verbrennen von Kohle, Öl und Gas Umweltschäden verbunden sind, die das Überleben der Menschheit auf dem „Raumschiff Erde" fraglich machen können. Verschärft wird diese Situation durch die stetig **wachsende Weltbevölkerung**[4]. Im Jahr 2050 werden fast 9 Milliarden Menschen auf der Erde leben und Energie benötigen; 1987 waren es noch 5 Mrd., 1950 sogar nur 2,5 Mrd. Vor noch nicht allzu langer Zeit standen die Themen Waldsterben, saurer Regen und Luftverschmutzung auf der Agenda der Umweltschützer ganz oben, derzeit ist es der Treibhauseffekt samt dem **globalen Klimawandel:** Das Abschmelzen der Polkappen und ein damit verbundenes Ansteigen des Meeresspiegels wird von Klimaforschern nicht mehr ausgeschlossen, vielmehr für sehr wahrscheinlich gehalten. Eines jedenfalls scheint ziemlich sicher: Die Menschheit, allen voran die Industrieländer, stillt derzeit ihren

---

1   *Embargo* = staatlicher Ausfuhrstopp
2   Kürzel für den Zusammenschluss bestimmter, vor allem arabischer Erdöl exportierender Staaten
3   Erst das bereits erwähnte Erdölembargo (1973) und der Bericht des Club of Rome über die „Grenzen des Wachstums" (1972) führten zu einem Umdenken und zu merklichen Energieeinsparungen.
4   Vor allem in den Ländern der sogenannten Dritten Welt nehmen die Bevölkerungszahlen stark zu, wobei der Pro-Kopf-Energieverbrauch in diesen Ländern aber nur einen Bruchteil des Pro-Kopf-Energieverbrauchs in den Industrieländern beträgt. Und natürlich haben die Menschen dieser Länder nun das Ziel, den Industrieländern nachzueifern – wer könnte es ihnen verdenken.

Energiehunger auf Kosten zukünftiger Generationen, denen irreparable Umweltschäden und geplünderte Ressourcen[5] hinterlassen werden. Diese Schäden sind zudem nicht mehr örtlich begrenzt, sondern globaler Natur.

In vielerlei Hinsicht ist die Energiefrage unserer Welt ungelöst. Wenn der aktuellen Entwicklung nicht rechtzeitig entgegengesteuert wird, kann sie sich zu einer Schicksalsfrage der Menschheit ausweiten. Umso wichtiger sind sachliche und fundierte Informationen über die Zusammenhänge zu diesem Thema. Nur dann lassen sich die erforderlichen Entscheidungen für die Zukunft **rational** und **verantwortungsvoll** treffen. In diesem Buch werden schwerpunktmäßig die technisch-natur-wissenschaftlichen Sachverhalte und die ökologischen Folgeerscheinungen, die im Kontext mit der **anthropogenen**[6] **Energieumwandlung** auftreten, dargestellt – auch mit Blick darauf, einen Beitrag zur Versachlichung der Energiediskussion und einer rationaleren Beurteilung der Situation zu leisten.

1.1 Grundbegriffe der Energietechnik

Bei einer angemessenen Auseinandersetzung mit dem Thema Energie ist – wie in anderen Wissensbereichen auch – eine gewisse Fachsprache erforderlich. Erst die präzise Kenntnis der verwendeten Begriffe ermöglicht die konstruktive Kommunikation über die zugrunde liegenden Sachverhalte.

1.1.1 Erscheinungsformen der Energie

Genau zu definieren, was Energie eigentlich ist, fällt schwer. Es soll deshalb zunächst angegeben werden, in welchen Formen Energie auftreten kann. Die aus der Physik bekannten Erscheinungs-formen der Energie sind im Wesentlichen:

- **mechanische Energie**

  Hier ist die in der Physik übliche Unterscheidung zwischen **potentieller** und **kinetischer** Energie wichtig. Potentielle Energie (auch Lageenergie genannt) hat beispielsweise eine Wassermenge, die sich im Hochbecken eines Speicherstausees befindet. Kinetische oder Be-wegungsenergie besitzt das Wasser, wenn es aus dem Hochbecken ins Talbecken fließt.

- **chemische Energie**

  Darunter versteht man die in chemischen Bindungen zwischen den Atomen steckende Ener-gie, die bei chemischen Reaktionen zugeführt (endotherm) oder abgegeben (exotherm) wird. Ein Beispiel für eine exotherme Reaktion ist die Verbrennung, beispielsweise von Kohle.

- **elektrische Energie**

  Das ist die Energie, die durch elektrische Ladungen hervorgerufen wird. Sie kann in statischer Form in den Platten eines Kondensators gespeichert sein oder sich in dynamischer Form durch die Bewegung elektrischer Ladungen, sprich durch Strom, präsentieren. Die elektrische Energie ist naturgesetzlich sehr eng mit der magnetischen Energie verknüpft, weshalb man in der Physik auch von elektromagnetischer Energie spricht.
  Die elektrische Energie spielt in der Energietechnik eine wichtige Rolle.

---

5   Vorräte
6   durch Menschen verursacht (engl. *man made*)

■ **elektromagnetische Strahlungsenergie**

Hiermit ist die Energie der elektromagnetischen Wellen oder Strahlen, also zum Beispiel die Strahlungsenergie des Sonnenlichts gemeint. Dazu gehören aber auch die Wärmestrahlung, die Radiowellen usw.

■ **Kernenergie**

Im Gegensatz zu der chemischen Energie, welche die Bindungsenergie in den Atom*hüllen* beschreibt, ist mit Kernenergie die Bindungsenergie in den Atom*kernen* gemeint, also die Bindungsenergie zwischen den Protonen und Neutronen eines Atomkerns. Diese Energie kann mit Hilfe geeigneter Kernreaktionen freigesetzt werden.

■ **thermische Energie**

Was thermische bzw. Wärmeenergie bedeutet, ist jedem Menschen klar, da wir diese Energieform unmittelbar spüren. Heute weiß man, dass Wärmeenergie letztlich die ungeordnete Bewegungsenergie der Atome oder Moleküle des erwärmten Stoffes ist. Diese Modellvorstellung der modernen Physik ist für die energietechnische Betrachtung allerdings weniger wichtig. Unter den Energieformen nimmt die thermische Energie insofern eine Sonderrolle ein, als sich alle anderen Energieformen zwar vollständig in Wärmeenergie umwandeln lassen, während Wärmeenergie sich nur eingeschränkt in andere Energieformen umwandeln lässt.

1.1.2 Energieerhaltung

Prinzipiell können die verschiedenen Erscheinungsformen der Energie ineinander umgewandelt werden. Diese **Energieumwandlungen** unterliegen allerdings gewissen naturgesetzlichen Einschränkungen, auf die im Kapitel 3 (Thermodynamik) eingegangen wird. Einer der zentralen Sätze der Physik ist der **Energieerhaltungssatz**, wonach die Menge der Energie, über alle Energieformen hinweg, immer gleich groß ist.

> *Energieerhaltungssatz*
> **Energie kann weder erzeugt noch vernichtet, sondern lediglich von einer Form in eine andere umgewandelt werden.**

Zu weiteren Formulierungen des Energieerhaltungssatzes[7] siehe Kapitel 3.

Auf den ersten Blick scheint der Energieerhaltungssatz der Alltagserfahrung zu widersprechen, warum müssten wir sonst für Energie bezahlen, wenn sie gar nicht vernichtet bzw. verbraucht werden kann. Alle sprechen vom Energieverbrauch, sei es beim Auto, Kühlschrank oder auch Deutschland. Und wozu braucht man Kraftwerke, wenn ohnehin keine Energie erzeugt werden kann? Wieso kann Energie dann überhaupt knapp sein? Wenn sie weder erzeugt noch vernichtet werden kann, müsste sie doch in gleich bleibender Menge zur Verfügung stehen.

Doch der Energieerhaltungssatz steht eben nur scheinbar im Widerspruch zu den oben genannten Fragen. Denn Energie wird zwar nicht verbraucht, aber **entwertet**. Nehmen wir das in einem Haushalt verbrauchte Wasser: Obwohl im Prinzip die gleiche Wassermenge, die der Wasserleitung entnommen wird, über den Kanal wieder abfließt, spricht man von Wasserverbrauch. Die Anzahl

---

7   Erhaltungssätze sind durchaus nichts Ungewöhnliches, sie gibt es auch für andere Größen wie Masse, Ladung, Impuls, Geld (außer man ist Notenbank) usw.

der verwendeten Liter Frischwasser entspricht aber der Anzahl der abgegebenen Liter Schmutz-wasser. Es wurde also kein Wasser verbraucht, sondern verschmutzt bzw. entwertet, so dass es dem Versorgungsnetz nicht wieder zugeführt werden kann. Bei dem sogenannten Energiever-brauch verhält es sich genauso: Wird 1 kWh elektrische Energie aus dem Stromversorgungsnetz bezogen und diese mit dem Elektroherd in Wärmeenergie umgewandelt, so erhält man genau 1 kWh Wärmeenergie, womit man Speisen zubereiten kann. Diese Wärmeenergie verflüchtigt sich letztlich an die Umgebung und kann nicht mehr ohne weiteres zurückgeholt werden. Es findet also eine **Energieentwertung** statt, indem aus hochwertiger elektrischer Energie niederwertige Umgebungsenergie wird, mit der in Zukunft keine Speisen mehr zubereitet werden können.

Energieverbrauch bedeutet somit letztlich die Umwandlung hochwertiger Energieformen in niederwertige. Mit **Energieerzeugung** ist das Verfügbarmachen hochwertiger Energieformen ge-meint. Die niederwertigste Energieform ist Wärmeenergie, und ihr Wert ist umso geringer, je weniger sich ihre Temperatur von der Umgebungstemperatur unterscheidet.

1.1.3 Energiewandler und Wirkungsgrad

Die Systeme, mit denen die Energiewandlung vor-genommen wird, bezeichnet man in der Fachspra-che als **Energiewandler**. Kraftwerke, Generatoren, Motoren, Elektroherde usw. sind also streng ge-nommen Energiewandler und **keine Energieer-zeuger** bzw. **Energieverbraucher**, wie sie in der Umgangssprache manchmal bezeichnet werden.

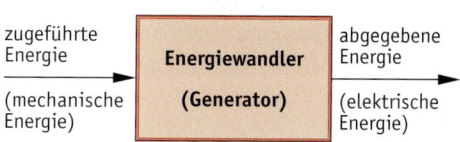

Abb. 1.3 ▶ Systemdarstellung eines Energie-wandlers

Einige Energiewandler und die beteiligten Energieformen:

Tabelle 1.1: ▶ Energiewandler-Matrix

→	Mechanisch	Elektrisch	Chemisch	Thermisch
Mechanisch	Getriebe	Generator	*	Bremsen
Elektrisch	Elektromotor	Transformator	Akkumulator	Elektroherd
Chemisch	Muskel	Batterie	*	Ölheizung
Thermisch	Dampfturbine	Thermoelement	*	Wärmetauscher

keine technische Bedeutung

Laut Energieerhaltungssatz bleibt die Gesamt-energie bei einer Energiewandlung zwar konstant, es ist jedoch das technische Ziel der Umwandlung, eine ganz bestimmte Energieform, zum Beispiel elektrische Energie, zu erhalten. Gewissermaßen als Nebeneffekt der Umwandlung entstehen auch andere, mit der Wandlung nicht beabsichtigte Energieformen, insbesondere Wärmeenergie, bei-

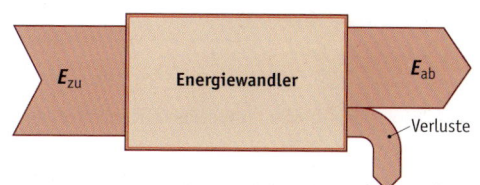

Abb. 1.4 ▶ Energieflussbild eines Energiewandlers

spielsweise durch Reibung. Diese nicht gewünschten Energieanteile bezeichnet man in der

Technik als **Verluste**. Als Gütemaß für eine Energiewandlung definiert man den **Wirkungsgrad** η (Eta)[8], sprich den Quotienten von **abgegebener Energie** E_{ab} und **zugeführter Energie** E_{zu}:

$$\eta = \frac{E_{ab}}{E_{zu}}$$

Nutzen
Aufwand

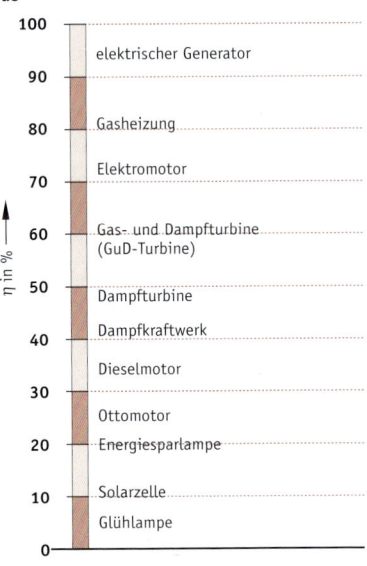

Abb. 1.5 ▶ Typische Wirkungsgrade einiger Energiewandler

Da stets $E_{ab} < E_{zu}$, ist η eine dimensionslose Zahl kleiner als 1; $\eta = 1$ ist der theoretische Grenzfall, dem manche reale Energiewandler recht nahekommen (vgl. Abbildung 1.5). Häufig gibt man den Wirkungsgrad in Prozent an, dann ist der mit obiger Formel berechnete Zahlenwert mit 100 % zu multiplizieren. Ein Wirkungsgrad von 0,8 bzw. 80 % bedeutet, dass die dem Energiewandler zugeführte Energie zu 80 % in die gewünschte Energieform umgewandelt wird und 20 % Verluste auftreten. In der Abbildung sind typische Werte für die Wirkungsgrade einiger wichtiger Energiewandler angegeben. Es zeigt sich: Bei Energiewandlern mit Wärme als zugeführter Energie sind die Wirkungsgrade vergleichsweise niedrig. Der Grund dafür wird in Kapitel 3 erläutert.

1.1.4 Energiewandlungskette

Bei der technischen Energieversorgung sind in der Regel mehrere Energieumwandlungen hintereinander erforderlich. Auf diese Weise entsteht eine **Energiewandlungskette**. Abbildung 1.6 zeigt die wichtigsten Wandlungen bei der Stromerzeugung in einem Kohlekraftwerk.

Bei der in der Abbildung dargestellten Energiewandlungskette wird zunächst die chemische Energie der Kohle mit Hilfe des Energiewandlers ‚Kessel und Feuerung' in Wärmeenergie des Wasserdampfes umgewandelt. Der nächste Energiewandler, die Dampfturbine, wandelt wiederum diese thermische Energie in kinetische Energie der rotierenden Turbinenwelle der Turbine um. An die Turbinenwelle ist der Generator gekoppelt, der schließlich die kinetische Energie der sich drehenden Welle in elektrische Energie umwandelt.

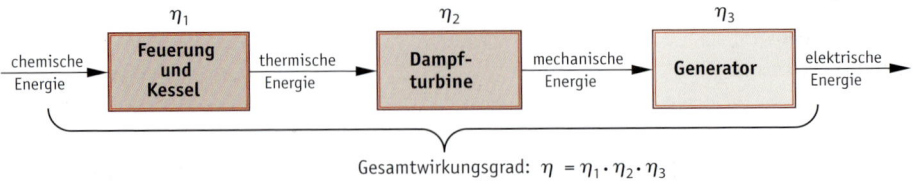

Abb. 1.6 ▶ Energiewandlungskette Kohlekraftwerk

Um herzuleiten, wie sich der **Gesamtwirkungsgrad** einer Energiewandlungskette aus den Einzelwirkungsgraden zusammensetzt, wird noch einmal auf Abbildung 1.6 und die dortigen Bezeichnungen Bezug genommen: Die Einzelwirkungsgrade der Teilsysteme werden der Reihe nach mit η_1, η_2 und η_3 bezeichnet, so dass gilt: $\eta_1 = E_{therm}/E_{chem}$, $\eta_2 = E_{kin}/E_{therm}$ und $\eta_3 = E_{elektr}/E_{kin}$. Für den Gesamtwirkungsgrad gilt laut Definition: $\eta = E_{elektr}/E_{chem}$. Und eben diesen Quotienten

---

8   Eselsbrücke: „Eta brauch' ich **ab** und **zu**."

erhält man, wenn man die drei Einzelwirkungsgrade miteinander multipliziert, da sich dann sämtliche „Zwischenenergien" herauskürzen. Deshalb berechnet sich der Gesamtwirkungsgrad einer Kette als das Produkt aus den Einzelwirkungsgraden. Als Formel:

$$\eta = \eta_1 \cdot \eta_2 \cdot \eta_3 \cdot \ldots$$

Da jeder Einzelwirkungsgrad < 1, bedeutet das: Der Gesamtwirkungsgrad ist kleiner als der kleinste Einzelwirkungsgrad.

Beispiel

Für die in Abbildung 1.6 dargestellte Energiewandlungskette Kohlekraftwerk ergibt sich mit den Einzelwirkungsgraden η_1 = 0,85 (Kessel und Feuerung), η_2 = 0,45 (Dampfturbine) und η_3 = 0,98 (Generator) ein Gesamtwirkungsgrad von η = 0,37. Das heißt aber, dass bei 100 Tonnen verfeuerter Kohle nur 37 Tonnen in Form von elektrischem Strom das Kraftwerk verlassen. Somit geht der Energieinhalt von 73 Tonnen Kohle bei der Umwandlung „verloren"!

1.1.5 Energieversorgungssysteme

Um für den Endverbraucher Energiedienstleistungen wie geheizte Räume, Licht, Transport von Menschen und Gütern und Kommunikation anbieten zu können, stehen hoch entwickelte Energieversorgungssysteme zur Verfügung. Sie bereiten die in der Natur vorkommenden Energieträger so auf bzw. wandeln sie so um, dass die Energie gespeichert, transportiert und von dem Endverbraucher sinnvoll genutzt werden kann. Als Beispiel sei das flächendeckende elektrische Energieversorgungssystem genannt, das vom Kohle- oder Uranabbau über Kraftwerke und Hochspannungsleitungen bis zur Steckdose in der Wohnung dafür sorgt, dass bei dem Endverbraucher rund um die Uhr elektrische Energie zur Verfügung steht.

Fachbegriffe für die in Versorgungssystemen auftretenden Energien:

Primärenergie
Darunter versteht man die Energie, die von der Natur unmittelbar zur Verfügung gestellt wird. Da die in der Natur vorkommenden Energien häufig an einen Stoff gebunden sind, spricht man auch von Energie*trägern*, in diesem Zusammenhang also von Primärenergieträgern.

- **fossile Energieträger**: Kohle, Erdöl und Erdgas,
- **regenerative/erneuerbare Energien** wie Sonne, Wind und Wasser, aber auch Biomasse
- **Kernbrennstoffe**, z. B. Uran

> **In Deutschland wie auch weltweit wird der Primärenergiebedarf nach wie vor zu fast 90 % mit fossilen Energieträgern gedeckt.**

Sekundärenergie
Einige Primärenergieträger sind weniger geeignet für Transport, Speicherung und/oder Umwandlung. Deshalb werden sie erst einmal zu sogenannten **Sekundärenergieträgern** veredelt, die Primärenergieträger Kohle und Erdöl beispielsweise zu Briketts, Benzin bzw. Heizöl. Ein besonders weit verbreiteter Sekundärenergieträger, der durch Veredlung aus verschiedenen Pri-

märenergieträgern entsteht, ist der **elektrische Strom**[9]. Er eignet sich gut für verlustarmen Transport und besitzt ausgezeichnete Umwandlungsmöglichkeiten in andere Energieformen.

Endenergie
Die Sekundärenergieträger und jene Primärenergieträger, die nicht veredelt werden müssen, bilden zusammen die sogenannte **Endenergie**, die dem Endverbraucher zur Verfügung steht.

Nutzenergie
Schließlich wird die Endenergie beim Verbraucher in **Nutzenergie** für die unmittelbare Bedürfnisbefriedigung umgewandelt.

Nutzenergieformen:

- Wärme
- mechanische Energie
- Licht
- Energie zur Information und Kommunikation

Energieflussbilder
Energieströme und auftretende Verluste lassen sich mit Hilfe von Energieflussbildern veranschaulichen.

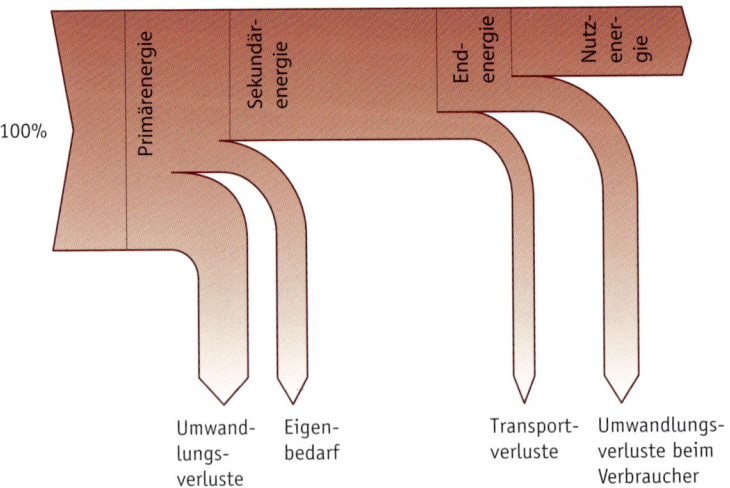

Abb. 1.7 ► Energieflussbild[10] von der Primärenergie bis zur Nutzenergie

Anhand des Energieflussbildes wird deutlich, dass alle Umwandlungen mit Verlusten behaftet sind.

---

9 Physikalisch korrekt müsste es „die elektrische Energie" heißen. In Alltag und Technik hat es sich aber eingebürgert, von elektrischem Strom zu sprechen, wenn elektrische Energie gemeint ist.

10 Flussbilder, die Stoff- oder Energiemengen längs einer Prozesskette darstellen, werden auch *SANKEY-Diagramme* genannt. Die Breite des gezeichneten Mengenflusses ist dabei proportional zu der jeweiligen Menge.

Der durchschnittliche Gesamtwirkungsgrad, mit dem Primärenergie in Nutzenergie umgewandelt wird, beträgt national etwa 30 %, weltweit sogar lediglich 10 %.

Diese Zahlen weisen uns gleich zwei Wege, wie mit kostbarer Primärenergie sparsamer umgegangen werden kann: Zum einen sollten alle technischen Möglichkeiten genutzt werden, um diese niedrigen Gesamtwirkungsgrade zu erhöhen. Gelänge es zum Beispiel, den weltweiten Wirkungsgrad auf immer noch bescheidene 20 % zu verdoppeln, so würde die Hälfte der bisherigen Primärenergie genügen, um die gleichen Energiedienstleistungen wie heute anzubieten. Zum anderen bedeuten diese Wirkungsgrade: Wird 1 kWh (s. Seite 11) Nutzenergie *nicht* abgerufen, müssen 3 kWh weniger Primärenergie in das nationale Energieversorgungssystem eingespeist werden, in das weltweite sogar 10 kWh weniger. Das heißt: Nutzenergie zu sparen lohnt sich, weil es sich verdrei- bzw. sogar verzehnfacht, wenn man die Umwandlungsverluste berücksichtigt.

1.2 Physikalische Grundlagen und Maßeinheiten

Um ein tieferes Verständnis für Energie zu entwickeln, benötigt man Maßeinheiten, mit denen sich Energie messen lässt. Dazu sind einige physikalische Grundlagen erforderlich, die im Folgenden zusammengefasst wiedergegeben werden.

Arbeit
Wirkt längs eines Weges *s* die Kraft *F*, so wird physikalische **Arbeit** verrichtet. Diese **Arbeit** *W* ist definiert als **Kraft mal Weg**:

$$W = F \cdot s$$

Dabei wird vorausgesetzt, dass die Kraft längs des Weges konstant ist und in Wegrichtung wirkt. Werden die Kraft in N (Newton) und der Weg in m (Meter) eingesetzt, so erhält die Arbeit die Einheit Nm (**Newtonmeter**), wobei man 1 Nm = 1 J (**Joule**) setzt.
Die Einheit 1 J ist eine relativ kleine Einheit. So hat beispielsweise ein Apfel eine Gewichtskraft von etwa 1 N ($F_G = mg = 0{,}1 \text{ kg} \cdot 9{,}81 \text{ m/s}^2 \approx 1 \text{ N}$). Hebt man diesen Apfel um 1 m hoch, so muss man eine Arbeit von 1 J aufbringen ($W = F \cdot h = 1 \text{ N} \cdot 1 \text{ m} = 1 \text{ Nm} = 1 \text{ J}$).

1.2.1 Energie
Physikalisch besteht vereinfacht folgender Zusammenhang zwischen Arbeit und Energie:

Energie ist die Fähigkeit, Arbeit zu verrichten.

Wenn ein **System**[11] Energie besitzt, dann ist in ihm Arbeit gespeichert. Während sich beim Verrichten von Arbeit etwas bewegt, muss das beim Vorhandensein von Energie nicht der Fall sein. Die Energie sagt deshalb etwas über den **Zustand** aus, in dem sich ein System befindet, wie nachfolgende Tabelle 1.2 verdeutlicht.

---

11 Eine genauere Definition von System erfolgt im Rahmen der Thermodynamik (s. Kapitel 3). Zunächst sollte sich der Leser darunter einfach einen Körper vorstellen.

Tabelle 1.2 ▶ Energie als Zustandsgröße

System	Zustand	Energie
Auto	fahrend	groß
	stehend	klein (= 0)
Wassermenge	im Hochbecken	groß
	im Talbecken	klein
Kochtopf	heiß	groß
	kalt	klein

Wie aus der Tabelle ersichtlich ist, beschreibt die Energie den Zustand von Systemen; sie ist deshalb eine **Zustandsgröße**.

In rein mechanischen Systemen kann der Zustand eines Systems nur durch Arbeit verändert werden. Betrachtet man einen Körper im Schwerefeld der Erde, der von einem **Anfangszustand 1** (am Boden liegend) in den **Endzustand 2** (um die Höhe h hochgehoben) gebracht wird (vgl. Abbildung 1.8), so entspricht die Differenz der Energie von End- und Anfangszustand genau der Arbeit, die beim Hochheben aufgebracht wird.

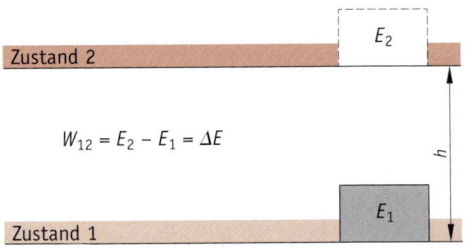

Abb. 1.8 ▶ Zusammenhang von Arbeit und Energie

$$W = E_2 - E_1 = \Delta E$$

Die Formel zeigt, dass Arbeit und Energie die gleiche Einheit haben, das heißt, Energie wird ebenfalls in J gemessen.

Bemerkung: Der erwähnte Apfel hat im hochgehobenen Zustand 1 J mehr Energie als unten. Es ergibt sich zugleich eine wichtige **Vorzeichenfestlegung**:

$\Delta E > 0$ (**positives** Vorzeichen +): Es wird Arbeit am System verrichtet oder, wie man auch sagt, dem System wird Energie **zugeführt** ($E_2 > E_1$).

$\Delta E < 0$ (**negatives** Vorzeichen −): Das System verrichtet Arbeit oder, wie man auch sagt, das System gibt Energie **ab** ($E_2 < E_1$).

Da die Einheit J für Energie in der Energietechnik bislang selten verwendet wird, sollen hier noch andere Einheiten hergeleitet werden.

1.2.2 Leistung

Auch die **Leistung** ist ein wichtiger physikalischer Begriff, der eng mit Energie zusammenhängt. In der Physik definiert man Leistung P als **Arbeit** bzw. **Energie durch Zeit** t:

$$P = \frac{W}{t} \quad \text{oder} \quad P = \frac{\Delta E}{t}$$

Die Formel nach W bzw. ΔE aufgelöst, ergibt: $W = \Delta E = P \cdot t$, wobei die Leistung in W (**Watt**) gemessen wird. Demzufolge kann die Energie auch in Ws (**Wattsekunden**[12]) statt in J angegeben werden. Üblicher sind jedoch **Kilowattstunden** (**kWh**)[13], dafür ergibt sich folgende Umrechnung:

$$1 \text{ kWh} = 1 \cdot 10^3 \text{ W} \cdot 3600 \text{ s} = 3,6 \cdot 10^6 \text{ Ws} = 3,6 \cdot 10^6 \text{ J}$$

Die Energie(menge) 1 kWh ergibt sich beispielsweise, wenn man eine Leistung von 1000 W (= 1 kW) eine Stunde lang nutzt.

Während das J für den täglichen Gebrauch eine relativ kleine Einheit für Energieangaben ist, stellt die Kilowattstunde ein alltagstaugliches Maß dar.

Der Unterschied zwischen den Größen **Energie** und **Leistung** führt mitunter zu Missverständnissen, da sie umgangssprachlich oft synonym verwendet werden. Man muss sich hier aber strikt an die physikalischen Definitionen halten: Demnach ist Leistung die Geschwindigkeit, mit der Energie geliefert oder benutzt wird, während Energie die Gesamtmenge angibt, die innerhalb eines Zeitintervalls geliefert oder verbraucht wird. In Analogie zu Wasser, das in ein Glas gefüllt wird (s. Abbildung 1.10): Der Wasserfluss ist die Leistung, die im Glas angesammelte Menge die Energie. Ein voll aufgedrehter Wasserhahn (= starker Strahl) bedeutet eine hohe Leistung, ein kaum geöffneter Hahn eine geringe Leistung. Wenn das Glas jeweils voll ist, ist die Menge (also die Energie) gleich groß. Im ersten Fall (bei hoher Leistung) geht das Füllen schneller als im zweiten Fall.

Abb. 1.9 ▶ Messgerät („Zähler") für Energie; hier elektrische Energie in der Einheit Kilowattstunden (kWh)

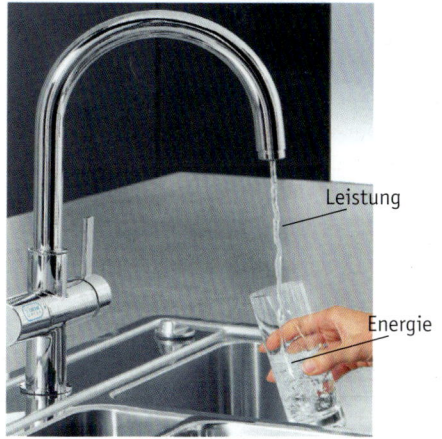

Abb. 1.10 ▶ Analogie zwischen Leistung und Fluss sowie zwischen Energie und angesammelter Menge im Glas

Die Leistung ist so wichtig, dass sie eine eigene Einheit hat, nämlich das **Watt**. Wenn unser ca. 100 Gramm schwerer Apfel (siehe Seiten 9 und 10) 1 Meter hochgehoben wird, dann nimmt, wie

---

12 Es gilt, wie aus der Formel für die Leistung zu erkennen: 1 Ws = 1 J = 1 Nm
13 Man beachte: Die Einheit heißt „Kilowattstunde" im Sinne von „Kilowatt" *mal* „Stunden", geschrieben als „kWh". „Kilowatt-pro-Stunde" hingegen ergibt keinen Sinn. Nicht zu verwechseln also mit der Lesart und Schreibweise der Einheit für die Geschwindigkeit „Kilometer-pro-Stunde", kurz „km/h". In diesem Fall gibt es keine „Stundenkilometer", auch wenn man das leider gelegentlich hört.

gezeigt, seine Energie um 1 J oder eben um 1 Ws zu. Geschieht dieses Hochheben innerhalb von 1 Sekunde, so wird eine Leistung von 1 Watt erbracht ($P = \Delta E/t$ = 1 Ws/1 s = 1 W). Dauert das Hochheben des Apfels 2 Sekunden, so ist die Leistung nur noch 0,5 Watt.

Leistung ist der Energiefluss je Zeiteinheit.

Die Leistung beträgt 1 Watt, wenn der Energiefluss von 1 Joule in 1 Sekunde erfolgt. Dass Leistung der auf eine Zeiteinheit bezogene Energiefluss ist, ist aus der Einheit Watt nicht (mehr) ersichtlich. Da 1 W = 1 Ws/s = 1 J/s ist, erkennt man diesen Zusammenhang beim J/s besser[14]. Leistungen gibt es in den unterschiedlichsten Größenordnungen (Tabelle 1.3):

Tabelle 1.3 ▶ Größenordnungen einiger Leistungen

	Leistung in W
Armbanduhr	0,00002
LED-Strahler	1
Taschenlampe	3
Energiesparlampe	10
Halogen-Einbaustrahler	20
Menschliche Dauerleistung	100
TV-Gerät	ca. 150
Leistung eines Pferdes (1 PS)	735
Elektroherd	1.200
Pkw	100.000
Lkw	350.000
Diesellok	2.500.000
Schiffsdiesel	80.000.000
Kohlekraftwerk	800.000.000
Kernkraftwerk	1.300.000.000

Für die Leistung gilt die oben angegebene Wirkungsgradformel entsprechend. Das lässt sich mathematisch leicht einsehen, wenn man den Bruch für die Wirkungsgradberechnung mit dem Kehrwert der Zeit erweitert. Die Leistung eines Systems wird auf dem Leistungs-/ Typenschild ausgewiesen. Bei Motoren, Kraftwerken usw. ist das immer die **abgegebene Leistung** P_{ab}, bei Lampen die **aufgenommene Leistung** P_{zu}. Eine Energieangabe auf dem Typenschild eines Energiewandlers zu machen ist natürlich nicht möglich, da die Energie-

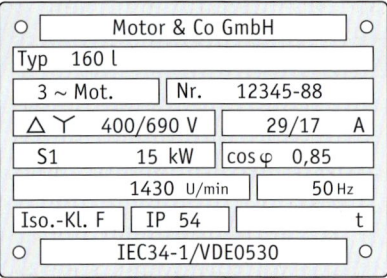

Abb. 1.11 ▶ Laut Typenschild hat der Motor eine abgegebene Leistung von P_{ab} = 15 kW.

---

14 Das „pro Sekunde" / „pro Zeiteinheit" ist bereits in die Definition von Watt eingebaut. Das gibt es auch bei anderen Einheiten, zum Beispiel bei Hertz: Schwingungen pro Sekunde; oder in der Schifffahrt bei Knoten: Seemeilen pro Stunde.

zufuhr oder -abgabe von dem betrachteten Zeitintervall abhängt, in welchem der Energiewandler in Betrieb ist.

Beispiel

Betrachtet man als Energiewandler einen Automotor, dessen Leistung mit 100 kW (in der veralteten, bei vielen Autofahrern aber nach wie vor verwendeten Einheit: 136 PS) angegeben ist, so ist damit seine maximal abgebbare mechanische Leistung gemeint. Gibt er diese 1 Stunde lang ab, so hat er die mechanische Energie von 100 kW · 1 h = 100 kWh abgegeben.

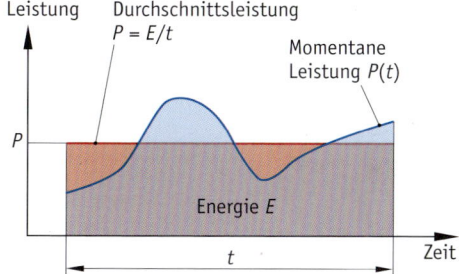

Meist wird jedoch die Leistungsabgabe des Motors, je nach Fahrweise, mehr oder weniger schwanken, also eine Zeitabhängigkeit aufweisen. Mit der Formel $P = E/t$ berechnet man dann die **durchschnittliche Leistung**, die der Motor im Zeitintervall t abgibt. Wird das Auto mit dem 100-kW-Motor eine Stunde lang gefahren und verbraucht es in dieser

Abb. 1.12 ▶ Zusammenhang von momentaner und Durchschnittsleistung sowie Energie. Dabei entspricht die Energie sowohl dem Flächeninhalt unter der Leistungskurve $P(t)$ als auch dem Inhalt der gleich großen Rechteckfläche unter der Durchschnittsleistung P.

Zeit 8 Liter Benzin, so kann mit dem Heizwert von Benzin[15] die ihm zugeführte Energie berechnet werden: $E_{zu} = 8{,}94$ kWh/l · 8 l = 71,5 kWh. Nehmen wir zudem an, dass der Motor einen Wirkungsgrad von 25 % hat, so beträgt die abgegebene mechanische Energie $E_{ab} = \eta \cdot E_{zu} = 0{,}25 \cdot 71{,}5$ kWh = 17,9 kWh. Da sich diese Energieabgabe innerhalb von 1 Stunde (h) vollzogen hat, war die (konstante) Durchschnittsleistung des Motors $P_{ab} = E_{ab}/t = 17{,}9$ kWh/1 h = 17,9 kW. Tatsächlich wurde die Leistung natürlich zeitabhängig erbracht.

Das Diagramm von Abb. 1.12 verdeutlicht den Zusammenhang zwischen momentaner und durchschnittlicher Leistung sowie der insgesamt umgesetzten Energie(menge).

1.2.3 Maßeinheiten

Neben den genannten Einheiten spielt in der Energiewirtschaft auch die **Steinkohleeinheit** (SKE) eine wichtige Rolle. Die Energiemenge, die man erhält, wenn man 1 Kilogramm Steinkohle verheizt, bezeichnet man als 1 kg SKE. Es gilt:

$$1 \text{ kg SKE} = 8{,}14 \text{ kWh} = 29{,}3 \cdot 10^6 \text{ J}$$

Entsprechend wird auch die Tonne Steinkohleeinheit (t SKE) verwendet, wobei 1 t SKE = 10^3 kg SKE ist.

In der nachfolgenden Abb. 1.13 sind die Größenordnungen einiger Energien dargestellt.

---

15 Siehe Tabelle ■■■ mit den Heizwerten verschiedener Brennstoff am Ende dieses Kapitels

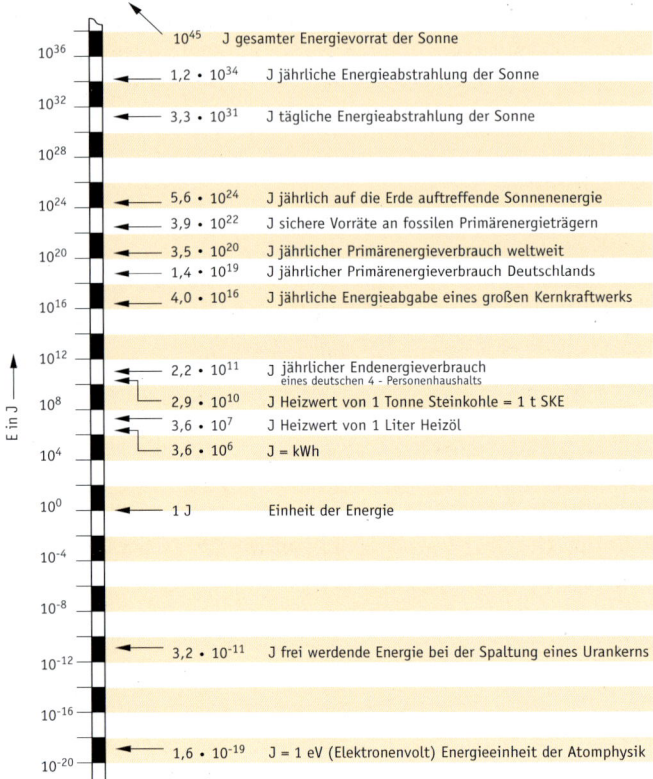

Abb. 1.13 ▶ Größenordnungen einiger Energien

Die wichtigsten Energieeinheiten und ihre Umrechnungen in J:

Tabelle 1.4 ▶ Energieeinheiten und ihre Umrechnungen in Joule (vgl. auch Anhang B)

Einheit	1 Ws =1 Nm	1 kWh	1 t SKE	1 eV *	1 kcal **
in J	1	$3{,}6 \cdot 10^6$	$2{,}93 \cdot 10^{10}$	$1{,}602 \cdot 10^{-19}$	4200

* Das Elektronenvolt *(eV)* ist eine sehr kleine Energieeinheit, die vor allem in der Atomphysik verwendet wird. 1 eV ist die Energiemenge, um welche die kinetische Energie eines Elektrons zunimmt, wenn es die Spannungsdifferenz 1 V *(Volt)* durchläuft.

** Die Einheit Kilokalorie *(kcal)* ist veraltet und wird hier nur der Vollständigkeit halber angegeben. Sie wird vor allem noch im Ernährungsbereich verwendet.

Wie in der Physik, so ist es auch in der Technik üblich, Einheiten durch entsprechende Vorsätze anzupassen.

Vorsätze, die in der Energietechnik von Bedeutung sind:

Tabelle 1.5 ▶ Einige Einheitenvorsätze (vgl. auch Anhang B)

Vorsatz	Kilo	Mega	Giga	Tera	Peta	Exa
Kurzzeichen	k	M	G	T	P	E
Bedeutung	10^3	10^6	10^9	10^{12}	10^{15}	10^{18}

Es heißt also $\underline{k}W$ mit kleinem „k" für Kilowatt, jedoch $\underline{M}W$ für Megawatt bzw. $\underline{G}W$ für Gigawatt usw. Weiter oben ist schon darauf hingewiesen worden, dass sich die kWh als Energieeinheit für den Alltag gut eignet. Entsprechend wird man dann größere Energiemengen in MWh (Megawattstunden) angeben, das sind 1000 kWh, oder in GWh (= 10^6 kWh) usw.

1.2.4 Formeln zur Energieberechnung

Die vier wichtigsten Formeln zum Berechnen von Energien lauten:

1. Potentielle Energie

Wird ein Körper der Masse m im Schwerefeld der Erde um die Höhe h gehoben oder abgesenkt, so ändert sich seine potentielle Energie um den Betrag E_{pot}, wobei gilt:

$$E_{pot} = m \cdot g \cdot h$$

m: Masse des Körpers in kg
h: Höhe in m
$g = 9{,}81 \ \text{m} \cdot \text{s}^{-2}$: Fallbeschleunigung

2. Kinetische Energie

Bewegt sich ein Körper der Masse m mit der Geschwindigkeit v, so besitzt er die kinetische Energie E_{kin}, die nach folgender Formel berechnet wird:

$$E_{kin} = \frac{1}{2} \cdot m \cdot v^2$$

v: Geschwindigkeit in $\text{m} \cdot \text{s}^{-1}$

3. Elektrische Energie

Treibt die Spannung U den Strom I während der Zeit t durch einen Verbraucher, so wird die elektrische Energie folgendermaßen berechnet:

$$E = U \cdot I \cdot t$$

U: Spannung in V (Volt)
I: Strom in A (Ampere)
t: Zeit in s (Sekunden)

4. Wärmeenergie

Ändert ein Stoff der Masse m mit der spezifischen Wärmekapazität c seine Temperatur um ΔT, so ändert sich die in ihm enthaltene Wärmeenergie[16] um Q, wobei gilt:

$$Q = c \cdot m \cdot \Delta T$$

Q: Wärmeenergie in kJ, die einem Stoff zugeführt oder entzogen wird
c: spezifische Wärmekapazität in $\frac{\text{kJ}}{\text{kg} \cdot \text{K}}$ (Stoffkonstante)
m: Masse des Stoffes in kg
ΔT: Temperaturdifferenz in K (Kelvin)

Die Werte der spezifischen Wärmekapazität c für verschiedene Stoffe findet man in physikalischen Formelsammlungen und einschlägigen Tabellenwerken. Für Wasser beträgt $c = 4{,}19 \ \frac{\text{kJ}}{\text{kg} \cdot \text{K}}$; das ist im Vergleich zu anderen Stoffen ein sehr hoher Wert. Das bedeutet, dass Wasser ein ausgezeichnetes Speichermedium für Wärmeenergie ist.

Auf die Herleitung der obigen Formeln wird hier verzichtet, da dies Aufgabe der Physik ist. Der Techniker muss diese Formeln sachgerecht anwenden können. Dazu dienen die nachfolgenden

---

16 Zur Unterscheidung von anderen Energieformen wird die Wärmeenergie mit dem Formelbuchstaben Q statt mit E bezeichnet.

Aufgaben. Die Rechenaufgaben vermitteln auch ein „Gefühl" für die im Alltag umgesetzten Energiemengen und sollen dazu befähigen, selbst kleine Rechenaufgaben aus der eigenen Umgebung zu „erfinden".

Aufgaben

Bei den Rechenaufgaben wird vorausgesetzt, dass eine physikalische Formelsammlung zur Verfügung steht, welcher die üblichen physikalischen Konstanten und Umrechnungsfaktoren für verschiedene Einheiten zu entnehmen sind.

1   Geben Sie technische Energiewandler an, mit denen sich
    – kinetische Energie
    – chemische Energie
    – Lichtenergie
    – Wärmeenergie
    in elektrische Energie umwandeln lässt.

2   Von den folgenden fünf Haushaltsgeräten soll jeweils angegeben werden, welche Energieform in welche Energieform umgewandelt wird:
    – Tauchsieder
    – elektrische Brotschneidemaschine
    – Gasherd
    – Mikrowellengerät
    – Kühlschrank.

3.1   Geben Sie die wichtigsten Energiewandler an, die sich in der Energiewandlungskette „vom Kohlekraftwerk (auf der Kohleeingangsseite) bis zur Wärme des Elektroherdes im Haushalt" befinden.

3.2   Ermitteln Sie (aus Abb. 1.5 oder aus der Literatur) die Wirkungsgrade der beteiligten Energiewandler und berechnen Sie daraus den Gesamtwirkungsgrad.

3.3   Ordnen Sie den verschiedenen Energieformen aus der Energiewandlungskette die Begriffe Primärenergie, Sekundärenergie, Endenergie und Nutzenergie zu.

4   Was versteht man unter fossilen, was unter regenerativen Energieträgern? Nennen Sie je drei Beispiele.

5   Ein großes Kohlekraftwerk habe eine Leistung von 750 MW und einen Wirkungsgrad von 37 %.
    Hinweis: Leistungs- und Energieangaben eines Energiewandlers beziehen sich in der Regel auf die **abgegebene** Leistung und Energie, sofern nichts anderes gesagt wird. Die oben genannten 750 MW sind also die abgegebene elektrische Leistung des Kraftwerks.

5.1   Wie viel Energie in kWh und in t SKE gibt das Kraftwerk in 24 Stunden ab? Wie viel kostet diese Energie, wenn man 1 kWh mit 15 Cents ansetzt?

5.2   Wie hoch ist der Primärenergiebedarf in kWh des Kraftwerks innerhalb von 24 Stunden? Wie vielen Tonnen Steinkohle entspricht das?

5.3 Wie viel TWh (Terrawattstunden) elektrische Energie produziert das Kohlekraftwerk im Dauerbetrieb pro Jahr?

6 Ein Wasserspeicherkraftwerk besitzt ein ca. 80 Meter über den Turbinen liegendes Hochbecken mit einem Fassungsvermögen von 3,8 Millionen m^3 Wasser. Die Anlage weist folgende Einzelwirkungsgrade auf:

Rohrleitung: $\eta_1 = 0,90$; Turbine: $\eta_2 = 0,93$; Generator: $\eta_3 = 0,87$

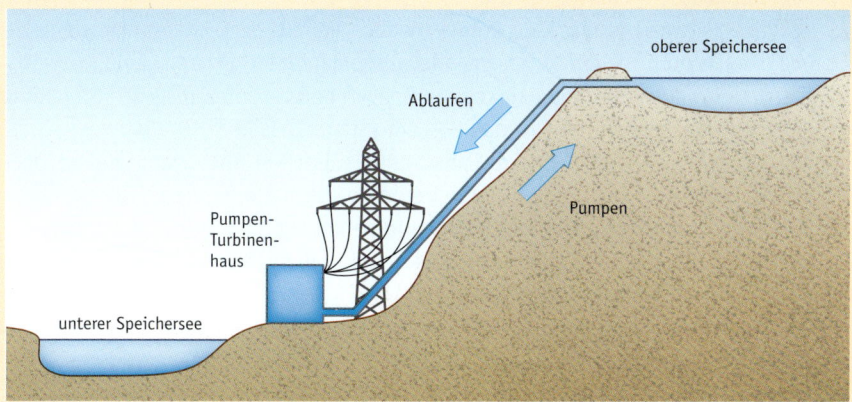

Abb. 1.14

6.1 Wie viel potentielle Energie besitzt das Wasser im Hochbecken?

6.2 Wie viel elektrische Energie wird daraus gewonnen? Wie viel kostet diese Energie, wenn man für 1 kWh 15 Cents bezahlen müsste?

6.3 Wie viele Tonnen Steinkohle lassen sich damit einsparen, wenn ansonsten ein Kohlekraftwerk mit einem Wirkungsgrad von 38 % diese elektrische Energie liefern müsste?

6.4 Um welche Temperatur würde sich das gespeicherte Wasser mit der zur Verfügung stehenden potentiellen Energie erwärmen lassen?

6.5 Welche elektrische Leistung gibt das Speicherkraftwerk ab, wenn das Hochbecken innerhalb von 6 Stunden leerläuft.

7 Wie viel Energie ist 1 kWh und wie viel kostet sie?
Für verschiedene Anwendungen sollen die Werte zunächst geschätzt und anschließend berechnet werden. Sind die Angaben unvollständig – was in der Praxis die Regel ist –, sollen sinnvolle Annahmen gemacht werden.

7.1 Was kann man mit 1 kWh erreichen?

7.1.1 Wie lange kann eine 15-W-Energiesparlampe und 100-W-Glühlampe damit betrieben werden?

7.1.2 Wie lange kann man damit (elektrisch) die Zähne putzen, mobil telefonieren, Fernsehen schauen, Kuchen backen?

7.1.3 Wie hoch lässt sich damit 1 t (Tonne) heben?

7.1.4 Wie viele Höhenmeter kann damit ein Bergsteiger erklimmen? Wenn er später diesen „Energieverlust" mit Bier wieder ausgleichen will: Wie viel muss/darf er trinken?

7.1.5   Wie viel
- Steinkohle
- Benzin
- Holz

muss man verbrennen, um 1 kWh Wärme zu erhalten?

7.1.6   Wie viele Liter 20 °C warmen Wassers können damit zum Sieden gebracht werden?

7.1.7   Überprüfen Sie Ihre Schätzwerte mit den Rechenwerten. Wo lagen Sie am meisten daneben? Welche Folgerungen können Sie aus den Ergebnissen ziehen?

7.2   Wie viel kostet 1 kWh?

Erstaunlicherweise ist das sehr unterschiedlich, je nachdem, woher man sie bezieht – und damit sind nicht nur unterschiedliche Stromanbieter gemeint. Eine Kilowattstunde aus dem Stromnetz bezogen kostet den Endverbraucher (einschließlich Steuern und Abgaben) derzeit zwischen 15 und 25 Cent (Stand 2011).

7.2.1   Wenn 1 kWh elektrische Energie aus handelsüblichen Batterien, wie sie sich beispielsweise in Fernbedienungen befinden, bezogen werden soll: Wie viele Batterien sind nötig? Wie viel kostet die so bezogene 1 kWh?

7.2.2   Welche Zahlen ergeben sich bei Knopfzellen, wie sie beispielsweise in Armbanduhren zu finden sind?

Abb. 1.15 ▶ Verschiedene Batterien

7.2.3   Betrachtet man verschiedene Nahrungsmittel wie
- Müsli
- Käse
- Butter
- Schokolade
- Cola,

so lässt sich deren Energiegehalt herausfinden, meist ist er als „Brennwert" sogar auf den Verpackungen aufgedruckt. Wie viel kostet 1 kWh, wenn sie jeweils über eines dieser Nahrungsmittel bezogen wird?

7.2.4   Schätzen Sie über die Investitionskosten, die Lebensdauer und den Wirkungsgrad der entsprechenden Energiewandler ab, wie viel 1 kWh elektrische Energie bezogen aus
- einer Autobatterie
- einer Windkraftanlage
- aus Photovoltaik

kostet.

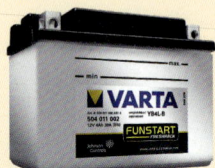

Abb. 1.16 ▶ Verschiedene Energiewandler

8   Bei der folgenden Aufgabe wird ein kleines Experiment durchgeführt, um entsprechendes Datenmaterial zu erhalten. Das Experiment kann ohne großen Aufwand nachvollzogen werden.

Um festzustellen, welche körperlichen Leistungen ein Mensch vollbringen kann, soll eine Person, so schnell sie kann, eine Treppe von einem Stockwerk eines Gebäudes in das nächste hochrennen.[17] Die benötigte Zeit wird gestoppt und die Stockwerkshöhe gemessen. Als Drittes ist das Gewicht der Person erforderlich.

Für die nachfolgenden Rechnungen werden exemplarisch folgende Daten zugrunde gelegt:

$$m = 75 \text{ kg}; \; h = 3 \text{ m}; \; t = 1 \text{ s}.$$

8.1 Berechnen Sie die Arbeit, welche die Versuchsperson verrichtet hat, bzw. die Zunahme an potentieller Energie, die sie in dem nächsthöheren Stockwerk erlangt hat.

8.2 Wie groß ist die von der Versuchsperson erbrachte Leistung?

8.3 Welcher Energie in kWh entspräche es, wenn diese Leistung 1 Stunde lang erbracht würde? Welcher Stundenlohn kann der Versuchsperson in Aussicht gestellt werden, wenn 1 kWh mit dem für elektrische Energie üblichen Preis honoriert wird? Was folgt aus dem Ergebnis?

8.4 **Die mechanische Durchschnittsleistung des Menschen beträgt 100 Watt.**
Angenommen, der Mensch müsste die Energie, die er zum Kochen eines Liters Wasser (Anfangstemperatur 20 °C / Endtemperatur 100 °C) benötigt, selbst aufbringen, zum Beispiel über Fahrraddynamo und Tauchsieder: Wie lange müsste er auf dem Heimfahrrad strampeln, wenn man einen Gesamtwirkungsgrad von 70 % zugrunde legt?

8.5 **Menschliche Spitzenleistung:** Kurzfristig kann auch der Mensch große mechanische Leistungen vollbringen.
Ermitteln Sie den aktuellen Weltrekord im Gewichtheben und schätzen Sie die Zeitdauer, die der Gewichtheber benötigt, um das Gewicht in die Hochlage zu bringen. Wie groß ist die Leistung des Sportlers?

9   **Eine anschauliche Leistungseinheit: Kilowattstunden pro Tag**
Für Leistung, also Energieflüsse, ist Watt die gesetzliche Einheit. 1 W wird beispielsweise geleistet, wenn man eine Tafel Schokolade in 1 Sekunde 1 Meter hoch hebt, und für Schokoladenliebhaber: Hebt man in dieser Zeit 1000 Tafeln 1 Meter hoch, beträgt die Leistung 1 kW.

Anschaulicher ist aber oft eine andere Leistungseinheit: Intuitiv wissen wir jetzt, wie viel Energie 1 kWh ist und wie viel sie kostet. An das Elektrizitätsversorgungsunternehmen muss der Privatkunde etwa 20 Cent dafür zahlen. Außerdem stecken in 1 Liter Benzin etwa 10 kWh Energie. Als Zeiteinheit nehmen wir einen (24-Stunden-)Tag, kurz: 1 d (= <u>d</u>ay). Wenn wir dann eine Leistung von beispielsweise 5 kWh/d bezogen haben, kostet uns das (aus dem Stromnetz) 1 € oder einen 1/2 Liter Benzin. Wir wissen sozusagen am Ende des Tages, was die an einem Tag bezogene Energie wert ist.

---

17 Es sollte ein „fliegender Start" durchgeführt werden, damit die Versuchsperson während der Versuchszeit nicht zusätzlich Beschleunigungsarbeit aufbringen muss.

Die Umrechnung ist einfach, zum Beispiel: 100 W = 100 W $\cdot \frac{24\,h}{1\,d}$ = 0,1 kW $\cdot$ 24 h/d = 2,4 kWh/d. Das ist genauso eine Leistungseinheit wie das Watt, wobei man eben bei 2,4 kWh/d sofort erkennt: Bezieht man diese Leistung einen Tag (1 d = 24 Stunden) lang ununterbrochen, zum Beispiel indem eine 100-W-Glühlampe 24 Stunden lang brennen lässt, so summiert sich das zu der Energie(menge) von 2,4 kWh, was im Falle der elektrischen Energie aus dem Stromnetz ca. 0,5 € kosten wird. Die Leistungseinheit kWh/d ist deshalb anschaulich, weil sie angibt, wie viel Energie in kWh während eines Tages bezogen wird.

9.1 Rechnen Sie 1 kW in kWh/d und 1 kWh/d in W um.

9.2 Natürlich gilt die Leistungsformel $P = E/t$ weiterhin; man muss nur E in kWh angeben und t in Tagen (d). Beispiel: Ein Elektroherd nimmt beim Kuchenbacken 2 Stunden lang eine Leistung von 800 W auf. Welche Leistung in kWh/d wurde bezogen? Die Energie ist: E = 0,8 kW $\cdot$ 2 h = 1,6 kWh. Jetzt wird die Leistungsdauer 2 h noch in die Zeiteinheit d umgerechnet. 2 h = 2/24 d = 0,083 d. Das ergibt eine (Tages-)Leistung von $P = E/t$ = 1,6 kWh/0,083 d = 19 kWh/d.

9.2.1 Das TV-Gerät mit 150 W Leistung ist täglich 4 Stunden in Betrieb. Geben Sie die tägliche Leistung in kWh/d an.

9.2.2 Eine 40-W-Glühlampe brennt 24 Stunden. Welcher Leistung in kWh/d entspricht das?

9.2.3 Die tägliche Autofahrt von 50 Kilometern soll in Leistungseinheit kWh/d berechnet werden. Das Auto benötigt 8 Liter auf 100 Kilometern. Wie hoch sind die täglichen Benzinkosten? Wie viel würde diese Energiemenge kosten, wenn sie aus dem Stromnetz bezogen würde? Wie erklärt sich der Preisunterschied?

9.3 Der Rat der Eidgenössischen Technischen Hochschule Zürich (ETH Zürich) ist der Auffassung, dass in einer Gesellschaft, in der jeder Bürger mit 2000 Watt Dauerleistung auskommt („**2000-Watt-Gesellschaft**"), eine **nachhaltige Energieversorgung der Welt** gewährleistet werden kann.
Berechnen Sie, wie viel kWh/d das für jeden Einwohner sind. Und vergleichen Sie diesen Wert mit dem momentanen Pro-Kopf-Energieverbrauch in Deutschland und in der Welt.

10 Ein Pkw mit einer Masse von 1,5 t wird betrachtet.

10.1 Das Auto fährt konstant 100 km/h.

10.1.1 Berechnen Sie die kinetische Energie des Fahrzeugs.

10.1.2 Auf welche Höhe ließe sich das Auto mit diesem Energiebetrag heben? (Beachten Sie, dass nach dem Energieerhaltungssatz der freie Fall des Fahrzeugs aus dieser Höhe jener Energie entspricht, die auch bei einem Unfall mit dieser Geschwindigkeit auftritt.)

10.2 Das Auto wird von 90 km/h auf 30 km/h heruntergebremst.

10.2.1 Berechnen Sie die kinetische Energie bei 90 km/h und bei 30 km/h. Wie groß ist der beim Bremsen in Wärmeenergie umgewandelte Energiebetrag?

10.2.2 Geben Sie die kinetische Energie des Fahrzeugs bei 30 km/h als Bruchteil der Energie bei 90 km/h an.

10.3 Das Auto beschleunigt von 0 auf 100 km/h in 10 Sekunden.

10.3.1 Geben Sie die dafür benötigte Beschleunigungsarbeit an.

10.3.2 Berechnen Sie die Leistung, die während des Beschleunigungsvorgangs erforderlich ist.

10.3.3 Die Motorleistung des Pkws ist mit 100 kW angegeben. Welcher Bruchteil dieser Leistung wird für den Beschleunigungsvorgang benötigt?

11   Elektrische Steckdosen sind normalerweise mit 16 A (Ampere) abgesichert, das heißt, man kann ihnen elektrischen Strom bis zu maximal 16 A entnehmen. Die elektrische Netzspannung an der Steckdose beträgt 230 Volt (Effektivwert[18]).

11.1 Wie viel Energie in kWh kann man einer Steckdose in 24 Stundem maximal entnehmen? Wie viel muss man dafür bezahlen (aktuellen kWh-Preis zugrunde legen)?

11.2 Welche Leistung steht an einer Steckdose zur Verfügung? Vergleichen Sie diese mit der menschlichen Dauerleistung. Wie viele „menschliche Energieknechte" bringen die gleiche Leistung wie eine einzige Steckdose?

11.3 Wie viele Liter Wasser lassen sich mit dieser Steckdosenleistung in 24 Stunden 100 Meter hoch pumpen, wenn ein Wirkungsgrad von 70 % angenommen wird?

11.4 Wie viele Liter 15 °C kalten Wassers lassen sich mit der aus der Steckdose in 24 Stunden maximal entnehmbaren Energie zum Kochen (100 °C) bringen?

11.5 Wie viel Primärenergie in t SKE muss in einem Kohlekraftwerk eingesetzt werden, um 24 Stunden lang die maximale Leistung aus der Steckdose entnehmen zu können, wenn man einen Gesamtwirkungsgrad von 30 % zugrunde legt?

12   Für ein Vollbad werden 150 Liter 15 °C kalten Wassers auf 35 °C erwärmt.

12.1 Wie groß ist die dafür benötigte Energiemenge in kWh?

12.2 Wie viel kostet die Erwärmung des Badewassers, wenn elektrische Energie verwendet und der aktuelle Strompreis zugrunde gelegt wird (Verluste bleiben dabei unbeachtet)?

12.3 Wie hoch könnten die 150 Liter Wasser mit dieser Energiemenge gehoben werden?

12.4 Welche Leistung muss ein elektrischer Durchlauferhitzer besitzen, wenn die Erwärmung während des Einlaufens des Wassers innerhalb von 5 Minuten durchgeführt werden soll?

13   Blitze, so heißt es oft, besitzen eine hohe Energiemenge. Überprüfen Sie das rechnerisch mit der Formel zur Berechnung der elektrischen Energie. Die erforderlichen Zahlenwerte können Sie sicherlich selbst ermitteln. Wozu gibt es schließlich Internet-Suchmaschinen?

14   Jemand lässt beim Zähneputzen zweimal täglich das Warmwasser länger laufen als nötig; das ergibt einen zusätzlichen Warmwasserbedarf von zwei Litern pro Tag. Das Wasser wird elektrisch von 15 °C auf 35 °C aufgeheizt.

14.1 Wie viele kWh Energie müssen für diese Unachtsamkeit im Laufe eines Jahres aufgebracht werden?

14.2 Wie hoch sind die zusätzlichen jährlichen Energiekosten?

14.3 Wie viel Kilogramm Steinkohle müssen dafür im Kohlekraftwerk verheizt werden, wenn der Wirkungsgrad 30 % beträgt?

---

18 Es sei daran erinnert, dass es sich bei der Netzspannung um Wechselspannung handelt, die eine sinusförmige Zeitabhängigkeit aufweist. Um mit Wechselspannungen und -strömen wie mit zeitlich konstanten Größen (Gleichspannung und -strom) rechnen zu können, gibt man so genannte *Effektivwerte* an; 230 V und die 16 A sind solche Effektivwerte.

14.4 Ein elektrischer Rasierapparat, der 15 W elektrische Leistung aufnimmt, wird täglich 5 Minuten lang zum Rasieren benötigt. Wie viele Tage könnte sich jemand mit der an einem Tag durch das Warmwasser verschwendeten Energie rasieren?

15 Über ein Getriebe wird mit einem kleinen Windrad ein Generator angetrieben.
Es gilt: $\eta_{GET} = 0{,}90$ und $\eta_{GEN} = 0{,}85$
Im Jahr werden damit 40 MWh elektrische Energie erzeugt.

Abb. 1.17 ▶ Windkraftanlage

15.1 Begründen Sie, warum es sich im obigen Satz um eine Leistungsangabe handelt, und geben Sie diese auch in kWh/d und kW an.

15.2 Wie viel Energie wird dem Wind damit jährlich entzogen?

15.3 Wie vielen Tonnen Steinkohleeinheiten entspricht diese Energie? (1 t SKE $\approx 3 \cdot 10^{10}$ J)

15.4 Die Investitionskosten des Windrades betragen 96.000 €. In wie vielen Jahren hat sich die Anlage amortisiert, wenn der Strompreis 10 Cent/kWh beträgt?

15.5 Zu welcher Energieart gehört die Windenergie?

16 In der folgenden Tabelle sind die **Heizwerte** für einige Brennstoffe angegeben, das heißt jene Energiemenge, die beim Verbrennen des betreffenden Brennstoffs freigesetzt wird. Da es sich um Durchschnittswerte handelt, können je nach Beschaffenheit des Brennstoffes Abweichungen auftreten.
Berechnen Sie für jeden Brennstoff, welche Menge erforderlich ist, um 1 kWh Energie zu erhalten. Bringen Sie die aktuellen Preise dieser Brennstoffe in Erfahrung und vergleichen Sie, welcher Brennstoff, bezogen auf 1 kWh, aktuell der preiswerteste ist. Anschließend berücksichtigen Sie die Wirkungsgrade der mit diesen Brennstoffen betriebenen Anlagen. Vergleichen Sie nun die Preise mit denen des elektrischen Stromes. Welche Folgerungen lassen sich daraus ziehen?

Tabelle 1.6 ▶ Heizwerte einiger Brennstoffe

Brennstoff	Einheit	Heizwert MJ	kWh	SKE-Faktor
Steinkohle *	1 kg	29,7	8,3	1,01
Steinkohlebrikett	1 kg	31,4	8,7	1,07
Braunkohle *	1 kg	8,5	2,36	0,29
Braunkohlebrikett	1 kg	19,5	5,42	0,67
Diesel/leichtes Heizöl	1 l	35,4	9,84	1,21
Schweres Heizöl	1 l	37,3	10,36	1,27
Benzin	1 l	32,2	8,94	1,10
Holz	1 kg	14,7	4,08	0,50
Erdgas	1 m³	31,7	8,81	1,08
Wasserstoff	1 m³	10,8	3,00	0,37

Durchschnittswert der Gesamtförderung

2 Entwicklung des Energieverbrauchs

Die **Energieversorgungssysteme**, die wir heute zur Verfügung haben, sind historisch gewachsen. Immer, wenn die Menschen neue Energieträger nutzbar machen konnten, waren damit große Umwälzungen verbunden. Die zunehmende Beherrschung und Ausbeutung der in der Natur vorkommenden Energieträger erleichterten den Menschen das Leben ganz erheblich. Freilich darf nicht übersehen werden, dass von dem übermäßigen Energieverbrauch der Menschheit heute Gefahren für eben diese Menschheit ausgehen, weshalb mit Energie in Zukunft viel sparsamer und sorgsamer umgegangen werden muss. Die Umstellung der Energieversorgungssysteme auf umweltfreundliche, ressourcenschonende Technologien wird eine der Schlüsselfragen des 21. Jahrhunderts sein.

2.1 Von der Muskelkraft zum Kernkraftwerk

Am Anfang der Menschheitsgeschichte war der Mensch allein auf seine Körperkräfte angewiesen. Alle Tätigkeiten wurden mit eigener **Muskelkraft** vollzogen. Die Lebenserwartung war entsprechend kurz. Für einen Teil der schweren körperlichen Arbeit konnte später die überlegene Muskelkraft von Tieren genutzt werden – und die wird bis heute eingesetzt.

Der Gebrauch des **Feuers**, das Wärme und Licht spendet, war für die menschliche Entwicklung ein Meilenstein: Die Menschen wurden unabhängiger von Klima und Witterung, konnten aufgrund der Speisenzubereitung auf ein breiteres Nahrungsangebot zurückgreifen und schließlich Gebrauchsgegenstände aus Metall und Keramik herstellen. Die Lebens- und Überlebensbedingungen hatten sich damit wesentlich gebessert, so dass die Bevölkerungszahl anstieg. Das Feuer ist nach wie vor der weitaus bedeutendste „Energiespender" der Menschheit. War vor der Industrialisierung Holz der wichtigste Brennstoff, sind es seitdem die **fossilen Energieträger** Kohle, Öl und Gas geworden. Da bei der Verbrennung jedoch **Schadstoffe** freigesetzt werden, hat diese Art der Energienutzung große Umweltprobleme zur Folge.

Mit der Beherrschung des Feuers war man allerdings noch lange nicht in der Lage, die Wärmeenergie aus der Verbrennung in mechanische Antriebsenergie umzuwandeln. Als mechanische Energielieferanten nutzte man mittels entsprechender technischer Vorrichtungen die **Wind**- und **Wasserkraft** aus. Mit ihrer Hilfe wurden Mühlen und Bewässerungsanlagen betrieben. Später wurden Wind- und vor allem Wasserkraft zum Antrieb von Maschinen eingesetzt und Mensch wie Tier damit teilweise von körperlicher Arbeit entlastet. Die emissionsfreien[1]

Abb. 2.1 ▶ Traditionelle Energiewandler

---

1 *Emission* = das Aussenden oder Abgeben von umweltbelastenden Stoffen an die Umgebung, insbesondere das Abgeben von Luftschadstoffen.

regenerativen Energieträger Wind und Wasser sind heute wieder aktuell, weil sie sehr umweltverträglich sind.

Abb. 2.2 ▶ James Watt

Im Jahre 1769 baute der englische Ingenieur JAMES WATT (1736–1819) eine die Welt verändernde technische Maschine: Die **Dampfmaschine** war *der* Energiewandler, der die thermische Energie des Dampfes in mechanische Energie umwandeln konnte. Das damit in beliebigen Mengen zur Verfügung stehende, von Wind und Wasser unabhängige Angebot an mechanischer Antriebsenergie brachte so tiefgehende Veränderungen in allen Lebensbereichen mit sich, dass sie als **1. industrielle Revolution** bezeichnet wird. Die Kohle wurde nun der wichtigste Primärenergieträger. Dort, wo große Kohlevorkommen ausgebeutet werden konnten, bildeten sich Industriezentren mit hoher Bevölkerungsdichte. Damit waren große soziale Umwälzungen und Spannungen verbunden, auf die hier nicht näher eingegangen werden kann, sowie Umweltschäden aufgrund der massiven Verfeuerung von Kohle.

Mit der Dampfmaschine wurde auch das Transportsystem völlig verändert, und die Eisenbahn wurde *das* Transportmittel der einsetzenden Industrialisierung. In dieser Zeit erforschte man auch intensiv die theoretischen Grundlagen der Dampfmaschine, die **Thermodynamik** entstand. Der Engländer WILLIAM THOMSON (1824–1907) führte den **Energiebegriff** im heutigen Sinne ein.

Die Erfindung der **Verbrennungsmotoren** (Ottomotor im Jahr 1867, Dieselmotor im Jahr 1892) brachte weitere Energiewandler, die mechanische Antriebsenergie verfügbar machten. Diese Motoren eigneten sich besonders für den mobilen Einsatz. Parallel dazu wurde die Nutzung der fossilen Energieträger Erdöl und Erdgas erschlossen und intensiviert. Otto- und Dieselmotoren haben die Verkehrssysteme nachhaltig verändert. Den damit verbundenen Annehmlichkeiten des Individualverkehrs für den Einzelnen stehen die Belastungen gegenüber, die der Massenverkehr für Mensch und Umwelt zur Folge hat.

Die großtechnische Erzeugung, Verbreitung und Nutzung **elektrischer Energie** begann ebenfalls am Übergang zum 20. Jahrhundert. Nach der Erfindung des elektrischen Generators durch WERNER VON SIEMENS (1816 – 1892) wurde ein immer dichteres elektrisches Ver-

Abb. 2.3 ▶ Historische Dampfmaschine

sorgungsnetz in Deutschland aufgebaut, das sich inzwischen zu einem europäischen Verbund-netz mit sehr hoher Versorgungssicherheit für die Verbraucher entwickelt hat. Die in das Netz eingespeiste Energie wurde zunächst überwiegend mit Kohlekraftwerken und zum kleineren Teil mit Wasserkraft erzeugt. Ab den 1960er Jahren kamen dann auch Atomkraftwerke hinzu, die inzwischen einen erheblichen Anteil an der Stromerzeugung haben. Die Vorteile der elektrischen Energie haben zur Folge, dass mittlerweile alle entwickelten Länder **Elektrizitätsversorgungs-systeme** aufgebaut haben. Insbesondere die gute Verteilbarkeit der elektrischen Energie und ihre uneingeschränkte Umwandelbarkeit in andere Energieformen mit hohen Wirkungsgraden machen sie so attraktiv. Die Elektrizität dient aber nicht nur der Energieversorgung; sie ist zu-dem der wichtigste Informationsträger in der modernen Welt der Telekommunikation.

Natürlich nutzte der Mensch – wie alle Lebewesen auf der Erde – von Anfang an die **Sonnenenergie**. Die Sonne ist die älteste Energiequelle der Menschheit und angesichts der Umweltprobleme mit den fossilen Energieträgern und der Atom- bzw. Kernenergie hoffentlich auch die zukünftige. Dabei geht es nicht wie bisher nur um die passive Nutzung der Sonnenenergie, vielmehr ist auch eine aktive Nutzung mit technischen Mitteln zu bewerkstelligen. Außerdem kann man sich bei der Nutzung der Sonnenenergie nicht länger auf einzelne Insellösungen beschränken, sondern muss auch große technische Projekte umsetzen, um bei-spielsweise aus den sonnenreichen Gebieten der Sahara solar erzeugten Strom nach Europa zu bringen. Solche so-laren Großprojekte sind im Entstehen. Darauf wird in einem späteren Kapitel ausführlicher eingegangen.

Abb. 2.4 ▶ Werner von Siemens

2.2 Energieverbrauch

2.2.1 Wachstumsfunktionen

Wenn man sich mit der zeitlichen Veränderung einer bestimmten Größe, hier dem Energiever-brauch, beschäftigt, begegnet man häufig dem Begriff **exponentiellen Wachstums**[2]. Welche dynamische Zunahme das exponentielle Wachstum etwa im Vergleich zu linearem Wachstum erzeugt, zeigen nachfolgende Tabelle und Abbildung. Dabei wird eine jährliche Wachstumsrate von 7 % zugrunde gelegt. Beim **linearen Wachstum** beziehen sich die 7 % immer auf den Anfangswert (hier 100), so dass sich stets der gleiche absolute Zuwachs ergibt. Anders beim exponentiellen Wachstum: Hier bezieht sich die jährliche Wachstumsrate von 7 % immer auf das Vorjahr, wodurch sich ein dynamischer absoluter Zuwachs ergibt. Dieser Effekt tritt auch bei der Geldanlage auf und wird **Zinseszinseffekt** genannt. Wer Geld anlegt und die Zinsen nicht abhebt, kann bei entsprechend langen Zeiträumen mit der gleichen dynamischen Entwicklung seines Kapitals rechnen. Ein Effekt, den viele Menschen meist beträchtlich unterschätzen.

---

2   Der Begriff kommt aus der Mathematik, da die Funktionen, mit denen sich diese Wachstumsvorgänge beschreiben lassen, **Exponentialfunktionen** heißen.

Tabelle 2.1 ▶ Lineares und exponentielles Wachstum

Zeit in Jahren	Lineares Wachstum	Exponentielles Wachstum
0	100	100
5	135	140
10	170	197
15	205	276
20	240	387
25	275	543
30	310	761
35	345	1068
40	380	1497
45	415	2100
50	450	2946

Die Zahlenwerte zeigen, dass die Wachstumsgröße bei linearem Wachstum in fünfzig Jahren von 100 auf 450 steigt, also auf das 4,5-Fache, während sie bei exponentiellem Wachstum fast auf das 30-Fache ansteigt.

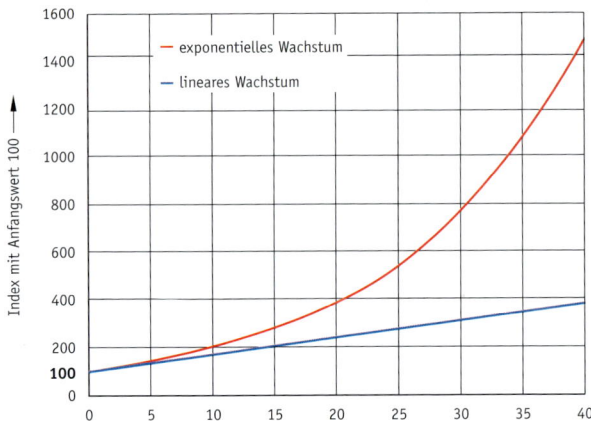

Abb. 2.5 ▶ Die Abbildung zeigt die dynamische Zunahme beim exponentiellen Wachstum im Vergleich zu linearem Wachstum (Gerade). Die „Schere" zwischen beiden Kurven geht mit der Zeit immer weiter auf.

Wächst eine Größe stets proportional zum bereits vorhanden Wert, also beispielsweise jedes Jahr um 7 %, dann findet exponentielles Wachstum statt. Aus obiger Tabelle kann man entnehmen, dass sich der Wert in der dritten Spalte etwa alle zehn Jahre verdoppelt. Dieses Verhalten, in gleichen Zeiträumen immer um den gleichen Faktor zuzunehmen, ist ein Merkmal einer exponentiellen Wachstumsfunktion. Die mathematische Beschreibung von Wachstumsfunktionen erfolgt auf Seite 33 (siehe auch die Aufgaben auf Seite 37).

Es gibt viele Größen, die phasenweise exponentiell wachsen. Dazu gehören derzeit auch der Weltenergieverbrauch und die Weltbevölkerung. Man sollte eine Vorstellung von der dynamischen Entwicklung exponentieller Wachstumsprozesse haben, damit man versteht, dass das auf einem endlichen Planeten wie der Erde nicht auf Dauer so weitergehen kann. Die **Unendlichkeitsillusion** der Menschheit ist nicht länger aufrechtzuerhalten, wenn die daraus folgenden Konsequenzen – und sei es auch erst für nachfolgende Generationen – berücksichtigt werden.

2.2.2 Weltweiter Primärenergieverbrauch

Energiestatistiken können sehr verwirrend sein: Zum einen werden sie in unterschiedlichen Energieeinheiten angegeben. Zwar setzt sich Joule mehr und mehr durch, dennoch findet sich noch häufig t SKE, neuerdings vermehrt auch t RÖE (manchmal „t ÖE", dabei steht „RÖE" für Rohöleinheit, entsprechend der SKE). Ölkonzerne und verwandte Organisationen bevorzugen das Volumenmaß „Barrel" (1 barrel = 159 Liter). Mit den in Kapitel 1 und im Anhang angegebenen Umrechnungsfaktoren muss man also eventuell Umrechnungen der Einheiten vornehmen. Zum anderen ist zu beachten, ob es sich um **Primärenergieverbrauch** oder um **Endenergie** handelt und ob es sich um weltweite (globale) Zahlenangaben oder um auf Deutschland bezogen Werte handelt. Mitunter wird auch nur der Energiebedarf zur Stromerzeugung angegeben. Das heißt, man muss immer genau feststellen, was die entsprechende Statistik zeigt. Dass Statistiken

mitunter manipuliert oder zumindest suggestiv dargestellt werden, sei hier nur am Rande erwähnt. Eine zuverlässige Quelle für Energiestatistiken ist unter anderem die Internetseite des
Bundeswirtschaftsministeriums.

Die Entwicklungsgeschichte der Menschheit ist auch eine Geschichte der enormen Zunahme des
Energieverbrauchs durch den Menschen. Betrug der jährliche Pro-Kopf-Energieverbrauch in der
Jäger- und Sammlerzeit nur ungefähr[3] 15 GJ, so lag er in den Agrargesellschaften bereits bei
65 GJ und ist in den heutigen Industriegesellschaften auf über 250 GJ angewachsen. Das ist
fast eine Verzwanzigfachung des Pro-Kopf-Energieverbrauchs! Hinzu kommt die Zunahme der
Bevölkerungszahlen.

In Abbildung 2.6 ist die zeitliche Entwicklung des **Primärenergieverbrauchs der Welt** dargestellt, aufgeschlüsselt nach verschiedenen Primärenergieträgern.

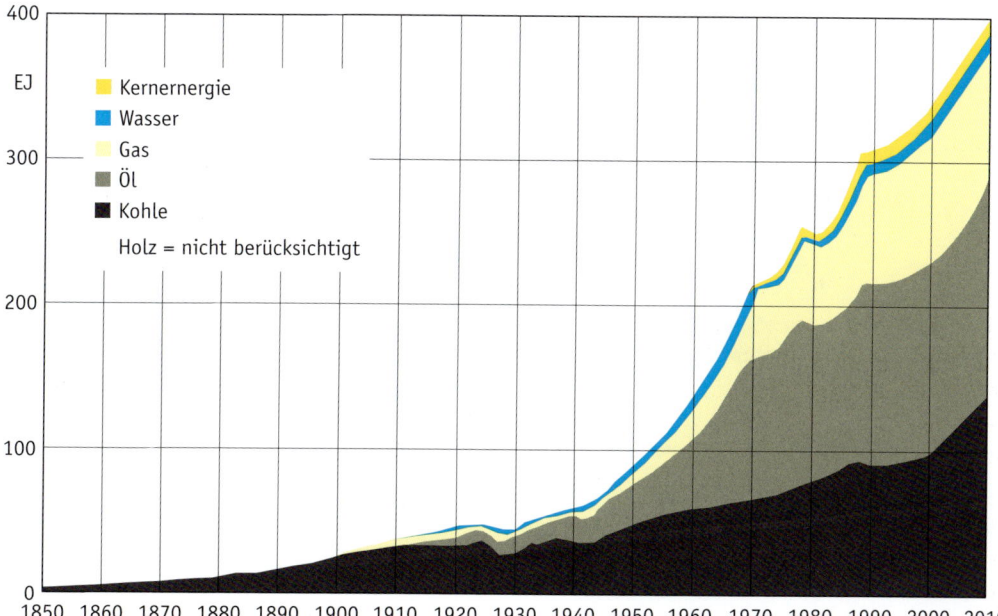

Abb. 2.6 ▶ Primärenergieverbrauch der Welt

Aus Abbildung 2.6 erkennt man, dass der weltweite Energieverbrauch mit der einsetzenden Industrialisierung ansteigt. Eine exponentielle Zunahme des Energieverbrauchs ist nach dem Zweiten Weltkrieg zu verzeichnen. Zudem zeigt sich, dass die Zunahme des Weltenergieverbrauchs
bisher durch fossile Energieträger gedeckt wurde – ein Weg, der sich in Zukunft nicht mehr in
dem Maße beschreiten lässt. Aus zwei Gründen ist zu erwarten, dass der weltweite Energiebedarf
auch in Zukunft steigen wird:

- Der Anstieg der Weltbevölkerung führt dazu, dass immer mehr Menschen Energie benötigen
  werden.

---

3   Zur Erinnerung: Der Buchstabe „G" vor der Einheit Joule steht hier als Einheitenvorsatz und bedeutet
    Giga, was gleichbedeutend mit dem Faktor 10^9 als 1 Milliarde ist.

■ Und der Pro-Kopf-Energieverbrauch steigt: Zeichnet sich in den Industrieländern eine Stagnation des Pro-Kopf-Energieverbrauchs auf hohem Niveau ab, so sind in weniger entwickelten Ländern, insbesondere in den bevölkerungsreichen Ländern Asiens, hohe Steigerungsraten beim Pro-Kopf-Energieverbrauch festzustellen.

Allein in den letzten vierzig Jahren hat sich der globale Primärenergieverbrauch verdoppelt. Nach den derzeitigen Prognosen (Stand 2010) wird bis 2030 mit einer jährlichen Zuwachsrate des Weltprimärenergieverbrauchs von über 2 % gerechnet. Das führt rein rechnerisch ($1,02^{20}$ = 1,48) zu einem fast 50 % höheren Energieverbrauch im Jahr 2030. Hielte dieser Trend gar bis 2050 an, hieße das einen 120 % höheren Weltprimärenergieverbrauch als 2010 und damit wiederum mindestens eine Verdoppelung in vierzig Jahren. Um diese zunehmende weltweite Nachfrage nach Energie befriedigen zu können, ist eine verstärkte Nutzung regenerativer Energiequellen unabdingbar. Denn nur auf diese Weise kann eine umweltverträglichere Energienutzung gelingen.

2.2.3 Energieverbrauch in der Bundesrepublik Deutschland

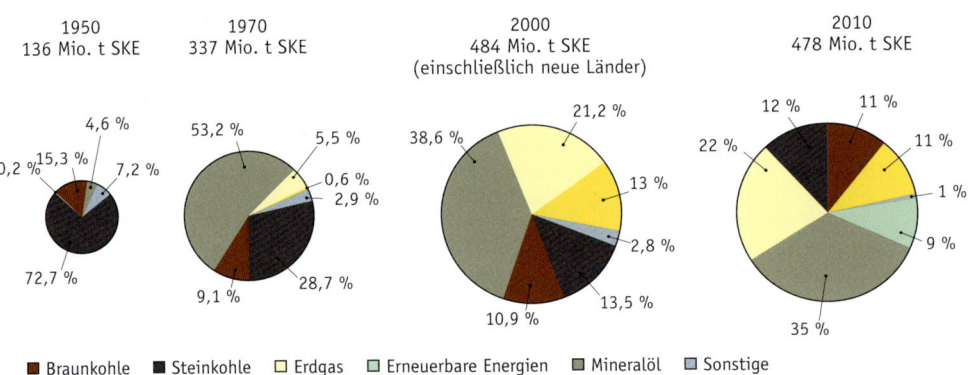

Abb. 2.7 ▶ Die zeitliche Veränderung der Anteile der Energieträger am Primärenergieverbrauch in der Bundesrepublik Deutschland

In Abbildung 2.7 sind der **Primärenergieverbrauch in der Bundesrepublik Deutschland** in den Jahren 1950, 1970, 2000 und 2010 dargestellt und wie sich die Anteile der verschiedenen Primärenergieträger im Laufe der Zeit prozentual verändert haben.

Mehrere Entwicklungen sind zu beobachten:

■ Exponentielle Zunahme des Primärenergieverbrauchs in der Nachkriegszeit (1950–1970). Starke Zunahme des Mineralölanteils bei entsprechender Schrumpfung des Kohleanteils. Die regenerativen Energien sind gering und daher unter „Sonstige" eingeordnet. Zwischen 1970 und 1990: zunehmender Kernenergieanteil.

■ Seit 1990 stagniert in Deutschland der Primärenergieverbrauch, während der Anteil der regenerativen Energien wächst. Auch die Nutzung des schadstoffärmsten fossilen Energieträgers Erdgas nimmt seither zu. Der Kernenergieanteil macht bei der Deckung des Gesamtprimärenergieverbrauchs nur etwa 10 % aus (bei der Stromerzeugung liegt er wesentlich höher).

■ Insgesamt wird also ersichtlich, dass sich die Primärenergieversorgung Deutschlands in der Nachkriegszeit vom dominierenden Energieträger Kohle über das Mineralöl zu einem **Energiemix**[4] verändert hat. Trotzdem sind es noch zu rund 80 % fossile Energieträger, die den Energiebedarf Deutschlands decken.

Primärenergieverbrauch nach Energieträgern in Deutschland

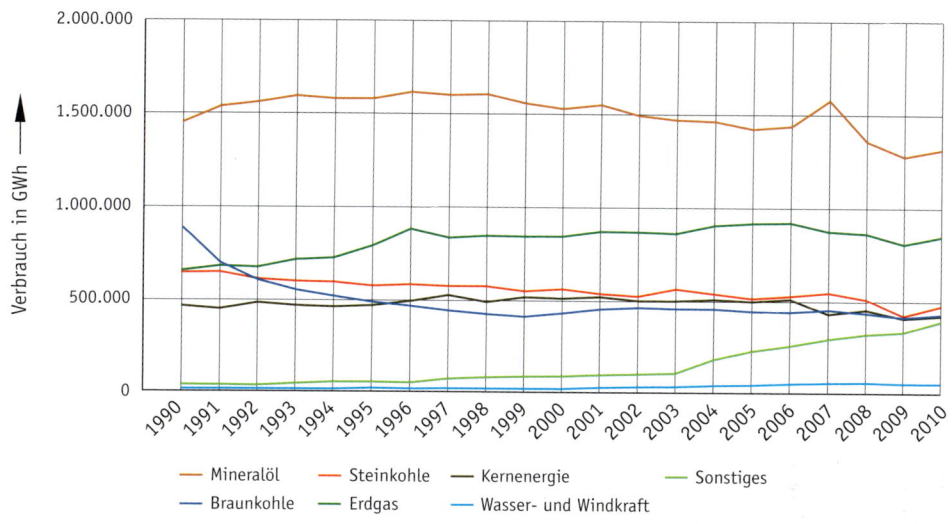

Datenquelle: Bundesministerium für Wirtschaft und Technologie

Abb. 2.8 ▶ zeitlicher Verlauf des Primärenergieverbrauchs in der Bundesrepublik Deutschland

Abbildung 2.8 zeigt die Entwicklung des Primärenergieverbrauchs in der Bundesrepublik Deutschland innerhalb der letzten zwanzig Jahre.

Noch ist der Anteil der regenerativen Energieträger am gesamten Primärenergiebedarf relativ gering, ihr Anteil nimmt jedoch exponentiell zu. Die regenerativen Energien sind die Energien mit den größten Wachstumsraten, was auch nötig ist, will man den Ausstoß von Klimagasen **drastisch und langfristig** reduzieren.

Im Folgenden soll nun gezeigt werden, welche Anteile der **Endenergie** auf die unterschiedlichen Verbraucher entfallen und wie sich die Bedarfsarten verteilen.

Aus der Abbildung geht hervor, wo die Verbrauchsschwerpunkte und die Verbrauchssektoren in Deutschland liegen. Das Kreisdiagramm zeigt, dass Haushalt und Verkehr jeweils einen höheren Anteil am Endenergieverbrauch haben als die Industrie. Das war Mitte des letzten Jahrhunderts noch ganz anders.

---

4 Unter Energiemix versteht man die möglichst gleichmäßige Nutzung der verschiedenen zur Verfügung stehenden Energieträger bei der Energieversorgung eines Landes.

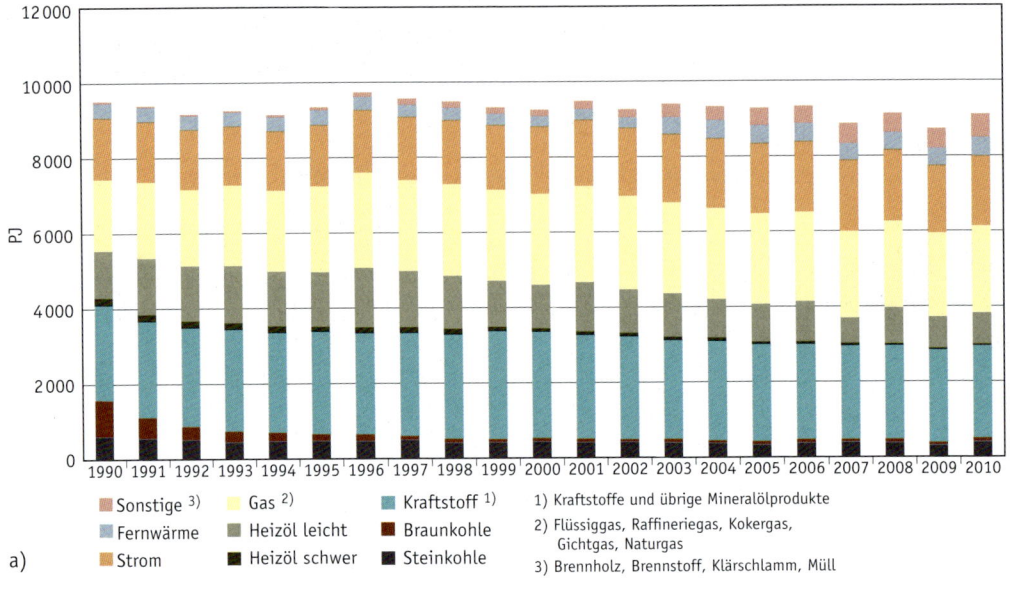

a)

Sonstige 3)   Gas 2)   Kraftstoff 1)   1) Kraftstoffe und übrige Mineralölprodukte

Fernwärme   Heizöl leicht   Braunkohle   2) Flüssiggas, Raffineriegas, Kokergas, Gichtgas, Naturgas

Strom   Heizöl schwer   Steinkohle   3) Brennholz, Brennstoff, Klärschlamm, Müll

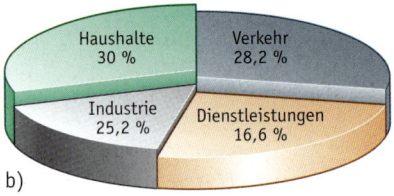

b)

Abb. 2.9 ► Der Endenergieverbrauch in der Bundesrepublik Deutschland nach Energieträgern (a) und Verbrauchern (b)

Und so stellt sich der **Energieverbrauch** eines durchschnittlichen deutschen Vier-Personen-Haushalts dar, wenn man den familieneigenen Pkw in die Bilanz aufnimmt:

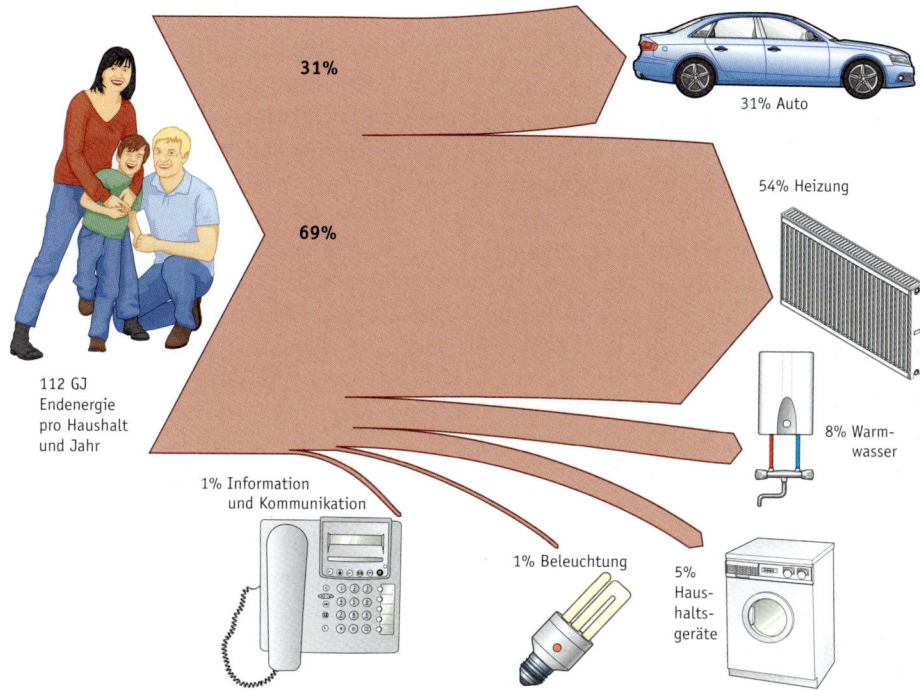

Abb. 2.10 ▶ Anteile des Energieverbrauchs eines deutschen Haushalts

Raumheizung und Auto haben demnach die bei weitem größten Anteile am Energieverbrauch eines Haushalts. Bei diesen lassen sich folglich auch am ehesten nennenswerte Einsparungen erzielen: Einsparungen bei der Raumheizung sind mittels einer guten Isolierung der Außenwände, moderner gesteuerter Heiztechnik und moderater Raumtemperaturen ohne großen Aufwand zu erzielen; Einsparungen beim Auto lassen sich in erster Linie durch den Verzicht auf unnötige Fahrten realisieren.

2.2.4 Ausblick

Die Energieversorgung der Menschheit befindet sich in der Krise. Da sie ihren Energiebedarf zu fast 90 % mit den fossilen Energieträgern Kohle, Öl und Gas deckt, ergeben sich für die Zukunft zwei schwerwiegende Probleme im Hinblick auf eine langfristig gesicherte und umweltgerechte Energieversorgung:

■ Die Ressourcen[5] an fossilen Brennstoffen sind begrenzt. Auch wenn definitive *Reichweiten*[6] der einzelnen nichterneuerbaren Energieträger kaum zuverlässig angegeben werden können, so ist dennoch klar, dass die fossilen Energieträger in absehbarer Zeit aufgebraucht sein werden. Verschärfend kommt hinzu, dass die sicheren Vorräte an fossilen Energieträgern zu etwa 65 % Kohle, aber nur zu 19 % Öl und zu 16 % Gas enthalten. Trotzdem hat Öl derzeit mit fast 40 % den größten Anteil an der Bedarfsdeckung.

---

5   Der Begriff **Ressource** (franz.) bezeichnet die größtmögliche Menge, die (noch) vorhanden ist. Die davon sicher gewinnbare Menge nennt man **Reserve**.
6   Darunter versteht man die Anzahl der Jahre, die der Energieträger noch genutzt werden kann. Dabei darf man sich das Ende – beispielsweise des Öls – nicht abrupt vorstellen; es wird vielmehr allmählich knapper und damit immer teurer werden. Somit sind Verteilungskämpfe bis hin zu Kriegen um das knappe Gut nicht ausgeschlossen.

■ Die fossilen Energieträger sind in 300 Millionen Jahren erdgeschichtlicher Frühzeit aus der Natur entstanden und werden nun innerhalb von 300 Jahren industrieller Neuzeit verbrannt und in die Umwelt zurückgeschickt. Diese Stoffe werden also etwa 1.000.000-mal schneller ausgebeutet, als sie sich gebildet haben. Mit dieser Geschwindigkeit sind Anpassungsprozesse in der Natur überfordert: Die bei der Verbrennung abgegebenen Stoffe führen aufgrund der großen Menge in kurzer Zeit zu gravierenden Schäden in der Umwelt.

Die Lösung dieser Probleme erfordert erhebliche technische wie finanzielle Anstrengungen und müsste längst in Angriff genommen sein. Denn je später der Umsteuervorgang eingeleitet wird, desto schmerzlicher wird er sein. Manche halten die Kernenergie für einen Ausweg aus der Energiekrise. Dabei ist aber dreierlei zu bedenken: Erstens sind auch die Uranvorräte begrenzt; zweitens sind mit der Nutzung der Kernenergie erhebliche Risiken verbunden (siehe Abschnitt 5.4); und drittens ist fraglich, ob Kernenergie noch die nötige gesellschaftliche Akzeptanz besitzt. Zumindest in Deutschland scheint die Kernenergie, zumal nach der neuerlichen Reaktorkatastrophe in Fukushima/Japan im Jahre 2011, keine Zukunft mehr zu haben.

Die bisherigen Betrachtungen haben jedoch deutlich gemacht, dass die regenerativen Energiequellen Sonne, Wind und Biomasse bisher kaum genutzt wurden; einzige Ausnahme ist die Wasserkraft. Und das, obwohl diese Energiequellen viel umweltverträglicher sind als die fossilen und nuklearen – und sie erneuern sich von selbst. Fazit: Sie müssen nach und nach die fossilen Energieträger substituieren[7].

Berechnung der Reichweiten

In der einschlägigen Fachliteratur finden sich vielfach Prognosen im Hinblick auf die Reichweiten verschiedener Energieträger. Da solche Prognosen mit sehr großen Unsicherheitsfaktoren behaftet sind, ist es sinnvoll, verschiedene Szenarien unter bestimmten Annahmen durchzurechnen. Das Prinzip wird hier erläutert.

Vorab einige Bezeichnungen:

E_V: insgesamt zur Verfügung stehende Vorräte des betreffenden Energieträgers
E_{J0}: momentaner jährlicher Verbrauch des Energieträgers
p: jährliche prozentuale Verbrauchszunahme (> 0) bzw. -abnahme (< 0)

Für die fossilen Energieträger findet man in der einschlägigen Literatur[8] folgende Werte:

Tabelle 2.2 ▶ Vorräte und Verbrauchsraten der fossilen Energieträger

Energieträger	Sichere gewinnbare Vorräte in Gt SKE E_V	Geschätzte zusätzliche Ressourcen in Gt SKE	Momentaner jährlicher Verbrauch in Gt SKE E_{J0}
Kohle	728	3585	4,8
Erdöl	232	117	5,5
Erdgas	235	224	3,8

---

7 *substituieren* = ersetzen
8 Quelle: Internationale Energie-Agentur (IAE)

Nimmt man an, dass der jährliche Verbrauch konstant bleibt, so errechnen sich aus den gesicherten Vorräten folgende *statischen* Reichweiten[9]:

Kohle: 152 Jahre
Erdöl: 42 Jahre
Erdgas: 62 Jahre

Zu anderen Reichweiten kommt man, wenn sich der jährliche Verbrauch um gleich bleibende p % ändert. Mit obigen Bezeichnungen erhält man:

Verbrauch im

1. Jahr: E_{J0}

2. Jahr[10]: $E_{J0} + \dfrac{p}{100}\, E_{J0} = E_{J0} \left(1 + \dfrac{p}{100}\right)$

3. Jahr: $E_{J0} \left(1 + \dfrac{p}{100}\right)\left(1 + \dfrac{p}{100}\right) = E_{J0} \left(1 + \dfrac{p}{100}\right)^2$

4. Jahr: $E_{J0} \left(1 + \dfrac{p}{100}\right)^3$
      usw.

Zur Vereinfachung ersetzt man den Klammerausdruck $\left(1 + \dfrac{p}{100}\right)$ durch den Buchstaben q, also: $q = 1 + \dfrac{p}{100}$

Der Gesamtverbrauch in n Jahren ergibt sich durch Aufsummieren der Jahresverbräuche/**des Jahresverbrauchs:**

$$S_n = E_{J0} + E_{J0} \cdot q + E_{J0} \cdot q^2 + E_{J0} \cdot q^3 + \ldots + E_{J0} \cdot q^{n-1} = E_{J0} \sum_{i=0}^{n-1} q^i$$

Diese Summe wird in der Mathematik als **geometrische Reihe** bezeichnet, zu deren Berechnung es eine Formel gibt (vgl. mathematische Formelsammlung):

$$\sum_{i=0}^{n-1} q^i = \frac{1 - q^n}{1 - q} \text{, wobei } q \neq 1 \text{ sein muss.}$$

Damit ergibt sich für die Berechnung des Gesamtverbrauchs in n Jahren bei einer jährlich gleich bleibenden prozentualen Verbrauchszunahme ($p > 0$) bzw. -abnahme ($p < 0$) folgende Formel:

$$S_n = E_{J0}\, \frac{1 - q^n}{1 - q}$$

---

9 Man braucht nur E_V/E_{J0} zu rechnen.
10 Aus dieser Darstellung ist zu erkennen, dass man jeweils den Verbrauch des Vorjahres mit dem Faktor $(1 + p/100)$ multiplizieren muss, um den Verbrauch des darauf folgenden Jahres zu erhalten.

Beispiel: Der Verbrauch an Erdöl innerhalb von zwanzig Jahren soll berechnet werden, wobei einmal eine jährliche Verbrauchssteigerung von 3 %, das andere Mal eine jährliche Verbrauchsabsenkung um 2 % angenommen wird.

3 % Zunahme pro Jahr: $\quad S_{20} = 5,5 \text{ Gt SKE} \cdot \dfrac{1 - 1,03^{20}}{1 - 1,03} = 148 \text{ Gt SKE}$

2 % Abnahme pro Jahr: $\quad S_{20} = 5,5 \text{ Gt SKE} \cdot \dfrac{1 - 0,98^{20}}{1 - 0,98} = 91 \text{ Gt SKE}$

Aus dieser Beispielrechnung wird deutlich, wie stark sich jährliche Einsparquoten auf einen längerfristigen Verbrauch auswirken.

Mit Hilfe der abgeleiteten Formel kann die Reichweitenrechnung auch für den Fall einer jährlich gleich bleibenden prozentualen Verbrauchsänderung durchgeführt werden: Die Energievorräte E_V sind aufgebraucht, wenn die Summe der Verbräuche S_n gerade gleich E_V ist. Also muss in obiger Formel S_n durch E_V ersetzt und die Formel dann nach n (Anzahl der Jahre) aufgelöst werden, wozu einige mathematische Umformungen notwendig sind:

$$E_V = E_{JO} \frac{1 - q^n}{1 - q}$$

$$\frac{E_V}{E_{JO}} = \frac{1 - q^n}{1 - q}$$

$$\frac{E_V}{E_{JO}}(1 - q) = 1 - q^n$$

$$q^n = 1 - (1 - q)\frac{E_V}{E_{JO}}$$

Um n zu erhalten, muss die letzte Gleichung logarithmiert werden. Mit dem natürlichen Logarithmus[11] ln ergibt das:

$$\ln q^n = \ln \left[1 - (1 - q)\frac{E_V}{E_{JO}}\right]$$

Diese Formel wird nun nach n umgestellt, indem man zunächst auf der linken Seite der Gleichung das Logarithmengesetz anwendet, demzufolge ein Exponent im Logarithmus als Faktor vor den Logarithmus gesetzt werden kann. Das heißt, $\ln q^n$ wird umgewandelt in $n \cdot \ln q$. Schließlich wird $\ln q$ noch auf die andere Seite der Gleichung dividiert.

Die **Reichweitenformel** lautet somit:

$$n = \frac{\ln \left[1 - (1 - q)\frac{E_V}{E_{JO}}\right]}{\ln q}$$

---

11   Genauso gut könnte man den Logarithmus zu einer anderen Basis, etwa zur Basis 10 benutzen.

Mit dieser Formel werden zwei Reichweitenrechnungen für Erdöl durchgeführt, wobei auch in diesem Beispiel erst eine jährliche Verbrauchssteigerung um 3 % und dann eine jährliche Verbrauchsminderung um 2 % unterstellt wird:

3 % Zunahme pro Jahr:
$$n = \frac{\ln \left[1 - (1 - 1{,}03)\dfrac{232}{5{,}5} \right]}{\ln\ 1{,}03} = 28 \text{ Jahre}$$

2 % Abnahme pro Jahr:
$$n = \frac{\ln \left[1 - (1 - 0{,}98)\dfrac{232}{5{,}5} \right]}{\ln\ 0{,}98} = 92 \text{ Jahre}$$

Auch diese Zahlen zeigen die erheblichen Auswirkungen, die sich auf längere Sicht aufgrund von jährlich geringen prozentualen Steigerungs- bzw. Abnahmeraten ergeben.

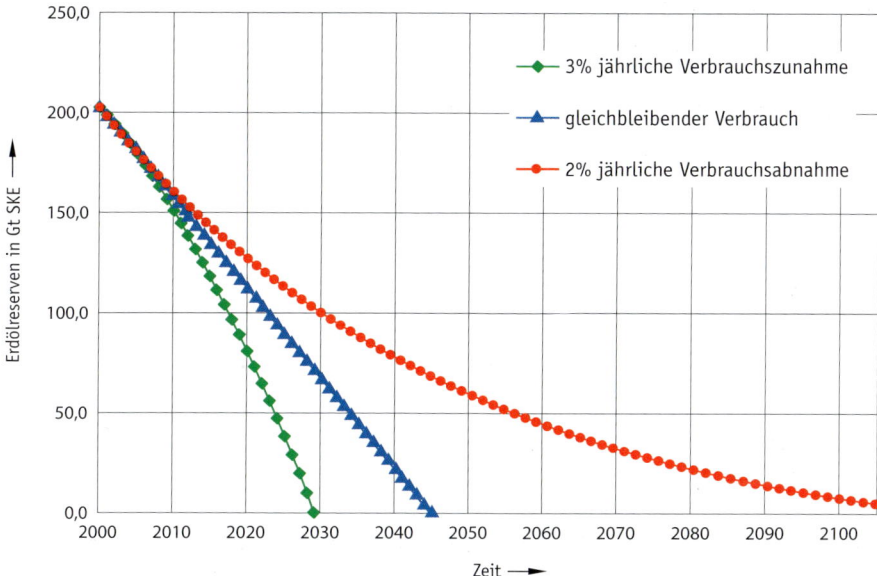

Abb. 2.11 ▶ Die Reichweiten des Erdöls bei unterschiedlichem Verbrauchsverhalten

Diese Modellrechnungen haben natürlich nur dann Gültigkeit, wenn die gemachten Voraussetzungen eintreten. Realistische Prognosen für die Nutzungsdauer der nichterneuerbaren Energieträger durchzuführen ist deshalb so schwierig, weil sehr viele, kaum richtig abzuschätzende Einflüsse berücksichtigt werden müssen. Die oben durchgeführten Modellrechnungen spiegeln jedoch die ungefähre Tendenz unterschiedlichen Verbrauchsverhaltens wider.

Aufgaben

1   Bei welchen Tätigkeiten wurde die menschliche Muskelkraft durch die Muskelkraft von Tieren ersetzt?

2   Welche Auswirkungen hatte die Verwendung des Feuers durch den Menschen auf die Umwelt?

3   Die Nutzung der regenerativen Energien Wind- und Wasserkraft ist bereits sehr alt. Weshalb wendet man sich heute – mit modernen technischen Geräten – wieder der Nutzung dieser Energiequellen zu?

4   Wieso konnte eine technische Vorrichtung wie die Dampfmaschine die Lebensverhältnisse vieler Menschen so grundlegend ändern? Welche sozialen Veränderungen und Spannungen brachte die 1. industrielle Revolution hervor?

5   Erst die Verbrennungsmotoren Otto- und Dieselantrieb machten den Autoverkehr, wie wir ihn kennen, möglich. Welche Veränderungen hat das Auto in der Umwelt bewirkt?

6   Welche Vorteile zeichnen ein elektrisches Energieversorgungssystem gegenüber anderen Versorgungssystemen aus? Gibt es auch Nachteile? Welche?

7   Welche Möglichkeiten zur Nutzung der Sonnenenergie kennen Sie?

8   Der Weltenergieverbrauch ist in den zurückliegenden Jahrzehnten stark angestiegen. Nennen Sie Gründe dafür.
Es wird erwartet, dass der Weltenergieverbrauch weiter zunimmt. Welche Argumente sprechen für diese Annahme?

9   Die angegeben Zahlen zum Weltenergieverbrauch in Joule pro Jahr sind eigentlich Leistungsangaben, nämlich J/a, wobei a (= lat. *annum*) für Jahr steht. Nur sind diese wenig anschaulich.

9.1   Rechnen Sie den momentanen jährlichen Weltprimärenergieverbrauch in die Leistungseinheit kWh/d um; dann wissen Sie, wie viele kWh pro Tag umgesetzt werden.

9.2   Bei 9.1 handelt es sich immer noch um eine extrem große Zahl. Deshalb soll noch die Pro-Kopf-Primärleistung berechnet werden, also die Energie, die pro Tag und pro Person verbraucht wird. Die Einheit bezeichnen wir mit kWh/(pd). Das „p" steht für Person.

9.3   Berechnen Sie für bestimmte Länder (auch für Deutschland) diese Pro-Kopf-Primärleistung in kWh/(pd). Wie groß sind die Unterschiede zwischen den Industrieländern und den Entwicklungsländern?

10.1   Welche charakteristischen Merkmale kennzeichnen die zeitliche Entwicklung des Energieverbrauchs in der Bundesrepublik Deutschland?

10.2   Welches sind in der zeitlichen Entwicklung die Hauptenergiequellen, aus denen Deutschland seinen Energiebedarf deckt?

10.3   Wie teilt sich der Energieverbrauch auf die verschiedenen Gruppen Industrie, Kleinbetriebe, Verkehr und Haushalt auf?

10.4   Welches sind die größten Energieverbraucher in einem Haushalt? Nennen Sie Maßnahmen, die zur Einsparung von Energie im Haushalt beitragen können.

11   Die im Text hergeleitete Formel $E_{Jn} = E_{J0} (1 + \frac{p}{100})^n$, die den Jahresenergieverbrauch E_{Jn} nach n Jahren angibt, wenn der jetzige Jahresverbrauch E_{J0} beträgt und eine jährliche Steigerung von p % erfährt. Diese Formel ist in der Finanzma-

thematik als **Zinseszinsformel** bekannt und hat weit darüber hinaus Bedeutung. Sie wird dort meist folgendermaßen angegeben: $K_n = K_o \left(1 + \frac{p}{100}\right)^n$

Dabei ist K_o das Startkapital und K_n das erreichte Endkapital nach n Zinsperioden (meist in Jahren), wobei mit einem jährlichen, gleich bleibenden Zinssatz von p in % verzinst wird. Das ist eine wichtige Formel, nicht nur bei der Geldanlage! Wie bereits bei der Herleitung im Text durchgeführt, wird der Klammerausdruck in der Formel häufig mit q abgekürzt, also $q = \left(1 + \frac{p}{100}\right)$, und Zinsfaktor genannt. Ist beispielsweise $p = 7\,\%$, dann ist $q = 1{,}07$. Möchte man nun wissen, um welchen Faktor sich ein Kapital vermehrt, wenn man es zehn Jahre lang mit einem Zinssatz von 7 % anlegt, so braucht man nur q^n zu berechnen, wobei hier n = 10 und q = 1,07 ist. Es ergibt sich $1{,}07^{10} = 1{,}967$. Das heißt, dass sich das Anfangskapital fast verdoppeln wird, und zwar unabhängig von der Höhe des Anfangskapitals: $K_{10} = K_o \cdot 1{,}967 \approx 2 \cdot K_o$. Anders ausgedrückt: In dem Zahlenfaktor 1,967 ist auch der prozentuale Zuwachs des Anfangskapitals enthalten: $1{,}967 = 1 + 0{,}967$. Die 1 erhält das Anfangskapital; die 0,967 sind der Zuwachs. Meist gibt man ihn in Prozent an, wobei gilt: $0{,}967 = 96{,}7\,\%$. Das Anfangskapital erfährt also einen Zuwachs von 96,7 % sprich von fast 100 % (Verdopplung!).

Die Zinseszinsformel gilt auch bei **Schrumpfungsvorgängen**. Dann ist der „jährliche Zinssatz" negativ und $q < 1$. Angenommen, die Waldgebiete Bayerns schrumpfen jährlich um 5 % und das zwanzig Jahre lang. Wie viel des ursprünglichen Waldes ist nach zwanzig Jahren noch vorhanden, und um wie viel Prozent hat der Wald in dieser Zeit insgesamt abgenommen?

Wegen $p = -5\,\%$ ergibt sich $q = 1 - 5/100 = 0{,}95$ und somit $q^n = 0{,}95^{20} \approx 0{,}36$. Es sind nur noch 36 % der ursprünglichen Waldfläche vorhanden; der Wald ist um 64 % geschrumpft: Kleine Ursache, große Wirkung durch den (hier negativen) **Zinseszinseffekt.**

11.1 Sie legen 5000 € zu einem Zinssatz von 4 % insgesamt dreißig Jahre lang an. Schätzen Sie zunächst, mit welchem Betrag Sie am **Ende der Laufzeit** rechnen können.

Nun berechnen Sie den Betrag. Um wie viel Prozent hat Ihr Startkapital zugenommen?

11.2 Bei einem Kapital von 10.000 € soll berechnet werden, welchen Wert es noch hat, wenn eine jährliche Inflationsrate von 2 % insgesamt zehn Jahre lang für Kaufkraftverlust sorgt.

11.3 Angenommen, der momentane jährliche Energieverbrauch nimmt von Jahr zu Jahr um 2 % zu.

Um wie viel Prozent wird der Energieverbrauch in zehn Jahren, in fünfzig Jahren und in einhundert Jahren gestiegen sein?

11.4 Die jährliche Zuwachsrate der Weltbevölkerung beträgt derzeit 1,4 % pro Jahr. Berechnen Sie unter der Annahme, dass diese Rate gleich bleibt, die Anzahl der auf der Erde lebenden Menschen in zehn, fünfzig und einhundert Jahren. Den Ist-Zustand zu recherchieren dürfte kein Problem sein.

11.5 Erstellen Sie zwei getrennte Diagramme, wobei – ausgehend von dem Wert 100 – über vierzig Jahre zum einen jährlich 5 % Zunahme und zum anderen jährlich 5 % Abnahme der Größe mit dem Anfangswert 100 stattfindet. Achten Sie auf eine aussagekräftige Skalierung und beschriften Sie die Achsen. Natürlich können die Diagramme mit Hilfe eines Tabellenkalkulationsprogramms erstellt werden.

11.6 In Finanzratgebern findet man folgende Regel (Faustformel) zur Zinseszins-rechnung: Um herauszufinden, in welchem Zeitraum sich ein Startkapital bei gegebenem Zinssatz verdoppelt, muss man 72 durch diesen Zinssatz dividieren. Demnach betrüge die Verdopplungszeit bei $p = 7\,\%$ also $72/7 = 10{,}3$, sprich, es dauert 10,3 Jahre, bis sich das Startkapital bei einem Zinssatz von 7 % verdop-pelt.

Diese Formel ist mathematisch nicht ganz einfach aus der Zinseszinsformel her-zuleiten (möglich ist es aber mit Hilfe einiger Näherungen).

Überprüfen Sie diese Regel nun mit der Zinseszinsformel für $p = 3\,\%$; $5\,\%$; $10\,\%$.

12 Für die folgenden Aufgaben können die Zahlenwerte aus Tabelle 6 entnommen oder eigene recherchierte Werte herangezogen werden.

12.1 Was versteht man unter Reichweite eines Energieträgers?

12.2 Welche Reichweiten ergeben sich, wenn man zu den sicheren Vorräten noch die ge-schätzten Ressourcen hinzunimmt (Tabelle 6) und konstanten Verbrauch unterstellt?

12.3 Zu welchen Reichweiten kommt man, wenn man eine jährliche Verbrauchssteige-rung von 5 % annimmt?

12.4 Von einem Energieträger werden derzeit 3,0 Gt SKE pro Jahr verbraucht. Der Verbrauch wächst um 5 % pro Jahr.

Wie hoch ist der jährliche Verbrauch in zehn bzw. in zwanzig Jahren? Wie viel Prozent Zuwachs sind das gegenüber dem Ausgangsjahr?

13 Erzeugen Sie mit Hilfe eines Tabellenkalkulationsprogramms eine Tabelle, welche die der Abbildung 2.10 zugrundeliegenden Zahlen berechnet. Die Tabelle sollte folgendermaßen aufgebaut sein:

	A	B	C	D	E
1	Jahre	konstanter jährlicher Verbrauch	3 % jährliche Verbrauchs-zunahme	2 % jährliche Verbrauchs-abnahme	
2	0	232,0	232,0	232,0	
3	1	226,5	226,5	226,5	
4	2	221,0	220,8	221,1	
5	3	215,5	215,0	215,8	
6	4	210,0	209,0	210,7	
7	5	204,5	202,8	205,6	
8	6	199,0	196,4	200,6	
9	7	193,5	189,9	195,7	
10	8	188,0	183,1	191,0	
11	9	182,5	176,1	186,3	
12	10	177,0	168,9	181,7	

Abb. 2.12

Verbleibende Vorräte an Erdöl bei unterschiedlichen Verbrauchsentwicklungen (Zahlen aus Tabelle 2.2)

Rechnen Sie die Tabelle mit anderen Annahmen zur jährlichen Verbrauchsänderung durch.

14 Um wie viel Prozent steigt der Stromverbrauch bis zum Jahr 2030, wenn mit jähr-lichen Steigerungsraten von a) 1 %, b) 2 %, c) 5 % gerechnet wird?

3 Thermodynamik

Die **Umwandlung von Wärme in Arbeit** ist in unserer energieintensiven Zivilisation der wichtigste energietechnische Prozess überhaupt. Fast die gesamte großtechnische Stromerzeugung beruht darauf. Auch alle Verbrennungsmotoren sowie Flugzeug- und Raketentriebwerke wandeln Wärme in Arbeit um.

Bereits mit der Entwicklung und Nutzung der Dampfmaschine als Energiewandler entstand das Bedürfnis, die damit zusammenhängenden energetischen Vorgänge und Umwandlungen genauer zu verstehen und nach Möglichkeit zu verbessern. Das theoretische Rüstzeug dafür stellt das als **Thermodynamik**[1] bezeichnete Wissensgebiet bereit. Ingenieure und Physiker haben darin die in Zusammenhang mit der Energie stehenden Beobachtungen als zentrale Erfahrungssätze formuliert. Ein solches empirisch gefundenes Naturgesetz ist der **Energieerhaltungssatz**, der zudem als **1. Hauptsatz der Thermodynamik** (s. Abschnitt 3.4.1) bezeichnet wird.

Die Thermodynamik hat sich seit ihren Anfängen als Wärmelehre inzwischen zu einer **allgemeinen Energielehre** entwickelt, da die Wärmeenergie bei allen Energiewandlungen eine wichtige Rolle spielt. Bei den meisten technischen Energiewandlungsverfahren tritt Wärmeenergie als Zwischenstufe auf, was naturgesetzliche Einschränkungen der Umwandelbarkeit bedeutet. Da die Kenntnis dieser Naturgesetze zur technischen

Abb. 3.1 ▶ Die Thermodynamik befasst sich mit den Naturgesetzen bei der Umwandlung von Wärme (= thermo) in Arbeit (= dynamik)

Allgemeinbildung gehört, ist die Thermodynamik ein ingenieurwissenschaftliches Grundlagenfach. Sie benutzt bestimmte Fachbegriffe, die im nächsten Abschnitt eingeführt werden.

3.1 Thermodynamische Grundbegriffe

3.1.1 Thermodynamische Systeme

Die Thermodynamik untersucht **thermodynamische Systeme**: Als **technisches System** bezeichnet man dabei jenen Bereich einer technischen Anlage, der genauer untersucht wird. Dieser Bereich bzw. dieses System wird definiert durch genau festgelegte **Systemgrenzen**, die es von der **Umgebung** abgrenzen, wobei die Systemgrenzen real oder nur gedacht sein können.

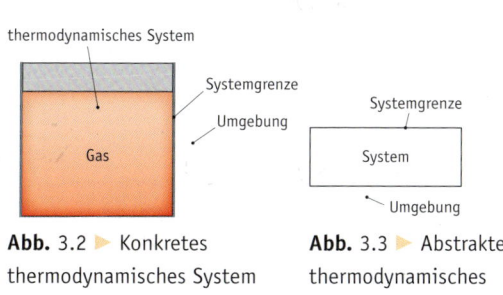

Abb. 3.2 ▶ Konkretes thermodynamisches System

Abb. 3.3 ▶ Abstraktes thermodynamisches System

Werden bei einem technischen System energetische Betrachtungen angestellt, so bezeichnet man es als **thermodynamisches System**. Der gasgefüllte Arbeitszylinder mit verschiebbarem Kolben (Abbildungen 3.2 und 3.3) ist das Standardmodell für ein konkretes thermodynamisches System.

---

1 früher auch Wärmelehre genannt

Einteilung der Systeme

Je nachdem, wie durchlässig die Systemgrenzen sind, unterscheidet man folgende Systeme:

■ **abgeschlossenes** System

Das System hat keinerlei Wechselwirkung mit seiner Umgebung; es tritt weder Materie noch Energie über die Systemgrenzen. Abgeschlossene Systeme sind Idealisierungen realer Systeme und für theoretische Untersuchungen und Berechnungen besonders wichtig.

Beispiele: reibungsfreies Fadenpendel (ohne Eingriff von außen); geschlossene Thermosflasche (als näherungsweise Realisierung eines abgeschlossenen Systems)

■ **geschlossenes** System

Ein geschlossenes System kann Energie mit der Umgebung austauschen, aber keine Materie. Die Systemgrenzen sind energiedurchlässig und materiedicht.

Beispiele: Kreislauf einer Wärmepumpe; Arbeitszylinder, der mit fest eingeschlossener Gasmenge arbeitet (vgl. Abb. 3.2)

■ **offenes** System

Offene Systeme tauschen mit ihrer Umgebung sowohl Energie als auch Materie aus. Die meisten Systeme sind offen.

Beispiele: Ottomotor (Energieaustausch: zugeführte chemische Energie, abgegebene mechanische Energie; Materie: zugeführt als Benzin-Luft-Gemisch, abgegeben in Form von Abgasen); Heizkörper

■ **adiabates** System

Ein System, das den Wärmeaustausch mit der Umgebung unterbindet, heißt adiabates System: Sowohl Materie als auch Energie dürfen die Systemgrenzen in Form von Arbeit überschreiten, lediglich für die Energieform Wärme sind die Systemgrenzen dicht.

Beispiele: Wenn der Arbeitszylinder (s. Abb. 3.2) mit Styropor umgeben wird, so kann zwar Arbeit in Form von Kolbenbewegungen die Systemgrenzen überschreiten, nicht aber Wärme.

3.1.2 Zustandsgrößen

Ein thermodynamisches System[2] befindet sich in einem bestimmten **Zustand**, sei es in einem heißen oder kalten Zustand, unter hohem Druck usw. Der Zustand, in dem sich ein System befindet, wird mit Hilfe sogenannter **Zustandsgrößen** beschrieben. Das sind physikalische Größen, welche die messbaren Eigenschaften eines Systems angeben.

Die wichtigsten Zustandsgrößen:

■ die **Temperatur** T

Die Temperatur ist die bedeutendste thermische Zustandsgröße. Temperaturunterschiede sind als „warm" und „kalt" für den Menschen unmittelbar fühlbar. Nicht verwechselt werden dürfen „Temperatur" und „Wärme".

---

2   Man denke wieder an das Standardmodell des gasgefüllten Zylinders.

Abb. 3.4 ▶ Anders Celsius   **Abb.** 3.5 ▶ William Thomson, Baron Kelvin

Um Temperaturen messen zu können, sind Temperaturskalen[3] erforderlich. Am bekanntesten ist die **Celsiusskala**[4], wonach die Temperatur schmelzenden Wassereises 0 °C und die Temperatur siedenden Wassers (bei atmosphärischem Normdruck) 100 °C beträgt. Die Temperatur in der Einheit °C hat das Formelzeichen ϑ.

Für thermodynamische Berechnungen viel relevanter ist jedoch die **Kelvinskala**[5]. Sie besitzt einen **absoluten Temperaturnullpunkt**[6] bei 0 K, weshalb sie auch als absolute Temperatur bezeichnet wird. Der Nullpunkt der Celsiusskala ($\vartheta = 0$ °C) liegt auf der Kelvinskala bei rund 273 K. Temperaturangaben in Kelvin erhalten den Formelbuchstaben T. Für die Umrechnung der Temperaturskalen ineinander gilt:

$$T = \left(\frac{\vartheta}{°C} + 273,2 \right) K \quad \text{bzw.} \quad \vartheta = \left(\frac{T}{K} - 273,2 \right) °C$$

In der Praxis genügt es meist, die Umrechnung mit 273 statt mit 273,2 vorzunehmen. Bei Temperaturdifferenzen ist der Zahlenwert gleich, unabhängig davon, ob die Celsius- oder die Kelvinskala verwendet wird, das heißt, es gilt:

$$\frac{\Delta T}{K} = \frac{\Delta \vartheta}{°C}$$

Wichtig: Bei thermodynamischen Berechnungen ist immer die Kelvin-Temperatur zu verwenden.

---

3   Eine exakte Definition der verschiedenen Temperaturskalen wird in der Physik vorgenommen.
4   benannt nach ANDERS CELSIUS (1704–1744)
5   benannt nach LORD KELVIN (1824–1907)
6   Es ist zu beachten, dass Temperaturangaben in Kelvin ohne die Angabe von Grad gemacht werden. Man liest 300 K als „dreihundert Kelvin", jedoch 300 °C als „dreihundert *Grad* Celsius".

■ der **Druck _p_**

Als Druck **_p_** definiert man den Quotienten aus der senkrecht auf eine Fläche wirkenden Kraft **_F_** und dem Flächeninhalt **_A_**:

$$p = \frac{F}{A} \quad \text{in} \quad \frac{N}{m^2}$$

wobei

$$1\frac{N}{m^2} = 1 \text{ Pa} \quad \text{(Pascal)}$$

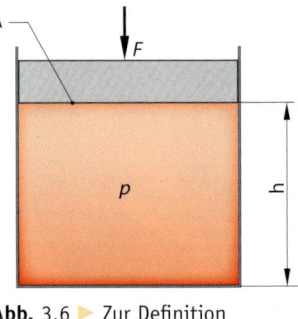

Abb. 3.6 ▶ Zur Definition des Drucks

Statt der Druckeinheit Pa wird in der Technik häufig die Einheit bar verwendet. Es gilt:

$$1 \text{ bar} = 10^5 \text{ Pa}$$

Neben diesen beiden Einheiten sind je nach Fachgebiet noch diverse andere Druckeinheiten gebräuchlich. Die entsprechenden Umrechnungen findet man in einschlägigen Tabellenbüchern.

Der so definierte Druck wird auch als **absoluter Druck** bezeichnet. Häufig findet man in technischen Unterlagen den Begriff des Überdrucks. Hierbei ist der allgegenwärtige atmosphärische Luftdruck zu berücksichtigen, der je nach Wetter und Höhenlage schwankt. Sein **Normwert** beträgt[7] p_0 = 1013,25 hPa ≈ 1,013 bar. Die Differenz zwischen dem absoluten Druck und dem atmosphärischen Druck bezeichnet man als **Überdruck**.

Wichtig: Bei thermodynamischen Berechnungen ist immer der absolute Druck heranzuziehen.

■ das **Volumen _V_**

Da thermodynamische Systeme in der Regel Gasfüllungen enthalten, ist das Volumen **_V_**, das dem Gas zur Verfügung steht, ebenfalls eine zentrale Zustandsgröße. Für das im Zylinder eingeschlossene Gasvolumen (vgl. Abb. 3.6) gilt:

$$V = A \cdot h \text{ in } m^3$$

Häufiger als m^3 sind in der Praxis die Einheiten Liter (l) oder cm^3 anzutreffen, wobei die Umrechnung wie folgt vorgenommen werden muss:

$$1 \text{ m}^3 = 10^3 \text{ l} = 10^3 \text{ dm}^3 = 10^6 \text{ cm}^3$$

Darüber hinaus gibt es weitere Zustandsgrößen. Für die eindeutige Beschreibung der meisten Gase reichen diese drei Zustandsgrößen aber bereits aus.

---

7   Die angegebene Einheit „hPa" bedeutet _Hektopascal_, wobei die Vorsilbe _Hekto_ für den Faktor 100 steht.

3.1.3 Zustandsänderungen und Prozesse

Ein System befindet sich in einem **Gleichgewichtszustand**, wenn sich seine Zustandsgrößen zeitlich nicht ändern und räumlich nicht verschieden sind. Angewandt auf das in dem Arbeitszylinder aus Abbildung 3.6 eingeschlossene Gas bedeutet das: Es befindet sich in einem Gleichgewichtszustand, wenn die Zustandsgrößen Volumen, Druck und Temperatur konstant sind. Zusätzlich müssen die Temperatur wie der Druck im gesamten Gasvolumen, sprich überall den gleichen Wert besitzen.

Die Erfahrung zeigt, dass jedes System einem Gleichgewichtszustand zustrebt, den es – wenn er erreicht ist – ohne Einwirkungen von außen nicht mehr verlässt.

Ändert man, ausgehend von einem Gleichgewichtszustand, eine Zustandsgröße, so stellt sich nach einer gewissen Zeit ein neuer Gleichgewichtszustand ein: Es findet eine sogenannte **Zustandsänderung** statt.

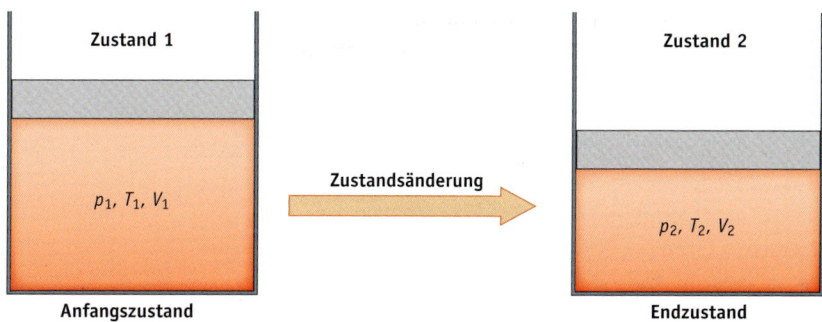

Abb. 3.7 ▶ Zustandsänderung eines Systems

Durch diese Zustandsänderung verändern sich im Allgemeinen die Werte der Zustandsgrößen. Im Zustand 1 haben die Zustandsgrößen p, T und V die konstanten Werte p_1, T_1, V_1, im Zustand 2 die konstanten Werte p_2, T_2, V_2. Um das System von einem Zustand 1 in einen Zustand 2 zu bringen, muss ein geeigneter *thermodynamischer Prozess* durchgeführt werden. Dieser könnte zum Beispiel darin bestehen, wie in Abbildung 3.7 angedeutet, den Kolben des Arbeitszylinders mit erhöhter Kraft nach unten zu drücken. Dieser Prozess bewerkstelligt dann die Zustandsänderung 1 → 2. Es wären aber auch andere Prozesse denkbar, um die Zustandsänderung 1 → 2 hervorzurufen. Auf die verschiedenen Prozesse wird in Abschnitt 3.3 eingegangen.

Aufgaben

1 „System" und „Prozess" sind ziemlich allgemeine Begriffe. Lesen Sie deren Definitionen in Wikipedia nach und beurteilen Sie, ob die dort gegebenen Definitionen auch auf thermodynamische Systeme und Prozesse zutreffen.

WIKIPEDIA
Die freie Enzyklopädie

2 Im Folgenden sind einige Systeme angegeben. Entscheiden Sie jeweils, ob es sich um ein abgeschlossenes, ein geschlossenes oder um ein offenes System handelt. Präzisieren Sie ggf. die Systemgrenzen.
a) Heizkörper, b) komplette Heizungsanlage, c) elektrische Batterie, d) Propeller eines Windrades, e) Tasse mit heißem Kaffee, f) Kühlturm eines Kraftwerks, g) die Erde

3 Wie nennt man ein System, dessen Zustand nur durch Verrichten von Arbeit geändert werden kann?

4 Nehmen Sie folgende Einheitenumrechnungen vor:
4.1 $-100\ °C$; $0\ °C$; $20\ °C$; $530\ °C$ jeweils in Kelvin sowie $0\ K$; $100\ K$; $373\ K$; $700\ K$ jeweils in Grad Celsius.
4.2 $1\ Pa$; $50\ N/cm^2$; $2,3 \cdot 10^7\ Pa$; $1013\ mbar$ jeweils in bar sowie $3,5\ bar$; $1\ bar$; $120\ bar$; $1,013\ bar$ jeweils in Pascal.
4.3 $2\ l$; $200\ cm^3$; $3\ dm^3$ jeweils in Kubikmeter sowie $1,2 \cdot 10^{-2}\ m^3$; $2,0\ m^3$; $2,0\ dm^3$; $2,0\ cm^3$ jeweils in Liter.

5 Eine Baumaschine hat ein Gewicht von $5,0\ t$ und eine Auflagefläche von $1,8\ m^2$. Im Vergleich dazu wiegt eine Person $70\ kg$, ihre Auflagefläche beträgt $20\ cm^2$. Berechnen Sie in beiden Fällen den Auflagedruck in Pa.

6 Betrachtet werden ein Eimer und ein Glas, jeweils mit Wasser gefüllt. Das Wasser hat in beiden Fällen die gleiche Temperatur wie die Umgebung.
6.1 Befindet sich das Wasser in dem Eimer in einem Gleichgewichtszustand?
6.2 Enthalten die beiden Gefäße gleich viel Wärmeenergie?

7 Auf der Herdplatte wird ein Topf mit Wasser bis zum Sieden erhitzt. Befindet sich das Wasser in einem Gleichgewichtszustand? Begründung!
Von welcher Art ist das System „Topf"?

3.2 Gasgesetze

Die Stoffe, mit denen man es in der Thermodynamik zu tun hat, sind in der Regel gasförmig. Um die Ausführungen möglichst anschaulich zu halten, wird im Folgenden stets **ein ideales Gas** betrachtet, für das besonders einfache **Zustandsgleichungen**[8] gelten. Der Zustand eines idealen Gases kann vollständig durch die drei Zustandsgrößen p, T und V beschrieben werden. Reale Gase wie Luft, Wasserdampf, Sauerstoff verhalten sich unter bestimmten Voraussetzungen wie ideale Gase: Je weiter der Zustand eines realen Gases von der Änderung seines Aggregatzustandes[9] entfernt ist, desto mehr verhält es sich wie ein ideales Gas. Und auch bei hohen Temperaturen und geringen Drücken verhalten sich viele reale Gase wie ideale Gase. Was jeweils als „hohe Temperatur" und „geringer Druck" zu verstehen ist, hängt von der Gassorte ab. Beispielsweise verhält sich Luft bei Raumtemperatur und bei einem Druck bis 30 bar wie ein ideales Gas. Jedoch erfüllt der unter hohem Druck stehende Wasserdampf in einem Wasser-Dampf-Kraftwerk, wie z.B. in einem Kohlekraftwerk, nicht mehr die Bedingungen für ein ideales Gas. In solchen Fällen sind andere – komplizierte – Zustandsgleichungen zur Beschreibung der Zusammenhänge zwischen den Zustandsgrößen erforderlich. Im Folgenden wird also davon ausgegangen, dass mit den Gesetzen für ideale Gase die realen Gase ausreichend genau beschrieben werden.

Welche Zusammenhänge bei einem idealen Gas zwischen seinen Zustandsgrößen bestehen, muss experimentell ermittelt werden. Diese Versuche werden im Physikunterricht durchgeführt; hier sollen daher nur die Ergebnisse zusammengefasst werden.

3.2.1 Gesetz von Boyle-Mariotte (T = *konstant*)

Abb. 3.8 ▶ Robert Boyle

Abb. 3.9 ▶ Edme Mariotte

Die Naturwissenschaftler Robert BOYLE (1627–1691) und Edme MARIOTTE (1620–1684) untersuchten unabhängig voneinander, wie Druck und Volumen einer Gasmenge bei konstant gehaltener Temperatur zusammenhängen. Sie fanden, dass p und V zueinander indirekt proportional sind: Verdoppelt man bei konstanter Gastemperatur das Volumen, halbiert sich der Druck, so dass für das Produkt $p \cdot V$ vor und nach der Verdoppelung der gleiche Wert herauskommt. Allgemein formuliert, lautet das **Gesetz von Boyle-Mariotte**:

$$p \cdot V = konstant \text{ (wobei } T = konstant)$$

Trägt man die Ergebnisse einer Versuchsreihe in ein $p(V)$-Diagramm ein und verbindet dann die Messpunkte zu einer Kurve, so erhält man einen Hyperbelast[10], wie er in Abbildung 3.10 darge-

---

8 Zustandsgleichungen geben den formelmäßigen Zusammenhang zwischen den Zustandsgrößen eines Stoffes an.

9 Die Zustände *fest – flüssig – gasförmig* werden als Aggregatzustände bezeichnet.

10 Als **Hyperbel** bezeichnet man in der Mathematik den Graphen einer Funktion mit der Funktionsgleichung: $y = 1/x$.

stellt ist. Da für jeden Punkt auf dieser Kurve die untersuchte Gasmenge zwar unterschiedliche Drücke und Volumina, aber stets die gleiche Temperatur aufweist, bezeichnet man diese Kurve als **Isotherme**[11].

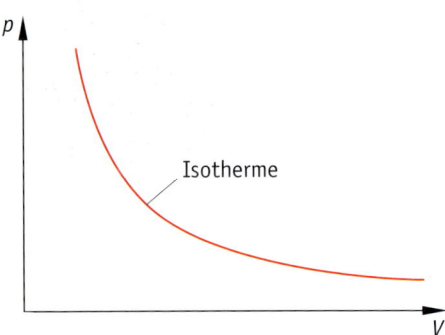

Abb. 3.10 ▶ Gesetz von Boyle-Mariotte im p(V)-Diagramm

Das Gesetz wird häufig in der folgenden Form angewandt: Werden – wie üblich – mit p_1 und V_1 die Werte *vor* der Zustandsänderung und mit p_2 und V_2 die Werte *nach* der Zustandsänderung bezeichnet, so besagt das Gesetz von Boyle-Mariotte, dass die Produkte $p_1 \cdot V_1$ und $p_2 \cdot V_2$ die gleichen Werte haben. Man kann deshalb folgende Gleichung ansetzen:

$$p_1 \cdot V_1 = p_2 \cdot V_2$$

Diese Gleichung lässt sich zur Berechnung einer unbekannten Zustandsgröße einsetzen.

3.2.2 Gesetz von Gay-Lussac (*p = konstant*)

Der Franzose Joseph Louis GAY-LUSSAC (1778–1850) untersuchte das Verhalten eines Gases bei konstantem Druck. Er stellte fest, dass T und V bei konstant gehaltenem Druck zueinander direkt proportional sind: Eine Erhöhung von T ergibt eine Erhöhung von V und umgekehrt. Mathematisch ausgedrückt, lautet das **Gesetz von Gay-Lussac**:

$$\frac{V}{T} = \text{konstant} \quad (\text{wobei } p = \text{konstant})$$

In Abbildung 3.12 ist eine Versuchsreihe grafisch dargestellt. Die Messergebnisse liegen auf einer Ursprungsgeraden, wobei der gestrichelt dargestellte Verlauf andeutet, dass der absolute Temperaturnullpunkt nicht erreichbar ist. Die Gerade wird als **Isobare** (konstanter Druck) bezeichnet.

Abb. 3.11 ▶ Joseph Louis Gay-Lussac

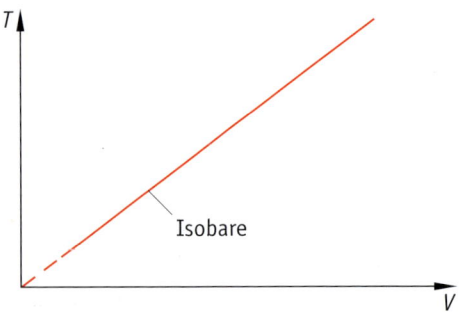

Abb. 3.12 ▶ Gesetz von Gay-Lussac im T(V)-Diagramm

---

11 *Iso...* = gleich

3.2.3 Gesetz von Amontons (V = konstant)

Schließlich kann noch der Zusammenhang von p und T bei konstantem Volumen untersucht werden. Der Franzose Guillaume AMONTONS (1663 - 1705) konnte eine direkte Proportionalität zwischen p und T nachweisen. Das **Gesetz von Amontons**[12] lautet demnach:

$$\frac{p}{T} = \text{konstant} \quad (\text{wobei } V = \text{konstant})$$

Die Linie konstanten Volumens heißt **Isochore**.

3.2.4 Zustandsgleichung für ideale Gase

Den drei dargestellten Gesetzen ist gemeinsam, dass jeweils eine Zustandsgröße bei dem ablaufenden Prozess konstant gehalten werden muss. Bei einer beliebigen Zustandsänderung verändern jedoch im Allgemeinen alle drei Zustandsgrößen ihre Werte, so dass keines dieser Gesetze angewandt werden kann. Daher wird eine Zustandsgleichung für ideale Gase abgeleitet, die allgemeingültig ist.

Abb. 3.13 ▶ Guillaume Amontons

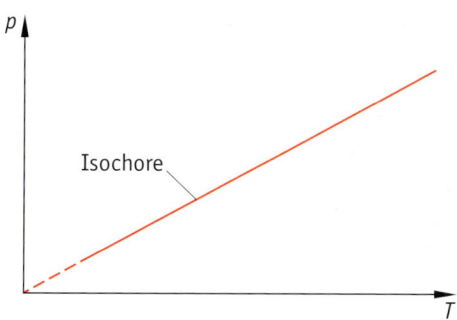

Abb. 3.14 ▶ Gesetz von Amontons im $p(T)$-Diagramm

Der Herleitung dieser Gleichung dient folgender Trick: Ein ideales Gas im Zustand 1 mit den Zustandsgrößen p_1, T_1, V_1 wird über einen Zwischenzustand Z in den Zustand 2 mit den Zustandsgrößen p_2, T_2, V_2 überführt, wobei alle drei Zustandsgrößen ihre Werte verändern. Der Übergang von Zustand 1 in den Zwischenzustand Z wird so ausgeführt, dass die Temperatur konstant bleibt (**isotherme** Zustandsänderung): $T_1 = T_z$. Für diese Zustandsänderung gilt das Gesetz von Boyle-Mariotte. Vom Zwischenzustand Z in den Zustand 2 erfolgt der Übergang **isobar**, das heißt bei konstantem Druck, also: $p_z = p_2$. Es gilt dann das Gesetz von Gay-Lussac.

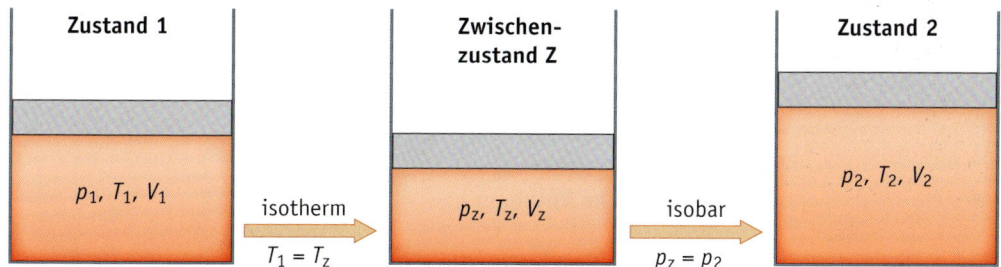

Abb. 3.15 ▶ Zur Herleitung der Zustandsgleichung für ideale Gase

---

12 In der Fachliteratur wird auch dieses Gesetz oft nach Gay-Lussac benannt.

Mit den Bezeichnungen aus der Abbildung 3.15 gilt für die isotherme Zustandsänderung:

$p_1 \cdot V_1 = p_2 \cdot V_z$ und für die isobare $\dfrac{V_z}{T_1} = \dfrac{V_2}{T_2}$

Dabei wurden bereits die konstant gehaltenen Größen berücksichtigt. Löst man die erste der beiden Gleichungen nach V_z auf und ersetzt damit V_z in der zweiten Gleichung, so ergibt sich nach Umsortierung die **Zustandsgleichung für ideale Gase**:

$$\frac{p_1 \cdot V_1}{T_1} = \frac{p_2 \cdot V_2}{T_2}$$

Obwohl diese Gleichung mit Hilfe des eingeführten Zwischenzustandes hergeleitet wurde, ist sie allgemein gültig. Denn der Endzustand eines Gases ist nicht von dem Weg abhängig, auf dem er erreicht wird.

Diese Zustandsgleichung besagt, dass für ein ideales Gas der Ausdruck $\dfrac{p \cdot V}{T}$ immer den gleichen

Wert hat, unabhängig davon, in welchem Zustand sich das Gas befindet. Die Zustandsgleichung

für ideale Gase wird deshalb auch häufig in der Form $\dfrac{p \cdot V}{T} = $ konstant angegeben und **allgemeine Gasgleichung** genannt.

Zwar ist der Ausdruck $\dfrac{p \cdot V}{T}$, wie oben dargestellt, stets konstant, der Wert dieser Konstanten

ändert sich jedoch, wenn die Gassorte und/oder die Gasmenge verändert werden. Man stellt fest, dass der konstante Ausdruck proportional zur Masse m des betrachteten Gases ist. Als Proportionalitätskonstante tritt eine von der jeweiligen Gassorte abhängige Größe auf, die als *spezifische Gaskonstante* R_i bezeichnet wird. Mit diesen Größen erhält die allgemeine Gasglei-

chung die Form $\dfrac{p \cdot V}{T} = m \cdot R_i$. Bringt man T noch auf die andere Seite der Gleichung, so ergibt

sich die relevante Formel: $\boxed{p \cdot V = m \cdot R_i \cdot T}$

In der Thermodynamik ist es üblich, bestimmte Größen auf die Masse des beteiligten Gases zu beziehen. Um diese neue Größe zu kennzeichnen, wird das Wörtchen **spezifisch** davorgesetzt und der kleine Buchstabe als Formelzeichen verwendet. Auf das Volumen V angewandt heißt das: V/m wird spezifisches Volumen genannt und mit dem Formelzeichen v bezeichnet. Beachtet man außerdem, dass V/m der Kehrwert der Dichte ρ des Gases ist, so gilt für das

spezifische Volumen v: $v = \dfrac{V}{m} = \dfrac{1}{\rho}$

Bringt man bei der allgemeinen Gasgleichung die Masse m auf die linke Seite, so erhält man unter Verwendung des spezifischen Volumens folgende Form der allgemeinen Gasgleichung:

$$\boxed{p \cdot v = R_i \cdot T}$$

Die spezifische Gaskonstante R_i hat die Einheit $\dfrac{\text{J}}{\text{kg} \cdot \text{K}}$, wie ein Einheitenvergleich bei der allgemeinen Gasgleichung ergibt.

Die Zahlenwerte von R_i für einige Gase sowie weitere thermische Stoffkennwerte finden sich in Tabelle 3.1.

Tabelle 3.1 ▶ Thermische Stoffkennwerte[13]

Gas	Chemisches Symbol	c_p in J/(kg·K)	c_V in J/(kg·K)	R_i in J/(kg·K)	κ
Helium	He	5194	3117	2077	1,66
Kohlendioxid	CO_2	844	655	189	1,29
Luft	–	1005	718	287	1,40
Methan	CH_4	2231	1713	518	1,30
Sauerstoff	O_2	917	658	260	1,40
Stickstoff	N_2	1038	741	297	1,40
Wasser*	H_2O	4170	–	461	–
Wasserstoff	H_2	14300	10176	4124	1,40

* *flüssig*

Zahlenbeispiele

1. Auf einer Sauerstoffflasche ist ein Volumen von 50 Litern angegeben. Der darin enthaltene Sauerstoff steht unter einem Druck von 120 bar bei einer Temperatur von 20 °C.
   a) Wie viel Kilogramm Sauerstoff befinden sich in der Flasche?
   b) Welches spezifische Volumen und welche Dichte hat der Sauerstoff?
   c) Auf welchen Wert steigt der Druck an, wenn der enthaltene Sauerstoff infolge von Sonneneinstrahlung auf 40 °C erwärmt wird?
   d) Wie viel Liter Sauerstoff kann die nicht erwärmte Flasche bei einem Druck von 1,1 bar und einer Temperatur von 20 °C abgeben? Erhält man ein anderes Ergebnis, wenn man die erwärmte Flasche zur Rechnung heranzieht?

zu a)

Aus der allgemeinen Gasgleichung $p \cdot V = m \cdot R_i \cdot T$

folgt $m = \dfrac{p \cdot V}{R_i \cdot T}$

Die gegebenen Größen werden in die passenden Einheiten umgerechnet und eingesetzt:

$$m = \frac{120 \cdot 10^5 \; \frac{N}{m^2} \cdot 50 \cdot 10^{-3} \; m^3}{259,8 \; \frac{Nm}{kg \cdot K} \cdot 293 \; K} = 7,88 \; kg$$

zu b)

In die Formel für das spezifische Volumen v werden das bekannte Volumen und die in der vorherigen Teilaufgabe berechnete Masse eingesetzt:

$$v = \frac{V}{m} = \frac{50 \cdot 10^{-3} \; m^3}{7,88 \; kg} = 6,35 \cdot 10^{-3} \; \frac{m^3}{kg}$$

---

13 Die spezifischen Wärmekapazitäten c_p und c_V sowie der Adiabatenexponent κ werden weiter unten eingeführt. c_p und c_V sind temperaturabhängig; sie sind bei 25 °C und 1013 hPa angegeben.

Um die Dichte zu ermitteln, muss nur noch der Kehrwert des spezifischen Volumens berechnet werden:

$$\rho = \frac{1}{v} = \frac{1}{6,35 \cdot 10^{-3}\ \frac{m^3}{kg}} = 157\ \frac{kg}{m^3}$$

zu c)

Zwei Zustände müssen unterschieden werden: Zustand 1 ist derjenige vor der Erwärmung, Zustand 2 der nach der Erwärmung, wobei folgende Werte für die Zustandsgrößen gegeben sind:

Zustand 1:	p_1 = 120 bar	T_1 = 293 K	V_1 = 50 l
Zustand 2:	p_2 = ?	T_2 = 313 K	V_2 = 50 l

Da sich das Volumen des Sauerstoffs nicht ändert – er ist nach wie vor in der Sauerstoffflasche eingeschlossen –,handelt es sich um eine isochore Zustandsänderung.

Ausgegangen wird von der Zustandsgleichung für ideale Gase:

$$\frac{p_1 \cdot V_1}{T_1} = \frac{p_2 \cdot V_2}{T_2}$$

Wegen $V_1 = V_2$ kürzt sich das Volumen aus obiger Gleichung heraus; es bleibt die als Gesetz von Amontons bekannte Formel übrig (ein Spezialfall der allgemeinen Zustandsgleichung):

$$\frac{p_1}{T_1} = \frac{p_2}{T_2}$$

Aufgelöst nach p_2 und gegebene Werte eingesetzt, erhält man:

$$p_2 = \frac{p_1}{T_1} \cdot T_2 = \frac{120\ bar}{293\ K} \cdot 313\ K = 128\ bar$$

Diese Aufgabe zeigt deutlich, wie wichtig es ist, die Temperatur in Kelvin einzusetzen: Obwohl sich die Celsiustemperatur verdoppelt, steigt der Druck nur um etwa 7 % an, weil sich auch die Kelvintemperatur um lediglich 7 % erhöht. Das liegt daran, dass die Celsiusskala keinen absoluten Nullpunkt besitzt.

Die Druck- und Volumenwerte können, wie oben geschehen, auch in den Einheiten bar und Liter eingesetzt werden, sofern man diese Einheiten korrekt verrechnet. Das Problem einer Nullpunktverschiebung ergibt sich bei diesen Einheiten nicht. Bei der Temperatur muss wegen der Nullpunktverschiebung stets die Kelvintemperatur eingesetzt werden.

zu d)

Es ist wichtig, dass man die beiden Gaszustände unterscheidet: zum einen der Sauerstoff in der Flasche, zum anderen der ausgelassene Sauerstoff außerhalb der Flasche. Die gegebenen Werte der beiden Gaszustände lauten:

Zustand 1:	p_1 = 120 bar	T_1 = 293 K	V_1 = 50 l
Zustand 2:	p_2 = 1,1 bar	T_2 = 293 K	V_2 = ?

Bei dieser Rechnung ist die Temperatur konstant; es handelt sich also um eine isotherme Zustandsänderung. Aus der allgemeinen Zustandsgleichung kürzt sich die Temperatur heraus, sodass sich das Gesetz von Boyle-Mariotte ergibt:

$$p_1 \cdot V_1 = p_2 \cdot V_2$$

Nach V_2 aufgelöst und eingesetzt, erhält man das Ergebnis:

$$V_2 = \frac{p_1}{p_2} \cdot V_1 = \frac{120 \text{ bar}}{1{,}1 \text{ bar}} \cdot 50 \text{ l} = 5{,}5 \cdot 10^3 \text{ l} = 5{,}5 \text{ m}^3$$

Wie ändert sich die Rechnung, wenn der Sauerstoff – unter ansonsten gleichen Bedingungen – aus der erwärmten Flasche entnommen wird? Dann liegen die folgenden Zustände vor:

| Zustand 1: | p_1 = 128 bar | T_1 = 313 K | V_1 = 50 l |
| Zustand 2: | p_2 = 1,1 bar | T_2 = 293 K | V_2 = ? |

Da sich bei dieser Zustandsänderung alle drei Zustandsgrößen ändern, muss die allgemeine Zustandsgleichung – ohne Kürzungsmöglichkeit – herangezogen werden:

$$\frac{p_1 \cdot V_1}{T_1} = \frac{p_2 \cdot V_2}{T_2}$$

Diese wird nach V_2 aufgelöst, und die bekannten Werte werden eingesetzt:

$$V_2 = \frac{p_1 \cdot T_2}{p_2 \cdot T_1} \cdot V_1 = \frac{128 \text{ bar} \cdot 293 \text{ K}}{1{,}1 \text{ bar} \cdot 313 \text{ K}} \cdot 50 \text{ l} = 5{,}5 \cdot 10^3 \text{ l} = 5{,}5 \text{ m}^3$$

Wie zu erkennen, ergibt sich selbstverständlich das gleiche Ergebnis: Da der Endzustand des Sauerstoffes der gleiche ist, müssen auch die entsprechenden Zustandsgrößen die gleichen Werte haben.

2. Für ein Zimmer der Größe 5 m x 4 m x 3 m sollen die Dichte und die Masse der darin enthaltenen Luft bestimmt werden.

Dass sich dieser messtechnisch nur aufwendig zu bestimmende Wert trotz so weniger Angaben mit Hilfe der allgemeinen Gasgleichung berechnen lässt, zeigt die Wirksamkeit der Gasgesetze.

Die allgemeine Gasgleichung wird verwendet, wobei bereits das spezifische Volumen durch den Kehrwert der Dichte ersetzt und diese auf die andere Seite gebracht wurde:

$$p = R_i \cdot T \cdot \rho$$

Um ρ zu berechnen, müssen die Werte von p, R_i und T bekannt sein. Diese sind einfach zu ermitteln: p = 1 bar (Atmosphärendruck), T = 293 K (Raumtemperatur: 20 °C), R_i für Luft wird aus Tabelle 7 entnommen. Für die nach ρ aufgelöste Formel ergibt sich somit:

$$\rho = \frac{p}{R_i \cdot T} = \frac{1 \cdot 10^5 \ \frac{N}{m^2}}{287 \ \frac{Nm}{kg \cdot K} \cdot 293 \text{ K}} = 1{,}19 \ \frac{kg}{m^3}$$

Ein Kubikmeter Raumluft hat also eine Masse von etwa 1 kg. Zur Berechnung der Gesamtmasse benötigt man das Zimmervolumen und obiges Ergebnis:

$$V = 5\ \text{m} \cdot 4\ \text{m} \cdot 3\ \text{m} = 60\ \text{m}^3$$

Ferner gilt: $\rho = \dfrac{m}{V}$, also $m = \rho \cdot V = 1,19\ \dfrac{\text{kg}}{\text{m}^3} \cdot 60\ \text{m}^3 = 71\ \text{kg}$

Damit sind alle Aufgaben gelöst.

3.2.5 Die universelle Gasgleichung

Die allgemeine Gasgleichung $\boldsymbol{p \cdot V = m \cdot R_i \cdot T}$ lässt sich auf eine von der jeweiligen Gassorte unabhängige Form bringen. Dazu benötigt man das aus der Chemie bekannte **Gesetz von Avogadro**:

> **Gleiche Volumina gasförmiger Stoffe enthalten bei gleichem Druck und gleicher Temperatur die gleiche Anzahl von Teilchen (Atome oder Moleküle).**

Nach der Definition der Stoffmenge Mol enthält 1 mol eines Stoffes stets die gleiche Anzahl von Teilchen, nämlich N_A = $6{,}022 \cdot 10^{23}$ Teilchen/mol (Avogadro'sche Konstante). Deshalb muss jedes Mol eines Gases bei gleichem Druck und gleicher Temperatur nach dem Gesetz des Avogadro unabhängig von seiner chemischen Beschaffenheit das gleiche Volumen

Abb. 3.16 ▶ Amedeo Avogadro

einnehmen. Im Normzustand (p_0 = 1,013 bar, T_0 = 273,2 K = 0 °C) beträgt dieses Volumen rund 22,4 1 pro Mol; man bezeichnet es als **Molvolumen** *im* **Normzustand** V_{mo}.

Das Molvolumen im Normzustand aller idealen Gase beträgt:

> V_{mo} = **22,41 l/mol = 22,41 m³/kmol**

Für 1 mol verschiedener idealer Gase hat der Ausdruck pV/T in jedem beliebigen Zustand immer denselben Wert, den man **universelle Gaskonstante R** (ohne Index!) nennt. Diesen Wert erhält man am einfachsten, indem man die Zustandsgrößen im Normzustand einsetzt:

$$R = \frac{p_0 V_{mo}}{T_0} = \frac{1,013 \cdot 10^5 \ \text{N/m}^2 \cdot 22,41 \cdot 10^{-3} \ \text{m}^3/\text{mol}}{273,2 \ \text{K}} = 8,31 \ \frac{\text{J}}{\text{mol K}}$$

Nachdem R der Wert des Ausdruckes pV/T für 1 mol eines idealen Gases ist, gilt für den Fall, dass man n Mol hat, die Gleichung $pV/T = \nu R$.

Für ideale Gase gilt die **universelle Gasgleichung**:

$$pV = \nu RT$$

Darin bedeuten: R = 8,31 J/(mol K): universelle Gaskonstante

ν : Stoffmenge in mol

Schließlich wird noch der Zusammenhang zwischen der spezifischen Gaskonstante R_i und der universellen Gaskonstante R hergestellt; dieser kann dazu verwendet werden, R_i aus R zu berechnen.

Die **Molmasse M**, also die Masse, die 1 mol eines Stoffes besitzt, hängt folgendermaßen mit der relativen Atommasse A_r bzw. Molekülmasse M_r der Atome bzw. Moleküle, aus denen der Stoff besteht, zusammen:

Die Molmasse eines Stoffes ist gleich der relativen Atom- bzw. Molekülmasse des Stoffes in der Einheit Gramm.

Beispiele:

Helium (He):   relative Atommasse: A_r = 4,0026   Molmasse: M = 4,0026 g
Wasserstoff (H_2):   relative Molekülmasse: M_r = 2,0159   Molmasse: M = 2,0159 g

Man hat, auf 1 mol bezogen, den Zusammenhang:

$$M = M_r \ \frac{\text{g}}{\text{mol}}$$

In der allgemeinen Gasgleichung kann man folglich die Gasmasse m mit Hilfe der Molmasse bzw. mit Hilfe der relativen Molekülmasse ausdrücken. Wegen $m = nM$ folgt $pV = nMR_iT$. Ein Vergleich mit der universellen Gasgleichung zeigt, dass demnach gelten muss: $R = MR_i$. Nach R_i aufgelöst hat man:

$$R_i = \frac{R}{M} = \frac{R}{M_r \ \frac{\text{g}}{\text{mol}}}$$

Für die Gase He und H_2 errechnet sich:

$$R_{He} = \frac{8,31 \; \frac{J}{mol\,K}}{4,0026 \; \frac{g}{mol}} = 2,076 \; \frac{J}{g\,K} = 2076 \; \frac{J}{kg\,K}$$

$$R_{H_2} = \frac{8,31 \; \frac{J}{mol\,K}}{2,0159 \; \frac{g}{mol}} = 4,122 \; \frac{J}{g\,K} = 4122 \; \frac{J}{kg\,K}$$

Beide Werte befinden sich in guter Näherung zu den in Tabelle 3.1 genannten Tafelwerten.

Aufgaben

1   Unter einem gewichtsbelasteten Kolben (mit konstanter Gewichtskraft) sind 1,5 l Gas mit einem Druck von 5 bar bei einer Temperatur von 25 °C eingeschlossen (Zustand 1). Durch Wärmezufuhr steigt der Kolben nach oben, so dass das Gasvolumen 2,0 l beträgt (Zustand 2). Anschließend wird das System abgekühlt, bis die Gastemperatur 0 °C beträgt (Zustand 3).

1.1   Welche Temperatur hat das Gas im Zustand 2?

1.2   Welches Gasvolumen liegt im Zustand 3 vor?

2   Ein Kompressor saugt atmosphärische Luft von 1 bar bei 20 °C an und befördert sie in einen 20 m^3 großen Druckbehälter. Im Behälter hat die komprimierte Luft bei 20 °C einen Druck von 30 bar.
Wie viel Liter atmosphärische Luft werden angesaugt?
Hinweis: Es ist zu beachten, dass der Behälter vor dem Verdichtungsvorgang bereits mit atmosphärischer Luft gefüllt ist.

3   Ein Propangasbehälter, der im Freien steht, enthält eine feste Menge Propangas. Eine Messung ergibt einen Gasdruck von 50 bar bei einer Gastemperatur von 20 °C. In der sommerlichen Mittagssonne erwärmt sich das Gas auf 80 °C. In einer kalten Winternacht sinkt die Temperatur auf –25 °C. Der Propangasbehälter ist auf einen Druck bis zu 120 bar ausgelegt.

3.1   Berechnen Sie, auf welchen Wert der Gasdruck im Sommer ansteigt und im Winter absinkt.

3.2   Wie viel Prozent Druckanstieg bzw. Druckabfall gegenüber dem Ausgangsdruck sind das?

3.3   Bis zu welcher Temperatur (in °C) darf das Gas höchstens erwärmt werden?

Abb. 3.17 ▶ Gasbehälter

4   In einem Zylinder mit beweglichem Kolben sind 0,1 kg Luft eingeschlossen. Im Zustand 1 beträgt die Lufttemperatur 20 °C, der Druck 3 bar. Anschließend wird das System in den Zustand 2 gebracht, der durch das Volumen 15 l und die Temperatur 100 °C gekennzeichnet ist.

4.1 Berechnen Sie das spezifische Volumen im Zustand 1.

4.2 Bestimmen Sie den Druck der Luft in Zustand 2.

4.3 Welche Kraft wirkt durch diesen Druck auf den Kolben, wenn er einen Durchmesser von 400 mm aufweist?

5 In einem 100-Liter-Behälter befindet sich Kohlendioxid mit einem Druck von 1,5 bar bei 20 °C. Welche Masse hat das eingeschlossene Gas?

6 Ein Kohlekraftwerk emittiert 250 t Kohlenmonoxid (CO) und 4 200 000 t Kohlendioxid (CO_2) jährlich. Im Vergleich dazu beträgt die jährliche Kohlendioxid-Emission Deutschlands aktuell 1 Gt, das ergibt eine Pro-Kopf-Emission von etwa 13 t/a.

6.1 Bestimmen Sie die pro Stunde abgegebenen Kohlenoxidemissionen, wenn das Kraftwerk in der Grundlast rund um die Uhr und ganzjährig am Netz ist.

6.2 Wie viel m^3 Volumen nehmen diese pro Stunde emittierten Gase ein, wenn Normalbedingungen (0 °C; 1013 mbar) zugrunde gelegt werden?

6.3 Welchen Raum nehmen die pro Kopf in der Bundesrepublik jährlich und stündlich emittierten CO_2-Mengen bei Normalbedingungen ein?

7 Ein Autoreifen hat einen Druck von 3 bar bei einer Temperatur von 20 °C. Aufgrund einer längeren Fahrt erwärmt sich die Reifenluft auf 60 °C, wobei das Volumen näherungsweise konstant bleibt.

7.1 Berechnen Sie die Dichte der Luft vor der Fahrt.

7.2 Schätzen Sie das Luftvolumen im Reifen ab (ggf. nachmessen).

7.3 Bestimmen Sie die im Reifen enthaltene Luftmasse.

7.4 Welchen Druck hat die Luft nach der Fahrt? Wie viel Prozent beträgt die Druckzunahme?

8 Berechnen Sie die spezifische Gaskonstante für Kohlendioxid aus der universellen Gaskonstante und vergleichen Sie den ermittelten Wert mit dem Tabellenwert.

3.3 Arbeit, Wärme und innere Energie

Im Folgenden werden verschiedene thermodynamische Prozesse betrachtet und in einem Diagramm dargestellt. Außerdem werden die während eines Prozesses verrichtete Arbeit und die umgesetzten Wärmen berechnet.

3.3.1 Isobarer Prozess (konstanter Druck)

Zunächst wird ein **isobarer Prozess** untersucht, bei dem, wie der Name sagt, der Druck während des Prozessablaufes konstant bleibt. Zu diesem Zweck wird mit einem thermodynamischen System, bestehend aus einem idealen Gas, das in einem wärmeisolierten Zylinder eingeschlossen ist, ein Versuch durchgeführt (s. Abb. 3.18). Im Zustand 1 ist das System durch den Druck p und das Volumen V_1 gekennzeichnet. Dieser Zustand wird in das **$p(V)$-Diagramm** als Punkt 1 eingetragen. Das $p(V)$-Diagramm wird auch als **Zustandsebene** bezeichnet. Der Punkt 1 in der Zustandsebene kennzeichnet für eine gegebene Menge eines idealen Gases den Zustand dieses Gases vollständig. Da sich die Werte der Zustandsgrößen p und V aus dem Diagramm ablesen lassen, kann die dritte Zustandsgröße, die Temperatur, mit Hilfe der allgemeinen Gasgleichung berechnet werden, so dass die Bezeichnung Zustandsebene gerechtfertigt ist. Jeder Punkt in der Zustandsebene entspricht genau einem Zustand des thermodynamischen Systems.

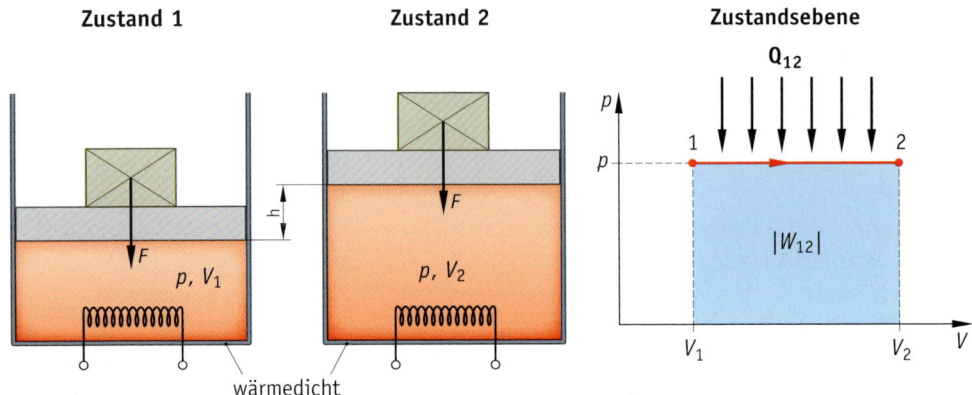

Abb. 3.18 ▶ Isobarer Prozess

Der während des Prozessablaufes konstant zu haltende Druck ist dadurch zu realisieren, dass auf den beweglichen Kolben ein Gewicht aufgelegt wird. Auf diese Weise wirkt während des gesamten Prozesses die konstante Kraft F. Da die Kraft F wie die Kolbenfläche A konstant ist, bleibt auch der Druck $p = F/A$ konstant

Der eigentliche Prozess beginnt, sobald dem Gas im Zustand 1 über eine Heizspirale Wärme zugeführt wird. Das System verlässt daraufhin den Gleichgewichtszustand 1 und durchläuft den Prozess. Die Temperatur im Gas steigt und das Gas expandiert[14], wodurch der Kolben und mit ihm das Gewicht nach oben gehoben werden. Die Wärmezufuhr wird anschließend abgeschaltet. Es stellt sich ein neuer Gleichgewichtszustand, der Zustand 2, ein, der erhalten bleibt, wenn die Systemgrenzen wärmedicht sind. Die zwischen den Zuständen 1 und 2 zugeführte Wärmemenge wird mit Q_{12} bezeichnet, die Strecke, um die der Kolben angehoben wurde, mit Δs.

Der Zustand 2 wird ebenfalls als Punkt in die Zustandsebene eingetragen. Dieser Punkt liegt rechts von Punkt 1, weil sich das Volumen vergrößert hat, aber in der gleichen Höhe wie Punkt 1, da der Druck konstant geblieben ist.

Auch der Prozessverlauf wird in die Zustandsebene eingezeichnet. Da der Prozess beim Punkt 1 beginnt, im Punkt 2 endet und isobar abläuft, muss der Prozessverlauf die Strecke zwischen den Punkten 1 und 2 sein.[15] Die Richtung des Prozesses und die während des Prozesses zugeführte Wärmemenge Q_{12} werden ebenfalls in die Zustandsebene eingezeichnet.

---

14 Es dehnt sich aus.
15 Da während des Prozesses das System keine Gleichgewichtszustände einnimmt, kann man den Prozessverlauf strenggenommen gar nicht in die Zustandsebene einzeichnen. Man argumentiert jedoch damit, dass bei ausreichend langsamer Prozessführung das System näherungsweise eine Folge von Gleichgewichtszuständen durchläuft. Diese *Quasigleichgewichtszustände* ergeben dann in der Zustandsebene eine Reihe von Punkten, die eine den Prozessverlauf wiedergebende Kurve (oben ein Geradenstück) bilden. Es bleibt daher festzuhalten: Bei genügend langsamer Prozessführung – die im Folgenden immer angenommen wird – kann der Prozessverlauf als Kurve in der Zustandsebene dargestellt werden.

Arbeit

Während des Prozesses ist das Gewicht gegen die Schwerkraft und den Atmosphärendruck nach oben gehoben worden, d. h. das System hat Arbeit verrichtet. Diese Arbeit kann berechnet werden.

Für die Arbeit gilt allgemein:	$W = F \cdot \Delta s$
Der Druck berechnet sich gemäß:	$p = F/A \Rightarrow F = p \cdot A$
In die Formel für die Arbeit eingesetzt, ergibt das:	$W = p \cdot A \cdot \Delta s$

Der Ausdruck $A \cdot \Delta s$ ist die Volumenänderung $\Delta V = V_2 - V_1$, die während des Prozessablaufes eintritt, so dass sich für die verrichtete Arbeit die Formel $W = p \cdot \Delta V$ ergibt.

Diese Formel liefert zwar den richtigen Zahlenwert für die vom System verrichtete Arbeit, jedoch ist das Vorzeichen nicht korrekt. Da ΔV bei diesem Prozess positiv ist, ergibt die Formel für die Arbeit ebenfalls ein positives Vorzeichen. Laut Abschnitt 1.2.2 soll das Vorzeichen negativ sein, wenn von dem System Arbeit verrichtet wird. Deshalb ist noch eine Vorzeichenkorrektur erforderlich.

> **Für die Arbeit W_{12} eines isobaren Prozesses gilt demnach:**
>
> $$W_{12} = -p \cdot \Delta V = -p \cdot (V_2 - V_1)$$

Da die Arbeit[16] zwischen den Zuständen 1 und 2 verrichtet wird, erhält der Formelbuchstabe W häufig als Index die Bezeichnung dieser Zustände. Das Differenzsymbol Δ wird nur dann vor ein Formelzeichen gesetzt, wenn die Differenz einer Zustandsgröße gemeint ist. Dabei ist zu beachten, dass bei Differenzbildungen (vgl. oben: $\Delta V = V_2 - V_1$) stets „Endzustand – Anfangszustand" zu bilden ist.

Obige Formel gilt auch, wenn an dem System Arbeit verrichtet wird. Bringt man beispielsweise das nicht wärmeisolierte System in eine kalte Umgebung (Kühlschrank), so läuft der isobare Prozess in umgekehrter Richtung ab: Dem Gas wird Wärme entzogen, Kolben und Gewicht sinken nach unten, das Gas wird komprimiert[17]. Die Umgebung verrichtet Arbeit an dem System, dementsprechend liefert die Formel einen positiven Wert ($\Delta V < 0$ und negatives Vorzeichen).

An der Formel für die Arbeit W_{12} erkennt man, dass der Betrag dieser Arbeit gerade dem Inhalt der zwischen der Prozesskurve $p(V)$ und der V-Achse eingeschlossenen Fläche in der Zustandsebene entspricht. Diese Fläche ist in Abbildung 3.18 schraffiert dargestellt. Wie zu zeigen sein wird (s. Abschnitt 3.3.3), ist dieses Ergebnis für beliebige Prozesse gültig.

---

16 Die Arbeit, die durch das Verschieben des Kolbens gegen äußeren oder inneren Druck bewirkt wird, nennt man auch **Volumenänderungsarbeit**, weil sich mit ihr das Systemvolumen ändert. Dies gilt allgemein, also nicht nur bei isobaren Prozessen.

17 zusammengedrückt

Zahlenbeispiele

Ein Zylinder mit beweglichem und beschwertem Kolben schließt 1,0 l Luft mit einem Druck von 1,5 bar ein (Zustand 1). Dieses System wird in die heiße Umgebung eines Backofens gebracht, wodurch der beschwerte Kolben nach oben wandert, bis das Volumen 1,8 l beträgt (Zustand 2). Anschließend wird das System in einen Kühlschrank gegeben. Der Kolben mitsamt Gewicht wandert nach unten, bis ein Gasvolumen von 0,8 l erreicht ist (Zustand 3).

a) Die drei Zustände 1, 2 und 3 sowie die abgelaufenen Prozesse sollen in die Zustandsebene eingezeichnet werden.

b) Die umgesetzten Arbeiten W_{12} und W_{23} sollen unter Beachtung des Vorzeichens berechnet werden.

c) Die Arbeit W_{13} ist zu berechnen.

zu a)

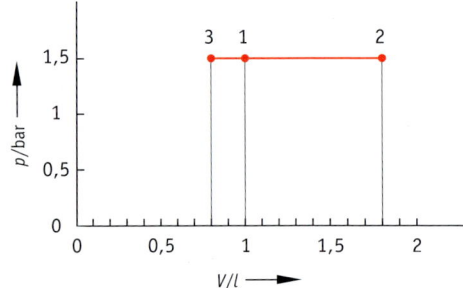

Abb. 3.19 ▶ Prozessverlauf

zu b)

W_{12}: Expansionsarbeit	W_{23}: Kompressionsarbeit
$W_{12} = -p\,(V_2 - V_1)$	$W_{23} = -p\,(V_3 - V_2)$
$\quad = -1,5 \text{ bar} \cdot (1,8 \text{ l} - 1,0 \text{ l})$	$\quad = -1,5 \text{ bar} \cdot (0,8 \text{ l} - 1,8 \text{ l})$
$\quad = -1,5 \cdot 10^5 \text{ N/m}^2 \cdot 0,8 \cdot 10^{-3} \text{ m}^3$	$\quad = -1,5 \cdot 10^5 \text{ N/m}^2 \cdot (-1,0 \cdot 10^{-3} \text{ m}^3)$
$\quad = -1,2 \cdot 10^2 \text{ Nm}$ (*abgegebene* Arbeit)	$\quad = 1,5 \cdot 10^2 \text{ Nm}$ (*zugeführte* Arbeit)

zu c)

$W_{13} = -p\,(V_3 - V_1)$
$\quad = -1,5 \text{ bar} \cdot (0,8 \text{ l} - 1,0 \text{ l})$
$\quad = -1,5 \cdot 10^5 \text{ N/m}^2 \cdot (-0,2 \cdot 10^{-3} \text{ m}^3)$
$\quad = 0,3 \cdot 10^2 \text{ Nm}$ (*zugeführte* Arbeit)

Bei dem Ergebnis spielt der Zwischenzustand 2 keine Rolle, da sich die Anteile W_{12} und W_{21} aufheben.

Wärme

Bei obigem Versuch wird dem Gas die Wärmemenge Q_{12} zugeführt. Diese bewirkt zum einen das Hochheben des Kolbens und zum anderen eine Temperaturerhöhung des Arbeitsgases. Den Zusammenhang zwischen dem Wärmeumsatz Q_{12} und der Temperaturänderung ΔT des Gases beschreibt die Formel $Q_{12} = c \cdot m \cdot \Delta T$, wobei m die eingeschlossene Gasmasse bezeichnet. Da der Wärmeumsatz bei konstant gehaltenem Druck erfolgt, muss die spezifische **Wärmekapazität** bei **konstantem Druck** c_p in dieser Formel verwendet werden:

$$Q_{12} = c_p \cdot m \cdot \Delta T$$

Der Index p bringt zum Ausdruck, dass p = *konstant* ist. Die Werte von c_p für einige Gase findet man in Tabelle 3.1 (s. Seite 49).

Die Größen p, V und T heißen **Zustandsgrößen**, weil sie nur in den Gleichgewichtszuständen den Zustand des Systems beschreiben. Die Arbeit W_{12} und die Wärme Q_{12} sind Größen, die nur während des Prozessablaufes auftreten, und heißen deshalb **Prozessgrößen**.

Das dargestellte Experiment zeigt, dass Wärme in der Lage ist, Arbeit zu verrichten. Demnach ist Wärme eine Form von Energie – was historisch lange Zeit nicht erkannt wurde.[18]

3.3.2 Isochorer Prozess (konstantes Volumen)

Nun wird ein Prozess betrachtet, bei dem das Volumen konstant bleibt. Man bezeichnet derartige Prozesse als *isochor*. Das Volumen ist konstant zu halten, indem der Kolben des Arbeitszylinders arretiert (festgeklemmt) wird.

Der isochore Prozess beginnt, vom Zustand 1 ausgehend, sobald dem Gas Wärme mit Hilfe der eingebauten Heizwicklung zugeführt wird. Dadurch steigen Druck und Temperatur. Wird die Wärmezufuhr abgeschaltet, so stellt sich in dem wärmeisolierten Zylinder allmählich der Endzustand 2 ein.

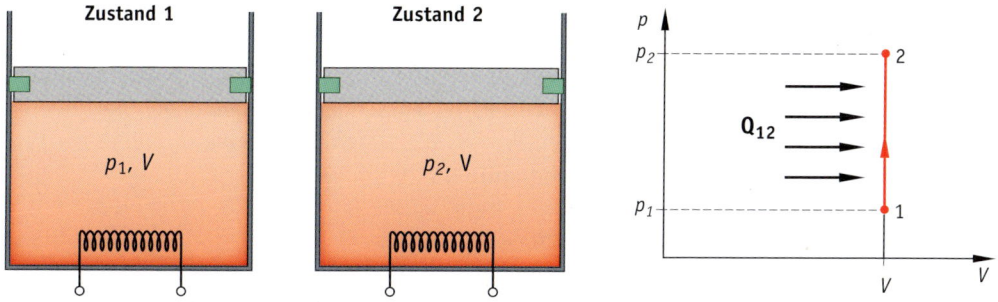

Abb. 3.20 ▶ Isochorer Prozess

Anfangs- und Endzustand sowie der Prozessverlauf werden in die Zustandsebene eingetragen. Da das Volumen konstant bleibt, ergibt sich ein senkrechtes Geradenstück als Prozessverlauf.

---

18 Lange Zeit herrschte die Vorstellung, es gebe einen besonderen „Wärmestoff". Erst Benjamin Thompson und James Prescott Joule erkannten vor etwa 200 Jahren, dass Wärme eine Erscheinungsform der Energie ist.

Arbeit

Mechanische Arbeit wird nicht verrichtet, da sich nichts bewegen kann.

> **Für die Arbeit W_{12} eines isochoren Prozesses gilt:**
> $$W_{12} = 0$$

Dieses Ergebnis stimmt auch damit überein, dass es bei dem isochoren Prozess keinen Flächeninhalt zwischen Prozesskurve und V-Achse gibt (vgl. Zustandsebene).

Wärme

Die während eines isochoren Prozesses zugeführte Wärme wird analog zu dem isobaren Prozess berechnet:

$$Q_{12} = c_V \cdot m \cdot \Delta T$$

Da bei dem isochoren Prozess – anders als bei dem isobaren – das Volumen während der Wärmeübertragung konstant bleibt, muss in obiger Formel die **spezifische Wärmekapazität** bei **konstantem Volumen** c_V verwendet werden, was durch den Index V zum Ausdruck kommt. Die Werte von c_V für einige Gase findet man in Tabelle 3.1 (s. Seite 49) Vergleicht man die Werte von c_p und von c_V miteinander, so erkennt man, dass stets $c_p > c_V$. Die einfache Erklärung erfolgt im nächsten Absatz.

Innere Energie

Nach dem Energieerhaltungssatz geht die während des isochoren Prozesses zugeführte Wärmeenergie Q_{12} nicht verloren. Sie ist in dem Arbeitsgas, das im Zustand 2 eine höhere Temperatur und einen höheren Druck aufweist als im Zustand 1, gespeichert. Diese im System vorhandene Energie nennt man **innere Energie** und bezeichnet sie mit dem Formelbuchstaben U.

Die innere Energie U eines Systems ist die Zusammenfassung aller im betrachteten thermodynamischen System gespeicherten Energien (Bewegungsenergie der Moleküle, chemische Energie, Schmelz- und Verdampfungsenergie usw.). Sie ist wie die Größen p, V und T eine Zustandsgröße. In der technischen Thermodynamik interessieren nicht die absoluten Werte der inneren Energien U_1 und U_2 in den Zuständen 1 und 2. Man betrachtet ausschließlich Änderungen der inneren Energie $\Delta U = U_2 - U_1$. Da bei dem isochoren Prozess die zugeführte Wärme Q_{12} allein zur Veränderung der inneren Energie verwendet wird, gilt:

$$\Delta U = Q_{12}$$

Besteht das thermodynamische System aus einem idealen Gas, so ist die Kelvintemperatur des Gases direkt proportional zu dessen innerer Energie: $T \sim U$. Dies liegt daran, dass ideales Gas definitionsgemäß Energie nur in Form kinetischer Energie der Gasteilchen aufnehmen kann. Die Änderung der inneren Energie kann in dem Fall aus der Temperaturänderung berechnet werden, gemäß:

$$\Delta U = c_V \cdot m \cdot \Delta T$$

Mit dieser Formel lässt sich also bei beliebiger Zustandsänderung die Änderung der inneren Energie aus der Temperaturdifferenz des idealen Gases berechnen.

Warum ist nun stets $c_p > c_V$? Beim isobaren Prozess wird die zugeführte Wärme Q_{12} nicht nur zur Erhöhung der inneren Energie aufgewendet, sondern auch zur Verrichtung von Arbeit (Kolben steigt nach oben). Die isochore Wärmezufuhr kommt hingegen allein der inneren Energie zugute, weil keine Volumenänderungsarbeit verrichtet wird. Um eine gleich große Temperaturerhöhung ΔT zu erreichen, muss also bei isobarer Wärmezufuhr mehr Wärme zugeführt werden als bei isochorer, deshalb ist stets $c_p > c_V$.

3.3.3 Berechnung der Arbeit eines beliebigen Prozesses

Bei den beschriebenen Prozessen wurde bereits darauf hingewiesen, dass die während eines Prozesses umgesetzte Arbeit dem Flächeninhalt der zwischen Prozesskurve $p(V)$ und V-Achse liegenden Fläche entspricht. Diese Erkenntnis gilt für sämtliche Prozesse. Man erkennt das daran, dass ein beliebiger Prozessverlauf durch eine Folge von isobaren und isochoren Prozessen angenähert werden kann (Abb. 3.21, links).

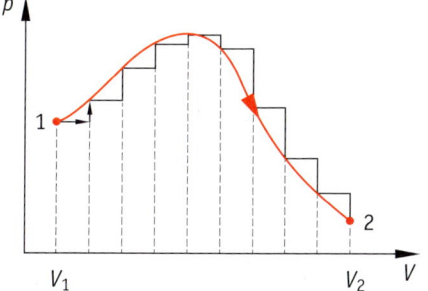 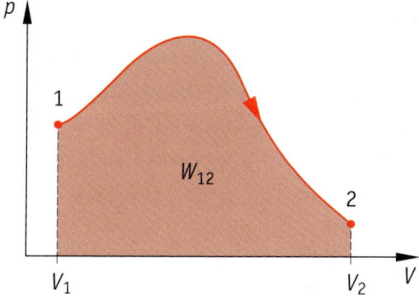

Abb. 3.21 ▶ Berechnung der Prozessarbeit als Flächenberechnung

Um den Betrag der Arbeit für den in der Abbildung dargestellten Prozess zu berechnen, muss also lediglich der Inhalt der schraffierten Fläche berechnet werden. Das kann numerisch erfolgen, indem die Fläche in kleine Rechteckstreifen unterteilt wird. Die Teilflächeninhalte der Rechteckstreifen werden dann berechnet und die Teilinhalte anschließend aufsummiert. Diese Methode lässt sich sehr gut mit Hilfe eines Computers durchführen.

Aber auch die Mathematik hat eine leistungsfähige Methode entwickelt, um solche Flächeninhalte zu berechnen, gemeint ist die sogenannte **Integralrechnung**[19]. Voraussetzung für ihre Anwendung ist, dass der Druck als Funktion des Volumens bekannt ist, was nur bei einfachen Prozessen der Fall ist. Dank der Symbolik der Integralrechnung kann das Problem der Arbeitsberechnung elegant formuliert werden.

---

19 Sollte der Leser mit der Integralrechnung (noch) nicht vertraut sein, braucht er sich davon nicht abschrecken zu lassen. Die bei der Integralrechnung verwendete Symbolik bedeutet einfach, dass damit der Flächeninhalt unter einer Kurve berechnet wird. In diesem Buch wird nur an zwei Stellen von der Integralrechnung Gebrauch gemacht, wobei es auf die Endergebnisse ankommt.

Für die Arbeit W_{12} eines beliebigen Prozesses gilt:

$$W_{12} = -\int_{V_1}^{V_2} p \cdot dV$$

Diese Formel besagt im Grunde nur, dass zur Ermittlung der Arbeit W_{12} die in Abbildung 3.21 schraffiert dargestellte Fläche zu berechnen ist. Die entsprechende Methode lernt man in der Mathematik.

Das Minuszeichen vor dem Integral wird benötigt, um das richtige Vorzeichen für zu- bzw. abgeführte Arbeit zu erhalten. Wie bereits bekannt, erhält die Arbeit ein negatives Vorzeichen, wenn Arbeit abgegeben wird, also bei Expansion des Gases. Hingegen ist das Vorzeichen bei zugeführter Arbeit, sprich bei einer Kompression, positiv. Es gilt:

$$W_{12} = -W_{21}$$

Mit diesen Erkenntnissen lassen sich noch zwei weitere wichtige Prozesse untersuchen.

3.3.4 Isothermer Prozess (konstante Temperatur)

Während eines **isothermen** Prozesses muss die Temperatur konstant gehalten werden. Ohne besondere Vorkehrungen wird sich jedoch die Temperatur eines expandierenden Gases verringern, die eines komprimierten Gases erhöhen: Lässt man ein Gas aus einer unter hohem Druck stehenden Gasflasche ausströmen (expandieren), so kühlt sich das Gas so sehr ab, dass das Ausströmventil kalt wird und sogar regelrecht vereist. Umgekehrt erwärmt sich das Gas, wenn es in eine Gasflasche gepumpt und dabei komprimiert wird.

Um eine isotherme Prozessführung zu gewährleisten, muss das Gas während der langsamen Prozessführung mit einem Wärmereservoir in thermischen Kontakt gebracht werden. Ein Wärmereservoir (meist einfach als Reservoir bezeichnet) besitzt im Vergleich zu der zuzuführenden oder abzugebenden Wärmemenge einen sehr großen Wärmevorrat, so dass die Temperatur trotz Wärme zu- oder abfuhr konstant bleibt.[20] Experimentell kann der Arbeitszylinder mit gut wärmeleitender Wandung in ein Wasserbad mit entsprechend großer Wassermenge gegeben werden. Bei einer Expansion des Gases geht dann Wärme vom Wasserbad auf das Gas über, bei einer Kompression ist der Wärmefluss umgekehrt. In beiden Fällen bleibt die Temperatur bei ausreichend langsamer Prozessführung konstant.

---

20 Als Wärmereservoir kann man sich zum Beispiel einen See vorstellen. Dessen Temperatur wird sich nicht ändern (jedenfalls nicht messbar), wenn beispielsweise 10 Liter heißes Wasser hinzukommen. Beispielsweise ist auch die Umgebung insgesamt ein Reservoir, an das ständig Wärme abgegeben bzw. von dem Wärme (etwa mit einer Wärmepumpe) bezogen werden kann.

Im *p(V)*-Diagramm sind die Kurven konstanter Temperatur, die Isothermen, Hyperbeläste, wie das Gesetz von Boyle-Mariotte $p \cdot V$ = *konstant* zeigt. Je höher die konstante Temperatur gewählt wird, desto weiter nach oben verschiebt sich die zugehörige Isotherme im Diagramm. In der Abbildung 3.22 sind drei Isothermen dargestellt, wobei für die jeweiligen Temperaturen gilt: $T_1 < T_2 < T_3$. Dass die Reihenfolge bei den Temperaturen so sein muss, ist verständlich: Bei einem bestimmten festen Volumen hat

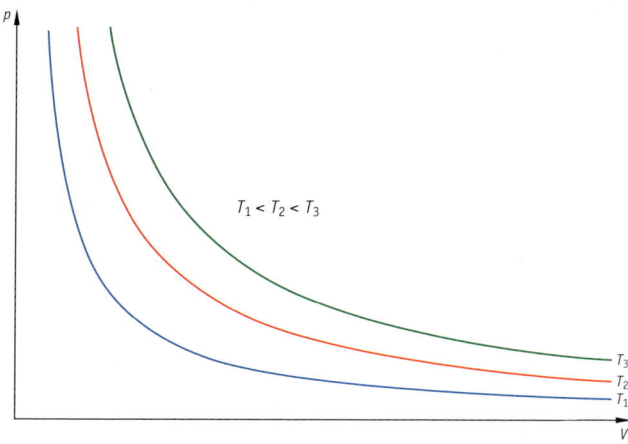

Abb. 3.22 ▶ Isothermenschar

das Gas mit höherer Temperatur einen höheren Druck und muss deshalb im Diagramm weiter oben liegen.

Zur Berechnung der bei einem isothermen Prozess umgesetzten Arbeit werden die Erkenntnisse des vorherigen Abschnitts eingesetzt. Letztlich muss der in Abbildung 3.23 schraffiert gezeichnete Flächeninhalt berechnet werden.[21]

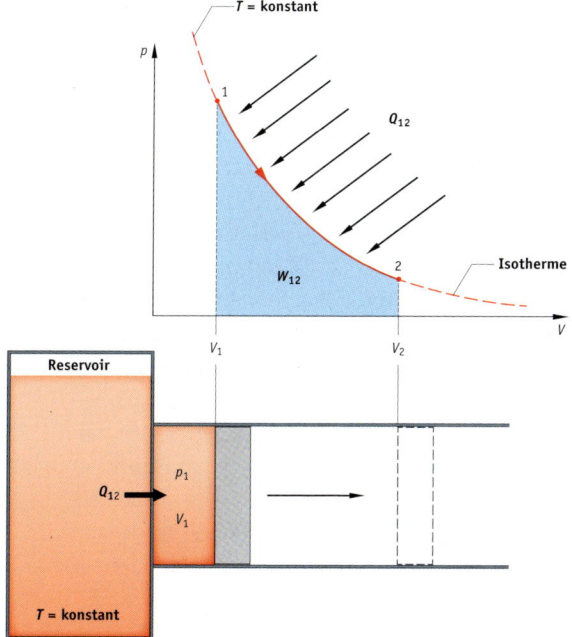

Abb. 3.23 ▶ Isothermer Prozess

---

21 Wer keine Kenntnisse in Integralrechnung hat, sollte nur auf das Endergebnis achten.

Als Erstes wird der Druck durch das Volumen ausgedrückt, dazu wird die allgemeine Gasgleichung verwendet:

$$p \cdot V = m \cdot R_i \cdot T \qquad \Rightarrow \qquad p = \frac{m \cdot R_i \cdot T}{V}$$

Für die Arbeit eines beliebigen, also auch isothermen Prozesses gilt:

$$W_{12} = -\int_{V_1}^{V_2} p \cdot dV = -\int_{V_1}^{V_2} \frac{m \cdot R_i \cdot T}{V} \, dV = -m \cdot R_i \cdot T \int_{V_1}^{V_2} \frac{1}{V} \, dV$$

In der obigen Formel wurde zunächst p ersetzt, dann wurden die Größen m, R_i und T vor das Integral gezogen, da eine Integrationsregel besagt, dass konstante Größen vor das Integral gezogen werden dürfen. Während m und R_i Konstanten sind, gilt das für T nur, weil es sich um einen isothermen Prozess handelt. An dieser Stelle wird also von der Eigenschaft dieses Prozesses Gebrauch gemacht. Jetzt muss nur noch das Integral berechnet werden.

$$\int \frac{1}{x} \, dx = \ln|x| + C$$

Demnach ist der natürliche Logarithmus ln die gesuchte Stammfunktion. Wendet man dieses Grundintegral an, so ist zu beachten, dass V die Rolle der Integrationsvariablen x übernimmt. Da V nicht negativ wird, kann auf den Betrag verzichtet werden; auch die Integrationskonstante C kann weggelassen werden, da es genügt, eine Stammfunktion zu haben[22]: $\ln V$

$$W_{12} = -m \cdot R_i \cdot T \cdot \left[\ln V\right]_{V_1}^{V_2} = -m \cdot R_i \cdot T \cdot (\ln V_2 - \ln V_1)$$

Wendet man auf die Differenzen der Logarithmen noch das bekannte Logarithmusgesetz an, so ergibt sich das wichtige Endergebnis.

Für die Arbeit W_{12} eines isothermen Prozesses gilt:

$$W_{12} = -m \cdot R_i \cdot T \cdot \ln \frac{V_2}{V_1} = -m \cdot R_i \cdot T \cdot \ln \frac{p_1}{p_2}$$

Das Volumenverhältnis im Logarithmus kann, wie oben angegeben, durch das Druckverhältnis ersetzt werden, da für isotherme Prozesse gemäß dem Gesetz von Boyle-Mariotte gilt: $\frac{V_2}{V_1} = \frac{p_1}{p_2}$.

Wie schon im Zusammenhang mit dem spezifischen Volumen ausgeführt, so wird auch die Arbeit häufig auf die Gasmasse bezogen, dementsprechend *spezifische* Arbeit w genannt und in Joule je Kilogramm [J/kg] Gasmasse angegeben.

Die **spezifische Arbeit** w für einen isothermen Prozess berechnet sich also folgendermaßen:

$$w_{12} = \frac{W_{12}}{m} = -R_i \cdot T \cdot \ln \frac{V_2}{V_1}$$

---

22 Hinweis: In der Mathematik ist es üblich, statt der eigentlich eindeutigeren Schreibweise $\ln(V)$ nur $\ln V$ zu schreiben, ebenso wie man statt $\sin(x)$ in der Regel $\sin x$ schreibt.

Zahlenbeispiel

In einem mit beweglichem Kolben abgeschlossenen Zylinder befindet sich Luft mit einem Druck von 1 bar und einer Temperatur von 22 °C (Zustand 1). Durch den Kolben wird das Gasvolumen auf ein Viertel seines ursprünglichen Wertes isotherm komprimiert (Zustand 2 und das Gas anschließend isochor auf 170 °C erwärmt (Zustand 3).

a) Zunächst sind p_2 und p_3 zu berechnen.
b) Der Prozessverlauf und die umgesetzte Arbeit sowie die zu- und abgeführten Wärmemengen sollen in ein $p(V)$-Diagramm eingezeichnet werden.
c) Die insgesamt umgesetzte spezifische Arbeit ist zu berechnen.

zu a)

Da T konstant ist, gilt: $\qquad p_1 \cdot V_1 = p_2 \cdot V_2$

Damit ergibt sich p_2 gemäß: $\qquad p_2 = \dfrac{V_1}{V_2} p_1 = \dfrac{V_1}{\frac{1}{4} V_1} p_1 = 4p_1 = 4 \cdot 1 \text{ bar} = 4 \text{ bar}$

Dabei wurde berücksichtigt, dass V_2 ein Viertel von V_1 ist. Natürlich hätte das Ergebnis auch sofort angegeben werden können: Wenn das Volumen auf ein Viertel verringert wird, muss der Druck auf das Vierfache steigen (bei konstanter Temperatur).

p_3 wird mit der Zustandsgleichung $\frac{p_2}{T_2} = \frac{p_3}{T_3}$ für konstantes Volumen berechnet.

Demzufolge gilt: $\qquad p_3 = \dfrac{T_3}{T_2} p_2 = \dfrac{443 \text{ K}}{295 \text{ K}} \cdot 4 \text{ bar} = 6 \text{ bar}$

Dabei wird ausgenutzt, dass wegen des isothermen Prozesses $T_2 = T_1$ sein muss.

zu b)

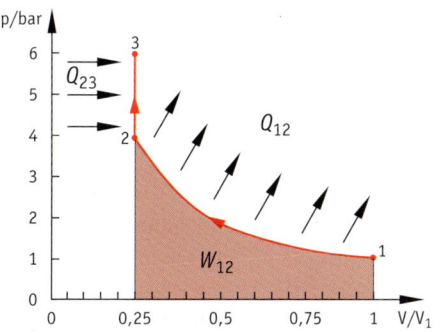

Abb. 3.24 ▶ Prozessverlauf für das Zahlenbeispiel

Auf der V-Achse wurde in V/V_1 skaliert. Weil der absolute Wert von V_1 nicht bekannt ist, werden alle Volumenangaben auf das Anfangsvolumen bezogen. Wenn V/V_1 beispielsweise den Wert 0,5 hat, so bedeutet das, dass V halb so groß ist wie V_1.

zu c)

Nur während des isothermen Prozesses wird Arbeit umgesetzt. Wichtig ist es, die richtigen Werte einzusetzen:

$$w_{13} = w_{12} = -R_i \cdot T \cdot \ln \frac{V_2}{V_1} = -287 \ \frac{\text{J}}{\text{kg} \cdot \text{K}} \cdot 295 \text{ K} \cdot \ln \frac{\frac{1}{4} V_1}{V_1} = 1,17 \cdot 10^5 \ \frac{\text{J}}{\text{kg}}$$

3.3.5 Adiabater Prozess

Wird beispielsweise mit einem adiabaten System (vgl. Abschnitt 3.1), also mit einem System, das Wärmeaustausch nicht zulässt, eine Zustandsänderung durchgeführt, so durchläuft das System einen adiabaten Prozess. Viele Zustandsänderungen in Maschinen laufen adiabat ab, ohne dass eine besondere Wärmeisolierung erforderlich wäre. Diese Vorgänge, zum Beispiel die Kompression eines Gases in einem Kolbenmotor, erfolgen so schnell, dass keine Zeit für einen Wärmetausch bleibt. Adiabate Prozesse sind deshalb in der Praxis von besonderer Bedeutung.

Adiabatengleichungen

Wird ein Gas adiabat komprimiert, so steigt die Gastemperatur – im Gegensatz zu einer isothermen Kompression[23] – an. Aufgrund des Temperaturanstiegs steigt bei adiabater Prozessführung der Druck stärker als bei isothermer. Das zeigt sich in der Zustandsebene an einem stärkeren Anstieg der Adiabaten im Vergleich zu den Isothermen (vgl. Abb. 3.25).

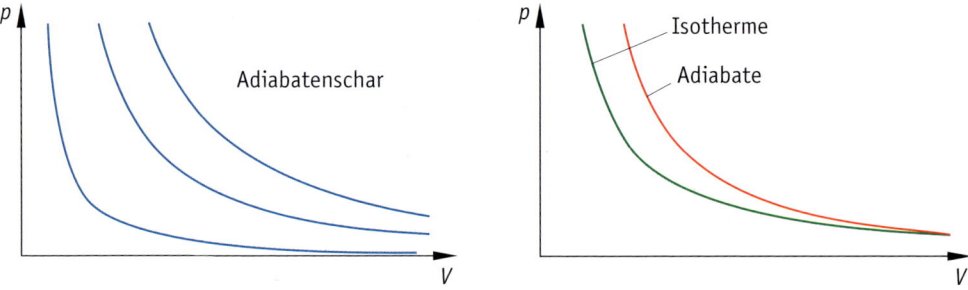

Abb. 3.25 ▶ Adiabatenschar (links) und Vergleich: Adiabate – Isotherme (rechts)

Dieser steilere Anstieg macht sich bei der Zustandsgleichung in Form des sogenannten **Adiabatenexponenten** κ bemerkbar, wobei $\kappa = \dfrac{c_p}{c_V}$ eine dimensionslose Zahl[24] mit $1 < \kappa \leq \frac{5}{3}$ ist (vgl. Tabelle 3.1, Seite 49). Damit ergibt sich die relevante Adiabatengleichung zu

$$p \cdot V^{\kappa} = konst. \quad bzw. \quad p_1 \cdot V_1^{\kappa} = p_2 \cdot V_2^{\kappa}$$

Diese adiabate Zustandsgleichung unterscheidet sich von der isothermen $p \cdot V = konst.$ nur durch den Adiabatenexponenten k. Unter Zuhilfenahme der allgemeinen Gasgleichung können aus obiger Zustandsgleichung eine Reihe weiterer, daraus abgeleiteter Adiabatengleichungen gewonnen werden (zur Herleitung vgl. Aufgabe 5.1, Seite 70):

$$\frac{T_1}{T_2} = \left(\frac{p_1}{p_2}\right)^{\frac{\kappa-1}{\kappa}} = \left(\frac{V_2}{V_1}\right)^{\kappa-1}$$

Mit diesen Gleichungen ergeben sich die Zusammenhänge zwischen T und p, zwischen T und V sowie zwischen p und V.

---

23 Bei isothermer Prozessführung wird der Anstieg der Gastemperatur durch geeignete Kühlung verhindert.

24 In der kinetischen Gastheorie, einem Teilgebiet der Physik, wird nachgewiesen, dass der Wert von κ von dem Molekülbau des betreffenden Gases abhängt. Je mehr Bewegungsfreiheitsgrade die Gasmoleküle aufgrund ihrer Struktur haben, desto kleiner wird κ.

Arbeit beim adiabaten Prozess

Um die umgesetzte Arbeit beim adiabaten Prozess zu bestimmen, muss der Flächeninhalt unter der Adiabaten berechnet werden. Die Vorgehensweise ist analog zu dem isothermen Prozess und wird aus diesem Grunde nur abgekürzt dargestellt:

$$W_{12} = -\int_{V_1}^{V_2} p \cdot dV = -\int_{V_1}^{V_2} \frac{konst.}{V^\kappa} \cdot dV = -konst. \int_{V_1}^{V_2} V^{-\kappa} \cdot dV = -\frac{konst.}{1-\kappa}\left[V_2^{1-\kappa} - V_1^{1-\kappa}\right]$$

Diese Formel enthält noch die Konstante *konst.*, die durch geeignete algebraische Umformungen mit Hilfe der allgemeinen Gasgleichung ersetzt werden kann (vgl. Aufgabe 5.2, Seite 70).

Für die Arbeit W_{12} eines adiabaten Prozesses gilt:

$$W_{12} = -\frac{m \cdot R_i \cdot T_1}{1-\kappa}\left[\left(\frac{V_1}{V_2}\right)^{\kappa-1} - 1\right] = -\frac{m \cdot R_i \cdot T_1}{1-\kappa}\left[\left(\frac{p_2}{p_1}\right)^{\frac{\kappa-1}{\kappa}} - 1\right] = -\frac{m \cdot R_i}{1-\kappa}(T_2 - T_1)$$

Während sich die erste Formel zur Berechnung der Arbeit aus obiger Integralrechnung ergibt, erhält man die anderen Formeln durch algebraische Umformungen mit den adiabaten Zustandsgleichungen.

Zahlenbeispiele:

Ein Dieselmotor saugt Luft an und verdichtet sie adiabat auf ein Zwölftel ihres ursprünglichen Volumens. Die Ansaugtemperatur beträgt aufgrund der erwärmten Zylinderwände 50 °C.

a) Welche Temperatur hat die verdichtete Luft?
b) Wie groß ist die zum Verdichten aufzuwendende spezifische Arbeit?

zu a)

Es gilt:
$$\frac{T_1}{T_2} = \left(\frac{V_2}{V_1}\right)^{\kappa-1} \Rightarrow T_2 = \left(\frac{V_1}{V_2}\right)^{\kappa-1} \cdot T_1$$

eingesetzt:
$$T_2 = 12^{0,4} \cdot 323 \text{ K} = 873 \text{ K} = 600 \text{ °C}$$

zu b)

$$w_{12} = -\frac{R_i \cdot T_1}{1-\kappa}\left[\left(\frac{V_1}{V_2}\right)^{\kappa-1} - 1\right] = -\frac{287\frac{J}{kgK} \cdot 323 \text{ K}}{-0,40}\left[12^{0,40} - 1\right] = 3,9 \cdot 10^5 \frac{J}{kg}$$

3.3.6 Zusammenfassung

In der Thermodynamik ist es üblich, die bisher besprochenen Prozesse mit einer Zustandsgleichung zu beschreiben. Sie können alle als Spezialfälle der sogenannten **polytropen Zustandsänderung** betrachtet werden, die mit folgender Zustandsgleichung beschrieben wird:

$$p \cdot V^n = konst.$$

Der **Polytropenexponent** n kann theoretisch jeden beliebigen Wert annehmen. Für folgende Werte von n ergeben sich die bisher behandelten Idealfälle:

- $n = 0$: $\quad p \cdot V^0 = konst.$ also $p = konst.$ $\qquad \rightarrow \qquad$ isobarer Prozess
- $n \rightarrow \infty$: $\quad$ also $V = konst.$ $\qquad\qquad\qquad\quad \rightarrow \qquad$ isochorer Prozess
- $n = 1$: $\quad p \cdot V^1 = konst.$ also $p \cdot V = konst.$ $\quad \rightarrow \qquad$ isothermer Prozess
- $n = \kappa$: $\quad p \cdot V^\kappa = konst.$ $\qquad\qquad\qquad\qquad \rightarrow \qquad$ adiabater Prozess

Trägt man die idealisierten Zustandsänderungen in die Zustandsebene ein, so ergibt sich folgendes Diagramm (Abb. 3.26):

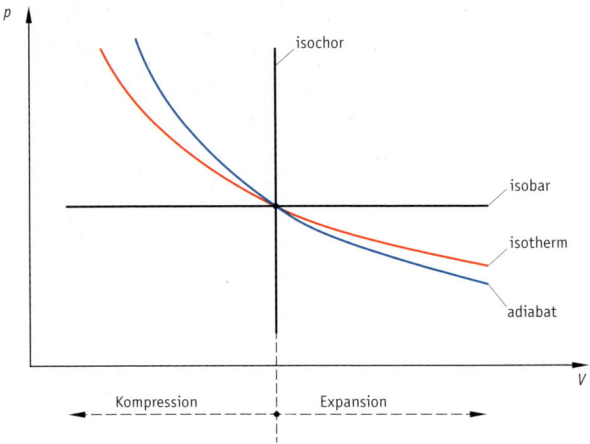

Abb. 3.26 ▶ Darstellung der verschiedenen Zustandskurven im $p(V)$-Diagramm

Die wichtigsten Erkenntnisse noch einmal tabellarisch zusammengefasst:

Tabelle 3.2 ▶ Zusammenstellung der wichtigsten Prozesse

Prozess	Isobar	Isochor	Isotherm	Adiabat
Kennzeichen	$p = konst.$	$V = konst.$	$T = konst.$	$Q = 0$
Zustandsebene				
Arbeit W_{12}	$= -p \cdot \Delta V$	$= 0$	$= -m \cdot R_i \cdot T \cdot \ln \dfrac{V_2}{V_1}$ $\newline = -m \cdot R_i \cdot T \cdot \ln \dfrac{p_1}{p_2}$	$= -\dfrac{m \cdot R_i \cdot T_1}{1-\kappa} \left[\left(\dfrac{V_1}{V_2} \right)^{\kappa-1} - 1 \right]$ $\newline = -\dfrac{m \cdot R_i \cdot T_1}{1-\kappa} \left[\left(\dfrac{p_2}{p_1} \right)^{\frac{\kappa-1}{\kappa}} - 1 \right]$ $\newline = -\dfrac{m \cdot R_i}{1-\kappa} (T_2 - T_1)$
Wärme Q_{12}	$= c_p \cdot m \cdot \Delta T$	$= c_V' \cdot m \cdot \Delta T$	$= -W_{12}$	$= 0$

Aufgaben

1   Ein Dieselmotor saugt 4 Liter Luft an, die im Verdichtungshub auf 1/18 ihres
     Anfangsvolumens verdichtet werden,
     wodurch der Druck auf 57 bar und die
     Temperatur auf 700 °C ansteigen. In diese
     hoch verdichtete und erhitzte Luft wird der
     Dieselkraftstoff eingespritzt, wobei er sich
     von selbst entzündet. Während des Einspritz-
     vorganges vergrößert sich das Volumen durch
     Kolbenrückgang auf das 2,5-fache derart,
     dass der Druck bei 57 bar konstant bleibt
     (Gleichdruckverbrennung).

1.1 Berechnen Sie die Volumina nach dem
     Verdichtungshub und nach dem Einspritz-
     vorgang.

1.2 Bestimmen Sie die Luftmasse.   **Abb.3.27** ▶ Dieselmotor

1.3 Wie hoch ist die Temperatur nach dem
     Einspritzvorgang?

1.4 Ermitteln Sie – unter Beachtung der Vorzeichenvereinbarung – die Arbeit, die im
     Verlauf des Einspritzvorgangs umgesetzt wird. Welche Bedeutung hat das Vorzeichen?

1.5 Wie viel Wärmeenergie wird zugeführt? (c_p für Luft aus Tabelle 3.1, Seite 49)

2   Ein Ottomotor saugt Benzin-Luft-Gemisch an und verdichtet es auf 10 bar bei
     einer Temperatur von 350 °C. Dieses
     vorverdichtete Gemisch wird mittels
     Zündfunke gezündet und brennt explo-
     sionsartig ab, wodurch der Druck
     abrupt auf 40 bar ansteigt. Während
     dieser kurzen Zeit findet nahezu keine
     Kolbenbewegung statt, so dass das
     Volumen näherungsweise konstant
     bleibt (Gleichraumverbrennung).

2.1 Berechnen Sie die Temperatur des
     Gases nach dem Verbrennungsvorgang.

2.2 Bestimmen Sie die spezifische
     Verbrennungswärme (c_V für Luft aus
     Tabelle 3.1).

2.3 Welcher Energie kommt die Verbren-   **Abb.** 3.28 ▶ Ottomotor
     nungswärme zugute?

2.4 Ermitteln Sie, welche Kraft durch den Druck der verbrannten Gase auf den Kolben
     ausgeübt wird, wenn dieser einen Durchmesser von 80 mm aufweist. Wie vielen
     Tonnen Gewicht entspricht das?

3 Mit einem idealen Gas wird der nachfolgend abgebildete Prozess durchgeführt.

3.1 Berechnen Sie die Arbeit W_{23}. (Achten Sie dabei auf das richtige Vorzeichen.)

3.2 Ermitteln Sie die Gesamtarbeit W_{14}.

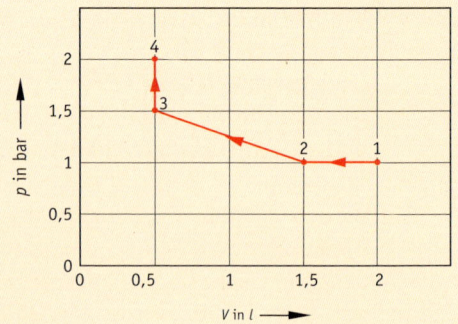

Abb. 3.29

4 0,5 kg Luft werden von 1,1 bar auf 5,8 bar isotherm verdichtet. Die Lufttemperatur wird bei 20 °C konstant gehalten.

4.1 Berechnen Sie Anfangs- und Endvolumen sowie Anfangs- und Enddichte der Luft.

4.2 Zeichnen Sie den Prozessverlauf in ein skaliertes $p(V)$-Diagramm ein.

4.3 Kennzeichnen Sie im Diagramm die Verdichtungsarbeit und tragen Sie den Wärmeumsatz ein.

4.4 Berechnen Sie die Verdichtungsarbeit und geben Sie die umgesetzte Wärmemenge an.

5 Für mathematisch Interessierte:

5.1 Für ideales Gas gilt die Adiabatengleichung $pV^\kappa = konstant$ bzw. $p_1V_1^\kappa = p_2V_2^\kappa$. Ferner gilt die allgemeine Gasgleichung $pV = mR_iT$. Aus beiden Gleichungen lassen sich durch entsprechende Umformungen weitere Adiabatengleichungen ableiten, so dass nicht nur der Zusammenhang zwischen Druck und Volumen, sondern auch die Abhängigkeit von Temperatur und Volumen sowie von Druck und Temperatur bei adiabaten Prozessen angegeben werden kann. Die diesbezüglichen Gleichungen sollen in dieser Aufgabe hergeleitet werden. Dazu wird zunächst der Zusammenhang zwischen p und T hergeleitet:
Aus $p_1V_1^\kappa = p_2V_2^\kappa$ folgt nach den Potenzgesetzen der Mathematik: $p_1V_1V_1^{\kappa-1} = p_2V_2V_2^{\kappa-1}$.
p_1V_1 und auch p_2V_2 werden mit Hilfe der allgemeinen Gasgleichung ersetzt durch mR_iT_1 bzw. mR_iT_2, woraus folgt: $mR_iT_1V_1^{\kappa-1} = mR_iT_2V_2^{\kappa-1}$. Schließlich wird mR_i gekürzt und nach T_1/T_2 umgestellt. Man erhält auf diese Weise den Zusammenhang zwischen den Temperaturen und Volumina bei adiabaten Prozessen, wie er auf Seite 67 angegeben ist.
Leiten Sie nun auf entsprechende Weise den Zusammenhang zwischen den Drücken und den Temperaturen sowie zwischen den Drücken und den Volumina her.

5.2 Die Herleitung der Formel zur adiabaten Arbeit wurde auf Seite 67 nicht vollständig ausformuliert. Das wird in dieser Aufgabe nachgeholt:
Aus der auf Seite 67 hergeleiteten Formel folgt, dass $W_{12} = -\dfrac{konst.}{1-\kappa}\left[V_2^{1-\kappa} - V_1^{1-\kappa}\right]$ gilt. Klammert man $V_1^{1-\kappa}$ aus, so ergibt sich zunächst:

$$W_{12} = -\frac{konst. \cdot V_1^{1-\kappa}}{1-\kappa}\left[\left(\frac{V_2}{V_1}\right)^{1-\kappa} - 1\right].$$

Als Nächstes ersetzt man „konst." mit Hilfe der adiabaten Zustandsgleichung $p_1V_1^\kappa = konst.$ und der allgemeinen Gasgleichung in ähnlicher Weise wie in der Anleitung zu Aufgabe 5.1. Bildet man noch den Kehrwert des Quotienten der Volumina (im Exponenten müssen nach den Potenzgesetzen zugleich die Vorzeichen umgekehrt werden, damit sich der Wert des Bruches nicht ändert), so ergibt sich schließlich die auf Seite 67 angegebene Formel, wie der algebraisch versierte Leser nachrechnet. Mit Hilfe der weiteren Adiabatengleichungen lassen sich auch die anderen genannten Formeln zur Berechnung der adiabaten Arbeit herleiten.

6   Bei einem pneumatischen Feuerzeug wird eine bestimmte Luftmenge schlagartig (also adiabat) auf ein Zehntel ihres ursprünglichen Volumens komprimiert.

6.1   Um welchen Faktor steigt die Lufttemperatur an?

6.2   Wie hoch ist die Endtemperatur, wenn die Luft Zimmertemperatur hatte?

6.3   Wie viel spezifische Kompressionsarbeit ist aufzuwenden?

7   Luft bei Zimmertemperatur wird auf das 5-fache ihres Volumens adiabat expandiert. Auf welche Temperatur kühlt sie sich ab?

Abb. 3.30 ▶ Pneumatisches Feuerzeug

8   Das von einem Ottomotor angesaugte Benzin-Luft-Gemisch ($\kappa = 1{,}4$) hat im Zustand 1 die Zustandsgrößen $p_1 = 0{,}8$ bar und $V_1 = 0{,}5$ l. Dieses Benzin-Luft-Gemisch wird im Verdichtungshub auf ein Zehntel des ursprünglichen Volumens komprimiert (Zustand 2). Durch die Zündung und anschließende Verbrennung steigt die Temperatur auf 1600 °C bei gleich bleibendem Volumen (Zustand 3). Anschließend expandieren die verbrannten Gase im Arbeitshub adiabat wieder auf das Volumen V_1 (Zustand 4).

8.1   Berechnen Sie den Druck des Benzin-Luft-Gemisches im Zustand 2.

8.2   Wie viel °C hat das Benzin-Luft-Gemisch, wenn das angesaugte Gemisch vor dem Verdichten 50 °C hat?

8.3   Ermitteln Sie die für den Verdichtungshub aufzuwendende spezifische Arbeit.

8.4   Auf welchen Wert (in °C) sinkt die Gastemperatur durch den Arbeitshub?

8.5   Wie groß ist die spezifische Expansionsarbeit?

9   In einem Zylinder wird Luft, ausgehend von einem Zustand 1 ($p_1 = 1{,}0$ bar; $V_1 = 2{,}0$ l; $\vartheta_1 = 0\,°C$), einmal isotherm und einmal adiabat verdichtet. Beide Kompressionen sollen zu dem gleichen Endvolumen $V_2 = 0{,}25$ l führen.

9.1   Zeichnen Sie beide Prozesse in ein Zustandsdiagramm ein und kennzeichnen Sie den Wärmeumsatz.

9.2   Kennzeichnen Sie in dem Diagramm die Arbeit, die bei der adiabaten Kompression mehr aufzuwenden ist als bei der isothermen.

9.3   Aus welchem Grund ist für die adiabate Verdichtung mehr Arbeit aufzuwenden als für die isotherme?

9.4   Bestimmen Sie – soweit erforderlich bitte rechnerisch – die Endtemperaturen und Enddrücke bei isothermer und bei adiabater Verdichtung.

9.5   Berechnen Sie die Masse der eingeschlossenen Luft.

9.6 Ermitteln Sie jeweils die Arbeit, die für die isotherme und für die adiabate Kompression aufzuwenden ist.

9.7 Wie groß (in Prozent) ist die Mehrarbeit bei adiabater Verdichtung?

10 In dem folgenden Diagramm (Abb. 3.31) sind für eine gewisse Menge eingeschlossener Luft eine Isothermen- und eine Adiabatenschar abgebildet. Die Isothermen und Adiabaten haben beim Volumen $V_1 = 2$ l jeweils die gleichen Ausgangstemperaturen 0 °C, 500 °C und 1000 °C.

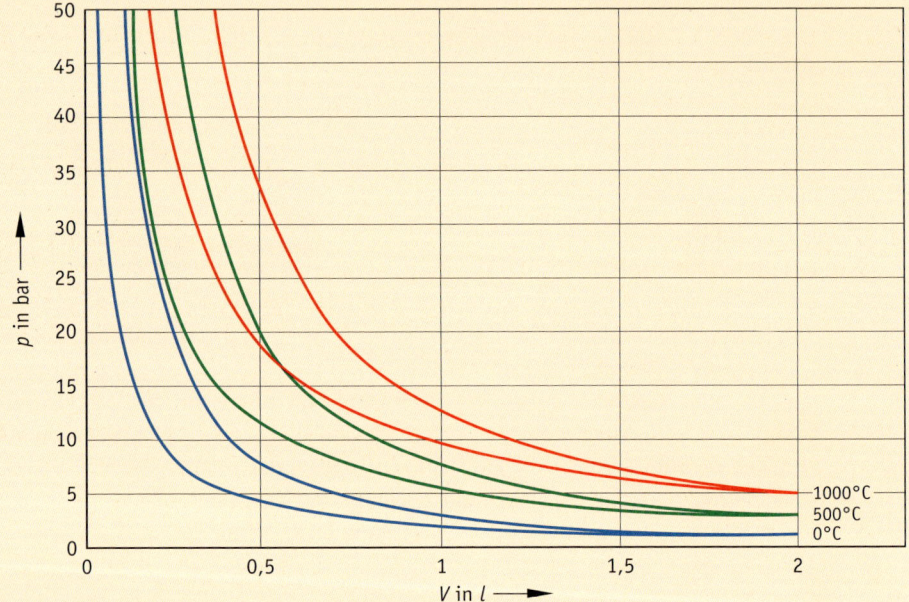

Abb. 3.31 ▶ Isothermen-/Adiabatenschar

10.1 Überlegen Sie, welche Kurven im Diagramm die Isothermen und welche die Adiabaten sind.

10.2 Ermitteln Sie aus dem Diagramm, welches Endvolumen bei adiabater Verdichtung bei 2 l Ausgangsvolumen und 0 °C Ausgangstemperatur zu einer Temperatur von 500 °C führt.
Hinweis: Beachten Sie, dass die Temperatur auf einer Isothermen konstant ist.

10.3 Lesen Sie aus dem Diagramm ab, wie hoch bei diesem Endvolumen die Enddrücke bei isothermer und bei adiabater Verdichtung sind.

10.4 Wo ist die Mehrarbeit, die für die adiabate Kompression gegenüber der isothermen erforderlich ist, in dem Diagramm zu finden?

10.5 Überprüfen Sie Ihre aus dem Diagramm abgelesenen Werte durch Rechnung.

3.4 Hauptsätze der Thermodynamik

Die Thermodynamik ist eine Erfahrungswissenschaft, die ihre zentralen Erkenntnisse in **Hauptsätzen** zum Ausdruck bringt. Diese Erfahrungssätze sind zwar nicht logisch beweisbar, sie haben sich aber zigtausendfach in Experimenten und Beobachtungen auf der ganzen Welt bestätigt. Von den vier Hauptsätzen der Thermodynamik werden hier der 1. und 2. Hauptsatz genauer behandelt.

3.4.1 Der 1. Hauptsatz der Thermodynamik

Um die Aussage des **1. Hauptsatzes der Thermodynamik** plausibel zu machen, wird das nachfolgend abgebildete geschlossene System untersucht.

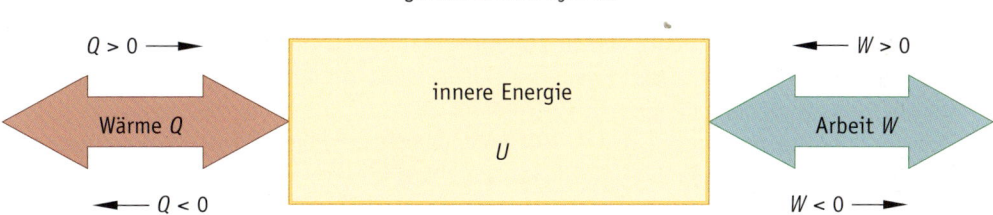

Abb. 3.32 ▶ Geschlossenes System zur Erläuterung des 1. Hauptsatzes

Das abgebildete System[25] befinde sich zunächst im Zustand 1, in welchem die Zustandsgröße **„innere Energie"** den Wert U_1 habe. Es werden nun verschiedene Prozesse betrachtet, die das System in einen anderen Zustand, den Zustand 2, bringen. Im Zustand 2 habe die innere Energie den Wert U_2. Für die Änderung der inneren Energie ΔU gilt demzufolge:

$$\Delta U = U_2 - U_1$$

a) Isochorer Prozess

Wird mit dem System ein isochorer Prozess durchgeführt, so ist nach Abschnitt 3.3.2 die umgesetzte Arbeit gleich null ($W_{12} = 0$). Die innere Energie des Systems kann nur durch zu- oder abgeführte Wärme verändert werden. Man stellt fest, dass die zwischen den Zuständen 1 und 2 umgesetzte Wärme Q_{12} genau der Änderung der inneren Energie entspricht, was mathematisch ausgedrückt auf die Formel $\Delta U = Q_{12}$ führt.

b) Adiabater Prozess

Bei dem adiabaten Prozess ist der Wärmeumsatz per definitionem unterbunden, also $Q_{12} = 0$. Demnach kann die innere Energie nur durch zu- oder abgeführte Arbeit verändert werden. Dabei ergibt sich, dass die zwischen den Zuständen 1 und 2 umgesetzte Arbeit genau der Änderung der inneren Energie entspricht, so dass mathematisch der Zusammenhang $\Delta U = W_{12}$ besteht.

c) Beliebige Zustandsänderung

Bei einer beliebigen Zustandsänderung vom Zustand 1 in einen Zustand 2 kann sowohl Wärme als auch Arbeit umgesetzt werden. Die Änderung der inneren Energie des Systems setzt sich

---

25 Der Leser möge sich das Standardsystem, bestehend aus einem gasgefüllten Arbeitszylinder mit beweglichem Kolben, vorstellen.

dann additiv aus der umgesetzten Wärme und der umgesetzten Arbeit zusammen, was formelmäßig auf den Ausdruck führt: $\Delta U = Q_{12} + W_{12}$. Dieser Zusammenhang zwischen der Änderung der inneren Energie, der umgesetzten Wärme und der Arbeit ist nichts anderes als die mathematische Formulierung des 1. Hauptsatzes.

> **Der 1. Hauptsatz der Thermodynamik:**
> **In einem geschlossenen System ist innere Energie U enthalten, deren Änderung gleich der Summe aus zu- oder abgeführter Wärme und Arbeit ist.**

Mathematisch ausgedrückt bedeutet das:

$$\Delta U = U_2 - U_1 = Q_{12} + W_{12}$$

Der 1. Hauptsatz ist damit nichts weiter als eine Bilanzgleichung, die besagt, dass Energie weder aus dem Nichts entsteht noch irgendwie verlorengeht. Die **Änderung der inneren Energie** eines Systems wird vielmehr ausschließlich durch Zu- oder Abfuhr der Systemgrenzen überschreitenden Energiearten **Wärme** und **Arbeit** hervorgerufen.[26] Somit ist der 1. Hauptsatz der Thermodynamik die Verallgemeinerung des bekannten Energieerhaltungssatzes.

Anwendungen des 1. Hauptsatzes

🔶 **Alle Energiearten sind gleichwertig**
Bei der Formulierung des 1. Hauptsatzes wird nicht zwischen den beteiligten Energieformen Wärme und Arbeit unterschieden. Beide Energieformen können die innere Energie des Systems verändern. Als Folgerung aus dem 1. Hauptsatz ergibt sich, dass Wärme und Arbeit gleichwertig sind. Diese Aussage lässt sich auf alle anderen Energieformen ausdehnen, da über die Art der inneren Energie keine Voraussetzungen gemacht wurden.

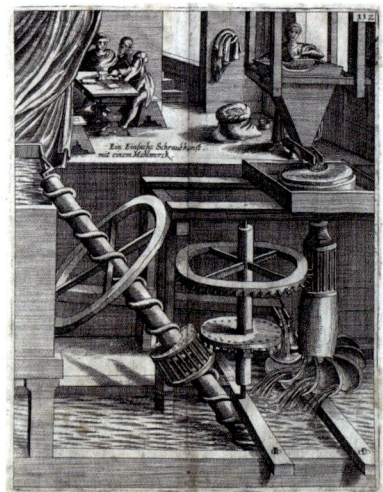

🔶 **Perpetuum mobile 1. Art**
Eine Maschine, die fortwährend mehr Energie abgibt, als man ihr zuführt, bezeichnet man als Perpetuum mobile[27], genauer als **Perpetuum mobile 1. Art**. Nach dem 1. Hauptsatz gibt es aber kein Perpetuum mobile 1. Art. Diese Erfahrung machten auch unzählige Erfinder, die vergeblich versuchten, eine solche Maschine zu bauen. So fasste die Pariser „Acadèmie Royale des Sciences" bereits 1775 den Beschluss, keine Arbeiten

Abb. 3.33 ▶ Zeichnung eines Perpetuum mobiles nach Jacopo Strada, um 1580

mehr zu begutachten, die das Perpetuum mobile betreffen, da diese aussichtslos seien.

---

26 Man kann den 1. Hauptsatz und das dargestellte geschlossene System gut mit einem Bankkonto vergleichen. Der Kontostand entspricht der inneren Energie des Systems: Kommt es zu Ein- und/oder Auszahlungen, so ändert sich der Kontostand entsprechend. Berücksichtigt man noch Ein- bzw. Auszahlungen in bar und bargeldlos (mittels Überweisung), dann hat man auch noch eine Analogie zu den grenzüberschreitenden Energieformen „Wärme" und „Arbeit".

27 lat.: sich ständig Bewegendes, Dauerläufer

■ **Isothermer Prozess**

Bei dem isothermen Prozess bleibt die Temperatur konstant. Da die Temperatur eines idealen Gases direkt proportional zur inneren Energie ist, bleibt auch diese konstant. Demzufolge gilt: $\Delta U = 0$. Aus dem 1. Hauptsatz folgt somit $Q_{12} + W_{12} = 0$ oder

$$W_{12} = -Q_{12}$$

Das heißt: Was als Wärme zugeführt wird, wird bei dem isothermen Prozess als Arbeit abgegeben oder umgekehrt.

■ **Abgeschlossene Systeme**

Bei einem abgeschlossenen System sind die Systemgrenzen nicht nur materie-, sondern auch energiedicht. Es gilt daher: $W_{12} = 0$ und $Q_{12} = 0$. Setzt man dies in die Formel des 1. Hauptsatzes ein, so folgt: $\Delta U = 0$. Das bedeutet, dass sich die innere Energie eines abgeschlossenen Systems niemals ändert, so dass gilt:

$$U = \text{konst.}$$

■ **Zusammenhang zwischen c_V, c_p und R_i**

In den Abschnitten 3.3.1 und 3.3.2 wurden die spezifischen Wärmekapazitäten c_p und c_V eingeführt (vgl. Tabelle 3.2, Seite 49). Mit Hilfe des 1. Hauptsatzes kann bei einem idealen Gas der Zusammenhang zwischen diesen Größen hergeleitet werden.

Für die Änderung der inneren Energie bei einer beliebigen Zustandsänderung gilt nach Abschnitt 3.3.2:

$$\Delta U = c_V \cdot m \cdot \Delta T$$

Ferner gelten bei einer isobaren Zustandsänderung (1→2) für die umgesetzte Wärme $Q_{12} = c_p \cdot m \cdot \Delta T$ und für die Arbeit $W_{12} = -p \cdot \Delta V$. Setzt man diese Formeln in die Gleichung des 1. Hauptsatzes $\Delta U = Q_{12} + W_{12}$ ein, so ergibt sich: $c_V \cdot m \cdot \Delta T = c_p \cdot m \cdot \Delta T - p \cdot \Delta V$ (*). Wird zudem Berücksichtigt man noch, dass nach der allgemeinen Gasgleichung für eine isobare Zustandsänderung wegen $p =$ *konst.*, folgt: $p \cdot \Delta V = m \cdot R_i \cdot \Delta T$. Ersetzt man damit $p \cdot \Delta V$ in Gleichung (*), so ergibt sich:

$$c_V \cdot m \cdot \Delta T = c_p \cdot m \cdot \Delta T - m \cdot R_i \cdot \Delta T$$

Dividiert man durch $m \cdot \Delta T$, so erhält man den wichtigen Zusammenhang $c_V = c_p - R_i$ bzw. umgestellt:

$$c_p - c_V = R_i$$

Diese Gleichung gilt für ideale Gase.

3.4.2 Der 2. Hauptsatz der Thermodynamik

Wärmekraftmaschinen (**WKM**) wandeln Wärmeenergie in mechanische Arbeit um (s. auch Abschnitt 3.5). Die Verbrennungsmotoren gehören ebenso zu den Wärmekraftmaschinen wie die Dampfturbinen in Kraftwerken. Beim Vergleich der Wirkungsgrade verschiedener Energiewandler (s. Abb. 1.5, Seite 6) fällt auf, dass Wärmekraftmaschinen einen vergleichsweise niedrigen Wirkungsgrad haben. Diese Tatsache beruht nicht – wie man vermuten könnte – auf technischen

Konstruktionsmängeln, sondern ist prinzipieller Natur. Der 2. Hauptsatz der Thermodynamik weist die naturgesetzlichen Grenzen auf, die bei der Umwandlung von Wärme in Arbeit auftreten und auch durch technische oder konstruktive Maßnahmen nicht zu umgehen sind.

3.4.2.1 Reversible und irreversible Prozesse

Eine Zustandsänderung von einem Zustand 1 in einen Zustand 2 heißt **reversibel**, wenn diese Zustandsänderung auch in umgekehrter Richtung, also vom Zustand 2 in den Zustand 1 durchlaufen werden kann, und zwar so, dass sowohl das System als auch die Umgebung wieder den gleichen Ausgangszustand erreichen, sprich keine Änderung zurückbleibt. Dieser letzte Zusatz ist entscheidend für die Reversibilität einer Zustandsänderung, da sich fast jede Zustandsänderung durch Eingriff von außen „rückgängig" machen lässt, allerdings nicht reversibel.

Als Beispiel sei ein Kupferrohr betrachtet, das an einem Ende erwärmt wird, am anderen nicht (Zustand 1). Aus der Erfahrung oder Beobachtung ergibt sich, dass sich nach einer gewissen Zeit ein Gleichgewichtszustand (Zustand 2) einstellt, bei dem die beiden Enden die gleiche Temperatur haben. Vom Zustand 2 aus lässt sich Zustand 1 nicht mehr reversibel erreichen. Zwar kann Zustand 1 durch erneutes Erwärmen wiederhergestellt werden, dadurch wird allerdings in der Umgebung eine bleibende Veränderung hervorgerufen, beispielsweise das Verbrennen von Heizgas zum Erwärmen. Der Temperaturausgleich, bei dem Wärme vom heißen Ende des Rohres zum kalten fließt, ist deshalb eine **irreversible** Zustandsänderung.

Als zweites Beispiel wird ein (fast reibungsfrei) schwingendes Fadenpendel herangezogen: Das ausgelenkte Massestück (Zustand 1) wird losgelassen, pendelt auf die andere Seite und erreicht dort maximale Auslenkung (Zustand 2). Anschließend kehrt das Massestück wieder (fast) in den Zustand 1 zurück, ohne irgendwo eine bleibende Änderung zurückgelassen zu haben. Der beschriebene Ablauf ist nahezu eine reversible Zustandsänderung. Nahezu allerdings deshalb, weil bei genauer Betrachtung der Ausgangszustand nur näherungsweise wieder erreicht wird.

Die beiden Beispiele zeigen, dass reale Vorgänge grundsätzlich irreversibel ablaufen. Reversible Vorgänge dienen daher als idealisierte Vergleichsprozesse, die bestenfalls näherungsweise real zu erreichen sind. Insofern werden sie auch als Gütemaßstab für die real ablaufenden Prozesse herangezogen, die stets mehr oder weniger irreversibel sind – zumal nur reversible Vorgänge der genauen Berechnung zugänglich sind.

Es bleibt festzuhalten:

> **Alle in der Natur ablaufenden Vorgänge sind irreversibel.**

Eine Unterscheidung zwischen reversiblen und irreversiblen Vorgängen wird erst im Zusammenhang mit dem 2. Hauptsatz vorgenommen.

Entropie

Um reversible und irreversible Prozesse genauer, das heißt quantitativ erfassen zu können, führt man in der fortgeschrittenen Thermodynamik eine weitere Zustandsgröße eines Systems ein, die **Entropie S** in J/K. Durchläuft ein abgeschlossenes System einen Prozess von einem Zustand 1 in einen Zustand 2, so interessiert die Änderung der Gesamt-Entropie: $\Delta S = S_2 - S_1$. Handelt es sich um einen reversiblen Prozess, so ist $\Delta S = 0$, bei einem irreversiblen Prozess ist $\Delta S > 0$.

Dabei ist der Wert von ΔS umso größer, je weiter der Prozess von dem reversiblen Fall entfernt ist. Die Entropie ist somit ein Maß für die Umkehrbarkeit von Prozessen. Mit ihrer Hilfe kann man entscheiden, ob Prozesse irreversibel, reversibel oder überhaupt nicht ablaufen werden. Da der 2. Hauptsatz direkt mit der Entropie zusammenhängt und Aussagen darüber macht, ob Prozesse von selbst ablaufen, wird er auch als **Entropiesatz** bezeichnet.

Obwohl der Entropiebegriff fast ebenso weitreichend ist wie der Energiebegriff, wird in diesem Buch nicht weiter darauf eingegangen. Das wäre Aufgabe einer vertiefenden Darstellung der Thermodynamik.[28]

3.4.2.2   Der 2. Hauptsatz

Dem 1. Hauptsatz zufolge sind Wärme und Arbeit gleichwertige Energieformen. Insofern widersprechen so paradoxe Vorgänge und Erfindungen wie

a) ein Stein kühlt sich ab und rollt mit der so gewonnenen Energie den Berg hoch,
b) eine Maschine entnimmt der Umgebung fortwährend Wärmeenergie und wandelt diese in mechanische Arbeit um

dem 1. Hauptsatz der Thermodynamik nicht – wenn die Energiebilanz stimmt. Trotzdem ist a) nie beobachtet und b) nicht gebaut worden. Denn genau diese Vorgänge sind es, die der 2. Hauptsatz der Thermodynamik verbietet. Das heißt, der 2. Hauptsatz schränkt den 1. ein, kann aber nicht aus diesem hergeleitet werden.

> **Der 2. Hauptsatz der Thermodynamik**
> Es gibt keine dauernd oder zyklisch arbeitende Maschine, die nichts weiter tut als einem Reservoir Wärme zu entnehmen und diese in Arbeit zu verwandeln.

Eine Maschine, die das könnte, bezeichnet man als **Perpetuum mobile 2. Art**. Man kann den 2. Hauptsatz deshalb auch so formulieren: **Es gibt kein Perpetuum mobile 2. Art.**
Dass es eine derartige Maschine nicht geben kann, ist leicht einzusehen: Man könnte ein Perpetuum mobile 2. Art benutzen, um der Umgebung Wärme zu entziehen und diese in Arbeit umwandeln zu lassen. Dabei würde die Umgebungstemperatur etwas absinken. Mit der so gewonnenen Arbeit würden Maschinen angetrieben, um Güter zu produzieren, Personen zu transportieren usw. Dadurch wird die aus der Umgebungswärme gewonnene Arbeit letztlich durch Reibung wieder in Umgebungswärme zurückverwandelt, so dass die Umgebungstemperatur wieder ihren ursprünglichen Wert hätte. Man könnte also beliebig viel mechanische Arbeit be-

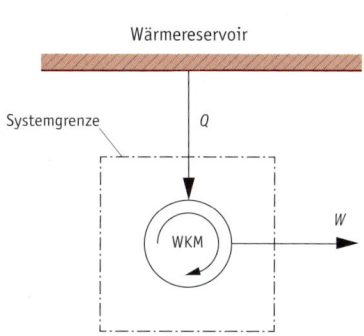

Abb. 3.34 ▶ Prinzipielle Darstellung eines Perpetuum mobiles 2. Art, einer Maschine, die nicht funktionieren kann

---

28 Hier sei aber noch darauf hingewiesen, dass die Entropie den molekularen Ordnungszustand eines Systems beschreibt. Je größer die Unordnung im System, desto größer ist S. Bei realen Prozessen nimmt ohne Eingriff von außen die Unordnung des Systems stets zu, so dass die Entropie wächst. Entropie lässt sich also im Gegensatz zur Energie erzeugen (wie jeder weiß, ist es kein Problem mehr Unordnung zu erzeugen). Der Entropiebegriff hat über die Thermodynamik hinaus Bedeutung. So wird er beispielsweise auch in der Informationstheorie verwendet. Außerdem hängt er eng mit der Wahrscheinlichkeitsrechnung zusammen.

ziehen, ohne in der Umgebung etwas zu verändern, gewissermaßen aus dem Nichts. Aber schon der Volksmund sagt: „Von nichts kommt nichts!" Wenn man so will, auch eine mögliche Formulierung des 2. Hauptsatzes.

Die beiden Hauptsätze ließen sich auch so interpretieren: Nach dem 1. Hauptsatz kann niemals mehr Arbeit gewonnen werden, als Wärme zugeführt wird. Nach dem 2. Hauptsatz kann Wärme niemals vollständig in Arbeit umgewandelt werden, sprich, die gewonnene Arbeit ist immer kleiner als die zugeführte Wärme. Deshalb muss bei einer Wärmekraftmaschine stets auch Wärme abgeführt (**Abwärme**) und an ein Wärmereservoir niedrigerer Temperatur abgegeben werden. Eine Wärmekraftmaschine kann nach dem 2. Hauptsatz nur funktionieren, wenn sie zwischen mindestens zwei Wärmereservoirs unterschiedlicher Temperatur betrieben wird (s. Abb. 3.35).

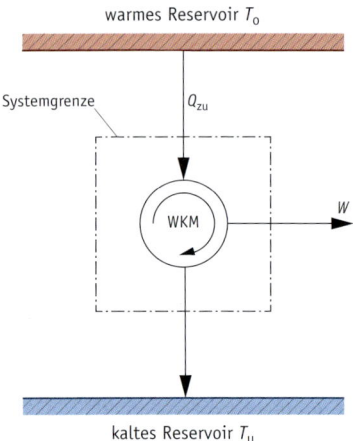

Abb. 3.35 ▶ Prinzipdarstellung einer zwischen zwei Reservoirs arbeitenden Wärmekraftmaschine

Das Umwandeln von Wärme in Arbeit ist demnach nur an einem Temperaturgefälle $T_o > T_u$ möglich. Die **obere Temperatur** T_o wird in der Regel durch einen Heizungsvorgang erzeugt, und die **untere Temperatur** T_u ist meist die Umgebungstemperatur, an welche die Abwärme Q_{ab} abgegeben wird.

Während also Wärme nicht vollständig in Arbeit umgewandelt werden kann, ist die vollständige Umwandlung von Arbeit (und anderen Energieformen) in Wärme keinen Einschränkungen unterworfen.

3.4.2.3 Exergie und Anergie

Da sich nach dem 2. Hauptsatz nur ein Teil der Wärmeenergie in Arbeit umwandeln lässt, ist es sinnvoll, Energie danach zu unterscheiden, ob sie sich in Arbeit umwandeln lässt oder nicht.

Dazu werden folgende Bezeichnungen eingeführt:

- **Exergie** ist der Anteil der Energie, der sich uneingeschränkt in Arbeit umwandeln lässt.
- **Anergie** ist der Anteil der Energie, der sich nicht in Arbeit umwandeln lässt.

Jede Energie lässt sich aufteilen in Exergie und Anergie, wobei im Extremfall die einzelnen Anteile auch null sein können, wie es in der nachfolgenden Abbildung 3.36 veranschaulicht wird.

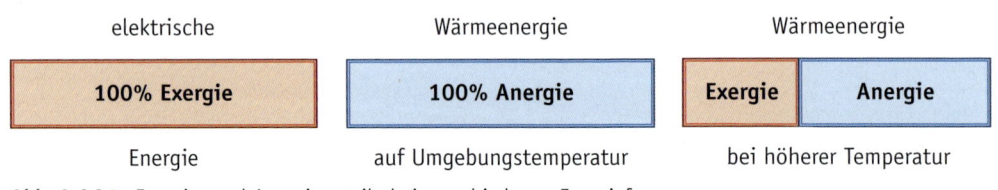

Abb. 3.36 ▶ Exergie- und Anergieanteile bei verschiedenen Energieformen

Drückt man mit Hilfe dieser Begriffe den 1. Hauptsatz aus, so gilt für jede Energiewandlung:

Energie = Exergie + Anergie = *konstant*

Eine Unterscheidung zwischen Exergie und Anergie enthält der 1. Hauptsatz nicht, für ihn besteht kein Unterschied zwischen beiden: 1 J Exergie ist nach dem 1. Hauptsatz genauso viel wert wie 1 J Anergie.

Erst der 2. Hauptsatz unterscheidet zwischen Exergie und Anergie. Er besagt, dass bei jedem irreversiblen Prozess der Anergieanteil der Energie auf Kosten der Exergie zunimmt. Der Teil der Exergie, der durch Reibung und Ähnliches an die Umgebung dissipiert[29], wird während des irreversiblen Prozesses zur Anergie.

Mit Hilfe dieser Begriffe kann der 2. Hauptsatz folgendermaßen formuliert werden:

Bei allen irreversiblen, das heißt, bei allen realen Vorgängen wird Exergie in Anergie umgewandelt; nur bei reversiblen Vorgängen bleibt die Exergie konstant.

Mit jeder realen Energiewandlung nimmt folglich der Exergieanteil ab und der Anergieanteil zu. Siehe das nachfolgende **Exergie-Anergie-Flussdiagramm** einer realen Wärmekraftmaschine (Abb. 3.37):

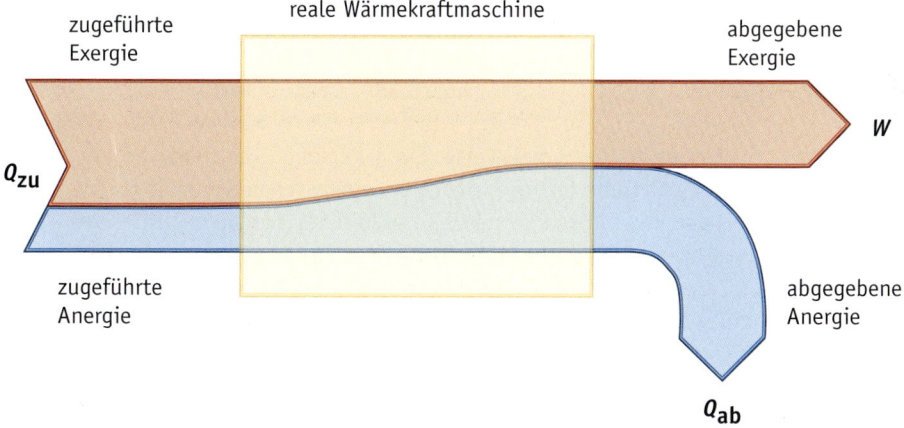

Abb. 3.37 ▶ Exergie-Anergie-Flussdiagramm einer realen Wärmekraftmaschine

Strenggenommen gibt es also keine Energiekrise, denn die Energie ist ja stets konstant. Vielmehr gibt es eine Exergiekrise, da der Exergieanteil der Energie mit jeder Energiewandlung abnimmt. Dafür nimmt die Anergie, die nicht in andere Energieformen umwandelbare Energie, ständig zu.

---

29 dissipiert = zerstreut

Aufgaben

1 Geben Sie drei verschiedene Formulierungen für den 1. Hauptsatz an.

2 Einem Gas werden 10 kJ Wärmeenergie zugeführt, wodurch es sich ausdehnt und dabei 6 kJ Arbeit an der Umgebung verrichtet. Interpretieren und ergänzen Sie diese Angaben mit Hilfe des 1. Hauptsatzes der Thermodynamik.

3 In einer Stahlflasche mit einem Volumen von 100 Litern ist Sauerstoff mit einem Druck von 50 bar und einer Temperatur von 20 °C enthalten. Die Flasche wird in einen Kühlraum mit einer Temperatur von −10 °C gebracht, so dass auch der in der Flasche enthaltene Sauerstoff nach einer gewissen Zeit diese Temperatur annimmt.

3.1 Wie viel Kilogramm Sauerstoff enthält die Stahlflasche?

3.2 Wie groß ist der Druck des gekühlten Sauerstoffs?

3.3 Um wie viel Joule ändert sich die innere Energie des Sauerstoffs durch die Kühlung?

3.4 Wohin geht die Änderung der inneren Energie?

3.5 Wie viel Arbeit wird am oder vom Sauerstoff verrichtet?

Abb. 3.38 ▶ Sauerstoffflasche

4 Umgangssprachlich sagt man beispielsweise: Ein 4-Personen-Haushalt verbraucht monatlich 500 kWh elektrische Energie (oder gar „elektrischen Strom"). Formulieren Sie die Aussage physikalisch korrekt und präzisieren Sie sie mit Hilfe des 1. Hauptsatzes.

5 Worin unterscheidet sich ein Perpetuum mobile 1. Art von einem Perpetuum mobile 2. Art?

6 Überlegen Sie sich drei Vorgänge in der Natur, die nach dem 1. Hauptsatz prinzipiell möglich wären und dennoch nicht von allein ablaufen.

7 Warum ist es nicht möglich, einen Schiffsantrieb zu bauen, der die innere Energie des Wassers verwendet, um das Schiff anzutreiben?

8 Eine Straßenbahn und ein Bus werden an der Haltestelle abgebremst. Bei der Straßenbahn wird die Bremsenergie in das Bahnnetz eingespeist, der Bus besitzt die übliche Bremsanlage. Welcher der beiden Vorgänge ist näher am reversiblen Idealfall? Weshalb ist er nicht vollständig reversibel?

9 Erklären Sie mit den Begriffen Exergie und Anergie, warum Wärmekraftmaschinen im Vergleich zu Elektromotoren geringe Wirkungsgrade besitzen.

10.1 Zeichnen Sie die Exergie-Anergie-Flussdiagramme für die folgenden Energiewandler:
a) idealer Elektromotor   b) realer Elektromotor   c) Wärmekraftmaschine

10.2 Geben Sie in den Flussdiagrammen fiktive, aber den Hauptsätzen gerecht werdende Prozentzahlen für die zugeführte Exergie und Anergie sowie für die abgegebene Exergie und Anergie an.

10.3 Berechnen Sie mit Hilfe der oben angegebenen Prozentzahlen die herkömmlichen Wirkungsgrade der Energiewandler.

10.4 Neben diesem Wirkungsgrad definiert man häufig beim Gütevergleich von Wärmekraftmaschinen mit anderen Energiewandlern den sogenannten **exergetischen Wirkungsgrad** η_{ex} gemäß:

$\eta_{ex} = Ex_{ab}/Ex_{zu}$, wobei Ex_{ab} und Ex_{zu} die abgeführte und die zugeführte Exergie bezeichnen.

10.4.1 Begründen Sie, warum der exergetische Wirkungsgrad geeigneter zum Vergleich von Wärmekraftmaschinen mit anderen Energiewandlern ist als der herkömmliche Wirkungsgrad.

10.4.2 Berechnen Sie die exergetischen Wirkungsgrade der oben genannten Energiewandler auf Basis der angenommenen Prozentzahlen und vergleichen Sie diese Zahlen mit den herkömmlichen Wirkungsgraden. Welche Schlussfolgerungen lassen sich aus diesem Vergleich ziehen?

11 In Kapitel 1 wurde Energie definiert als die *Fähigkeit, Arbeit zu verrichten*.

11.1 Warum kann diese Definition nach Kenntnis der Begriffe Exergie und Anergie nicht als allgemeingültig angesehen werden? In welchen Teilbereich der Physik gilt sie dennoch?

11.2 Lesen Sie den Artikel über Energie auf Wikipedia nach. Wird dort berücksichtigt, dass es auch Energie gibt, die nicht in Arbeit umgewandelt werden kann?

3.5 Kreisprozesse

Während sich Arbeit oder eine andere hochwertige Energieform uneingeschränkt und gewissermaßen von selbst (beispielsweise durch Reibung) in Wärme umwandeln lässt, ist die Umwandlung von Wärme in Arbeit nach dem 2. Hauptsatz nur eingeschränkt möglich. Zusätzlich bedarf es einer technischen Vorrichtung bzw. Erfindung wie der Dampfmaschine oder des Dieselmotors, um fortwährend Wärme in Arbeit verwandeln zu können. Genau dieses Fortwährende ist – im Gegensatz zum einmaligen Hochheben eines Kolbens – das Kennzeichen einer Maschine. In diesem Sinne ist zum Beispiel eine Kanone nicht als Maschine zu bezeichnen.

Damit eine Maschine fortwährend Wärme in Arbeit umwandeln kann, muss das Arbeitsgas der Maschine im $p(V)$-Diagramm einen zyklischen Prozess durchlaufen, das heißt, das thermodynamische System kehrt nach einer Folge von Prozessen stets wieder in den Ausgangszustand zurück. Eine solche geschlossene Kurve bezeichnet man als **Kreisprozess**. Je nachdem in welchem Drehsinn die Kurve durchlaufen wird, unterscheidet man rechts- und linksgängige Kreisprozesse.

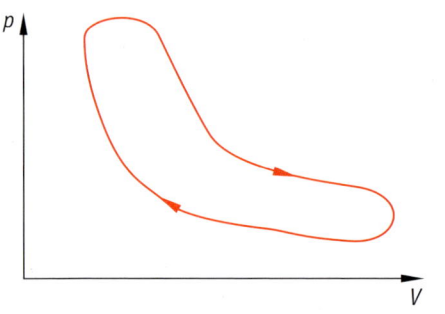
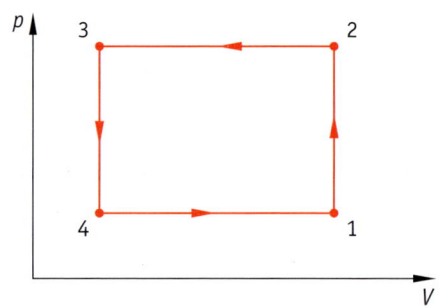

Abb. 3.39 ▶ Rechts- und linksgängiger Kreisprozess in der Zustandsebene

Da bei dem Kreisprozess stets wieder der Anfangszustand erreicht wird, haben auch alle Zustandsgrößen nach einem Durchlauf des Kreisprozesses wieder ihre Ausgangswerte. Das gilt natürlich auch für die innere Energie U: Ihre Änderung ist beim Durchlaufen eines Kreisprozesses gleich null.

Für einen Kreisprozess gilt:

$$\Delta U = 0$$

Wendet man den 1. Hauptsatz auf Kreisprozesse an, so folgt wegen $\Delta U = 0$, dass die Summe aller während des Kreisprozesses auftretenden Wärmen plus die Summe aller umgesetzten Arbeiten gleich null sein muss:

$$\sum Q + \sum W = 0$$

Im Folgenden wird als System wieder ein Arbeitszylinder mit Kolben betrachtet: Um die Hubbewegung in eine Drehbewegung zu verwandeln, ist der Kolben über ein Pleuel mit einem Schwungrad und der Kurbelwelle verbunden.

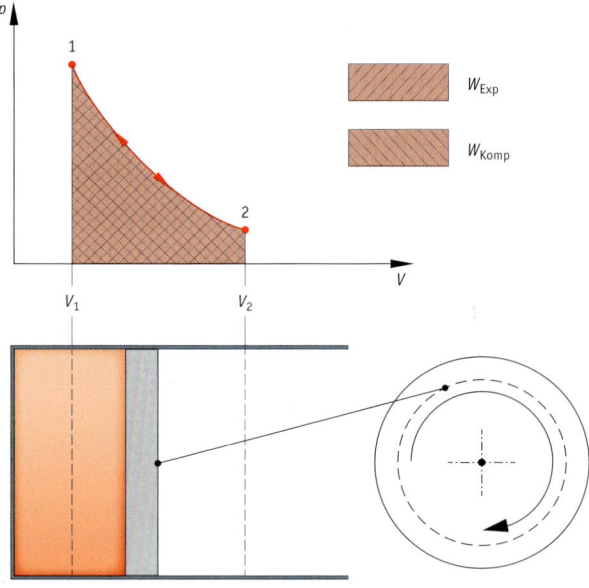

Abb. 3.40 ▶ Kolbenbewegung einer Hubkolbenmaschine mit zugehörigem $p(V)$-Diagramm

Aus Abbildung 3.40 geht hervor, dass für die Kompression des Arbeitsgases ($2 \rightarrow 1$) genauso viel Arbeit aufzuwenden ist, wie bei dessen Expansion ($1 \rightarrow 2$) frei wird. Per Saldo ist die umgesetzte Arbeit gleich null: $W_{Komp} + W_{Exp} = 0$. Eine Maschine so zu betreiben ist also nutzlos. Es fehlt die entscheidende Zu- und Abfuhr der Wärme.

3.5.1 Rechtsgängige Kreisprozesse

Soll der Kreisprozess Arbeit nach außen abgeben, so genannte **Nutzarbeit**, so muss die Kompressionskurve *unterhalb* der Expansionskurve verlaufen. Um das zu erreichen, muss vor und/oder während der Kompression gekühlt und vor und/oder während der Expansion geheizt werden. Dabei ergibt sich ein rechtsgängiger Durchlauf der Prozesskurve. Den prinzipiellen Aufbau einer Maschine mit rechtsgängigem Kreisprozess zeigt Abbildung 3.35, Seite 78. Da derartige Maschinen Wärme in Arbeit (Kraft) umwandeln, nennt man sie **Wärmekraftmaschinen**. Ein rechtsgängiger Kreisprozess ist in Abbildung 3.41 dargestellt.

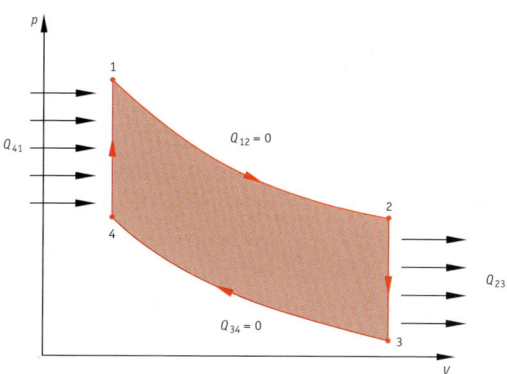

Daraus geht hervor, dass W_{12} die nach außen abgegebene Expansionsarbeit ist, die betragsmäßig durch den Flächeninhalt unter der Expansionskurve repräsentiert wird. Das ist aber nicht die Nutzarbeit, die der Kreispro-

Abb. 3.41 ▶ Rechtsgängiger Kreisprozess als Lieferant von Nutzarbeit

zess nach außen abgibt, da von 3 nach 4 ein arbeitsaufnehmender Takt notwendig ist, dessen Betrag durch den Flächeninhalt unter der Kompressionskurve dargestellt wird. Man erkennt: Die Nutzarbeit kann durch Differenzbildung aus dem arbeitsliefernden Takt und dem arbeitsverzehrenden Takt bestimmt werden. Entsprechend findet man den Betrag der Nutzarbeit als Differenz der die Arbeitsbeträge darstellenden Flächeninhalte.

Daraus folgt:

> **Die Nutzarbeit W_N, die mit jedem Durchlauf des rechtsgängigen Kreisprozesses nach außen abgegeben wird, entspricht betragsmäßig dem von der Kreisprozesskurve eingeschlossenen Flächeninhalt.**

Diese Erkenntnis gilt für jeden rechtsgängigen Kreisprozess.

Energiebilanz

Die Energiebilanz für den in Abbildung 3.41 dargestellten Kreisprozess soll aufgestellt werden. Bekanntlich gilt für jeden Kreisprozess: $\sum Q + \sum W = 0$. Auf Abb. 3.41 angewandt bedeutet das wegen $W_{23} = W_{41} = 0$ und $Q_{12} = Q_{34} = 0$:

$$Q_{23} + Q_{41} + W_{12} + W_{34} = 0$$

Diese Gleichung stellt die Energiebilanz des exemplarischen Kreisprozesses dar. Natürlich muss dabei die Vorzeichenregel für auf- bzw. abgegebene Energien beachtet werden. Schließlich lässt sich mit Hilfe obiger Gleichung auch die Nutzarbeit ausdrücken. Wegen $W_N = W_{12} + W_{34}$ folgt:

$$W_N = W_{12} + W_{34} = -Q_{23} - Q_{41}$$

Bei dieser Rechnung handelt es sich um Differenzbildungen. Das ist nachvollziehbar, wenn man den Betrag der Nutzarbeit berechnet:

$$|W_N| = |W_{12}| - W_{34} = Q_{41} - |Q_{23}|$$

Damit ist die Nutzarbeit berechnet.

Thermischer Wirkungsgrad

Den Wirkungsgrad von **Wärmekraftprozessen**, also von rechtsgängigen Kreisprozessen bzw. von Wärmekraftmaschinen, definiert man ganz allgemein als

$$\eta = \frac{\textbf{Nutzen}}{\textbf{Aufwand}}$$

Der Nutzen ist die Nutzarbeit[30] W_N, der Aufwand ist die insgesamt zugeführte Wärme Q_{zu}, so dass sich ergibt:

$$\eta = \frac{|W_N|}{Q_{zu}} = \frac{Q_{zu} - |Q_{ab}|}{Q_{zu}} = 1 - \frac{|Q_{ab}|}{Q_{zu}}$$

Die Formel hinter dem zweiten Gleichheitszeichen folgt ganz einfach aus Abbildung 3.42 mit den dort eingeführten Bezeichnungen und weil aufgrund des 1. Hauptsatzes gilt: $|W_N| = Q_{zu} - |Q_{ab}|$.

3.5.2 Linksgängige Kreisprozesse

Verläuft bei einem Kreisprozess die Kompressionskurve oberhalb der Expansionskurve, so wird dem Kreisprozess in der Bilanz Arbeit von außen zugeführt. Bei solchen Prozessen wird die Prozesskurve im linksgängigen Drehsinn durchlaufen, weshalb man von **linksgängigen Kreisprozessen** spricht. Damit kann beispielsweise Wärme gegen die natürliche Flussrichtung von kalt nach warm gepumpt werden. Diese Kreisprozesse werden daher als **Wärmepumpenprozesse** bezeichnet. In Abbildung 3.42 sind die Prinzipien für rechtsgängige Wärmekraftprozesse (a) und linksgängige Wärmepumpenprozesse (b) einander gegenübergestellt.

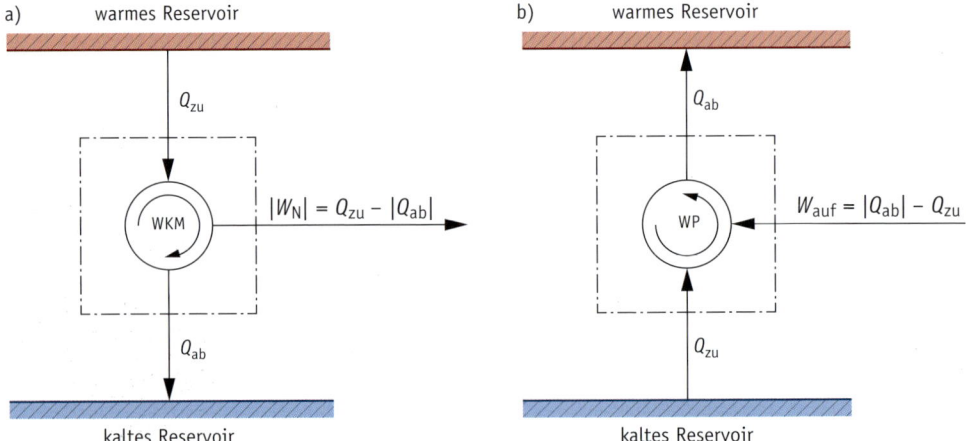

Abb. 3.42 ▶ Prinzip rechtsgängiger Wärmekraftprozesse (a) und linksgängiger Wärmepumpenprozesse (b)

---

30 Es ist zu beachten, dass nach der Vorzeichenregel W_N als abgegebene Arbeit ein negatives Vorzeichen hat, weshalb in der Formel zum Wirkungsgrad Betragsstriche stehen. Entsprechendes gilt für abgegebene Wärmen.

Die Funktionsweise einer Wärmepumpe wird in Abschnitt 4.3 beschrieben. Der Wärmepumpenprozess kann im Prinzip dadurch realisiert werden, dass man die Laufrichtung einer Wärmekraftmaschine umkehrt und ihr mechanische Arbeit zuführt. Diese **aufgewandte Arbeit** W_{auf} lässt sich auch beim Wärmepumpenprozess als Flächeninhalt der vom linksgängigen Kreisprozess eingeschlossenen Fläche wiederfinden.

Leistungszahl

Entsprechend dem Wirkungsgrad beim Wärmekraftprozess wird beim Wärmepumpenprozess die **Leistungszahl** definiert. Der Aufwand beim Wärmepumpenprozess ist W_{auf}. Der Nutzen hängt davon ab, ob das warme Reservoir (Wärmepumpenprozess) oder das kalte Reservoir (Kälteprozess) genutzt wird. Beim Wärmepumpenprozess, nur dieser wird im Folgenden betrachtet, ist die dem warmen Reservoir zugeführte Wärme (in Abbildung 3.42 mit Q_{ab} bezeichnet) der Nutzen. Damit ergibt sich die Leistungszahl zur Bewertung des Wärmepumpenprozesses wie folgt:

$$\varepsilon = \frac{\text{Nutzen}}{\text{Aufwand}} = \frac{|Q_{ab}|}{W_{auf}} = \frac{|Q_{ab}|}{|Q_{ab}| - Q_{zu}} = \frac{1}{\eta}$$

Die Leistungszahl des Wärmepumpenprozesses ist der Kehrwert des Wirkungsgrades beim Wärmekraftprozess. Für die Leistungszahl gilt offensichtlich stets: $\varepsilon > 1$.

Wenn ein Wärmepumpenprozess beispielsweise mit einer Leistungszahl von $\varepsilon = 4$ arbeitet, so bedeutet das, dass die Nutzwärme sich zu ¾ aus der dem kalten Reservoir entzogenen Wärme und zu ¼ aus aufgewandter Arbeit zusammensetzt (vgl. Abbildung 3.402 rechts). Der Grenzfall $\varepsilon = 1$ hätte zur Folge, dass die Nutzwärme ausschließlich aus der aufgewandten Arbeit gespeist wird. Ein „Wärmepumpen" fände nicht mehr statt.

3.5.3 Carnot'scher Kreisprozess

Mit dem **Carnot'schen Kreisprozess**, benannt nach Sadi CARNOT (1796 - 1832), einem Begründer der Thermodynamik, wird im Folgenden der für die Thermodynamik wichtigste Kreisprozess besprochen. Seine besondere Bedeutung hat dieser Kreisprozess, weil er zeigt, wie eine zwischen zwei Temperaturniveaus $T_o > T_u$ arbeitende Wärmekraftmaschine am effektivsten Wärme in Arbeit umwandelt. Mit anderen Worten: Es gibt keinen Kreisprozess, der das besser könnte als der Carnot'sche Kreisprozess.

Bereits im Jahre 1824, noch bevor man entdeckte, dass Wärme eine Energieform ist, leitete Sadi Carnot die nach ihm benannte Formel zur Bestimmung des thermischen Wirkungsgrades ab.

Hierbei handelt es sich, wie Abbildung 3.44 zeigt, um einen idealisierten Kreisprozess, der aus zwei Isothermen und zwei Adiabaten besteht. Wärmeaufnahme und -abgabe erfolgen jeweils bei konstanter Temperatur längs der Isothermen.

Abb. 3.43 ▸ Sadi Carnot
(1796–1832)

Für die vier Prozessschritte des Carnot'schen Kreisprozesses gelten die in Tabelle 3.3 genannten Beziehungen (Bezeichnungen aus Abb. 3.44):

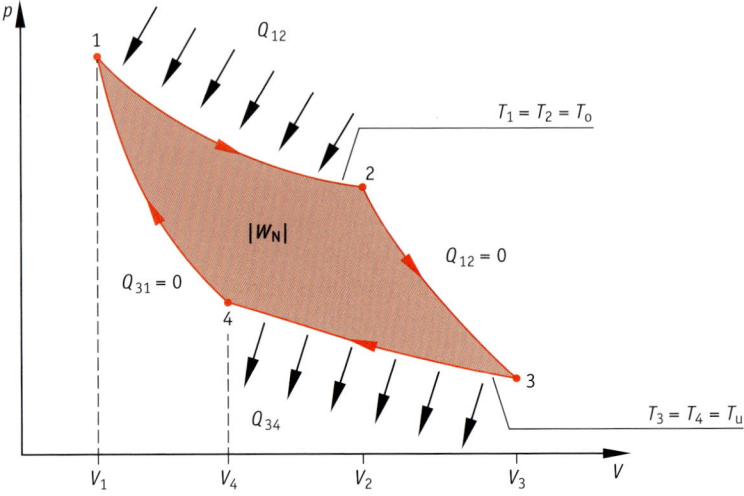

Abb. 3.44 ▶ Der Carnot'sche Kreisprozess zwischen den Temperaturen T_o und T_u

Tabelle 3.3 ▶ Prozessschritte des Carnot'schen Kreisprozesses

Prozessschritt	Wärme	Arbeit	Prinzipdarstellung
1 → 2 isotherme Expansion	$Q_{12} = -W_{12}$	$W_{12} = -m \cdot R_i \cdot T_o \cdot \ln \dfrac{V_2}{V_1}$	
2 → 3 adiabate Expansion	$Q_{23} = 0$	$W_{23} = -\dfrac{m \cdot R_i}{1 - \kappa}(T_n - T_o)$	
3 → 4 isotherme Kompression	$Q_{34} = -W_{34}$	$W_{34} = -m \cdot R_i \cdot T_{min} \cdot \ln \dfrac{V_4}{V_3}$	
4 → 1 adiabate Kompression	$Q_{41} = 0$	$W_{41} = -\dfrac{m \cdot R_i}{1 - \kappa}(T_{max} - T_{min})$	

Die Formeln für die einzelnen Prozessschritte sind Anwendungen der in Abschnitt 3.3 hergeleiteten Gleichungen.

Der Carnot'sche Wirkungsgrad

Die fundamentale Bedeutung des nun zu bestimmenden Carnot'schen Wirkungsgrades η_c beruht darauf, dass er von keiner anderen Wärmekraftmaschine übertroffen wird. Zu seiner Berechnung wird auf die Formel für den thermischen Wirkungsgrad $\eta = |W_N|/Q_{zu}$ (vgl. Seite 84) zurückgegriffen.

Zunächst wird mit Hilfe der oben angegebenen Formeln die Nutzarbeit W_N des Carnot'schen Kreisprozesses berechnet. Dazu müssen alle Arbeiten unter Beachtung ihrer Vorzeichen aufsummiert werden:

$$W_N = W_{12} + W_{23} + W_{34} + W_{41} = W_{12} + W_{34}$$

Wegen $W_{41} = -W_{23}$ heben sich diese beiden Arbeiten aus der Summe heraus, so dass nur W_{12} und W_{34} addiert werden müssen. Man erhält somit:

$$W_N = W_{12} + W_{34} = -m \cdot R_i \cdot T_o \cdot \ln\frac{V_2}{V_1} - m \cdot R_i \cdot T_u \cdot \ln\frac{V_4}{V_3}$$

Für die adiabaten Prozesse $2 \rightarrow 3$ und $4 \rightarrow 1$ gelten nach Abschnitt 3.3.5 die Gleichungen $\frac{V_2}{V_3} = \left(\frac{T_u}{T_o}\right)^{1/(\kappa-1)}$ und $\frac{V_1}{V_4} = \left(\frac{T_u}{T_o}\right)^{1/(\kappa-1)}$, woraus $\frac{V_2}{V_3} = \frac{V_1}{V_4}$ bzw. $\frac{V_2}{V_1} = \frac{V_3}{V_4}$ folgt.

Mit Hilfe der letzten Formel wird in der Gleichung für die Nutzarbeit das Argument im zweiten Logarithmus ersetzt[31] und anschließend zusammengefasst:

$$W_N = -m \cdot R_i \cdot (T_o - T_u) \cdot \ln\frac{V_2}{V_1}$$

Damit ist die Berechnung der Nutzarbeit abgeschlossen. Die Bestimmung der zugeführten Wärme gestaltet sich nun einfach:

$$Q_{zu} = Q_{12} = -W_{12} = m \cdot R_i \cdot T_o \cdot \ln\frac{V_2}{V_1}$$

Um den Wirkungsgrad des Carnot'schen Kreisprozesses zu erhalten, müssen $|W_N|$ und Q_{zu} noch in die Formel für den thermischen Wirkungsgrad eingesetzt werden:

$$\eta_c = \frac{\text{Nutzen}}{\text{Aufwand}} = \frac{|W_N|}{Q_{zu}} = \frac{m \cdot R_i \cdot (T_o - T_u) \cdot \ln\frac{V_2}{V_1}}{m \cdot R_i \cdot T_o \cdot \ln\frac{V_2}{V_1}} = \frac{T_o - T_u}{T_o}$$

---

31 Man beachte, dass nach den Logarithmengesetzen im Argument des Logarithmus der Kehrwert gebildet werden kann, wenn man ein negatives Vorzeichen setzt: $\ln(V_1/V_2) = -\ln(V_2/V_1)$. Diese Umformung wurde oben vorgenommen.

Nach etwas aufwendiger Herleitung ergibt sich damit die simple, aber wichtige Formel für den Carnot'schen Wirkungsgrad:

Der carnotsche Wirkungsgrad lautet:

$$\eta_C = 1 - \frac{T_u}{T_o}$$

Dieser Wirkungsgrad hängt also nur von den Temperaturen[32] der beiden Wärmereservoirs T_o und T_u ab. Er ist immer kleiner als 1, da von der 1 stets noch der Quotient aus T_u und T_o zu subtrahieren ist.

Zahlenbeispiel

Zwischen zwei Wärmereservoirs mit den Temperaturen
- a)   100 °C und 50 °C
- b)   500 °C und 50 °C

soll jeweils ein Carnot'scher Kreisprozess betrieben werden. Wie viel Prozent der zugeführten Wärme werden jeweils in Nutzarbeit umgewandelt?

zu a) $\eta_C = 1 - \frac{(50+273)\ \mathrm{K}}{(100+273)\ \mathrm{K}} = \ 1 - 0{,}87 = 0{,}13 = 13\ \%$

zu b) $\eta_C = 1 - \frac{(50+273)\ \mathrm{K}}{(500+273)\ \mathrm{K}} = \ 1 - 0{,}42 = 0{,}58 = 58\ \%$

Aus der Formel für η_C sind einige wichtige Schlussfolgerungen zu ziehen: Um einen möglichst hohen Wirkungsgrad zu erzielen, muss der Quotient T_u/T_o möglichst klein sein, damit von der 1 wenig subtrahiert wird. Hier bieten sich zwei Möglichkeiten an: Zum einen kann die Temperatur des kalten Reservoirs T_u reduziert werden. Untere Grenze ist dabei die Umgebungstemperatur, die sinnvollerweise nicht unterschritten werden kann, weil sonst mit großem Aufwand gekühlt werden müsste. Zum anderen kommt eine möglichst hohe Temperatur T_o in Betracht. Hierbei ist als obere Grenze die Hitzebeständigkeit der Werkstoffe zu beachten. Wichtiges Ziel der Werkstoffwissenschaften ist es daher, Werkstoffe mit möglichst hoher Hitzebeständigkeit zu entwickeln, um die Wirkungsgrade von Wärmekraftmaschinen erhöhen zu können.

Es wurde ausführlich hergeleitet, dass der Wirkungsgrad einer zwischen zwei Wärmereservoirs mit den Temperaturen $T_o > T_u$ betriebenen Carnot-Maschine nur von diesen beiden Temperaturen abhängt und durch $\eta_C = 1 - T_u/T_o$ gegeben ist. Haben die Wärmereservoirs die Temperatur $\vartheta_o = 500$ °C und $\vartheta_u = 50$ °C, so errechnet sich mit dieser Formel der Wirkungsgrad zu $\eta_C = 58\ \%$.

Im Folgenden soll der Beweis dafür erbracht werden, dass es keine andere Wärmekraftmaschine geben kann, die – zwischen den Reservoirs mit den Temperaturen T_o und T_u arbeitend – einen höheren Wirkungsgrad als den Carnot'schen Wirkungsgrad erzielt. In Bezug auf obiges Zahlenbeispiel gibt es also keinen Kreisprozess (auch keinen theoretischen), der bei den Temperaturen $\vartheta_o = 500$ °C und $\vartheta_u = 50$ °C zum Beispiel 60 % der zugeführten Wärme in Arbeit umwandeln kann.

---

32 Es sei noch einmal ausdrücklich erwähnt, dass die Temperaturen in Kelvin einzusetzen sind (vgl. Seite 41).

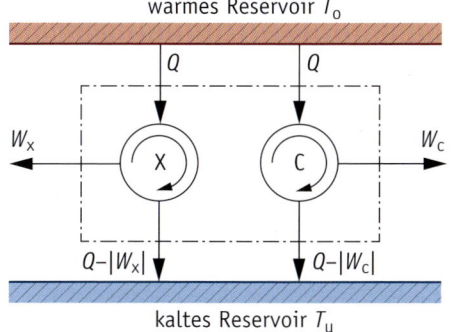 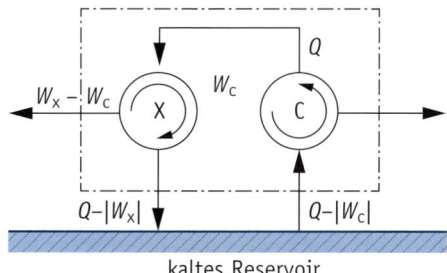

Abb. 3.45 ▶ Anordnung zum Nachweis, dass $\eta_X \leq \eta_C$

Dazu wird zunächst von der Anordnung in Abbildung 3.45 (linkes Bild) ausgegangen. Dort sind die zwei Wärmekraftmaschinen X und C dargestellt. Die Maschine C sei eine Carnot-Maschine mit dem Carnot'schen Wirkungsgrad η_C, und von der Maschine X wird angenommen, dass sie einen Wirkungsgrad η_X besitzt, der *größer* ist als η_C. Dass diese Annahme zu einem Widerspruch führt, wir im Folgenden nachgewiesen (Widerspruchsbeweis).

Beide Maschinen entnehmen dem warmen Reservoir die Wärme Q. Die Maschine X erzeugt daraus aufgrund ihres höheren Wirkungsgrades mehr Arbeit als die Maschine C: $|W_X| > |W_C|$. Demzufolge gibt Maschine C mehr Wärme an das kalte Reservoir ab als Maschine X.

Die Laufrichtung der Maschine C wird umgekehrt: Sie arbeitet nun als Wärmepumpe und entnimmt dem kalten Reservoir die Wärme $Q - |W_C|$ (vgl. Abb. 3.45, rechts) und gibt die Wärme Q ab. Da Maschine X die Wärme Q benötigt, wird diese direkt – ohne den Umweg über das warme Reservoir – von der Maschine C auf die Maschine X übertragen, so dass das warme Reservoir überflüssig wird. Weil Maschine X mehr Arbeit abgibt, als Maschine C benötigt, wird die für den Antrieb von C benötigte Arbeit W_C der Maschine X entnommen. Da aber nach Voraussetzung $|W_X| > |W_C|$ gilt, steht damit noch die Arbeit $|W_X| - |W_C|$ zur Verfügung, die von dem Gesamtsystem abgegeben werden kann. Dieses System wäre ein Perpetuum mobile 2. Art, weil es nichts weiter tut, als ständig ein Reservoir abzukühlen und daraus Arbeit zu gewinnen. Damit steht dieses System im Widerspruch zum 2. Hauptsatz: Demnach muss die eingangs gemachte Annahme, dass der Wirkungsgrad der Maschine X über dem der Carnot-Maschine C liegt, falsch sein.[33]

Für jede Wärmekraftmaschine gilt daher, dass ihr Wirkungsgrad bestenfalls den Carnot'schen Wirkungsgrad erreichen kann. Eine reale Wärmekraftmaschine hat zudem Verluste durch Reibung, Wärmeabstrahlung etc. Das heißt, reale Wärmekraftmaschinen laufen irreversibel, was ihre Wirkungsgrade zusätzlich verkleinert. Daraus ergibt sich, dass eine reale Wärmekraftmaschine den Carnot'schen Wirkungsgrad, der unter der theoretischen Annahme eines reversiblen Carnot'schen Kreisprozesses abgeleitet wurde, niemals erreichen kann.

---

33 Diese in der Thermodynamik häufiger vorkommende Beweismethode mag zunächst verblüffen, zumal nirgends explizit von dem Carnot'schen Kreisprozess Gebrauch gemacht wird. Tatsächlich ist mit diesem Beweis aber gezeigt, dass alle zwischen den Temperaturniveaus T_o und T_u *reversibel* arbeitenden Wärmekraftmaschinen den gleichen Wirkungsgrad haben müssen, der nur von den Temperaturverhältnissen abhängt. Gäbe es nämlich unterschiedliche theoretische Wirkungsgrade, ließe sich stets, wie oben demonstriert, ein Perpetuum mobile 2. Art konstruieren. Carnots Verdienst ist es, das als Erster erkannt zu haben.

Es gibt keine zwischen den Temperaturen T_o und T_u arbeitende Wärmekraftmaschine, die mehr Arbeit liefert als eine nach dem Carnot'schen Kreisprozess arbeitende Maschine. Aufgrund irreversibler Vorgänge realer Wärmekraftmaschinen haben diese stets einen kleineren Wirkungsgrad als den Carnot'schen Wirkungsgrad. Es gilt also:

$$\eta_{\text{WKM, real}} < \eta_{\text{WKM, ideal}} \leq \eta_{\text{C}}$$

Eine Carnot-Maschine, die den Carnot'schen Kreisprozess durchläuft, ist praktisch nicht zu verwirklichen. Dennoch ist der Carnot'sche Wirkungsgrad das Gütemaß für reale Wärmekraftmaschinen. Die Güte einer Wärmekraftmaschine darf also nicht daran gemessen werden, wie nahe ihr Wirkungsgrad dem Wert 1 kommt, sondern wie nahe ihr Wirkungsgrad dem Carnot'schen Wirkungsgrad kommt – und dieser ist stets kleiner als 1. Wie das Zahlenbeispiel auf Seite 88 zeigt, beträgt der Carnot'sche Wirkungsgrad bei den Temperaturen ϑ_o = 500 °C und ϑ_u = 50 °C nur 0,58. Keine zwischen diesen Temperaturen arbeitende reale Wärmekraftmaschine kann diesen Wert erreichen. Hat die reale Wärmekraftmaschine beispielsweise einen Wirkungsgrad von 0,45, so erreicht sie den theoretisch möglichen Wert 78 %. Gute Wärmekraftmaschinen erreichen den Carnot'schen Wirkungsgrad bis etwa 95 %.

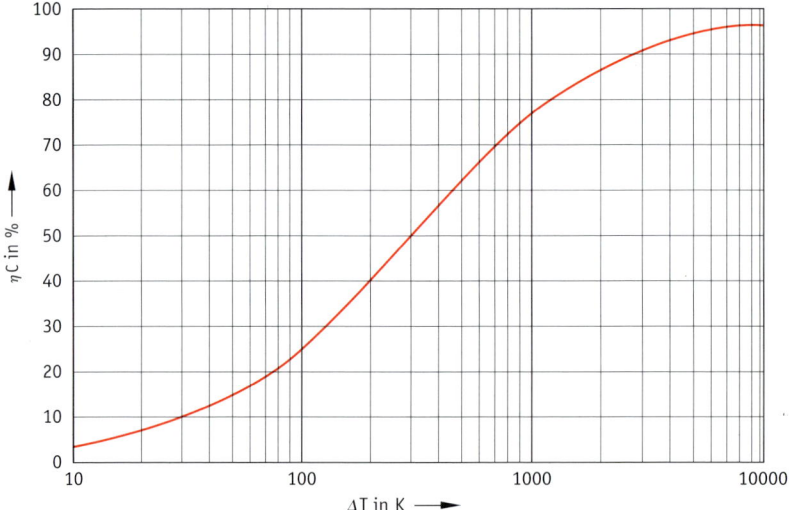

Abb. 3.46 ▶ Der Carnot'sche Wirkungsgrad in Abhängigkeit von $\Delta T = T_o - T_u$, wobei T_u = 300 K

Die Abbildung 3.46 zeigt, wie der Carnot'sche Wirkungsgrad mit zunehmender Temperaturdifferenz steigt. Zu hohe Temperaturen führen jedoch zu Werkstoffproblemen. Diese Kurve ist daher die naturgesetzliche Grenze für den Wirkungsgrad von Wärmekraftmaschinen. Sie macht auch verständlich, warum Wärmekraftmaschinen einen im Vergleich zu anderen Energiewandlern geringen Wirkungsgrad besitzen: Bei hochwertigen Energieformen liegt die obere Grenze für den Wirkungsgrad bei 100 %; bei Wärmekraftmaschinen ist die obere Grenze der Carnot'sche Wirkungsgrad, und der ist je nach Temperaturdifferenz erheblich kleiner als 100 %.

Aufgaben

1 Eine gewisse Menge Luft, die in einem Arbeitszylinder eingeschlossen ist, befindet sich zunächst im Zustand 1 mit $\rho_1 = 4{,}86$ kg/m³, $p_1 = 8{,}0$ bar und $V_1 = 1{,}0$ l. Anschließend expandiert sie isotherm auf das Vierfache ihres ursprünglichen Volumens (Zustand 2). Daran schließt sich ein isochorer Prozess in den Zustand 3 an, um dann von dort wieder adiabat in den Zustand 1 zurückzukehren.

1.1 Legen Sie ein $p(V)$-Diagramm mit vollständigen Achsenbezeichnungen an, in das Sie Zustand 1 und Zustand 2 sowie den Prozessverlauf 1 → 2 eintragen.

1.2 Ermitteln Sie die Temperatur in °C, welche die eingeschlossene Luft im Zustand 1 aufweist.

1.3 Berechnen Sie vom Zustand 1 ausgehend den Luftdruck im Zustand 3. [Ergebnis: $p_3 = 1{,}15$ bar]

1.4 Tragen Sie nun auch die Prozessverläufe 2 → 3 und 3 → 1 in das angelegte Diagramm ein.

1.5 Kennzeichnen Sie ferner im Diagramm:

1.5.1 den Wärmeumsatz

1.5.2 die Kompressionsarbeit

1.6 Berechnen Sie die Lufttemperatur im Zustand 3.

1.7 Bestimmen Sie die Nutzarbeit, die beim Durchlaufen eines Kreisprozesses abgegeben wird.

1.8 Geben Sie – anhand der bisherigen Ergebnisse – die zugeführte Wärme an.

1.9 Ermitteln Sie den Wirkungsgrad des Kreisprozesses und vergleichen Sie ihn mit dem Carnot'schen Wirkungsgrad.

2 Eine Dampfturbine wird mit heißem Dampf von 530 °C betrieben; beim Verlassen der Turbine hat er nur noch eine Temperatur von 40 °C.

2.1 Zeichnen Sie das Exergie-Anergie-Flussdiagramm für den Exergie-Anergie-Umsatz einer Dampfturbine.

2.2 Geben Sie aus Ihrem Diagramm die (realistischen) Werte für den thermischen und den exergetischen Wirkungsgrad der Turbine an.

2.3 Berechnen Sie den Carnot'schen und den indizierten Wirkungsgrad für die Dampfturbine und geben Sie die Bedeutung dieser Wirkungsgrade an.
Der **indizierte Wirkungsgrad** η_i gibt an, wie nahe eine Wärmekraftmaschine dem bestmöglichen, sprich dem Carnot'schen Wirkungsgrad kommt. Er ist definiert als $\eta_i = \eta_{th}/\eta_C$.

3 Gegeben sind die im $p(V)$-Diagramm (Abbildung 3.47) gezeigten Prozesse, die ein Kreisprozess sind. Ferner sind gegeben: $\vartheta_1 = 20$ °C, $p_1 = 1{,}0$ bar, $V_1 = 2{,}0$ l, $V_3 = \frac{1}{5} V_1$ und $V_4 = 1{,}5 \cdot V_3$. Bei dem eingeschlossenen Gas handelt es sich um Luft.

3.1 Geben Sie bei den einzelnen Zustandsänderungen die Wärmeumsätze an. Angenommen wird ein rechtsgängiger Kreisprozess!

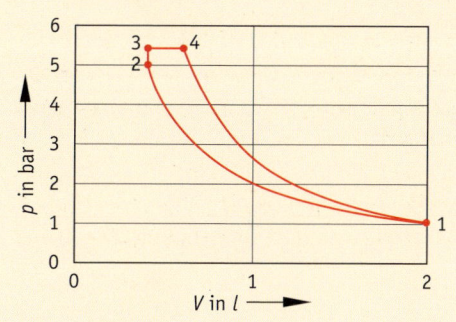

Abb. 3.47 ▶ $p(V)$-Diagramm

3.2   Bestimmen Sie die fehlenden Zustandsgrößen p, T und V in den Eckpunkten des Diagramms.

3.3   Berechnen Sie die Arbeit während der isothermen Zustandsänderung (einschließlich Vorzeichen) und geben Sie an, welche Bedeutung das Vorzeichen hat.

4   Bei einem Dieselmotor tritt die angesaugte Luft mit einem Druck von 0,97 bar und 80 °C in den Zylinder ein. Für die Rechnung erfolgt die Verdichtung exakt adiabatisch.

4.1   Bis zu welchem Druck muss komprimiert werden, damit die Selbstentzündungstemperatur des Kraftstoffs von 530 °C erreicht wird? [Ergebnis: $p_2 = 17{,}2$ bar]

4.2   Wie groß ist dabei das Verdichtungsverhältnis ($V_1 : V_2 = ? : 1$)?

4.3   Welche spezifische Kompressionsarbeit muss bei der Verdichtung geleistet werden?

5   In ein $p(V)$-Diagramm soll, von einem gemeinsamen Zustand 1 ausgehend, eine isotherme und eine adiabate Kompression eingezeichnet werden. Beide Kompressionen sollen zu dem gleichen Enddruck führen.

5.1   Erstellen Sie das zugehörige Diagramm und kennzeichnen Sie, welche Zustandsänderung die isotherme, welche die adiabate ist.

5.2   Tragen Sie den Wärmeumsatz ein.

5.3   Für welche der beiden Kompressionen muss mehr Arbeit aufgewendet werden? Begründen Sie Ihre Antwort.

4 Energiewandler

In der Technik werden vielfältige Energiewandler
eingesetzt, um Energie von einer Form in eine
andere umzuwandeln. Diese Umwandlung dient
am Anfang der Energiewandlungskette dazu, die
Primärenergie in eine Energieform zu bringen, die
sich für die **Energiespeicherung**, den **Energietransport** und die weitere **Umwandlung** besser
eignet als die Primärenergie. Am Ende der Kette muss die Energie in Nutzenergie umgewandelt
werden.

Abb. 4.1 ▶ Geöffnete Gasturbine

Bei vielen technischen Energiewandlungen spielt die **Wärmeenergie** eine wichtige Rolle. Und
seit Erfindung der Dampfmaschine haben sich die **Wärmekraftmaschinen** zum wichtigsten Pfeiler in unserer Energieversorgung entwickelt. Das hängt damit zusammen, dass wir überwiegend
die fossilen Energieträger ausbeuten. Freilich haben die Wärmekraftmaschinen nicht nur den
Nachteil der Schadstoffemission, sondern auch noch geringe Wirkungsgrade, wie im vorherigen
Kapitel dargelegt wurde. Sie werden jedoch auch zukünftig eine bedeutende Rolle spielen. So
werden zum Beispiel auch solarthermische Kraftwerke mit Hilfe von Wärmekraftmaschinen elektrischen Strom erzeugen.

Vergleichsprozesse
Um beurteilen zu können, wie effektiv ein Energiewandler die Umwandlung von einer Energie-
form in eine andere durchführt, muss man wissen, wie gut diese Energiewandlung im besten
Fall sein kann. Mit dem **Carnot'schen Wirkungsgrad** ist bereits ein solcher Gütemaßstab für
Wärmekraftmaschinen entwickelt worden.

Will man den jeweiligen realen Kreisprozess (z. B. den Ottoprozess) thermodynamisch genauer
beurteilen, so ersetzt man den realen Prozess durch einen idealen **Vergleichsprozess**[1]. Dazu nähert man den realen Prozess durch bekannte thermodynamische Prozesse (s. Abschnitt 3.3) an.
Außerdem ersetzt man irreversible Vorgänge durch reversible. Zusätzlich wird statt des realen
Arbeitsmittels (z. B. Benzin-Luft-Gemisch) ein ideales Gas zugrunde gelegt. Der Vergleichsprozess hat den Vorteil, dass er rechnerisch erfassbar ist. Den daraus errechneten Wirkungsgrad
vergleicht man mit dem gemessenen Wirkungsgrad. Daraus lässt sich ablesen, wie nahe ein
bestimmter realer Energiewandler der bestmöglichen Energiewandlung kommt.

4.1 Verbrennungsmotoren

Die in Deutschland erfundenen Verbrennungsmotoren **Otto-** und **Dieselmotor** haben sich weltweit durchgesetzt. Ohne sie wäre der hohe Mobilitätsgrad kaum möglich. Dabei verursachen die
Abgase dieser massenhaft eingesetzten Motoren allerdings enorme Umweltprobleme. In Abbil-

---

1 Die Darstellung des realen Kreisprozesses in einem $p(V)$-Diagramm bezeichnet man als
   Indikatordiagramm. Dieses weicht in Einzelheiten von dem idealisierten Vergleichsdiagramm ab.

dung 4.2 ist ein 4-Zylinder-Verbrennungsmotor, wie er im Pkw eingesetzt wird, im Teilschnitt dargestellt. Die wichtigsten Komponenten sind zu erkennen.

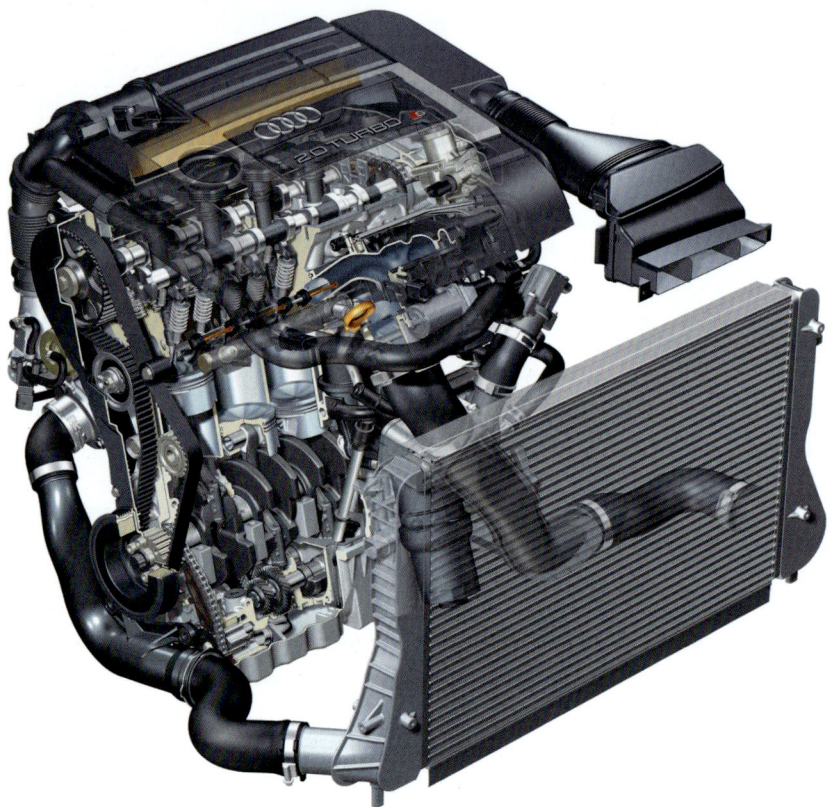

Abb. 4.2 ▶ Teilschnittdarstellung eines Ottomotors

Die erforderliche Wärmezufuhr wird bei diesen Motoren durch das Verbrennen eines speziellen Kraftstoffes realisiert – daher die Bezeichnung **Verbrennungsmotor**. Diese Verbrennungen finden im Zylinder statt, weshalb man von **innerer Verbrennung** spricht. Die bei jeder Wärmekraftmaschine nötige Wärmeabgabe geschieht bei diesen Motoren durch das Abgeben der verbrannten Gase an die Umgebung.

4.1.1 Der Ottomotor

Ohne hier auf die historische Entwicklung genauer eingehen zu können, sei darauf hingewiesen, dass ein Verbrennungsmotoren mit **Fremdzündung** nach seinem Erfinder Nicolaus August OTTO (1832–1891) Ottomotor genannt wird.

Abb. 4.3 ▶ Nikolaus August Otto

Der Vier-Takt-Ottomotor

Der prinzipielle Aufbau und die Funktionsweise des Vier-Takt-Ottomotors sind im Grunde einfach.

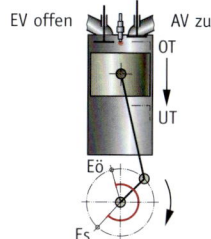

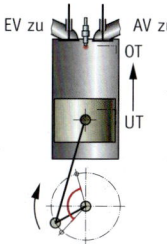

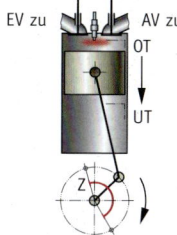

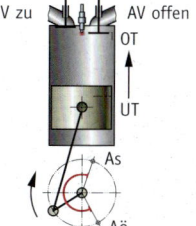

1. Takt:
Ansaugen
Einlassventil wird
geöffnet

Der Kolben saugt durch
das geöffnete Einlass-
ventil zündfähiges
Gas-Luft-Gemisch an.

2. Takt:
Verdichten
beide Ventile
geschlossen

Das Gemisch wird
auf 1/6 bis 1/12 seines
Anfangsvolumens
komprimiert.

3. Takt:
Arbeiten
Zündkerze
zündet

Der Zündkerzenfunke
entzündet das Gemisch.
Der Verbrennungsdruck
bewegt den Kolben abwärts.

4. Takt:
Ausstoßen
Auslassventil
wird geöffnet

Das Auslassventil
öffnet, die Gase puffen
aus. Der Kolben schiebt
die Restgase aus.

Abb. 4.4 ▶ Die vier Takte des Ottomotors

Die wichtigsten Bestandteile des Ottomotors zeigt die Darstellung in Abbildung 4.4. Im Zylinder geht der Kolben zwischen oberem und unterem Totpunkt (OT und UT) auf und ab. Die Kraftübertragung vom Kolben auf die Kurbelwelle erfolgt über die Pleuelstange. Im Zylinderkopf sind die Zündkerze sowie das Ein- und Auslassventil (EV und AV) eingebaut.

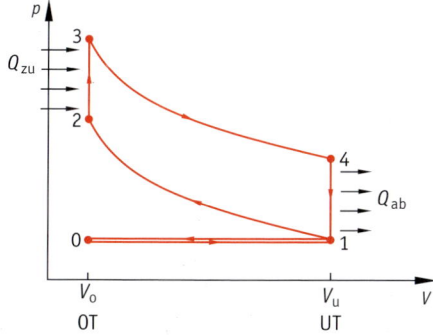

Abb. 4.5 ▶ Das $p(V)$-Diagramm für den Otto-Vergleichsprozess[2]

---

2   Ein reales Kreisdiagramm, das heißt ein am Motor gemessenes Indikatordiagramm, unterscheidet sich von dem idealisierten Kreisdiagramm (siehe Seite 100) in mehrerer Hinsicht: Zum einen erfolgen die Teilprozesse weder streng adiabat noch streng isobar. Zum anderen erfolgen die Übergänge zwischen den einzelnen Teilprozessen nicht abrupt, sondern allmählich, so dass die Ecken des Indikatordiagramms abgerundet sind.

Die vier Takte

Ansaugtakt (0 →1)

Bei geöffnetem Einlass- und geschlossenem Auslassventil bewegt sich der Kolben vom OT zum UT, wodurch das Volumen vom Kleinstwert V_o auf den Größtwert V_u anwächst. Durch den dadurch hervorgerufenen Unterdruck wird das im Vergaser gebildete oder das in der Einspritzanlage aufbereitete zündfähige Kraftstoff-Luft-Gemisch in den Zylinder eingesaugt. Um den Zylinder optimal mit dem Gemisch zu füllen, öffnet das Einlassventil bereits etwas vor OT und schließt erst nach UT.

Verdichtungstakt (1 →2)

Im zweiten Takt bewegt sich der Kolben bei geschlossenen Ventilen vom UT zum OT. Definiert man das **Verdichtungsverhältnis**[3] als

$$\varepsilon = \frac{V_u}{V_o} \, ,$$

so wird das Gasgemisch auf $1/\varepsilon$ seines ursprünglichen Volumens komprimiert. Typische Verdichtungsverhältnisse bei Ottomotoren liegen bei $\varepsilon = 6 \ldots 12$. Der Verdichtungsvorgang erfolgt näherungsweise adiabat, da in der kurzen Verdichtungszeit[4] nur wenig Wärme über die Systemgrenzen abfließen kann. Nach den Gesetzen für adiabate Prozesse (vgl. Abschnitt 3.3.5) steigt der Druck damit auf das ε^{κ}-Fache und die Temperatur auf das $\varepsilon^{\kappa-1}$-Fache an, wobei κ der Adiabatenexponent ist. Das ergibt Verdichtungsdrücke von 10 ... 25 bar und Verdichtungstemperaturen von 400 ... 700 °C. Diese Verdichtungsendtemperatur muss unter der Selbstentzündungstemperatur des Gemisches liegen, was bei hoch verdichteten Motoren durch besondere Kraftstoffzusätze erreicht wird.

Im OT (bei realen Motoren bereits etwas vorher) erfolgt über die Zündkerze die Fremdzündung des verdichteten und erhitzten Kraftstoff-Luft-Gemisches. Die Verbrennung breitet sich von der Zündkerze ausgehend im gesamten Kraftstoff-Luft-Gemisch aus, wodurch dem komprimierten Gas die Verbrennungswärme Q_{zu} zugeführt wird. Da sich der Kolben in dieser kurzen Zeit kaum bewegt – er ist ja in der Nähe des OT und hat dort zwischenzeitlich die Geschwindigkeit null –, kann dieser Vorgang (2 → 3) als isochore Druckerhöhung beschrieben werden. Der Druck steigt auf 40 ... 70 bar und die Temperatur kurzfristig auf über 2000 °C.

Arbeitstakt (3 →4)

Bei weiterhin geschlossenen Ventilen wird durch den hohen Druck der Verbrennungsgase der Kolben vom OT zum UT bewegt. Die Expansion kann aufgrund der kurzen Zeit ebenfalls als adiabat betrachtet werden. Dieser Takt liefert als einziger Arbeit[5], die über das Pleuel an die

---

3 Diese Definition gilt für beliebige Kolbenmotoren, also nicht nur für Ottomotoren.
4 Bei einem Motor, der mit 3000 U/min läuft, dauert ein Verdichtungshub 0,01 Sekunden.
5 Diese Arbeit ist aber noch nicht die Nutzarbeit, die der Motor nach außen abgibt, da ein Teil dieser Arbeit im Schwungrad gespeichert wird, um bei den anderen drei Arbeit verbrauchenden Takten zur Verfügung zu stehen.

Kurbelwelle abgegeben wird. Druck und Temperatur sinken während der Expansion nach den Gesetzen des adiabten Prozesses.

Im unteren Totpunkt (praktisch bereits davor) öffnet das Auslassventil, wodurch die noch immer unter Überdruck stehenden Verbrennungsgase über den Auspuff an die Umgebung abgegeben werden. Da die Verbrennungsgase sehr schnell auspuffen, bewegt sich der Kolben in dieser kurzen Zeit nur wenig, so dass auch dieser Vorgang ($4 \rightarrow 1$) als isochor gelten kann.

Ausschubtakt ($1 \rightarrow 0$)

Bei weiterhin geöffnetem Auslassventil bewegt sich der Kolben vom UT zum OT und schiebt die verbliebenen Verbrennungsrückstände aus dem Zylinder. Damit kehrt der Kreisprozess nach zwei Umdrehungen bzw. vier Takten wieder in den Ausgangszustand zurück – und das Ganze beginnt von vorne.

Wirkungsgrad des Ottomotors

Mit Hilfe des in Abbildung 4.5 dargestellten Vergleichsprozesses wird der theoretische Wirkungsgrad des Ottomotors berechnet . Für die umgesetzten Wärmen gilt: $Q_{zu} = c_V m(T_3 - T_2)$ und $Q_{ab} = c_V m(T_1 - T_4)$. Daraus folgt für den Wirkungsgrad (vgl. Abschnitt 3.5.1):

$$\eta = \frac{|W|}{Q_{zu}} = 1 - \frac{|Q_{ab}|}{Q_{zu}} = 1 - \frac{T_4 - T_1}{T_3 - T_2} = 1 - \frac{T_1}{T_2} \cdot \frac{T_4 / T_1 - 1}{T_3 / T_2 - 1}$$

Der letzte Bruch im obigen rechts stehenden Ausdruck ergibt 1, da nach den Adiabatengleichungen gilt: $\frac{T_1}{T_2} = \left(\frac{V_o}{V_u}\right)^{\kappa-1} = \frac{T_4}{T_3}$, woraus folgt, dass $\frac{T_4}{T_1} = \frac{T_3}{T_2}$ ist. Damit ergibt sich für den

Wirkungsgrad zunächst die Formel $\eta = 1 - T_1/T_2$. Der Quotient der Temperaturen in dieser Formel kann mit Hilfe der entsprechenden Adiabatengleichung durch die Volumina ersetzt werden, so dass sich mit Hilfe des Verdichtungsverhältnisses $\varepsilon = V_u/V_o$ schließlich ergibt:

$$\eta_{\text{Otto}} = 1 - \frac{1}{\varepsilon^{\kappa-1}}$$

Man erkennt, dass der Wirkungsgrad mit dem Verdichtungsverhältnis zunimmt, weshalb hoch verdichtete Motoren einen höheren Wirkungsgrad besitzen. Allerdings sind der Erhöhung des Verdichtungsverhältnisses durch die Selbstentzündungstemperatur des Kraftstoff-Luft-Gemisches Grenzen gesetzt.

Zahlenbeispiel

Bei einem Verdichtungsverhältnis von 8 und mit $\kappa = 1{,}4$ ergibt sich der theoretische Wirkungsgrad:

$$\eta = 1 - 1/8^{0{,}4} = 0{,}56$$

Reale Ottomotoren besitzen Wirkungsgrade von etwa 25 %; sie erreichen also nur etwa die Hälfte des theoretisch Möglichen.
Vergleicht man den Wirkungsgrad des Ottoprozesses mit dem Carnot'schen Wirkungsgrad, so findet man:

$$\eta_{\text{Otto}} < \eta_C$$

Das ist daran zu erkennen, dass die höchste Temperatur beim Ottoprozess (vgl. Abbildung 4.5) die Temperatur T_3 ist, während in die Formel zum Wirkungsgrad des Ottomotors (vgl. Herleitung der Formel) aber nur die niedrigere Temperatur T_2 eingeht.

4.1.2 Der Dieselmotor

Motoren mit **Selbstzündung** bezeichnet man heutzutage als **Dieselmotoren**. Ihr Name geht zurück auf den deutschen Ingenieur Rudolf Diesel (1858–1913), der den ersten Dieselmotor baute.

Abb. 4.6 ▶ Moderner Dieselmotor

Die vier Takte eines Dieselmotors sind wie beim Ottomotor **Ansaugen**, **Verdichten**, **Arbeiten** und **Ausstoßen**. Anders als beim Ottomotor wird jedoch reine Luft angesaugt. Diese wird dann wie beim Ottomotor näherungsweise adiabat verdichtet. Da reine Luft komprimiert wird, können höhere Verdichtungsverhältnisse realisiert werden; sie haben typischerweise folgende Werte: $\varepsilon = 12 \ldots 24$. Die Verdichtungsendtemperatur – bei Dieselmotoren im Bereich 700 ... 900 °C – muss über der Selbstentzündungstemperatur des verwendeten Kraftstoffes liegen. In diese hoch verdichtete und hoch erhitzte Luft wird der Dieselkraftstoff fein zerstäubt eingespritzt. Der Einspritzvorgang dauert eine gewisse Zeit, während der Kolben so zurückgeht, dass der Druck konstant bleibt. Man spricht deshalb von einem **Gleichdruckprozess**. Daran schließt sich die näherungsweise adiabate Expansion an. Das Ausstoßen der verbrannten Gase erfolgt wie beim Ottomotor.

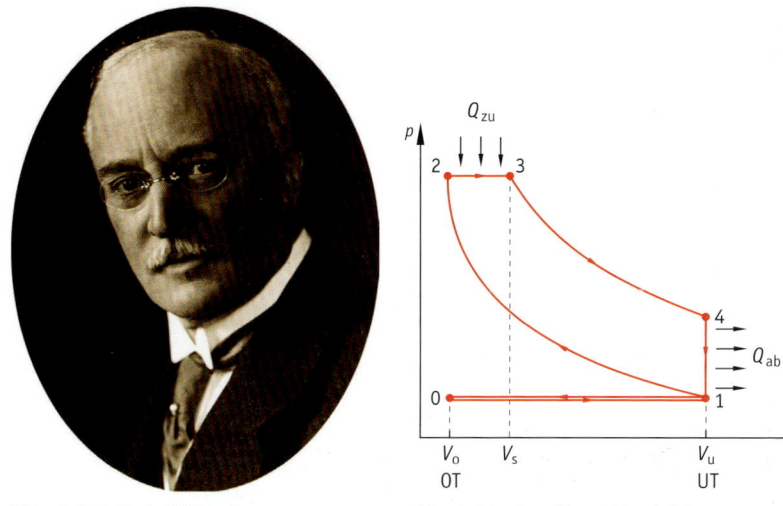

Abb. 4.7 ▶ Rudolf Diesel   **Abb.** 4.8 ▶ Der Diesel-Vergleichsprozess

Der Wirkungsgrad des Dieselmotors

Ähnlich wie beim Ottomotor lässt sich auch beim Dieselmotor der Wirkungsgrad des Vergleichs-prozesses herleiten. Neben dem Verdichtungsverhältnis $\varepsilon = V_u/V_o$ definiert man zusätzlich das sogenannte **Einspritzverhältnis** $\varphi = V_s/V_o$. Da die Herleitung des Wirkungsgrades analog zu der des Ottoprozesses verläuft, wird hier nur das Ergebnis angegeben.

$$\eta_{\text{Diesel}} = 1 - \frac{1}{\varepsilon^{\kappa-1}} \cdot \frac{\varphi^\kappa - 1}{\kappa(\varphi - 1)}$$

Setzt man in diese Formel die Werte $\varepsilon = 15$ und $\varphi = 2{,}5$ ein, so ergibt sich der theoretische Wirkungsgrad zu $\eta = 0{,}58$. Tatsächlich erreichen Dieselmotoren vergleichsweise hohe Wirkungs-grade von ca. 35 %.

Der theoretische Wirkungsgrad des Dieselmotors unterscheidet sich in der Wirkungsgradformel

nur um den Bruch $\dfrac{\varphi^\kappa - 1}{\kappa(\varphi - 1)}$ von dem Wirkungsgrad des Ottomotors. Man kann mathematisch

nachweisen, dass dieser Bruch > 1 ist. Daraus folgt, dass bei gleichem Verdichtungsverhältnis der Wirkungsgrad des Dieselprozesses kleiner ist als der des Ottoprozesses, so dass gilt:

$$\eta_{\text{Diesel}} < \eta_{\text{Otto}} < \eta_{\text{C}}$$

Freilich wird dieser Nachteil beim realen Dieselmotor durch wesentlich höhere Verdichtungsver-hältnisse, als sie beim Ottomotor möglich sind, mehr als ausgeglichen.

4.1.3 Gegenüberstellung: Ottomotor – Dieselmotor

In Tabelle 4.1 werden die wichtigsten Sachverhalte der beiden Motoren einander gegenüber-gestellt.

Tabelle 4.1 ▶ Vergleich von Otto- und Dieselmotor

	Ottomotor	Dieselmotor
Ansaugen und Verdichten	Im Vergaser oder in der Einspritzanlage gebildetes **Benzin-Luft-Gemisch** wird angesaugt und anschließend adiabat verdichtet. Die Verdichtungsendtemperatur muss *unter* der Selbstzündungstemperatur des Gemisches liegen.	**Luft** (ohne Kraftstoffzusätze) wird angesaugt und adiabat verdichtet. Die Verdichtungsendtemperatur der Luft muss *über* der Selbstzündungstemperatur des Kraftstoffes liegen.
Verdichtungsverhältnis ε (bei Saugmotoren[5])	6 ... 12	12 ... 24
Zündung	**Fremdzündung** durch Zündfunke der Zündkerze	**Selbstzündung** des eingespritzten Kraftstoffes an der hoch erhitzten Luft
Verbrennung	**Gleichraumverbrennung**	**Gleichdruckverbrennung**
Theoretischer Wirkungsgrad	$\eta_{\text{Otto}} = 1 - \dfrac{1}{\varepsilon^{\kappa-1}}$	$\eta_{\text{Diesel}} = 1 - \dfrac{1}{\varepsilon^{\kappa-1}} \cdot \dfrac{\varphi^{\kappa}-1}{\kappa(\varphi-1)}$
Realer Wirkungsgrad	ca. 25 % (max. 30 %)	ca. 35 % (max. 50 %)
Indikatordiagramme		

4.1.4 Weiterentwicklungen bei Verbrennungsmotoren

Das relativ einfache Verständnis dieser Motoren darf nicht darüber hinwegtäuschen, dass bei ihrer Erfindung eine Vielzahl technischer Probleme zu lösen war. Die hohe Motorleistung, ihre Langlebigkeit und Zuverlässigkeit wurden erst nach und nach erreicht. Einige der Weiterentwicklungen werden im Folgenden erörtert.

4.1.4.1 Leistungssteigerung

Aus der bisherigen Kenntnis von Kreisprozessen ergeben sich mehrere Maßnahmen, um die Leistungsabgabe bei Verbrennungsmotoren zu steigern:

---

6 Angaben zu Motoren mit Aufladung siehe Abschnitt 4.1.4.1

Drehzahlerhöhung

Wird die Drehzahl des Motors erhöht, wird der Kreisprozess pro Zeiteinheit öfter durchlaufen, was zu einer höheren Nutzarbeit bei gleicher Zeit, also zu einer höheren Leistungsabgabe des Motors führt. Die Drehzahlerhöhung ist durch die mechanische Belastbarkeit der Werkstoffe und die Massenträgheit der bewegten Teile des Motors begrenzt. Hochdrehende Motoren haben im Allgemeinen eine geringere Lebensdauer.

Man kann die Leistungsabgabe auch steigern, indem man die im Kreisdiagramm eingeschlossene Fläche vergrößert und damit eine höhere Nutzarbeit pro Zyklus erhält. Hier bieten sich zwei Möglichkeiten an:

Größeres Verdichtungsverhältnis

Eine Vergrößerung der Fläche in p-Richtung bedeutet eine Erhöhung des Druckes. Das wird durch ein größeres Verdichtungsverhältnisses erreicht. Das Verdichtungsverhältnis $\varepsilon = V_u/V_o$ kann gesteigert werden, indem man V_u vergrößert und/oder V_o verkleinert. Damit verbunden ist stets eine Temperaturerhöhung beim Komprimieren.

Bei Ottomotoren ist die **Vergrößerung des Verdichtungsverhältnisses** durch die Selbstentzündungstemperatur des Benzin-Luft-Gemisches begrenzt. Zündet das Gemisch bei der Kompression unkontrolliert von selbst, so treffen Verbrennungsdruckwellen auf den sich aufwärts bewegenden Kolben. Dadurch entstehen klopfende Motorgeräusche. Ständiges **Klopfen** eines Motors führt schließlich zu einem Motorschaden. Hoch verdichtete Ottomotoren benötigen daher Benzin mit hoher Octanzahl (Super-Benzin), dessen Selbstentzündungstemperatur durch Zusätze hinaufgesetzt ist.

Auch bei Dieselmotoren sind dem Verdichtungsverhältnis Grenzen gesetzt: Zum einen muss dieser Druck durch eine massivere Bauweise beherrscht werden, was sich zumindest im mobilen Einsatz von Nachteil ist, weil das Gewicht des Motors zunimmt. Zum anderen entstehen durch die hohen Temperaturen Kühl- und Werkstoffprobleme.

Hubraumvergrößerung

Eine Vergrößerung der Fläche in V-Richtung bedeutet einen größeren Hubraum des Motors. Der Hubraum ist definiert als die Differenz

$$V_H = V_u - V_o$$

Die Vergrößerung des Hubraumes wird durch Verlängerung des **Hubes**, das ist der Weg, den der Kolben zwischen UT und OT zurücklegt, und/oder durch einen größeren Zylinderdurchmesser bewirkt. Hubräume lassen sich aber nicht beliebig vergrößern, ohne dass andere die Motorleistung bestimmende Parameter – zum Beispiel die Drehzahl – negativ beeinflusst werden. Trotzdem sind Hubraumvergrößerungen eine wichtige Maßnahme, um die Leistung eines Motors zu steigern. Häufig wird die Vergrößerung des Hubraums über eine Erhöhung der Zylinderzahl realisiert.

Aufladung

Die Leistung eines Verbrennungsmotors wird heute insbesondere durch Erhöhen des Liefergrades gesteigert. Unter dem **Liefergrad** versteht man das Verhältnis von tatsächlich angesaugter zur theoretisch möglichen Frischluftladungsmasse. Bei herkömmlichen Saugmotoren beträgt der

Liefergrad 0,7...0,9. Durch Vorverdichten der Ansaugluft mit Hilfe eines **Laders** (= Kompressor) werden Liefergrade von 1,2...1,6 erzielt. Die durch den Ladedruck vergrößerte Frischluftmenge spült die verbrannten Restgase besser aus dem Zylinder, kühlt den Verbrennungsraum zusätzlich und sorgt für eine bessere Verbrennung. Die Arbeitsfläche im $p(V)$-Diagramm wird größer (vgl. Abbildung 4.9, links). Aufgeladene Motoren erreichen eine um bis zu 40 % höhere Leistung (vgl. Abbildung 4.9, rechts) als Saugmotoren.

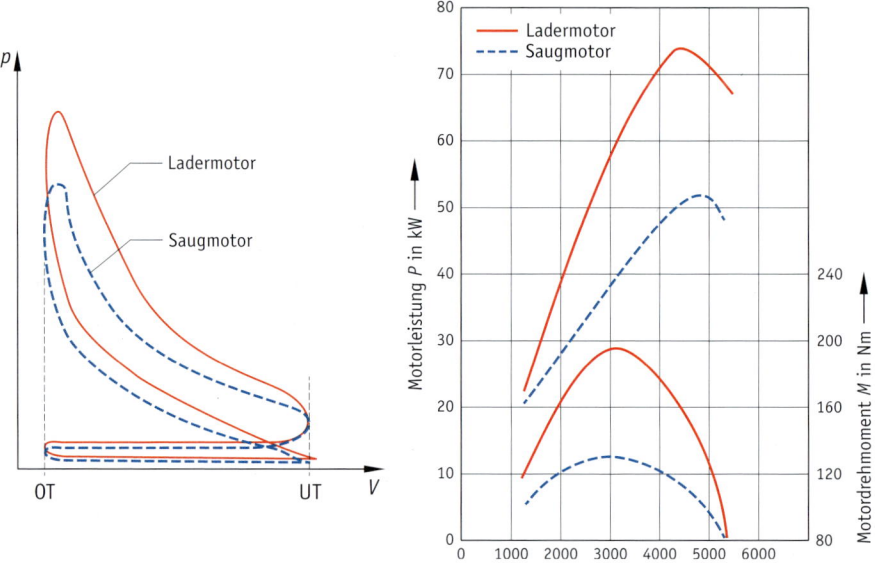

Abb. 4.9 ▶ Vergleich zwischen Saug- und aufgeladenem Motor

Es sind verschiedene Arten der Aufladung eines Motors entwickelt worden. Am weitesten verbreitet ist die **Abgasturbo-Aufladung**. Bei ihr sitzen das Turbinenrad, das sich im Abgaskanal befindet, und das im Frischluftkanal befindliche Laderrad auf einer gemeinsamen Welle. Das Turbinenrad wird von den heißen, mit hoher Geschwindigkeit ausströmenden Abgasen angetrieben. Dadurch dreht sich das Laderrad mit der gleichen Drehzahl, saugt Frischluft an, verdichtet sie und drückt sie dann bei geöffnetem Einlassventil in den Zylinder. Weil damit mehr Luft in den Zylinder gedrückt wird, kann auch mehr Kraftstoff verbrannt werden. Das führt zu einer Leistungssteigerung, die allerdings erst bei mittleren und höheren Drehzahlen wirksam wird, wie Abbildung 4.9 zeigt.

Die eben beschriebenen Methoden zur Leistungssteigerung werden bei Verbrennungsmotoren angewandt. Das hat dazu geführt, dass diese Motoren bei relativ geringem Raumbedarf und niedrigem Gewicht vergleichsweise hohe Leistungen liefern. So beträgt das **Leistungsgewicht** eines Pkw-Ottomotors etwa 2 kg/kW, das eines Pkw-Dieselmotors etwa 3 kg/kW. Mit diese günstigen Werten sind diese Motoren prädestiniert für den mobilen Einsatz.

4.1.4.2 Wirkungsgraderhöhung

Otto- und Dieselmotor unterliegen beim Wirkungsgrad den naturgesetzlichen Einschränkungen aller Wärmekraftmaschinen (vgl. Abschnitte 3.4 und 3.5). Zudem liegen die real erreichten Wirkungsgrade noch deutlich unter den theoretisch möglichen, was darauf zurückzuführen ist, dass in realen Motoren stark irreversible Prozesse ablaufen.

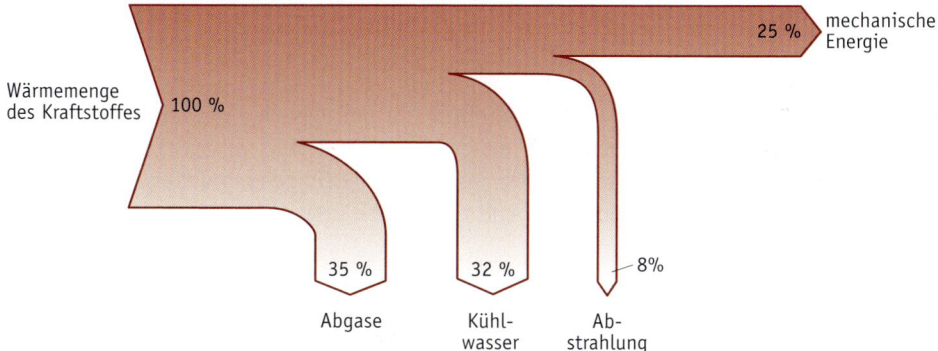

Wärmemenge
des Kraftstoffes 100 %

25 % mechanische
Energie

35 % 32 % 8%

Abgase Kühl-
wasser Ab-
strahlung

Abb. 4.10 ▶ Energieflussdiagramm eines Ottomotors

Eine Möglichkeit zur Erhöhung des Wirkungsgrades ist schon aus der Formel für den Wirkungs-grad abzulesen, denn sie zeigt, dass eine Erhöhung des Verdichtungsverhältnisses den Wir-kungsgrad erhöht. Diese Maßnahme wurde bereits im Zusammenhang mit der Leistungssteige-rung des Motors vorgestellt. Der höhere Wirkungsgrad von Diesel- gegenüber Ottomotoren ist in erster Linie auf die höheren Verdichtungsverhältnisse, die bei Dieselmotoren realisiert werden, zurückzuführen.

Betrachtet man den Wirkungsgrad eines Pkw, so wird dieser im Vergleich zum reinen Motor-wirkungsgrad durch weitere Energiewandler wie das Getriebe und durch Reibung herabgesetzt. Letztlich kommen weniger als 20 % der in chemischer Form im Kraftstoff steckenden Energie dem eigentlichen Fahren zugute. Wenn ein 50-Liter-Tank leer gefahren ist, so wurden für das eigentliche Fahren weniger als 10 Liter benötigt.

4.1.4.3 Mechanische Probleme

Die Entwicklung eines Verbrennungsmotors verursacht nicht nur thermodynamische Probleme, sondern auch schwierige mechanische Aufgabenstellungen. So muss bei Hubkolbenmotoren die Hubbewegung erst in eine Drehbewegung umgewandelt werden. Es gibt Motorenkonzepte, welche die Hubbewegung vermeiden, beispielsweise der **Wankelmotor**; sie konnten sich jedoch bislang nicht in größerem Rahmen durchsetzen. Beim Hubkolbenmotor ist zudem das Problem der Laufruhe zu lösen. Durch die Auf- und Abbewegungen des Kolbens vibrieren diese Motoren sehr stark. Man löst dieses Problem durch Mehrzylindermotoren, deren Kolbenbewegungen so versetzt sind, dass der Schwerpunkt des Motors zeitlich konstant bleibt. Je mehr Zylinder ein Motor hat, desto vibrationsärmer läuft er.

Mit der gleichen Maßnahme bekommt man ein weiteres mechanisches Problem in den Griff: Von den vier Takten eines Vier-Takt-Motors wirken nur ein Arbeit liefernder, aber drei Arbeit verzehrende Takte auf die Kurbelwelle. Das führt zu einem unrunden Lauf des Motors, da die Welle bei dem Arbeitstakt beschleunigt und bei den anderen Takten gebremst wird. Bei einem Mehrzylindermotor treiben mehrere Kolben die Kurbelwelle an. Dabei sind die Takte zeitlich versetzt, so dass ein nahezu konstantes Drehmoment zustande kommt.

4.1.4.4 Kraftstoffe

Die Verbrennung des Kraftstoffes erfolgt bei beiden Motortypen als innere Verbrennung. Um die Motoren vor langfristigen Schäden zu bewahren, sind Kraftstoffe mit genau definierten Eigenschaften erforderlich. Dabei ist der Dieselkraftstoff mit geringerem verfahrenstechnischem Aufwand aus dem Rohstoff Erdöl zu gewinnen als der Benzinkraftstoff für den Ottomotor. Die verbrannten Gase werden bei den Verbrennungsmotoren an die Umgebung abgegeben. Auf die damit verbundene Umweltbelastung und mögliche technische Gegenmaßnahmen wird in Kapitel 5 näher eingegangen.

4.1.4.5 Ausblick

Bei den heutigen Motoren handelt es sich um hoch entwickelte technische Maschinen, in die über hundert Jahre Erfahrung und Entwicklungsarbeit der Ingenieure eingeflossen sind. Trotz dieser langen Entwicklungsgeschichte werden noch immer entscheidende Verbesserungen an diesen Motoren vorgenommen. So werden sie unter anderem hinsichtlich eines möglichst geringen Kraftstoffverbrauchs und Schadstoffausstoßes optimiert. Gerade der sich in Sekundenbruchteilen abspielende Verbrennungsvorgang ist bislang kaum theoretischen Betrachtungen zugänglich. Erst mit Hilfe modernster Computertechnik gelingt es, diese Vorgänge rechnerisch zu simulieren. Nicht zuletzt deshalb sind in den letzten Jahren verschiedene Varianten des Otto- und Dieselmotors entwickelt und zum Teil zur Marktreife gebracht worden.

4.2   Der Stirlingmotor

Abb. 4.11 ▶ Stirlingmotor eines Mini-Blockheizkraftwerkes   **Abb.** 4.12 ▶ Robert Stirling

Ein interessanter Motor, der weit weniger bekannt ist als die allgegenwärtigen Otto- und Dieselmotoren, wurde von dem schottischen Pfarrer ROBERT STIRLING (1790–1878) erfunden und 1816 patentiert. Der **Stirlingmotor** ist damit etwa so alt wie die Dampfmaschine. Bislang führt er aber ein Schattendasein in Tüftler- und Bastlerwerkstätten. Manche sind jedoch der Ansicht, er könnte ein Antriebsmotor der Zukunft werden, da er einige Vorteile gegenüber den Verbrennungsmotoren aufweist.

Aufbau

Es gibt verschiedene Bauarten des Stirlingmotors. Im Folgenden wird nur jene dargestellt, bei welcher der Verdrängungskolben und der Arbeitskolben in einem Zylinder angebracht sind. Abbildung 4.11 zeigt den Stirlingmotor eines Mini-BHKW; Abbildung 4.13 gibt den Aufbau eines derartigen Motors schematisch wieder.

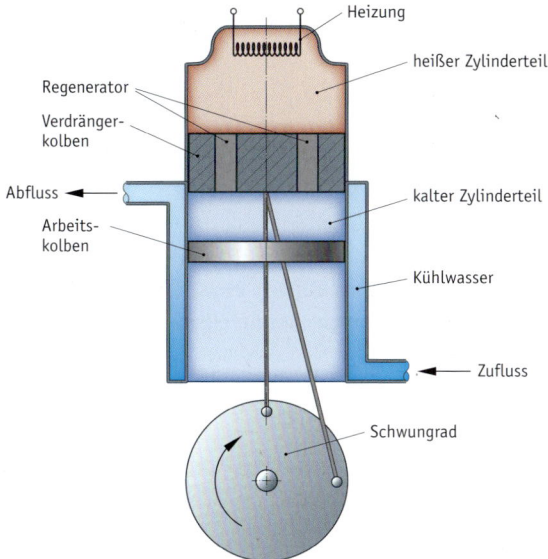

Abb. 4.13 ▶ Schematischer Aufbau eines Stirlingmotors (Schnittdarstellung)

Das Arbeitsgas des Motors – Luft, Helium oder Wasserstoff – ist in dem Zylinder fest eingeschlossen, so dass der Motor im Unterschied zu den Verbrennungsmotoren keine Ventile benötigt. Man bezeichnet ihn auch als **Heißgasmotor**. Im Zylinder bewegen sich zwei Kolben, ein Arbeitskolben und ein Verdrängerkolben, die sich mit 90° Phasenverschiebung bewegen. Der Verdrängerkolben hat die Aufgabe, das Arbeitsgas zwischen dem heißen und dem kalten Zylinderbereich hin und her zu schieben. Zu diesem Zweck sind in dem Verdrängerkolben Überströmkanäle angebracht. Diese Kanäle sind mit einem als **Regenerator** bezeichneten porösen Material gefüllt, das beim Durchströmen des heißen Gases Wärme von diesem aufnehmen und beim späteren Durchströmen des kalten Gases wieder an das Gas abgeben soll. Der Regenerator dient also als Zwischenspeicher für Wärmeenergie. Einfaches Regeneratormaterial ist Kupferwolle; es wird aber auch mit anderen Stoffen experimentiert. Die Wärmezufuhr für das Arbeitsgas erfolgt von außen durch die Zylinderwand, ebenso funktioniert die Wärmeabgabe. Dazu wird ein Teil des Zylinders ständig beheizt und der andere Teil dauernd gekühlt. Der Arbeitskolben wie der Verdrängerkolben sind über Pleuelstangen mit einem Schwungrad verbunden.

Funktionsweise

Der Stirlingmotor funktioniert, indem das Arbeitsgas durch den Verdrängerkolben zwischen dem heißen und kalten Zylinderteil hin und her geschoben wird. In dem heißen Zylinderteil expandiert das Gas und verrichtet damit Arbeit an dem Arbeitskolben; in dem kalten Zylinderteil wird das Gas von dem Arbeitskolben komprimiert. Da zur Kompression des kalten Gases weniger Arbeit aufzuwenden ist, als bei der Expansion des heißen Gases abgegeben wird (vgl. Kreisdiagramm), gibt der Stirlingmotor Nutzarbeit nach außen ab.

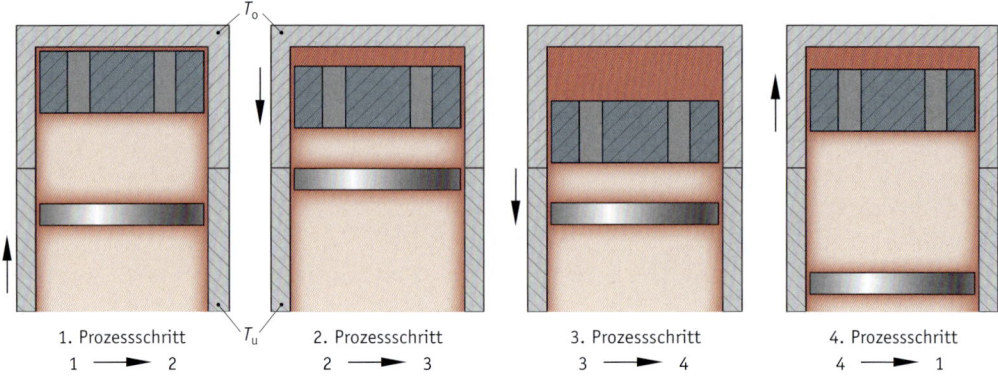

1. Prozessschritt   2. Prozessschritt   3. Prozessschritt   4. Prozessschritt
1 ⟶ 2   2 ⟶ 3   3 ⟶ 4   4 ⟶ 1

Abb. 4.14 ▶ Die vier Prozessschritte beim Stirlingmotor

Der Stirlingmotor durchläuft den Kreisprozess mit zwei Kolbenhüben; er ist somit ein Zweitaktmotor. Die vier Prozessschritte und das sich daraus ergebende Vergleichsdiagramm sind im Folgenden dargestellt.

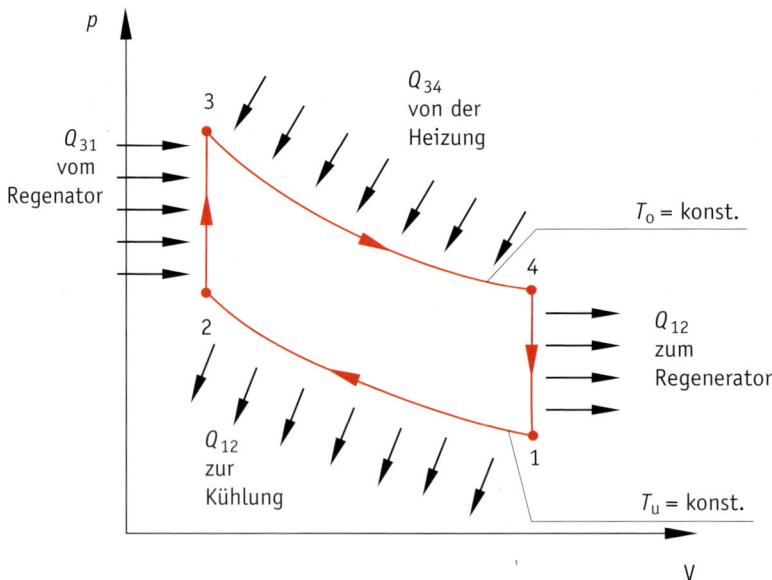

Abb. 4.15 ▶ Vergleichsprozess des Stirlingmotors

1. Prozessschritt $(1 \rightarrow 2)$

Zunächst befindet sich der Verdränger im OT, und der Arbeitskolben fährt vom UT kommend zum OT. Dadurch wird das kalte Arbeitsgas komprimiert. Da das Gas während dieser Kompression in thermischem Kontakt mit der Kühlung steht, erfolgt die Verdichtung bei der Temperatur T_u näherungsweise isotherm; Wärme wird von dem Arbeitsgas an die Kühlung abgeführt.

2. Prozessschritt *(2 → 3)*

Der Arbeitskolben befindet sich im OT, und der Verdränger fährt vom OT zum UT. Das kalte komprimierte Arbeitsgas wird dadurch von dem kalten Zylinderteil in den heißen Zylinderteil verdrängt. Dabei strömt es durch den Regenerator und nimmt von diesem isochor die Wärme Q_{23} auf, wodurch es auf die Temperatur T_o gebracht wird.

3. Prozessschritt *(3 → 4)*

Der Verdrängerkolben befindet sich im UT, und der Arbeitskolben wird durch das expandierende heiße Arbeitsgas nach unten gedrückt. Dabei steht das Gas in thermischem Kontakt mit der Heizung und nimmt von dieser die Wärme Q_{34} auf, so dass die Expansion bei der Temperatur T_o isotherm erfolgt.

4. Prozessschritt *(4 → 1)*

Der Arbeitskolben befindet sich im UT, und der Verdrängerkolben fährt vom UT kommend zum OT. Dadurch wird das heiße Gas von dem heißen Zylinderteil in den kalten verschoben. Beim Strömen durch den kalten Regenerator gibt das Gas die Wärmemenge Q_{41} isochor an den Regenerator ab, wodurch seine Temperatur auf T_u absinkt.

Damit ist der Kreisprozess geschlossen. Und das Ganze beginnt von vorn.

Wirkungsgrad

Zur Berechnung des Wirkungsgrades greifen wir auf die Formel für rechtsgängige Kreisprozesse (s. Abschnitt 3.4.2) zurück. Danach gilt für beliebige Wärmekraftmaschinen

$$\eta = \frac{|W_N|}{Q_{zu}} = 1 - \frac{|Q_{ab}|}{Q_{zu}}$$

Wegen der Zwischenspeicherung der Wärme im Regenerator gilt: $Q_{23} + Q_{41} = 0$. Da diese Wärmen nicht von außen zugeführt werden, fallen diese Wärmen aus der Wirkungsgradformel heraus, so dass nur Q_{12} und Q_{34} berücksichtigt werden müssen. Mit den Gesetzen für isotherme Prozesse erhält man:

$$\eta = 1 - \frac{|Q_{34}|}{Q_{12}} = 1 - \frac{\left| -mR_i T_u \ln \frac{V_o}{V_u} \right|}{-mR_i T_o \ln \frac{V_u}{V_o}} = 1 - \frac{T_u}{T_o}$$

Das ist aber genau der Wirkungsgrad, den auch ein Carnot'scher Kreisprozess zwischen den Temperaturniveaus T_o und T_u erreichen würde. Damit besitzt der Stirlingprozess den größtmöglichen theoretischen Wirkungsgrad:

$$\eta_{\text{Stirling}} = \eta_C$$

Sein theoretischer Wirkungsgrad liegt somit über denen von Diesel- und Ottomotor.

Neuere Stirlingmotoren erreichen reale Wirkungsgrade von 30 %, womit sie in die Nähe der Dieselmotoren kommen.

Vor- und Nachteile des Stirlingmotors

Die Vorteile des Stirlingmotors gegenüber den Verbrennungsmotoren:

■ Der Stirlingmotor kann mit den unterschiedlichsten Wärmequellen betrieben werden, da er von außen beheizt wird. Es kommen daher beliebige Brennstoffe in Frage (feste, flüssige, gasförmige), wobei aufgrund der kontinuierlichen äußeren Verbrennung diese optimal eingestellt werden kann, so dass sie möglichst schadstoffarm betrieben wird. Zudem kann der Stirlingmotor direkt mit Sonnenenergie gespeist werden, indem man den heißen Zylinderteil im Brennpunkt eines Parabolspiegels montiert, um die Sonnenstrahlen darauf zu fokussieren. Dann läuft der Motor völlig emissionsfrei – umweltverträglicher geht es nicht.

Abb. 4.16 ► Parabolspiegel mit Stirlingmotor im Brennpunkt – und schon hat man eine Vorrichtung, die Solarstrahlung in mechanische Energie umwandelt.

■ Der Stirlingmotor läuft sehr geräuscharm; es gibt keine Verbrennungsschläge, keine Auspuffgeräusche. Deshalb könnte er auch gut in Wohngebieten zur dezentralen Stromerzeugung mit Kraft-Wärme-Kopplung eingesetzt werden.

■ Wegen fehlender Ventiltechnik und Zündanlage bzw. Einspritzpumpe zeichnet sich der Stirlingmotor durch geringen Verschleiß aus. Da ihn keine Verbrennungsrückstände verschmutzen, muss er kaum gewartet werden.

■ Treibt man den Stirlingmotor von außen an, so arbeitet er ohne konstruktive Änderungen als Wärmepumpe. In den Zylinderteil, der beim Motorbetrieb von außen beheizt wird, wird dann Wärme „hineingepumpt", so dass er sich aufheizt.

Die Nachteile des Stirlingmotors:

- Er hat gegenüber den Verbrennungsmotoren einen kaum mehr wettzumachenden Entwicklungsrückstand.

- Einen entscheidenden Vorteil der Verbrennungsmotoren für den mobilen Einsatz besitzt der Stirlingmotor nicht: die schnelle Steuerbarkeit der Drehzahl über die Veränderung des Kraftstoffzuflusses.

- Die Herstellungskosten eines Stirlingmotors liegen über denen der Verbrennungsmotoren.

Ob der Stirlingmotor aus seinem Schattendasein herauskommt, ist fraglich. Viele Entwicklungsprojekte wurden bereits eingestellt. Zwar experimentieren einige Firmen mit diesem Motor, aber eine Serienfertigung gibt es nicht.

4.3 Die Wärmepumpe

Es entspricht der Alltagserfahrung, dass Wärme von selbst nur von warm nach kalt fließt. Man kann diese Erfahrung auch als eine mögliche Formulierung des 2. Hauptsatzes der Thermodynamik ansehen und dann die in Abschnitt 3.4.2.2 getroffene Aussage daraus ableiten. Doch mit Hilfe entsprechender Maschinen lässt sich die Umkehrung der natürlichen Wärmeflussrichtung erzwingen. Derartige Maschinen heißen **Wärmepumpen** und durchlaufen einen linksgängigen Kreisprozess im $p(V)$-Diagramm (vgl. Abschnitt 3.5.2).

Prinzip einer Wärmepumpe

In Abbildung 4.17 ist eine Wärmepumpe dargestellt: Es sind zwei Wärmereservoirs vorhanden, ein warmes mit der Temperatur T_o und ein kaltes mit der Temperatur T_u. Zwischen diesen Reservoirs befindet sich ein mit einem Arbeitsgas gefüllter Arbeitszylinder, der sowohl mit dem kalten als auch mit dem warmen Reservoir in thermischen Kontakt gebracht werden kann.

Im ersten Schritt wird das Arbeitsgas im Zylinder so lange adiabat expandiert, bis seine Temperatur unter T_u abgesunken ist. Anschließend wird der Zylinder mit dem kalten Reservoir in thermischen Kontakt gebracht. Dadurch fließt von selbst Wärme vom kalten Reservoir an das noch kältere Arbeitsgas im Zylinder. Danach wird der thermische Kontakt gelöst und das Arbeitsgas durch Zufuhr von Arbeit (= Kolben hineindrücken) so weit adiabat komprimiert, bis seine Temperatur über der von T_o liegt. Nun wird der Zylinder in thermischen Kontakt mit dem warmen Reservoir gebracht, wodurch Wärme in natürlicher Weise von dem noch wärmeren Arbeitsgas zu dem warmen Reservoir fließt. Anschließend wird der thermische Kontakt wieder gelöst und das Arbeitsgas expandiert usw.

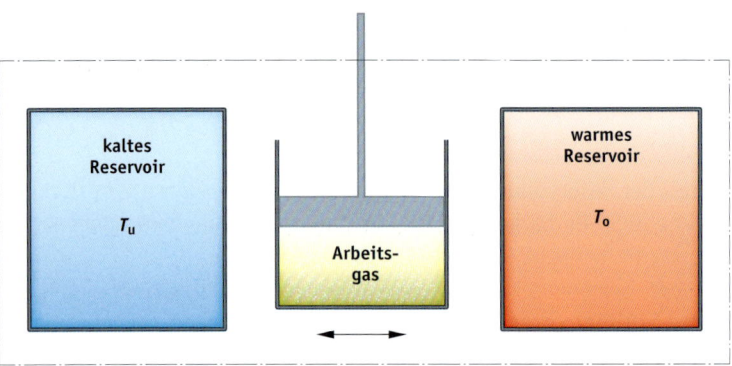

Abb. 4.17 ▶ Prinzipdarstellung einer Wärmepumpe

Man erkennt, dass unter Zufuhr von Arbeit fortwährend Wärme vom kalten zum warmen Reservoir befördert, man sagt gepumpt wird. Wenn dem kalten Reservoir nicht ständig Wärme von außen nachgeliefert und dem warmen nicht ständig Wärme entzogen wird, kühlt sich das kalte Reservoir während des Wärmepumpens immer weiter ab, und das warme heizt sich immer weiter auf. Bereits die Modellwärmepumpe zeigt, dass mit zunehmender Temperaturdifferenz die aufzuwendende Arbeit zunimmt, so dass der Pumpprozess immer ineffektiver wird.

Leistungszahl

Ein Maß für die Effektivität des Wärmepumpens ist – entsprechend dem Wirkungsgrad bei Wärmekraftmaschinen – die in Abschnitt 3.5.2 definierte **Leistungszahl** ε. Ihr Wert ist umso größer, je mehr Wärme vom kalten zum warmen Reservoir pro aufgewendeter Arbeit gepumpt wird. In Abbildung 4.18 ist das Energieflussdiagramm einer Wärmepumpe dargestellt.

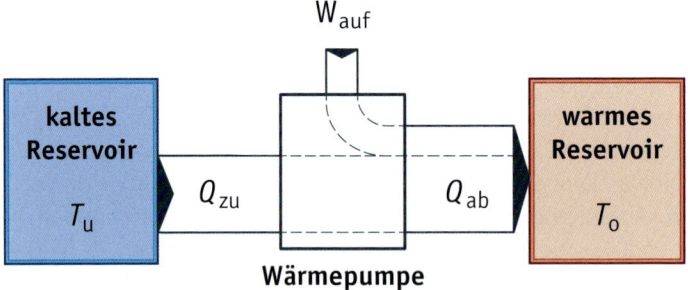

Abb. 4.18 ▶ Energieflussdiagramm einer Wärmepumpe

Für zwei Beispiele wird die Leistungszahl berechnet (mit den Bezeichnungen aus Abbildung 4.18):

a) Q_{zu} = 90 % und W_{auf} = 10 %: $\varepsilon = |Q_{ab}|/W_{auf}$ = 100 % / 10 % = 10

b) Q_{zu} = 50 % und W_{auf} = 50 %: $\varepsilon = |Q_{ab}|/W_{auf}$ = 100 % / 50 % = 2

Für den Anwender ist die Wärmepumpe deshalb interessant, weil er nur die aufgewendete Arbeit W_{auf} der Wärmepumpe bezahlen muss. So kann eine Wärmepumpe beispielsweise mit einem Elektromotor angetrieben werden, dann ist die dafür erforderliche elektrische Energie zu bezahlen. Der Energieanteil Q_{zu}, der ebenfalls genutzt wird, wird der Umgebung entnommen und kostet deshalb nichts. In Beispiel a) von oben mit ε = 10 muss nur 1/10 der erhaltenen Energie bezahlt werden, in Beispiel b) mit $\varepsilon = 2$ immerhin schon die Hälfte. Bei einer Leistungszahl ε beträgt der Anteil zu bezahlender Energie also $1/\varepsilon$. Daher ist man an einer möglichst hohen Leistungszahl interessiert.

Wovon hängt die Leistungszahl ab?

Nach der Herleitung der Leistungszahl in Abschnitt 3.5.2 ist ε für einen linksgängigen Wärmepumpenprozess der Kehrwert des Wirkungsgrades des entsprechenden rechtsgängigen Wärmekraftprozesses: $\varepsilon = 1/\eta$. Für eine nach dem idealen Carnotprozess[7] arbeitende Wärmepumpe gilt demzufolge:

$$\varepsilon = \frac{1}{\eta_C} = \frac{T_o}{T_o - T_u}$$

Aus der Formel ist ersichtlich, dass die Leistungszahl mit zunehmender Temperaturdifferenz $\Delta T = T_o - T_u$ abnimmt.

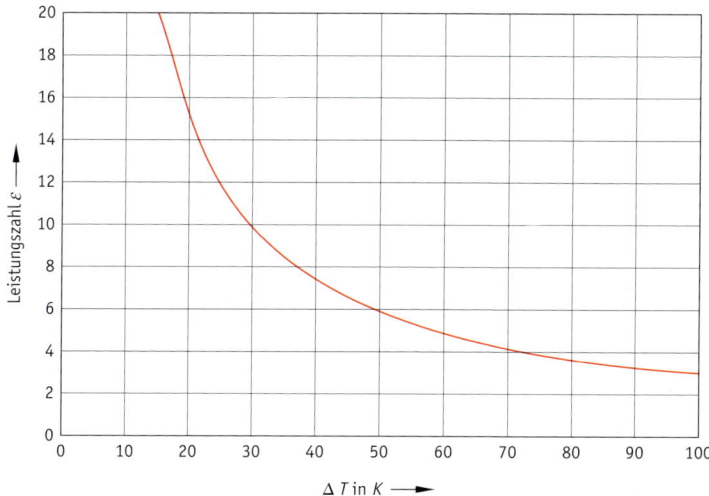

Abb. 4.19 ▶ Leistungszahl in Abhängigkeit von der Temperaturdifferenz, wobei T_o = 300 K

Dieser Zusammenhang zeigt, dass Wärmepumpen nur bei hinreichend kleiner Temperaturdifferenz wirtschaftlich betrieben werden können.

Reale Wärmepumpen

Um pro Arbeitszyklus möglichst viel Wärme vom kalten Reservoir zum warmen pumpen zu können, arbeiten reale Wärmepumpen üblicherweise mit einer Änderung des Aggregatzustandes (gasförmig $\leftrightarrow$ flüssig) des Arbeitsmittels. Die Erscheinung, dass eine Flüssigkeit beim Verdampfen Wärme aufnimmt, kann jeder selbst ausprobieren: Träufelt man etwas Parfüm auf die Haut, so spürt man an dieser Stelle eine Abkühlung. Diese wird dadurch hervorgerufen, dass der Haut die zum Verdampfen benötigte Wärme, die so genannte **Verdampfungswärme**, entzogen wird. Umgekehrt wird beim Kondensieren eines Gases die Verdampfungswärme als sogenannte *Konden-*

---

7   Da nach Abschnitt 4.2 der Stirlingprozess den gleichen Wirkungsgrad wie der Carnotprozess besitzt, gilt die Formel auch für einen als Wärmepumpe betriebenen (idealen) Stirlingmotor.

sationswärme wieder frei. Da die Wärmemengen[8] beim Verdampfen bzw. Kondensieren wesentlich größer sind als beim reinen Erwärmen bzw. Abkühlen eines Gases, können die Wärmepumpen, die den Wechsel des Aggregatzustandes ausnutzen, entsprechend kleiner ausgelegt werden.

Der Aufbau einer derartigen Wärmepumpe ist schematisch in Abbildung 4.20 dargestellt.

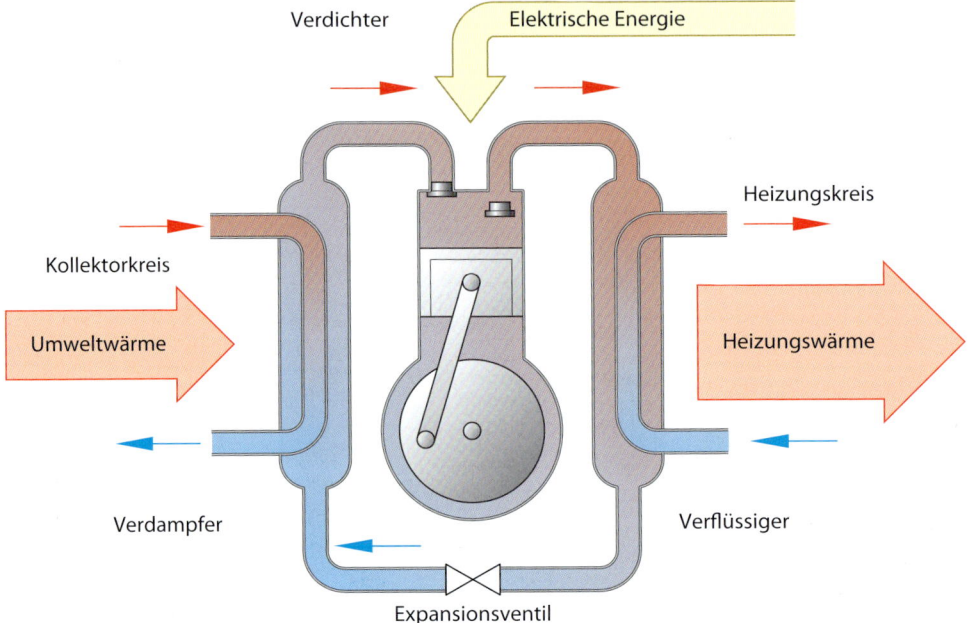

Abb. 4.20 ▶ Schematischer Aufbau einer realen Wärmepumpe

Funktionsweise:

Einem kalten Reservoir, beispielsweise der Umgebung, wird Wärme entzogen; diese Wärme dient im Verdampfer zum Verdampfen des flüssigen Arbeitsmittels bei der Temperatur T_u. Im Verflüssiger wird der Druck mit Hilfe eines Verdichters so weit erhöht, dass das Arbeitsmittel wieder kondensiert und dabei die Kondensationswärme bei der Temperatur T_o abgegeben wird. Verdampfer und Verflüssiger sind sogenannte **Wärmetauscher**, da in ihnen die Wärme an ein anderes Medium übergeht. Damit das Betriebsmittel bei einer niedrigeren Temperatur verdampft und bei einer höheren kondensiert, müssen in Verdampfer und Verflüssiger unterschiedliche Drücke herrschen. Der Druckunterschied, den der Verdichter aufbaut – womit er auch das Arbeitsmittel durch die Rohre pumpt -, wird über ein Expansionsventil (Rohrverengung) aufrechterhalten.

Das Arbeitsmittel muss demnach bei relativ niedrigen Temperaturen verdampfen. Man verwendet dafür Fluorkohlenwasserstoffe (FCKW); jene Stoffe also, von denen man heute weiß, dass sie die Ozonschicht zerstören, wenn sie in die Atmosphäre gelangen. Auch ältere Kühlschränke enthalten FCKW, das keinesfalls an die Atmosphäre ausdampfen darf. Deshalb muss die fachgerechte Entsorgung von Altgeräten gewährleistet sein.

---

8   Wasserdampf hat zum Beispiel eine spezifische Wärmekapazität von 1,84 kJ/(kg K), jedoch eine
    spezifische Verdampfungswärme von 2257 kJ/kg.

Einsatz von Wärmepumpen

Abschließend noch einige Anmerkungen zum Einsatz von Wärmepumpen zu Heizzwecken: Im privaten Bereich wird mehr als 3/4 der verbrauchten Energie für die Raumheizung aufgewandt (vgl. Abschnitt 2.2). Hier lassen sich Wärmepumpen besonders gut einsetzen: Sie beziehen Niedertemperaturwärme aus der Umgebung – aus Erdreich, Wasser oder der Luft. Je höher die Temperatur der aufgenommenen Wärme ist, desto wirtschaftlicher lässt sich die Wärmepumpe betreiben, weil sie bei geringerer Temperaturdifferenz eine höhere Leistungszahl hat. Gerade im Winter sollte die Temperatur der aufgenommenen Wärme nicht allzu sehr absinken. Bei Nutzung der Erdwärme verlegt man die Rohrsysteme deshalb ausreichend tief (frostsicher) unter die Erdoberfläche. Es ist aber auch möglich, die Wärme aus dem Grundwasser oder, falls vorhanden, aus einem fließenden, nicht zufrierenden Gewässer zu beziehen. Wärme aus der Luft zu gewinnen ist besonders vorteilhaft, wenn die Luft vorgewärmt ist, wie es beispielsweise bei der Abwärme von Wärmekraftmaschinen oder in Stallungen der Fall ist. All diesen „Wärmequellen" ist gemeinsam, dass die bezogene Wärme kostenlos ist. Auf der warmen Seite der Wärmepumpe muss jedoch dafür gesorgt werden, dass die Wärme bei möglichst niedriger Temperatur abgegeben werden kann. Das ist bei modernen Niedertemperaturheizsystemen in Verbindung mit Fußbodenheizungen oder entsprechend groß dimensionierten Heizkörperflächen möglich. Für besonders kalte Wintertage muss aber in der Regel zusätzlich ein konventionelles Heizsystem vorhanden sein; man spricht dann von einem **bivalenten** Heizsystem.

Einschränkend muss gesagt werden, dass reale Wärmepumpen nicht die hohen Leistungszahlen einer idealen Wärmepumpe erreichen. Zudem ist der Gesamtwirkungsgrad des Wärmepumpensystems zu berücksichtigen, bestehend aus Antriebsmotor, Verdichter, Wärmetauscher und Rohrleitungssystem. In der Praxis werden je nach Temperaturdifferenz Leistungszahlen von $\varepsilon = 2,5 \ldots 4,5$ erzielt.

Besonders attraktiv sind Wärmepumpen dort, wo man gleichzeitig die warme und die kalte Seite einer Wärmepumpe nutzen kann. Das ist zum Beispiel in einem Kaufhaus mit Kühlraum der Fall, wo die dem Kühlraum entzogene Wärme zum Heizen der Ladenfläche genutzt wird.

Wärmepumpen sind also praktisch erprobte und bewährte Systeme, um Wärme für die Raumheizung und/oder Warmwasserbereitung zur Verfügung zu stellen. Je nach örtlichen Bedingungen kann der Betreiber von Wärmepumpen mehr oder weniger Energiekosten einsparen. Auf jeden Fall aber profitiert die Umwelt von dem Einsatz der Wärmepumpen, da sie die ansonsten ungenutzt bleibend Umgebungswärme zum Heizen zurückholen. Und das erspart die Verbrennung fossiler Energieträger.

4.4 Großtechnische Energiewandler

Die Primärenergieträger sind im Allgemeinen wenig geeignet, um bei dem Endverbraucher in Nutzenergie umgewandelt zu werden. Deshalb werden sie zunächst in Sekundärenergie (vgl. Abschnitt 1.1.4) umgewandelt, um die

- Wandlungsfähigkeit
- Transportfähigkeit
- Speicherfähigkeit

der Energie zu verbessern.

Ein Sekundärenergieträger, der zwei der oben angegebenen Kriterien in vorbildlicher Weise erfüllt, hat sich in den entwickelten Ländern weltweit etabliert: die elektrische Energie **(Elektrizität)**.

4.4.1 Die Bedeutung der elektrischen Energie

Abb. 4.21 ▶ Ohne ausreichende Versorgung mit elektrischer Energie ist das Leben in großen Städten kaum mehr vorstellbar.

Bei der Sekundärenergie Elektrizität überwiegen eindeutig die Vorteile.

Vorteile	Nachteile
Elektrische Energie	Elektrische Energie
⬛ lässt sich nahezu unbegrenzt mit besten Wirkungsgraden in andere Energieformen umwandeln. Elektrische Energie ist reine Exergie.	⬛ lässt sich *nicht* unmittelbar in größeren Mengen speichern, das heißt, sie muss in dem Moment erzeugt werden, in dem sie verbraucht wird.
⬛ ist im Hinblick auf den Transport und die Umwandlung in Nutzenergie sehr umweltfreundlich: Es entstehen keine Schadstoffe; es ist keine Entsorgung von Reststoffen erforderlich.[8]	⬛ wird zum überwiegenden Teil in Wärmekraftprozessen erzeugt, deren Wirkungsgrade naturgesetzlich niedrig sind.
⬛ lässt sich aus jeder Primärenergie erzeugen.	⬛ ist für die energietechnische Übertragung leitungsgebunden.
⬛ ist masselos und nicht stoffgebunden.	⬛ ist im Hinblick auf die Kraftwerke und Leitungen außerordentlich kapitalintensiv.
⬛ lässt sich rasch, zuverlässig, sauber und mit geringen Verlusten bis zum Endabnehmer verteilen.	
⬛ lässt sich sehr gut messen, steuern, regeln und elektronisch verarbeiten.	
⬛ ist in der modernen Informationsübertragung und in der Datenverarbeitung unersetzlich.	
⬛ Die verstärkte Nutzung erneuerbarer Energie wird die Bedeutung des sauberen Energieträgers Elektrizität noch erhöhen.	

Diese Vorteile haben unter anderem zu einem flächendeckenden Elektrizitätsversorgungssystem in ganz Europa und auch in anderen Ländern der Welt–geführt. Die Industrie hat eine unglaubliche Vielfalt von elektrischen Geräten entwickelt, die dem Anwender alle möglichen Energiedienstleistungen zur Verfügung stellt. Aus diesen Gründen hat sich die elektrische Energie sowohl für den Einzelnen als auch für die gesamte Wirtschaft zu einer Schlüsselenergie entwickelt, ohne welche die modernen Industriestaaten nicht mehr überlebensfähig wären. Das zeigt sich immer dann, wenn die Stromversorgung – was sehr selten vorkommt – für eine gewisse Zeit ausfällt. Und die Energiewende hin zu erneuerbaren Energien wird die Bedeutung der elektrischen Energie noch weiter wachsen lassen, da sich diese Energieart aus allen erneuerbaren Energien erzeugen und selbst über weite Strecken schadstofffrei und verlustarm transportieren lässt.

Die Elektrizitätswirtschaft in Deutschland

In der Bundesrepublik Deutschland sind es die großen **Elektrizitätsversorgungsunternehmen (EVU)**, welche die Stromerzeugung und -verteilung in bestimmten Gebieten durchführen. Die EVU haben eine monopolartige Struktur und stehen unter der Aufsicht des Staates. Das Energiewirtschaftsgesetz verpflichtet die EVU unter anderem dazu, jeden Verbraucher sicher und

---

9 In jüngster Zeit spricht man von sogenanntem Elektrosmog. Damit sind elektrische und magnetische Felder gemeint, die auch von elektrischen Energieübertragungssystemen, beispielsweise Hochspannungsleitungen, verursacht werden. Inwiefern diese Felder für den Menschen gesundheitsschädlich sind, ist derzeit noch umstritten.

preiswert zu versorgen sowie Einspeisungen fremder Kraftwerke im Versorgungsgebiet gegen Bezahlung abzunehmen. Für Ausbau und Instandhaltung der elektrischen Infrastruktur sind langfristige Planungen und hohe Investitionen erforderlich. Inzwischen gibt es Tendenzen zur Liberalisierung des Strommarktes, um einen stärkeren Wettbewerb einzuführen. So kann jeder Stromkunde inzwischen problemlos seinen Stromanbieter wechseln, beispielsweise um preiswerteren Strom oder ökologischer erzeugte Elektrizität zu beziehen.

In den großen Kraftwerken – überwiegend Kohle- und Kernkraftwerke – wird aus Primärenergieträgern die Sekundärenergie Elektrizität erzeugt. Welche Primärenergieträger in Deutschland zu welchen Anteilen dabei eingesetzt werden, zeigt die Abbildung 4.22.

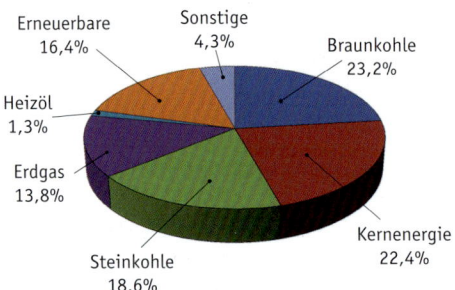

Abb. 4.22 ▶ Die Primärenergieträger bei der Stromerzeugung in der Bundesrepublik Deutschland (Gesamte Erzeugung: 628,1 Mrd. kWh, Stand: 2010)

Man erkennt, dass Kohle und Kernenergie den weitaus größten Anteil bei der Stromerzeugung haben. An regenerativen Energien werden zunehmend die Wasserkraft (im süddeutschen Raum) und die Windkraft (in Küstennähe bzw. vor der Küste (offshore)) genutzt.

Die so gewonnene elektrische Energie wird über Höchst-, Hoch-, Mittel- und Niederspannungsnetze zum Endverbraucher transportiert. Dabei wird die Spannung umso höher gewählt, je größer die zu überbrückende Entfernung ist. Hohe Spannungen führen zu geringeren Übertragungsverlusten (in Deutschland unter 10 % der übertragenen elektrischen Energie). Alle Kraftwerke sind europaweit an ein umfassendes **Verbundnetz** angeschlossen. Das hat folgende Vorteile:

▪ Der Ausfall einer Leitung oder eines Kraftwerks kann sofort kompensiert werden.

▪ Die Kraftwerke mit besonders niedrigen Kosten (z. B. Wasserkraftwerke) können stets voll genutzt werden.

▪ Bei Wartungsarbeiten und Reparaturen können Kraftwerke vom Netz genommen und durch andere ersetzt werden.

Da die elektrische Energie für die Volkswirtschaft von immenser Bedeutung ist, wird etwa 1/3 der in Deutschland verbrauchten Primärenergieträger in elektrische Energie umgewandelt.

Die Nachfrage nach elektrischer Energie ist jedoch starken tages-, aber auch jahreszeitlichen Schwankungen unterworfen. Abbildung 4.23 zeigt ein typisches **Belastungsdiagramm** für einen Winter- wie für einen Sommertag.

Diese Schwankungen treten aufgrund der Verbrauchsgewohnheiten der Abnehmer auf. Die typische Mittagsspitze kommt zustande, weil zu dieser Zeit in vielen Haushalten elektrisch gekocht wird. Das Nachttal rührt daher, dass nachts die meisten Industriebetriebe stillstehen und die Haushalte ruhen. Weil elektrische Energie sich nicht speichern lässt, müssen die EVU auf diese Nachfrageschwankungen unmittelbar reagieren. Zwar wird zum Teil mit entsprechender Tarifgestaltung (billiger Nachttarif, teurer Tagtarif) versucht, die Unterschiede in der Stromnachfrage zu glätten, das gelingt allerdings nur begrenzt.

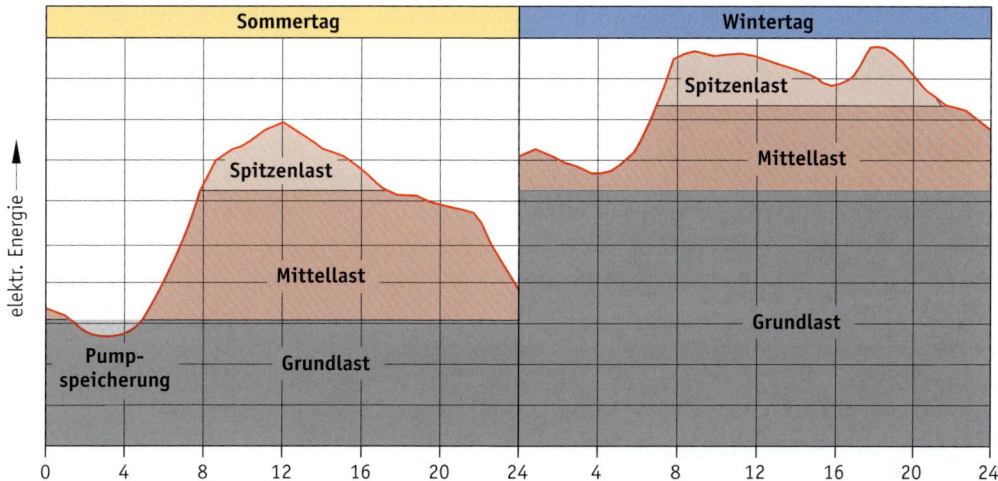

Abb. 4.23 ▶ Verbrauch an elektrischer Energie in Abhängigkeit von der Tageszeit für einen Winter- und für einen Sommertag

Technisch wird den Schwankungen Rechnung getragen, indem man Kraftwerke für unterschiedliche Lastbereiche einsetzt:

■ **Grundlastbereich**
Kraftwerke des Grundlastbereiches sind durchgehend im stationären Betrieb am Netz, da es technisch und/oder wirtschaftlich nicht sinnvoll ist, diese Kraftwerkstypen kurzfristig den Verbrauchsschwankungen anzupassen. Flusskraftwerke, Kernkraftwerke und Kohlekraftwerke, hier insbesondere Braunkohlekraftwerke, werden im Grundlastbereich betrieben. Denn das sind auch die Kraftwerke mit den preisgünstigsten Primärenergieträgern.

■ **Mittellastbereich**
Der Teil der elektrischen Energie, der tagsüber zusätzlich benötigt wird, wird teilweise von Kraftwerken des Mittellastbereiches abgedeckt. In diesem Bereich sind vor allem Steinkohlekraftwerke im Einsatz, deren Leistungsabgabe gut steuerbar ist.

■ **Spitzenlastbereich**
In diesem Bereich benötigt man Kraftwerke, mit denen man sehr schnell auf kurzfristige Lastschwankungen reagieren kann. Denn diese Kraftwerkstypen müssen in kurzer Zeit auf

volle Leistung hochgefahren und ebenso schnell wieder heruntergefahren werden können. Speicher- und Pumpspeicherkraftwerke werden in diesem Bereich ebenso eingesetzt wie Gasturbinenkraftwerke. Bei den Pumpspeicherkraftwerken wird in der nachfragearmen Nachtzeit das Wasser in das Hochbecken gepumpt. In der Zeit der Spitzenbelastung lässt man es in das Talbecken strömen und treibt damit Turbinen an, um die Lastspitze abzudecken.

4.4.2 Kohlekraftwerke

Kohlekraftwerke sind ein wesentlicher Pfeiler der Stromerzeugung in Deutschland. Man unterscheidet Braunkohle- und Steinkohlekraftwerke. **Braunkohle** hat einen geringeren Brennwert, einen höheren Schadstoffanteil und ist geologisch jünger als die **Steinkohle**. Während die Steinkohle – zumindest in Deutschland – im Untertagebau gewonnen wird, kann die Braunkohle im Tagebau abgebaut werden. Braunkohlekraftwerke werden in der Nähe der Tagebaue betrieben, weil die Braunkohle einen hohen Wasseranteil hat, so dass der Transport zu teuer wäre. Steinkohle hingegen wird auch an zechenfernen Standorten verbrannt.

Beide Kraftwerkstypen gehören wie die Kernkraftwerke zu den Wärme- oder Dampfkraftwerken, die als Zwischenform die thermische Energie des Wasserdampfes nutzen. Aus dem Kapitel 3 ist jedoch bekannt, dass sich nur ein Teil der Wärmeenergie in Arbeit umwandeln lässt; der andere Teil muss an ein kaltes Reservoir, meist die Umgebung, abgegeben werden. Das geschieht – zumindest bei neueren Kraftwerken – in riesigen Kühltürmen, den eigentlichen Wahrzeichen der Wärmekraftwerke (Abb. 4.24).

Abb. 4.24 ▶ Heizkraftwerk mit Kühlturm

Das hat zur Folge, dass diese Kraftwerke naturgesetzlich bedingt mit geringen Wirkungsgraden (vgl. Abschnitt 1.1.4) arbeiten. Nach Carnot (vgl. Abschnitt 3.5.3, Abbildung 3.45) ist der Wirkungsgrad bei Wärmekraftmaschinen, also auch bei einer Dampfturbine bestimmt durch das Temperaturniveau T_o des eintretenden heißen Dampfes und durch T_u, die Temperatur des austretenden entspannten Dampfes. Für hohe Wirkungsgrade muss T_o möglichst groß sein und T_u möglichst klein. Allerdings ist T_o nach oben durch die Warmfestigkeit der verwendeten Werkstoffe begrenzt (500°C – 600 °C), und T_u ist nach unten begrenzt durch die Umgebungstemperatur (ca. 30 °C). Daraus resultiert ein maximaler theoretischer Wirkungsgrad der Turbine von $\eta_C = 1 - T_u/T_o = 1 - 300K/773K = 0{,}61$. Praktisch erreicht die Turbine ca. 40 %, so dass mehr als die Hälfte der im Dampf steckenden Wärmeenergie ungenutzt an die Umgebung geht. Da ein Wärmekraftwerk aus einer Kette von Energiewandlern besteht, ist der Gesamtwirkungsgrad eines Wärmekraftwerkes noch geringer: Er liegt in der Regel unter 40 %, meist zwischen 35 % und 38 %. Diese naturgesetzliche Beschränkung könne auch neue Techniken nicht entscheidend verbessern, solange Wärmeenergie als Zwischenstufe benutzt wird. Mit modernen Gasturbinen-/ Kombikraftwerken, bei denen Gas- und Dampfturbinen (GuD) kombiniert sind, kommt man dem Carnot'schen Wirkungsgrad näher und erreicht inzwischen über 50 %.

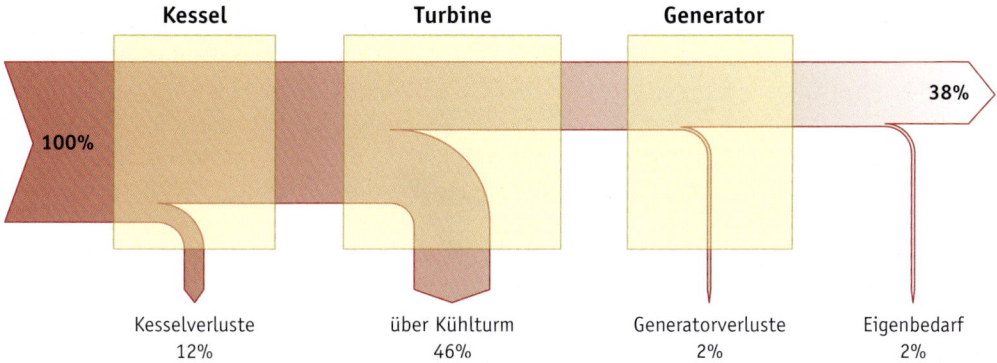

Abb. 4.25 ▶ Energieflussdiagramm eines Wärmekraftwerkes

Rechnet man noch Leitungsverluste (< 10 %) beim Stromtransport sowie Umwandlungsverluste beim Endverbraucher hinzu, so zeigt sich, dass in der Regel weniger als 30 % der eingesetzten Primärenergie (chemische Energie der Kohle oder Kernenergie der Kernbrennstoffe) als Nutzenergie bei dem Verbraucher ankommen.

Die EVU betreiben Kohlekraftwerke unterschiedlicher Leistung – von etwa 200 MW bis 800 MW –, wobei sich diese Leistungsangaben auf die abgegebene elektrische Leistung beziehen. Betrachtet man ein 500-MW-Kohlekraftwerk mit einem Wirkungsgrad von 38 %, so muss diesem Kraftwerk eine Leistung in Form von chemischer Energie der Kohle von 1300 MW zugeführt werden, während etwa 800 MW als Abwärme an die Umgebung abgegeben werden. Abbildung 4.26 zeigt den schematischen Aufbau eines Kohlekraftwerkes.

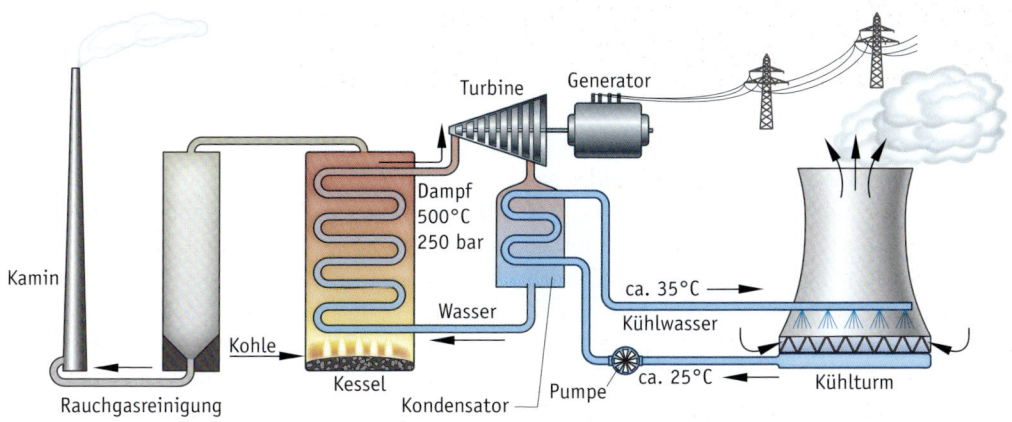

Abb. 4.26 ▶ Schematische Darstellung eines Kohlekraftwerks

Und so funktioniert ein Kohlekraftwerk:

Die angelieferte Kohle wird gemahlen und dann mit vorgewärmter Luft in die Feuerungsanlage geblasen, wo sie schwebend verbrannt wird. Der Dampferzeuger ist ein Wärmetauscher, in welchem die Wärme von den heißen Verbrennungsgasen auf das Wasser des Dampfkreislaufes übergeht und es verdampft. Zu diesem Zweck befinden sich in dem oft über 100 Meter hohen Kessel viele Kilometer Rohrleitungen, um eine möglichst große Wärmetauscherfläche zu erreichen. Nach einer Zwischenüberhitzung und Dampftrocknung wird der über 500 °C heiße und unter einem Druck von etwa 250 bar stehende Dampf auf den Hochdruckteil der Turbine geleitet.

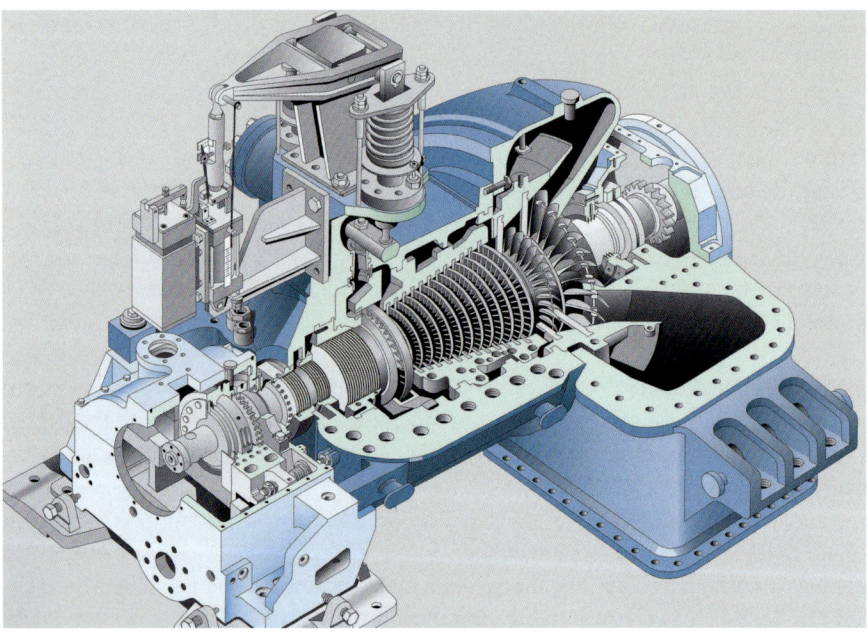

Abb. 4.27 ▶ Schnittdarstellung einer Dampfturbine

Abb. 4.28 ▶ Bauteile einer Dampfturbine

Abb. 4.29 ▶ Schaufel des Hochdruckläufers

Die Dampfturbine besteht aus Gehäuse, Läufer und Schaufelreihen. Der eine Teil der Schaufelreihen, die Leitschaufeln, ist an dem Gehäuse befestigt; die Läuferschaufeln sind mit dem Läufer verbunden. Der Dampf durchströmt fortlaufend die Turbine, wobei die feststehenden Leitschaufeln den Dampf auf die beweglichen Läuferschaufeln leiten. Dadurch dreht sich der Läufer, und ein Teil der Dampfenergie wird in mechanische Energie umgewandelt. In der Regel wird der Dampf über mehrere Stufen entspannt, Das heißt: Nach dem Hochdruckteil der Turbine wird der Dampf auf einen Mitteldruckteil geleitet, bei dem die Schaufeln größere Abmessungen haben, um bei geringerem Druck ein entsprechendes Drehmoment an der Welle zu erzeugen. Danach durchströmt der Dampf den Niederdruckteil der Turbine, aus dem er mit einer Temperatur von etwa 30 °C und einem Druck von 0,04 bar austritt. Wegen des niedrigen Drucks (96-prozentiges Vakuum) ist der Wasserdampf nach wie vor in der dampfförmigen Phase. An die Turbinenwelle ist der Generator angekoppelt, der die mechanische Rotationsenergie mit bestem Wirkungsgrad in elektrische Energie umwandelt.[10]

Der aus der Turbine austretende Dampf wird in dem Kondensator verflüssigt. Dies geschieht notwendigerweise mit einer Wärmeabfuhr. Die abzuführende Wärme, die mengenmäßig größer ist als die erzeugte elektrische Energie, wird über einen Wärmetauscher an den Kühlkreislauf an die Umgebung abgeführt. Mit welchen Kühlsystemen diese Abwärme abgeführt wird, hängt nicht zuletzt von ökologischen Gesichtspunkten ab. Einfache Kühlungen mit Flusswasser verbieten sich meist, weil sie den Fluss wegen der großen Kraftwerksleistungen zu sehr aufheizen würden.

Üblicherweise wird die Abwärme mit Hilfe von Kühltürmen an die Atmosphäre abgegeben. Dazu wird das erwärmte Kühlwasser im Kühlturm versprüht, um dann gegen den aufsteigenden Luftstrom im Kühlturm nach unten zu fallen, wobei ein Teil des Wassers verdunstet und dem restlichen Wasser die Verdunstungswärme entzieht. Das verdunstete Wasser muss im Kühlkreislauf ersetzt werden.

Aber zurück zu dem Dampfkreislauf: Nachdem der entspannte Dampf im Kondensator dank der Wärmeabfuhr wieder verflüssigt ist, wird das kondensierte Wasser zum Kessel gepumpt und dort wieder zum Verdampfen gebracht. Nun ist der Dampfkreislauf geschlossen und beginnt von vorn.

Sowohl im Kühlkreislauf als auch im Dampfkreislauf ergeben sich bei jedem Durchlauf Wasserverluste, die ständig ersetzt werden müssen. Wärmekraftwerke stehen deshalb immer an einem Fluss, aus dem sie ihren sehr hohen Wasserbedarf decken.

In der nachfolgenden Tabelle 4.2 sind die wichtigsten technischen Daten eines modernen Kohlekraftwerks angegeben:

---

10   Die prinzipielle Funktionsweise eines Generators lernt man in der Physik kennen.

Tabelle 4.2 ▶ Technische Daten eines Kohlekraftwerks

Block		
elektrische Nennleistung, brutto	553	MW
elektrische Nennleistung, netto	509	MW
Dampferzeuger		
Wirkungsgrad	94,5	%
Feuerungswärmeleistung	1183	MW
Frischdampfmenge	417	kg/s
Frischdampfdruck	262	bar
Frischdampftemperatur	545	°C
Speisewassertemperatur	270	°C
Kondensator		
Kühlwassertemperatur	18	°C
(bei 8 °C Lufttemperatur)		
Kühlwassermenge	11500	kg/s
Kondensatordruck	38	mbar
Fernwärme	bis zu	
Möglichkeit zur Auskopplung	300	MW
Vorlauf-/Rücklauftemperatur	145/60	°C
Netto-Gesamtwirkungsgrad	43	%

Auf Umweltaspekte im Zusammenhang mit Kohlekraftwerken wird im nächsten Kapitel eingegangen.

4.4.3 Kernenergie

In Kohlekraftwerken, wie bei Verbrennung im Allgemeinen, werden Energien aus den Elektronenhüllen von Atomen oder Molekülen, sogenannte chemische Energie, freigesetzt. Bei der Nutzung von Kernenergie hingegen wird Energie aus den Atomkernen verfügbar gemacht. Es handelt sich demzufolge um eine völlig andere Art, Energie zu gewinnen, die erst in den letzten sechs Jahrzehnten entwickelt wurde. Anfangs stand allerdings nicht die friedliche Nutzung der Kernenergie im Vordergrund, sondern die Atombombe.

Abb. 4.30 ▶ Kernkraftwerk. Durch die Spaltung von Urankernen im Reaktor wird Kernenergie freigesetzt.

Um zu verstehen, wie sich aus Atomkernen Energie freisetzen lässt, sind einige kernphysikalische Grundlagen erforderlich.

4.4.3.1 Physikalische Grundlagen

Atommodelle

Wie in der Wissenschaft üblich, erschließt man sich auch das atomare Geschehen mit Hilfe von Modellvorstellungen, welche die nicht direkt zugängliche Realität mehr oder weniger genau beschreiben. In der Geschichte der Atom- und Kernphysik sind immer genauere Modelle entwickelt worden. Zum Verständnis der Kernenergie genügt folgendes Modell:

Ein Atom besteht aus einem **Kern**, der von einer bestimmten Anzahl von **Elektronen** umkreist wird. Den Aufenthaltsort der Elektronen nennt man die **Hülle** des Atoms. Jedes dieser Elektronen trägt eine negative **Elementarladung** $e = -1{,}6 \cdot 10^{-19}$ C (Coulomb). Der Kern setzt sich zusammen aus den positiv geladenen **Protonen**, von denen jedes eine positive Elementarladung trägt, und den elektrisch neutralen **Neutronen**.[11]

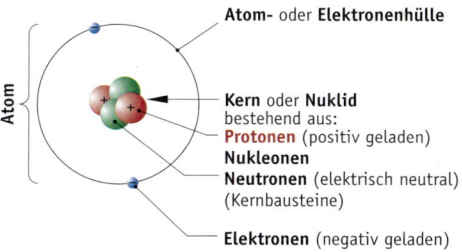

Atom- oder **Elektronenhülle**

Kern oder **Nuklid**
bestehend aus:
Protonen (positiv geladen)
Nukleonen
Neutronen (elektrisch neutral)
(Kernbausteine)

Elektronen (negativ geladen)

Atom

Abb. 4.31 ▶ Atommodell, am Beispiel eines Heliumatoms

Protonen und Neutronen, also die **Kernbausteine**, erhalten als Oberbegriff den Namen **Nukleonen**[12], der Atomkern wird als **Nuklid** bezeichnet. Da ein Atom im Normalzustand genauso viele positiv geladene Protonen besitzt wie in der Atomhülle negativ geladene Elektronen kreisen, ist ein Atom nach außen elektrisch neutral. Im Vergleich zum gesamten Atom ist der Atomkern sehr klein: Der Atomdurchmesser beträgt etwa das 10^4-Fache des Kerndurchmessers. Das heißt: Wenn der Kerndurchmesser 1 Zentimeter betrüge, hätte das gesamte Atom einen Durchmesser von 100 Metern. In seinem Kern konzentriert sich allerdings fast die ganze Masse des Atoms, denn ein Nukleon besitzt eine um den Faktor 1840 größere Masse als ein Elektron.

> **Ein Atom besteht also aus einer vergleichsweise sehr großen, negativ geladenen, aber überwiegend leeren Atomhülle und aus dem winzigen, positiv geladenen Kern, der fast die gesamte Masse des Atoms enthält.**

Eingeführt sei noch die **Kernladungszahl** Z. Das ist die Anzahl der Protonen, die ein Kern enthält. Da nun N die Anzahl der Neutronen und A die Anzahl der Nukleonen insgesamt, gilt:

$$A = Z + N$$

A heißt **Massenzahl**.

---

11 Demnach befinden sich im Kern nur positiv geladene und neutrale Teilchen. Die auf engstem Raum zusammengedrängten Protonen müssten sich also mit großer Kraft (der Coulomb'schen Kraft) gegenseitig abstoßen, so dass der Kern zerplatzt. Die abstoßende elektrostatische Kraft wird jedoch von wesentlich stärkeren anziehenden Kräften, den *Kernkräften*, überlagert. Die Reichweite dieser Kernkräfte ist so gering, dass sie auf den Kern beschränkt ist. Die physikalische Natur der Kernkräfte ist aber noch nicht abschließend geklärt.

12 Nach heutigem Kenntnisstand sind die Nukleonen keine Elementarteilchen, vielmehr sind sie selbst aus noch kleineren Bausteinen aufgebaut. Die Teilchenphysiker nennen diese elementaren Bausteine *Quarks*. Für das Prinzip der technischen Kernenergiegewinnung sind diese und andere Teilchen jedoch nicht von Bedeutung. Es genügt das oben dargestellte Kernmodell aus Protonen und Neutronen.

Bei einem Atom ist die Zahl der Protonen bekanntlich gleich der Zahl der Hüllelektronen, somit ist auch die Kernladungszahl Z identisch mit der **Ordnungszahl** des betreffenden chemischen Elementes im **Periodensystem der Elemente** *(PSE)*. Die Kernladungszahl und die Massenzahl dienen der symbolischen Darstellung von Kernen:

$$_Z^A X \qquad \begin{aligned} &A\text{: Massenzahl} \\ &Z\text{: Kernladungszahl} \\ &X\text{: chemisches Elementsymbol (z. B. He für Helium)} \end{aligned}$$

In dieser Schreibweise ist die Kernladungszahl eigentlich überflüssig, weil sich aus dem Elementsymbol mit Hilfe des PSE die Ordnungszahl und damit auch die Kernladungszahl ergeben. Folglich genügen die Angaben

$$^A X \quad \text{oder X } A$$

zur eindeutigen Kennzeichnung eines Kerns.

Beispiele

1. Der Atomkern des Wasserstoffs besteht aus einem Proton: $_1^1 H$

2. Der Kern eines Heliumatoms besitzt 2 Protonen und 2 Neutronen: $_2^4 He$

3. Ein Urankern mit 235 Nukleonen schreibt sich: $_{92}^{235} U$ oder ^{235}U oder einfach U 235

4. Für die Elementarteilchen Elektron (e), Proton (p) und Neutron (n) gilt: $_{-1}^0 e$, $_1^1 p$, $_0^1 n$

Isotope

Atome mit gleicher Kernladungszahl aber unterschiedlicher Massenzahl nennt man **Isotope**. Das bedeutet, dass Isotope gleich viele Protonen, aber eine unterschiedliche Neutronenzahl besitzen; sie haben damit dasselbe chemische Elementsymbol.

Beispiele

1. Das Element Wasserstoff kommt in der Natur in drei Isotopen vor:
   a) (normaler) Wasserstoff: $_1^1 H$ (zu über 99,9 % in natürlichem Wasserstoff enthalten)
   b) schwerer Wasserstoff, auch **Deuterium** genannt: $_1^2 H$
   c) überschwerer Wasserstoff oder **Tritium**[13]: $_1^3 H$

2. Auch das Element Uran hat verschiedene Isotope, von denen zwei für die Kernenergie besonders wichtig sind:
   a) das nicht spaltbare U 238; es ist zu 99,3 % in Natururan enthalten
   b) das spaltbare U 235; es kommt nur mit einem Anteil von 0,7 % im natürlichen Uran vor.

---

13 Tritium ist instabil und zerfällt radioaktiv; es ist in der Natur nur in geringsten Spuren vorhanden.

Maßeinheiten der Atomphysik

Da die üblichen Einheiten für Masse und Energie zu groß sind für die Atom- und Kernphysik, benutzt man hier üblicherweise andere Einheiten.

Masse

Massen gibt man in der **atomaren Masseneinheit** u an. Dabei legt man fest, dass 1u der 12. Teil der Masse eines ^{12}C-Nuklids ist. Es gilt die Umrechnung

$$1u = 1{,}66 \cdot 10^{-27} \text{ kg}$$

Damit ist 1 u etwa die Masse eines Nukleons.

Mit Hilfe der **Massenspektrografie** kann man Massen im atomaren Bereich sehr genau bestimmen. Für die Massen der Teilchen Elektron, Proton und Neutron gilt:

$m_e = 0{,}000549$ u
$m_p = 1{,}007276$ u
$m_n = 1{,}008665$ u

Energie

Energie gibt man in Elektronenvolt (eV) an. Das ist die Energie, die ein Elektron aufnimmt, wenn es eine Spannungsdifferenz von 1 V durchläuft:

$$1 \text{ eV} = 1{,}6 \cdot 10^{-19} \text{ J}$$

Massendefekt

Betrachtet man einen Heliumkern $^{4}_{2}\text{He}$, der aus zwei Protonen und zwei Neutronen besteht, so sollte man erwarten, dass seine Masse

$$m = 2m_p + 2m_n = 2 \cdot 1{,}007276 \text{ u} + 2 \cdot 1{,}008665 \text{ u} = 4{,}031882 \text{ u}$$

beträgt. Tatsächlich misst man aber eine Nuklidmasse des He von nur

$$m(^{4}_{2}\text{He}) = 4{,}001506 \text{ u}.$$

Es besteht also die Massendifferenz $\Delta m = 4{,}031882$ u – $4{,}001506$ u $= 0{,}030376$ u. Eine Massendifferenz stellt man bei allen Kernen fest.

Allgemein lässt sich festhalten:

> **Die Masse eines Nuklids ist stets kleiner als die Summe der Massen seiner Nukleonen. Diese Differenz bezeichnet man als Massendefekt Δm und berechnet sich gemäß:**
>
> $$\Delta m = Z \cdot m_p + N \cdot m_n - m$$

Dabei bezeichnet m die tatsächliche Masse des Kerns.

Äquivalenz von Masse und Energie

Eine Deutung des Massendefekts gelingt mit der berühmten Formel von ALBERT EINSTEIN (1879–1955), die er 1905 im Rahmen der speziellen Relativitätstheorie entwickelte:

$$E = m \cdot c^2$$

Es bedeuten: E : Energie in J

m : Masse in kg

c : Lichtgeschwindigkeit im Vakuum
(c = 299793 km/s $\approx$ 3 $\cdot 10^8$ m/s)

Diese Formel besagt, dass Masse und Energie zwei einander äquivalente Größen sind. c^2 spielt in der Formel nur die Rolle einer Proportionalitätskonstanten. Um zu sehen, welche Energiemenge 1 Gramm Masse entspricht, wird nach der Einstein'schen Formel folgende Umrechnung durchgeführt:

Abb. 4.32 ▶ Albert Einstein

$$E = m \cdot c^2 = 1 \cdot 10^{-3} \text{ kg} \cdot (3 \cdot 10^8 \text{ m/s})^2 = 9 \cdot 10^{13} \text{ J}$$

Zur besseren Beurteilung dieser Menge erfolgt noch die Umrechnung in kWh und in t SKE:

$$E = 9 \cdot 10^{13} \text{ J} = 2,5 \cdot 10^7 \text{ kWh} = 3,1 \cdot 10^3 \text{ t SKE}$$

In 1 Gramm Masse steckt also die unvorstellbare Menge Energie von ca. 3000 t Steinkohle. Es existiert jedoch keine technische Möglichkeit, mit der diese Energie freigesetzt werden könnte. Als zweites Beispiel wird noch berechnet, wie viel Energie einer atomaren Masseneinheit u entspricht:

$$E = m \cdot c^2 = 1,66 \cdot 10^{-27} \text{ kg } (3 \cdot 10^8 \text{ m/s})^2 = 1,49 \cdot 10^{-10} \text{ J}$$

Schließlich wird dieser Wert in eV umgerechnet. Man erhält:

$$1 \text{ u} = 933 \text{ MeV}$$

Bindungsenergie

Mit Hilfe der Einstein'schen Formel lässt sich der Massendefekt folgendermaßen deuten: Die beim Zusammenbau eines Kerns aus seinen Nukleonen „verlorengegangene" Masse, der Massendefekt, wird als Energie freigesetzt. Das entspricht genau der **Bindungsenergie**, mit der die Nukleonen im Kern zusammenhalten. Entsprechend viel Energie müsste man aufwenden, wollte man einen Kern in seine Nukleonen zerlegen.

Beispiel

Im Folgenden soll die Bindungsenergie eines Heliumkernes ^4_2He berechnet werden.
Nach der getroffenen Vorzeichenregel (s. Seite 83) ist Bindungsenergie die beim Zusammenbau eines Kerns abgegebene Energie und müsste deshalb mit einem negativen Vorzeichen versehen

werden. Zur Vereinfachung wird hier nur der Betrag der Bindungsenergie betrachtet. Wie oben berechnet, gilt für den Massendefekt eines Heliumkerns $\Delta m = 0,030376$ u, wobei 1u = 933 MeV ist, erhält man für die Bindungsenergie $E_{He} = 28,3408$ MeV. Zu Vergleichszwecken ist es sinnvoll, die **Bindungsenergie pro Nukleon** zu bestimmen; bei dem He-4-Kern bedeutet das, durch 4 zu dividieren:

$$E_B = 7,0852 \text{ MeV}$$

So wie für den ^{4}He-Kern dargestellt, kann man für jedes Isotop die Kernbindungsenergie pro Nukleon bestimmen. Trägt man diese Bindungsenergie gegen die Massenzahl A auf, so ergibt sich folgende Kurve (Abbildung 4.33).:

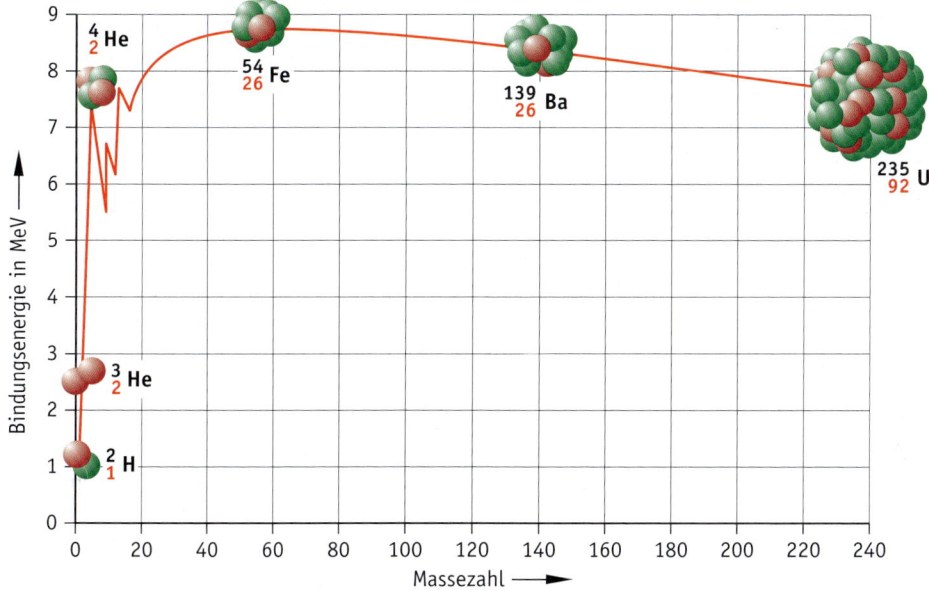

Abb. 4.33 ► Die Bindungsenergie pro Nukleon in Abhängigkeit von der Massenzahl

Man teilt die Nuklide in **leichte**, **mittelschwere** und **schwere Kerne** ein. Die Kurve zeigt demnach, dass die leichten Kerne, mit Ausnahme des ^{4}He-Kerns, eine relativ niedrige Bindungsenergie aufweisen. Die mittelschweren Kerne (mit $A \approx 80$) zeigen **die höchste** Bindungsenergie, während die schweren Kerne wiederum eine geringere Bindungsenergie besitzen.

Möglichkeiten, um Kernbindungsenergie freizusetzen

Wenn man Kernenergie freisetzen will, so muss man Kerne mit geringerer Bindungsenergie mittels Kernreaktionen in Kerne höherer Bindungsenergie umwandeln. Aus dem Verlauf der Bindungsenergiekurve ergeben sich demzufolge zwei Möglichkeiten, Kernbindungsenergie freizusetzen dadurch zu gewinnen:

Kernspaltung

Die **Spaltung** schwerer Kerne, zum Beispiel Uran, in mittelschwere Kerne setzt die Differenz der Bindungsenergien frei. Alle Kernkraftwerke, die zur Stromerzeugung eingesetzt werden, verwenden die Kernspaltung.

Kernfusion

Die Verschmelzung (**Fusion**) leichter Kerne, zum Beispiel der Wasserstoffisotope, zu etwas schwereren Kernen, insbesondere zu ^{4}He-Kernen, setzt die Differenz Bindungsenergie zwischen den leichten und den etwas schwereren Kernen frei. Die He-Kerne eignen sich besonders gut als Fusionskerne, da sie eine vergleichsweise hohe Bindungsenergie besitzen. Solche Fusionsreaktionen finden in der Sonne statt. Die technische Realisierung der Kernfusion befindet sich noch in der Erforschung, wobei beträchtliche wissenschaftliche und technische Probleme zu lösen sind. Ob die Kernfusion eine zukünftige Energiequelle für die Menschheit sein kann, lässt sich noch nicht abschließend beurteilen.

Radioaktivität

Bereits die Bindungsenergiekurve (vgl. Abb. 4.33) zeigt, dass die Kernbausteine der verschiedenen Kerne unterschiedlich stark gebunden sind. Neben den stabilen Kernen gibt es auch instabile Kerne, die unter Aussendung von Teilchen in einen energetisch günstigeren Zustand übergehen. Solche Kerne bezeichnet man als **radioaktiv**. Obwohl die radioaktiven Zerfallsprozesse zufallsgesteuert sind, gehorchen sie einem einheitlichen **Zerfallsgesetz**: Hat man zum Zeitpunkt $t = 0$ noch N_0 unzerfallene Kerne eines radioaktiven Isotops, so sind zu der Zeit t nur noch $N(t)$ unzerfallene Kerne vorhanden, wobei der Zusammenhang gilt:

$$N(t) = N_0\, e^{-\lambda t}$$

Dabei bezeichnet e die Euler'sche Zahl[14] (hier: die e-Funktion) und λ eine von dem radioaktiven Material abhängige **Zerfallskonstante**. In der Abbildung 4.28 ist das Zerfallsgesetz grafisch dargestellt.

Anschaulicher als die Zerfallskonstante λ ist die so genannte **Halbwertszeit** $T_{1/2}$. Das ist die Zeit, die vergeht, bis die Hälfte der vorhandenen radioaktiven Kerne zerfallen ist. Dafür setzt man das Zerfallsgesetz folgendermaßen an: $\frac{1}{2} N_0 = N_0\, e^{-\lambda\, T_{1/2}}$; man löst nach $T_{1/2}$ auf, und es

ergibt sich $T_{1/2} = \dfrac{\ln 2}{\lambda}$.

---

14   $e = 2{,}71828\ldots$ ist wie beispielsweis auch Pi (die Kreiszahl) eine wichtige mathematische Konstante.

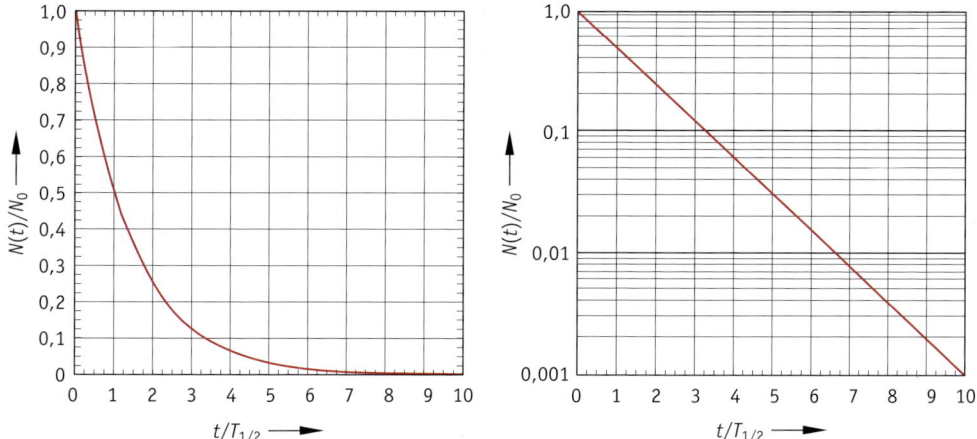

Abb. 4.34 ▶ Das Zerfallsgesetz für radioaktive Kerne[15] in zwei verschiedenen Darstellungsformen:
linkes Diagramm mit linearer Achseneinteilung
rechtes Diagramm in halblogarithmischer Darstellung

Die Abbildung 4.34 zeigt, dass nach etwa fünf bis sechs Halbwertszeiten fast alle radioaktiven Kerne zerfallen sind. Je nach radioaktivem Stoff gibt es Halbwertszeiten von Sekundenbruchteilen bis zu vielen Jahrtausenden. Die Halbwertszeiten einiger radioaktiver Kerne sind in Tabelle 10 aufgeführt.

Nach den ausgesandten Teilchen, die als **radioaktive Strahlung** bezeichnet werden, unterscheidet man drei Arten von Radioaktivität:

1. α-**Strahlung**

Es wird ein $^4_2$He -Kern, den man deswegen auch als α-**Teilchen** bezeichnet, aus dem radioaktiv zerfallenden Kern ausgesandt, so dass sich folgende Kernumwandlung ergibt (X bzw. Y sind die Kerne vor bzw. nach dem Zerfall):

$$^A_Z X \quad \rightarrow \quad ^{A-4}_{Z-2} Y \ + \ ^4_2 He$$

α-Strahlen haben nur eine geringe Reichweite (in Luft einige Zentimeter, in festen und flüssigen Stoffen Bruchteile von 1 Millimeter); sie sind also leicht abschirmbar, jedoch biologisch extrem gefährlich, wenn sie in den Körper aufgenommen werden.

2. β-**Strahlung**

Beim β-Zerfall wird im radioaktiven Kern ein Neutron in ein Proton umgewandelt, wobei ein Elektron, deshalb auch β-Teilchen genannt, aus dem Kern ausgesandt wird. Es ergibt sich folgende Kernumwandlung:

$$^A_Z X \quad \rightarrow \quad ^A_{Z+1} Y \ + \ ^{\ \ 0}_{-1} e$$

---

15 In der Darstellung des Zerfallsgesetzes wird eine in der Technik oft verwendete Achsenskalierung benutzt. So ist die Zeitachse in $t/T_{1/2}$ skaliert. Dadurch ist sie einheitenfrei. Sie gilt zudem für jede Halbwertszeit $T_{1/2}$. Betrachtet man den Skalenwert 2, also $t/T_{1/2} = 2$, so bedeutet dies, dass $t = 2T_{1/2}$ ist, dass also 2 Halbwertszeiten vergangen sind. Entsprechendes gilt für die senkrechte Achse.

Die Reichweite der β-Strahlen ist größer als die der a-Strahlen: Sie reicht in Luft einige Meter, in festen oder flüssigen Stoffen einige Zentimeter weit. Auch die β-Strahlen sind biologisch gefährlich.

Neben diesem β-Zerfall kennt die Kernphysik auch noch den β^+-Zerfall, bei dem ein **Positron**, das ist das **Antiteilchen** zum Elektron, ausgesandt wird. Teilchen und Antiteilchen haben die gleiche Masse, ihre betragsmäßig gleich großen Ladungen haben aber entgegengesetzte Vorzeichen, weshalb das Positron als $_{1}^{0}e$ darzustellen ist. Die Gleichung der Kernumwandlung bei β^+-Zerfall kann sich der Leser selbst überlegen. Zur klaren Abgrenzung von dem β^+-Zerfall wird der gewöhnliche β-Zerfall auch als β^--Zerfall bezeichnet.

3. γ–Strahlung

Die dritte radioaktive Strahlungsart besteht aus elektromagnetischen Wellen hoher Energie, ist also hinsichtlich ihrer physikalischen Struktur eine elektromagnetische Welle wie das sichtbare Licht, allerdings mit höherer Frequenz und kürzerer Wellenlänge. Da sich die ausgesandten γ-Strahlen wie Teilchen verhalten, spricht man auch von γ-Quanten, die keine elektrische Ladung tragen und keine Ruhemasse besitzen. γ-Strahlung tritt auf, wenn energetisch angeregte Kerne ihre überschüssige Energie abgeben und dadurch von einem angeregten Zustand in einen energetisch günstigeren Zustand übergehen. Es findet *keine* Kernumwandlung statt:

$$_{Z}^{A}X^* \quad \rightarrow \quad _{Z}^{A}X + _{0}^{0}\gamma$$

γ-Strahlen treten meist als Begleiterscheinung des α- und β-Zerfalls auf. Die Reichweite der γ-Strahlen ist sehr groß, in Luft mehrere Kilometer. Zur Abschirmung verwendet man Materialien mit hoher Dichte, zum Beispiel Blei und Stahlbeton. Ihre biologische Wirkung ist geringer als die der α- und β-Strahlen.

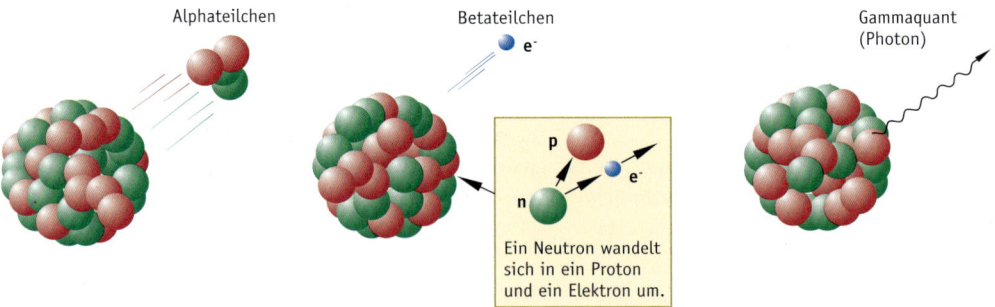

Abb. 4.35 ▶ Schematische Darstellung der drei radioaktiven Strahlungsarten

Heute zählt man auch die Neutronenstrahlung zu den radioaktiven Stahlen hinzu. In der nachfolgenden Tabelle sind einige radioaktive Isotope aufgeführt.

Tabelle 4.3 ▶ Radioaktive Isotope

Radioaktives Isotop		Halbwertszeit[16]	Strahlungsart
Tritium	H 3	12,3 a	β
Krypton	Kr 85	10,4 a	β und γ
Strontium	Sr 90	28 a	β
Cäsium	Cs 137	30 a	β und γ
Uran	U 235	$7{,}5 \cdot 10^8$ a	α und γ
Uran	U 238	$4{,}5 \cdot 10^9$ a	α und γ
Plutonium	Pu 239	$2{,}4 \cdot 10^4$ a	α und γ

In der Regel wird nach dem Zerfall eines Kerns noch kein stabiler Endzustand erreicht, so dass der zerfallene Kern selbst auch radioaktiv ist und noch weiter zerfällt. Auf diese Weise entstehen sogenannte Zerfallsreihen, an deren Ende dann ein stabiler Kern steht. Die stabilen Kerne sind Isotope des Elements Blei. Nachfolgend ist eine Zerfallsreihe dargestellt, wobei am Reaktionspfeil jeweils die Zerfallsart und die Halbwertszeit des jeweiligen Isotops angegeben ist.

$$^{238}_{92}\mathbf{U} \xrightarrow[4{,}5\ 10^9\mathrm{a}]{\alpha} {}^{234}_{90}\mathbf{Th} \xrightarrow[24\mathrm{a}]{\beta} {}^{234}_{91}\mathbf{Pa} \xrightarrow[1{,}2\ \mathrm{min}]{\beta} {}^{234}_{92}\mathbf{U} \xrightarrow[2{,}5\ 10^5\mathrm{a}]{\alpha} {}^{230}_{90}\mathbf{Th} \xrightarrow[8{,}0\ 10^4\mathrm{a}]{\alpha} {}^{226}_{88}\mathbf{Ra} \xrightarrow[1{,}6\ 10^3\mathrm{a}]{\alpha} {}^{222}_{86}\mathbf{Rn} \xrightarrow[3{,}8\mathrm{d}]{\alpha} {}^{218}_{84}\mathbf{Po}$$

$$\xrightarrow[3{,}0\ \mathrm{min}]{\alpha} {}^{214}_{82}\mathbf{Pb} \xrightarrow[27\ \mathrm{min}]{\beta} {}^{214}_{83}\mathbf{Bi} \xrightarrow[20\ \mathrm{min}]{\beta} {}^{214}_{84}\mathbf{Po} \xrightarrow[1{,}6\ 10^4\mathrm{s}]{\alpha} {}^{210}_{82}\mathbf{Pb} \xrightarrow[22\mathrm{a}]{\beta} {}^{210}_{83}\mathbf{Bi} \xrightarrow[5{,}0\mathrm{d}]{\beta} {}^{210}_{84}\mathbf{Po} \xrightarrow[138\mathrm{d}]{\alpha} {}^{206}_{82}\mathbf{Pb}\ \text{(stabil)}$$

Abb. 4.36 ▶ Die Uran-Radium-Zerfallsreihe

4.4.3.2 Kernspaltung

Im Jahre 1938 entdeckten die Physiker Otto Hahn und Fritz Strassmann die Kernspaltung. Beschießt man einen U-235-Kern mit einem Neutron, so bildet sich zunächst ein Zwischenkern, der nach Bruchteilen einer Sekunde in zwei Kerne zerplatzt. Zusätzlich werden 2 bis 3 Neutronen sowie Energie frei.

16 Die Einheit a bedeutet Jahr, d (siehe Zerfallsreihe) steht für Tag.

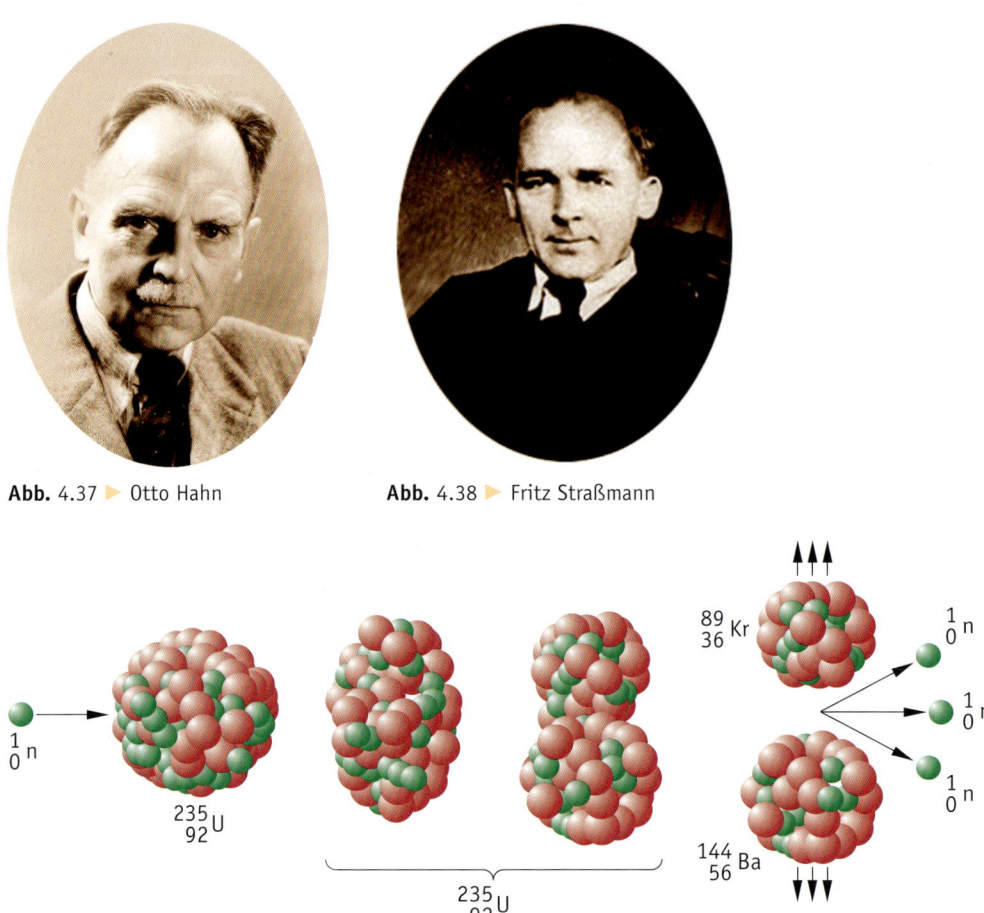

Abb. 4.37 ▶ Otto Hahn   **Abb.** 4.38 ▶ Fritz Straßmann

Abb. 4.39 ▶ Die Spaltung eines U-235-Kerns

Als **Kernreaktionsgleichung** schreibt sich die Kernspaltung – unter Weglassung des Zwischen-kerns – beispielsweise folgendermaßen[17]:

$$^{1}_{0}n + ^{235}_{92}U \rightarrow ^{144}_{56}Ba + ^{89}_{36}Kr + 3\,^{1}_{0}n$$

Für die angegebene Reaktion wird die Massenbilanz ermittelt. Zu diesem Zweck bestimmt man die Masse m_1 sämtlicher Teilchen vor der Spaltung und vergleicht sie mit der Masse m_2 aller Teilchen nach der Spaltung.

---

17 Die angegebene Reaktionsgleichung ist nur *ein* Beispiel dafür, wie sich ein U-235-Kern spalten kann. Wichtig ist, dass die Summe der Massenzahlen wie der Kernladungszahlen vor und nach der Spaltung übereinstimmen. Welche Spaltprodukte, im Beispiel Ba und Kr, sich ergeben, ist Zufall. Statistisch werden die Spaltprodukte durch eine zweigipflige Häufigkeitsverteilung beschrieben, wobei ein Maximum um die Massenzahl 90 (Kr 89, Sr 94, Y 90 usw.), das andere Maximum um die Massenzahl 140 (Ba 144, Cs 140, Xe 139) liegt. Die Kernspaltung bringt also zwei mittelschwere, unsymmetrische Bruchkerne hervor. Da diese Kerne hoch angeregt sind und in der Regel eine ungünstige Protonen-/Neutronenverteilung (Neutronenüberschuss) besitzen, sind sie stark radioaktiv (β- und γ-Strahler).

Tabelle 4.4 ▶ Massenbilanz vor und nach der Spaltung

vor der Spaltung	nach der Spaltung
$m_1 = m_n + m(^{235}U)$ $= 1{,}008665\ u + 234{,}993456\ u$ $= 236{,}00212\ u$	$m_2 \qquad = m(^{144}Ba) + m(^{89}Kr) + 3m_n$ $= 143{,}89195\ u + 88{,}89782\ u + 3 \cdot 1{,}008665\ u$ $= 235{,}81577\ u$
Massendefekt: $\Delta m = 0{,}18635\ u$	

Nach der Einstein'schen Gleichung entspricht dieser Masse eine Energie von ca.

$$E = 200\ \text{MeV}.$$

Das ist die je gespaltenen U-235-Kern freigesetzte Energie, wovon der größte Teil in Form von kinetischer Energie der auseinanderfliegenden Tochterkerne und so die kinetische Energie in Wärme umgewandelt.

Die Energie, die bei der Spaltung eines U-235-Kerns freigesetzt wird, ist mit 200 MeV = $3 \cdot 10^{-11}$ J energietechnisch gesehen eine sehr geringe Energiemenge. Daher wird anschließend abgeschätzt, wie viel Energie bei der Spaltung von 1 Kilogramm U-235-Kerne frei wird.

Beispiel
Nach der Definition der Stoffmenge 1 mol (vgl. Chemie) enthalten 235 Gramm U-235-Kerne gerade so viele Kerne, wie die **Avogadro'sche Konstante** angibt, nämlich $6{,}022 \cdot 10^{23}$ Kerne.

Demnach sind in 1 Kilogramm U 235 insgesamt $\frac{1000\ g}{235\ g} \cdot 6{,}022 \cdot 10^{23} = 2{,}56 \cdot 10^{24}$ U-235-Nuklide vorhanden. Da bei der Spaltung jeder Kern etwa 200 MeV Energie liefert, werden bei der Spaltung von 1 Kilogramm dieser Kerne $200 \cdot 2{,}56 \cdot 10^{24}$ MeV $= 5{,}12 \cdot 10^{26}$ MeV $= 8{,}19 \cdot 10^{13}$ J frei. Jetzt wird die erhaltene Energie noch in kWh und t SKE umgerechnet: Es ergeben sich $2{,}3 \cdot 10^7$ kWh bzw. 2800 t SKE.

Bei der Spaltung von 1 Kilogramm U-235-Kerne entsteht ein Massendefekt von etwa 1 Gramm, das heißt, etwa 1 Promille der eingesetzten Masse wird bei der Spaltung in Energie umgesetzt.

Vergleicht man die Energiedichten bei der Kernspaltung mit der Energiedichten der chemischen Energie beim Verbrennen von Steinkohle, so zeigt sich, dass 1 Kilogramm U 235 so viel Energie liefert wie etwa 3000 t Steinkohle; das entspricht einem Verhältnis von 1 zu 3.000.000.

Kettenreaktion
Als Nächstes stellt sich die Frage, wie man eine so große Anzahl von Kernen, wie sie beispielsweise in 1 Kilogramm U 235 enthalten ist, spalten kann. Da trifft es sich gut, dass bei der Spaltung eines U-235-Kerns im statistischen Mittel 2,3 freie Neutronen entstehen. Werden die freien Neutronen benutzt, um ihrerseits U-235-Kerne zu spalten, so entsteht eine Kettenreaktion.

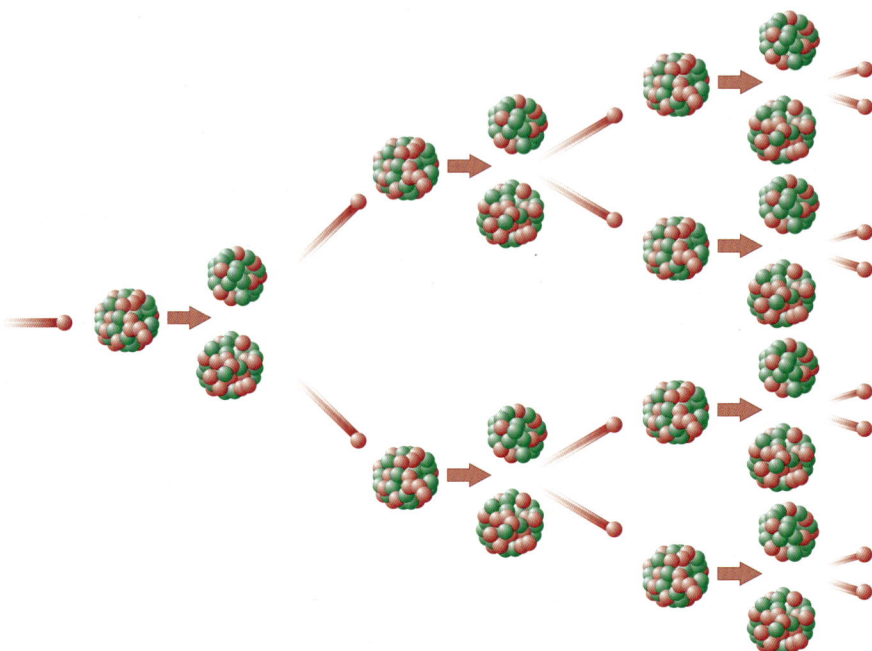

Abb. 4.40 ▶ Schematische Darstellung einer Kettenreaktion

Nur so ist es möglich, mittels Spaltung Energie in größeren Mengen freizusetzen. Würde jedes der zwei bis drei frei werdenden Spaltneutronen wieder eine Spaltung verursachen, wüchse die Anzahl der Spaltungen lawinenartig an. Diese unkontrollierte Kettenreaktion wird bei der Atombombe ausgenutzt.

Um die Kettenreaktion genauer zu erfassen, definiert man den *Vermehrungsfaktor k*, der angibt, um welchen Faktor sich die Anzahl der nachfolgenden Spaltungen im Vergleich zu der Anzahl der vorherigen Spaltungen (von einer Generation zur nächsten) durchschnittlich verändert:

$$k = \frac{\text{Anzahl der nachfolgenden Spaltungen}}{\text{Anzahl der vorherigen Spaltungen}}$$

Es sind drei Fälle zu unterscheiden

Tabelle 4.5 ▶ Veränderung des Vermehrungsfaktors

Vermehrungsfaktor	Zustand	Beispiel	Bezeichnung
$k < 1$	Anzahl der Spaltungen nimmt ab.	beim Herunterfahren eines Kernreaktors	*unterkritisch*
$k = 1$	Anzahl der Spaltungen bleibt konstant.	im stationären Betrieb des Reaktors	*kritisch*
$k > 1$	Anzahl der Spaltungen nimmt zu.	beim Hochfahren eines Reaktors	*überkritisch*

Um eine Kettenreaktion aufrechtzuerhalten, muss eine Mindestmenge (= **kritische Masse**) an Spaltstoff vorhanden sein. Ist die kritische Masse unterschritten, so verlassen zu viele Neutronen ohne Spaltung den Spaltstoff. Die kritische Masse kann verringert werden, indem der Spaltstoff mit einem Neutronenreflektor umgeben wird, der die austretenden Neutronen in das Spaltmaterial zurückwirft.

Wechselwirkung zwischen Neutronen und Kernen

Wenn ein Neutron einen Kern trifft, so ist nicht von vornherein gesagt, dass der Kern gespalten wird. Vielmehr gibt es drei Möglichkeiten, wie Neutron und Kern miteinander reagieren können: **Streuung**, **Absorption**, **Spaltung**. Welche der drei Wechselwirkungen eintritt, hängt unter anderem von der Stabilität des Kerns und von der kinetischen Energie des Neutrons ab. Es ist deshalb üblich, Neutronen nach ihrer kinetischen Energie und damit nach ihrer Geschwindigkeit in Gruppen einzuteilen:

Tabelle 4.6 ▶ Kinetische Energie und Geschwindigkeit der Neutronen

Bezeichnung	kinetische Energie	Neutronengeschwindigkeit
schnelle Neutronen	> 0,5 MeV	> 10^7 m/s
mittelschnelle Neutronen	100 eV ... 0,5 MeV	10^5 m/s ... 10^7 m/s
langsame Neutronen[17]	< 100 eV	< 10^5 m/s

Die drei Reaktionen Streuung, Absorption und Spaltung spielen bei der Energiegewinnung durch Kernspaltung eine bedeutende Rolle.

1. Spaltung

Beim Beschuss von Kernen mit Neutronen zeigt sich, dass sich Kerne mit gerader Massenzahl (z. B. U 238) nur durch energiereiche schnelle Neutronen spalten lassen, während die Spaltung von Kernen mit ungerader Massenzahl (z. B. U 235 oder Pu 239) auch durch langsame Neutronen möglich ist. Die drei denkbaren Wechselwirkungen zwischen Neutronen und Kernen – Spaltung, Streuung und Absorption – finden gleichzeitig statt, wenn man Kerne mit Neutronen beschießt. Entscheidend ist die Wahrscheinlichkeit[19], mit der die einzelnen Reaktionen eintreten. Die Spaltung eines U-235- oder Pu-239-Kerns durch thermische Neutronen ist um mehr als 1000-mal wahrscheinlicher als die Spaltung eines U-238-Kerns mit schnellen Neutronen. Man kann deshalb feststellen, dass U-238-Kerne für die Spaltung ungeeignet sind.

Die Wahrscheinlichkeit für die Spaltung von U-235-Kernen nimmt aber mit zunehmender Geschwindigkeit der Spaltneutronen ab, so dass thermische Neutronen für die Spaltung von U-235- und auch Pu-239-Kernen am besten geeignet sind.

---

18 Langsame Neutronen, deren kinetische Energie im Bereich der thermischen Energie der Wärmebewegung in der umgebenden Materie liegt, werden auch als *thermische* Neutronen bezeichnet. So hat beispielsweise ein thermisches Neutron bei 20 °C eine kinetische Energie von 0,025 eV und damit eine Geschwindigkeit von 2200 m/s.

19 Diese Wahrscheinlichkeit definiert man in der Kernphysik als *Wirkungsquerschnitt*. Darunter kann man sich die Querschnittsfläche des Kerns vorstellen, den er einer der drei Reaktionen darbietet.

2. Streuung

Unter Streuung versteht man einen Stoßvorgang, bei dem Neutron und Kern zusammenstoßen und Energie austauschen, selbst aber erhalten bleiben (vergleichbar mit zwei aufeinandertreffenden Billardkugeln). Dadurch wird das Neutron aus seiner Bahn abgelenkt und gibt Energie an den streuenden Atomkern ab, so dass es an Geschwindigkeit verliert. Diese Abbremsung bewirkt, dass schnelle Neutronen nach einigen Stößen zu langsamen (thermischen) Neutronen werden.

Den Bremsvorgang bezeichnet man als Moderation und den Stoff, in dem er stattfindet, als **Moderator** (= Verlangsamer). Da bei der Spaltung von U-235-Kernen zunächst schnelle Neutronen frei werden, zur Spaltung aber langsame Neutronen erforderlich sind, spielt der Moderator in einem Reaktor eine zentrale Rolle. Moderatorstoffe benötigen selbst eine niedrige Massenzahl, damit die Abbremsung der Neutronen möglichst effektiv erfolgt.[20] Folgende Stoffe sind geeignete Moderatoren: Wasser, schweres Wasser[21], Beryllium und Grafit.

3. Absorption

Unter Absorption wird das Einfangen des Neutrons durch den Kern verstanden, das heißt, es kommt zu folgender Kernreaktion:

$$^{1}_{0}n + {}^{A}_{Z}X \rightarrow {}^{A+1}_{Z}X$$

Der neu entstandene Kern ist radioaktiv, zumindest sendet er, da er durch das Einfangen angeregt wird, γ-Strahlen aus. Es gibt Stoffe, die die Neigung haben, Neutronen einzufangen. Zu ihnen gehören Lithium, Bor und Cadmium. Diese Stoffe sind im Reaktorkern einerseits erwünscht, weil sie in den **Regelstäben** enthalten sind, mit denen man überschüssige Neutronen einfangen kann, um beispielsweise den Vermehrungsfaktor auf den Wert $k = 1$ einregeln zu können. Andererseits entstehen während des Betriebes eines Reaktors**, sprich** durch die Kernspaltung zunehmend Stoffe, die Neutronen einfangen, so dass die Kettenreaktion nach einer gewissen Zeit zum Erliegen käme, wenn diese Stoffe nicht aus dem Reaktor entfernt würden. Diese Neutronenfänger werden als **Reaktorgifte** bezeichnet.

Bei der Konstruktion eines Reaktors müssen Strukturmaterialien verwendet werden, die keine Tendenz zum Neutroneneinfang besitzen. Gleiches gilt für den Moderator, da sonst keine Kettenreaktion möglich ist. Hinzu kommt, dass die Fähigkeit zum Neutroneneinfang bei manchen Stoffen ganz wesentlich von der kinetischen Energie der Neutronen abhängt. U 238 fängt **zum Beispiel** bevorzugt mittelschnelle Neutronen ein. Um das zu vermeiden, müssen die bei der Spaltung frei werdenden schnellen Neutronen möglichst rasch zu thermischen Neutronen abgebremst werden.

Auch **Brutreaktionen** werden durch Neutroneneinfang eingeleitet (s. Seite 145).

---

20 Aus der Physik (Impulserhaltungssatz) weiß man, dass das stoßende Teilchen besonders viel Energie abgibt, wenn die beiden Stoßpartner die gleiche Masse besitzen. Um ein Neutron möglichst schnell abzubremsen, sollten die beteiligten Kerne nicht wesentlich schwerer sein als die Neutronen.

21 Beim Wassermolekül H_2O dient der Kern des (leichten) Wasserstoffs ^{1}H als Stoßpartner des Neutrons; zur Unterscheidung vom schweren Wasser bezeichnet man (normales) Wasser als *leichtes* Wasser. Beim schweren Wasser ist in dem Wassermolekül der leichte Wasserstoff durch schweren Wasserstoff ^{2}H (=Deuterium) ersetzt. Die meisten Reaktoren benutzen leichtes Wasser als Moderator.

Kernbrennstoffe

In Analogie zu der herkömmlichen Verbrennung, beispielsweise von Kohle, bezeichnet man auch das im Kernreaktor eingesetzte Spaltmaterial als *Kernbrennstoff*, obwohl keine Verbrennung, sondern eine Kernspaltung stattfindet. Wie oben ausgeführt, eignen sich als Kernbrennstoff nur schwere Kerne (A > 200) mit ungerader Massenzahl. Zudem dürfen keine Begleitstoffe enthalten sein, die Neutronen einfangen.

Von den in der Natur vorkommenden Kernbrennstoffen hat bislang nur das Uranisotop ^{235}U größere praktische Bedeutung bei der Energiegewinnung durch Kernspaltung erlangt. Natürlich vorkommendes Uran besteht aber zu

- nur 0,7 % aus dem mit thermischen Neutronen spaltbaren U 235 und
- zu 99,3 % aus dem praktisch *nicht* spaltbaren U 238.

Das Schwermetall Uran ist ziemlich gleichmäßig über die Kontinente verteilt und keineswegs selten; allerdings kommt es meist in sehr geringen Konzentrationen vor, so dass sich oft die Frage nach der Wirtschaftlichkeit der Urangewinnung stellt. Die untere Grenze des noch wirtschaftlichen Abbaus liegt bei ca. 0,1 % Urangehalt im Erz. Einen Eindruck von dem erforderlichen Aufwand bekommt man, wenn man sich überlegt, dass bei obigem Grenzwert 1 Tonne Erz gefördert werden muss, um 1 Kilogramm Natururan zu gewinnen. Darin ist aber nur zu 0,3 % das spaltbare Isotop U 235 enthalten. Das heißt: Aus 1 Tonne Ausgangsmaterial erhält man lediglich 30 Gramm Spaltstoff. Das relativiert auch die Aussage über die theoretisch hohe Energiedichte der Kernenergie (vgl. Seite 133).

Grundsätzlich handelt es sich auch bei Uran um einen erschöpflichen Rohstoff. Wie lange die Uranvorkommen reichen werden, ist kaum zu sagen, da hier der Ausbaugrad der Kernenergie, die Gewinnungskosten und die Nutzung der Brütertechnologie (s. Seite 144) erheblichen Einfluss haben. Legt man aber die derzeit gesicherten Vorräte mit einem Urangehalt von mindestens 0,3 % und einen gleich bleibenden Verbrauch zugrunde, so erhält man eine Reichweite von ca. fünfzig Jahren. Da der Ausbau der Kernkraft jedoch stagniert, ist aktuell nicht mit einer Verknappung des Urans zu rechnen.

Zwar wäre es grundsätzlich möglich, Kernreaktoren mit Natururan (99,7 % U 238; 0,7 % U 235) zu betreiben, dazu müssten allerdings aufwendige Reaktoren eingesetzt werden, die große Mengen von Uran enthalten. Zudem müsste die Moderation mit schwerem Wasser oder Grafit erfolgen, da diese Stoffe eine wesentlich geringere Neigung zum Neutroneneinfang haben als **leichtes** (normales) **Wasser**. Nur unter diesen Voraussetzungen ließe sich eine Kettenreaktion im Natururan aufrechterhalten. Bei der Energiegewinnung durch Kernspaltung ist es deshalb üblich, das gewonnene Natururan **anzureichern**. Darunter versteht man, dass die Konzentration des U 235 im Kernbrennstoff auf 2,5 % bis 4 % erhöht wird. Es gibt verschiedene Anreicherungstechniken, die letztlich alle darauf beruhen, dass das U-235-Isotop ca. 1 % leichter ist als das U-238-Isotop. Der zur Anreicherung erforderliche Aufwand ist aufgrund des geringen Massenunterschiedes der beiden Isotope technisch anspruchsvoll und energetisch hoch.

Nun noch einige Bemerkungen zu den **Brennelementen**, die im Reaktor eingesetzt werden: In den Brennelementen läuft die kontrollierte Kettenreaktion ab; sie enthalten also das angereicherte Uran und die stark radioaktiven Spaltprodukte. Zudem muss von der Oberfläche der Brennelemente die erzeugte Wärmeenergie an das Kühlmittel abgeführt werden. Kühlmittel und Brennstoff dürfen nicht in unmittelbaren Kontakt kommen, um die **Kontamination**[22] des Kühlmittels so gering wie möglich zu halten. Brennelemente sind daher folgendermaßen aufgebaut: Das angereicherte Uran wird in pulverförmiges Urandioxid umgewandelt, aus welchem Brennstofftabletten (Pellets) gepresst werden. Diese werden in ein Hüllrohr mit einer Speziallegierung gegeben, das gasdicht verschlossen ist. Damit ist der **Brennstab** entstanden. Der Brennstab besitzt leere Räume, welche die bei der Spaltung auftretenden radioaktiven Spaltgase aufnehmen können. Eine Vielzahl solcher Brennstäbe fassen Abstandshalter zu einem Bündel zusammen, das man Brennelement nennt.

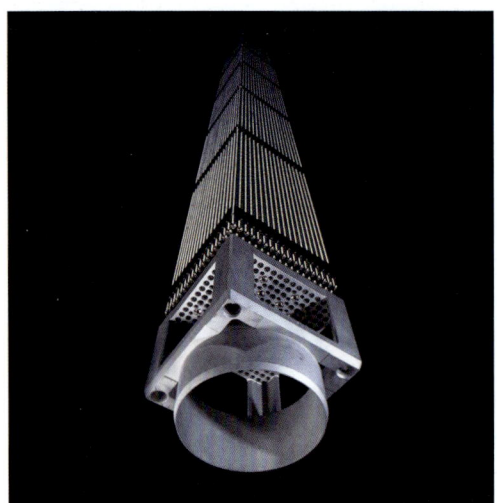

Abb. 4.41 ▶ Brennelement und Brennelementwechsel

Leichtwasserreaktoren (LWR)
Bei der friedlichen Nutzung der Kernenergie wird bislang ausschließlich die Kernspaltung technisch eingesetzt, und zwar zur Stromerzeugung. Die dabei dominierenden Reaktortypen sind weltweit – in Deutschland sogar ausschließlich – sogenannte **Leichtwasserreaktoren** (LWR). Diese Bezeichnung rührt daher, dass als Moderator **leichtes Wasser** verwendet wird.

Der Reaktor besteht aus dem Reaktorgefäß, das die Einbauten des **Reaktorkerns** enthält. Diese bestehen aus den weiter oben beschriebenen Brennelementen und den Regelstäben. Je weiter die Regelstäbe in den Kern hineingeschoben werden, desto mehr Neutronen fangen sie ein. Bei den Leichtwasserreaktoren hat das Wasser eine Doppelfunktion: Zum einen dient es als Kühlmittel, das die bei der Spaltung freigesetzte Wärme aus dem Reaktorkern hinaustransportiert. Zum anderen ist das Wasser

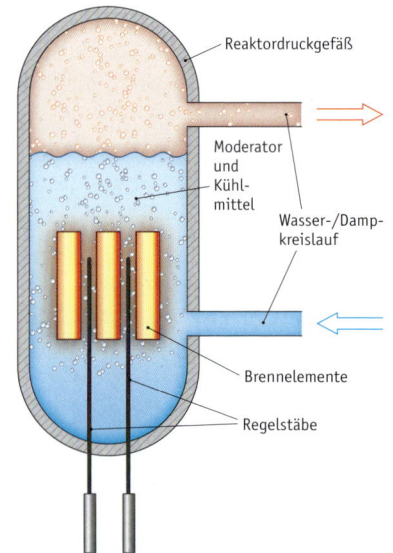

Reaktordruckgefäß

Moderator und Kühlmittel

Wasser-/Dampfkreislauf

Brennelemente

Regelstäbe

Abb. 4.42 ▶ Aufbau eines Leichtwasserreaktors (Prinzip)

---

22 *Kontamination* meint die Verunreinigung mit Schadstoffen, hier mit radioaktiven Stoffen.

der Moderator, der die schnellen Spaltneutronen durch ca. 20 Stöße zu thermischen Neutronen abbremst, so dass sie anschließend einen U-235-Kern spalten können. Diese Doppelfunktion des Wassers ist ein wesentlicher Vorteil der Leichtwasserreaktoren und führt zu besonders einfach aufgebauten Reaktoren.

Leichtwasserreaktoren sind zudem **selbststabilisierend**: Eine erhöhte Spaltaktivität bewirkt eine höhere Wärmeproduktion, wodurch die Temperatur des Wassers steigt. Dadurch nimmt seine Dichte ab (weniger Moderatorkerne pro Volumeneinheit), so dass auch die Moderatorwirkung abnimmt. Weniger thermische Neutronen bedeuten aber weniger Spaltungen, sprich, die Energiefreisetzung wird reduziert. Und sollte aufgrund eines Lecks im Kühlsystem Kühlwasser ausdampfen, reißt die Kettenreaktion sofort ab, weil kein Moderator mehr vorhanden ist. Ein Durchgehen eines Leichtwasserreaktors im Sinne einer unkontrollierten Kettenreaktion (wie bei einer Atombombe) ist physikalisch also nicht möglich.

Bei den Leichtwasserreaktoren sind zwei verschiedene Reaktorlinien in Betrieb, und zwar **Siedewasserreaktoren** und **Druckwasserreaktoren**.

Siedewasserreaktoren (SWR)

Kernkraftwerke mit Siedewasserreaktoren sind ähnlich aufgebaut wie konventionelle Dampfkraftwerke, zum Bespiel Kohlekraftwerke. Die Dampferzeugung allerdings erfolgt hier im Kernreaktor selbst, der zu etwa 2/3 mit Wasser gefüllt ist.

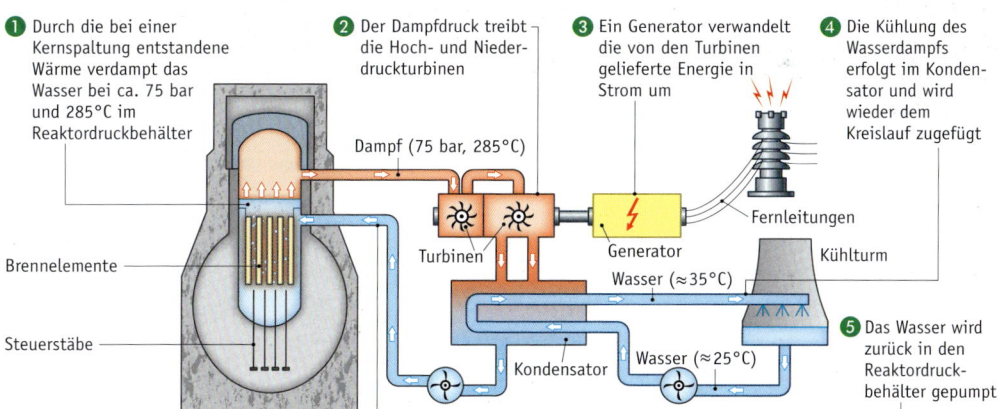

Abb. 4.43 ▶ Schematische Darstellung eines Kernkraftwerks mit Siedewasserreaktor

Die in den Brennelementen erzeugte Wärme bringt das Wasser im Reaktor zum Sieden, und der entstehende Wasserdampf wird nach Trocknung direkt zur Turbine geführt. Das nach der Turbine kondensierte Wasser wird schließlich mit Hilfe von Pumpen in das Reaktorgefäß zurückgepumpt.

Beim Siedewasserreaktor ist im Unterschied zum Druckwasserreaktor nur ein Wasser-/Dampfkreis vorhanden. Da im Reaktorkern eine radioaktive Kontaminierung des Wassers bzw. des Dampfes entsteht, müssen alle Komponenten des Dampfkreislaufes einschließlich der Turbinen in die Strahlenschutzmaßnahmen einbezogen werden. Beim Siedewasserreaktor benötigt deshalb auch das Maschinenhaus eine sichere Abschirmung.

Druckwasserreaktoren (DWR)

Kernkraftwerke mit Druckwasserreaktor besitzen *zwei* Kreisläufe: Der **Primärkreislauf** transportiert die Wärme aus dem Reaktor, ohne dass das Wasser in diesem Kreislauf siedet. Das ist möglich, weil das Wasser unter entsprechend hohem Druck steht.

Die Wärme wird über einen Wärmetauscher an einen **Sekundärkreislauf** mit Dampferzeuger abgegeben. Erst **d**ieser Sekundärkreislauf enthält die Turbine. Die zwei getrennten Kreisläufe haben den Vorteil, dass der Sekundärkreislauf keine radioaktiven Verunreinigungen enthält, weshalb zum Strahlenschutz auch keine Abschirmungen im Sekundärkreislauf erforderlich sind. Für die zwei Kreisläufe ist allerdings ein erhöhter Aufwand nötig, und der Wirkungsgrad ist etwas geringer.

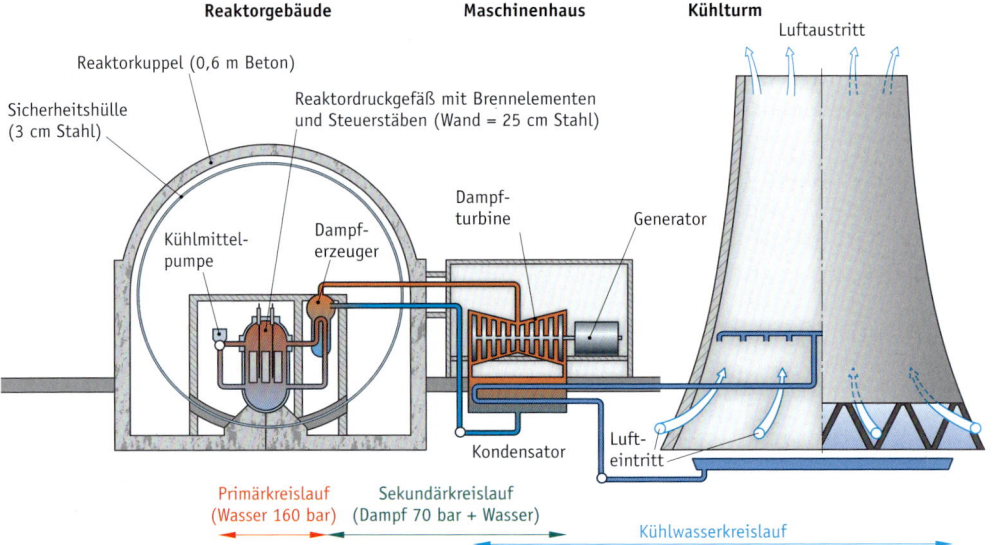

Abb. 4.44 ▶ Schematische Darstellung eines Kernkraftwerkes mit Druckwasserreaktor

In der nachfolgenden Tabelle sind die wichtigsten technischen Daten des hessischen Kernkraftwerkes Biblis angegeben.

Tabelle 4.7 ▶ Technische Daten des DWR-Kernkraftwerkes Biblis A

Block		
elektrische Nennleistung (brutto)	1204	MW
elektrische Nennleistung (netto)	1150	MW
Reaktor		
Erstausstattung mit Uran	100	t
jährlicher Brennstoffwechsel	30	t
Wärmeleistung des Reaktors	3500	MW
Anzahl der Brennelemente	193	
Brennstäbe je Brennelement	236	
Anzahl der Hauptkühlkreise	4	
Kühlmitteldurchsatz insgesamt	72000	t/h
Kühlmitteldruck beim Reaktoraustritt	155	bar
Kühlmitteltemperatur beim Reaktoraustritt	317	°C
Dampferzeuger		
Frischdampfmenge	6680	t/h
Frischdampfdruck vor Hochdruckturbine	49,7	bar
Frischdampftemperatur vor HD-Turbine	264	°C
Netto-Gesamtwirkungsgrad	32,5	%

Sicherheit von Kernkraftwerken

Kernkraftwerke enthalten nach einiger Betriebszeit eine erhebliche Menge unterschiedlicher radioaktiver Spaltprodukte und giftiger Schwermetalle im Reaktorkern. Welche Katastrophe entsteht, wenn große Mengen dieses Materials in die Umwelt gelangen, hat das **Reaktorunglück von Tschernobyl** gezeigt. Selbst in Deutschland, über 1000 Kilometer Luftlinie entfernt, waren die Auswirkungen noch messbar und sorgten für erhebliche Verunsicherung in der Bevölkerung. Viel gravierendere Folgen hatte das Unglück für die Bevölkerung in der Nähe des Kraftwerks und erst recht für das Kraftwerkspersonal. Über 100.000 Personen wurden evakuiert. Erhöhte Krebsraten und Missbildungen bei Neugeborenen sind bis heute die tragische Folge. Und auch auf die nachfolgenden Generationen wird sich diese Katastrophe in Form von genetischen Veränderungen auswirken. Davor schützte die massenhafte Umsiedlung der Anwohner in andere Gegenden nur bedingt. Die 30-Kilometer-Sperrzone wird aufgrund der langen Halbwertszeiten[23] einiger der freigesetzten radioaktiven Spaltstoffe für etliche Generationen radioaktiv verseucht bleiben.

Bei dem Unglücksreaktor handelt es sich um einen anderen Reaktortyp als die in Deutschland betriebenen Leichtwasserreaktoren. Nach Aussagen von Sicherheitsexperten ist ein solcher Unfall bei deutschen Kernkraftwerken ausgeschlossen.

---

23 Freigesetzt wurden die typischen radioaktiven Spaltprodukte, die sich während des Betriebes eines Kernreaktors ansammeln, unter anderem die Isotope Jod, Cäsium, Barium, Strontium und Plutonium.

Abb. 4.45 ▶ Nuklearkatastrophen in Tschernobyl und Fukushima

Ziemlich genau 25 Jahre nach Tschernobyl, am 11.03.2011, musste die Welt, insbesondere Japan, die zweite große **Kernreaktorkatastrophe in Fukushima** hinnehmen. Dieses Mal war es nicht menschliches oder im engeren Sinne technisches Versagen, sondern eine Naturkatastrophe, die den **GAU** (= größter anzunehmender Unfall) verursachte. Ein starkes Seebeben vor der japanischen Küste löste einen Tsunami aus, der mit einer meterhohen Flutwelle auch auf die Küste bei Fukushima traf, dort wo die Kernkraftwerke stehen. Zwar schalteten sich wie vorgesehen die laufenden Reaktoren (nur 3 der 6 Reaktorblöcke in Fukushima waren zu diesem Zeitpunkt Betrieb) durch das Erdbeben automatisch ab, die Flutwelle zerstörte jedoch nicht nur die Stromversorgung der Reaktorkühlung, sondern legte auch deren Notstromversorgung lahm. Genau das, was unter allen Umständen vermieden werden muss, nämlich eine Unterbrechung der Kühlung der Brennstäbe, auch nachdem sie abgeschaltet sind, ist eingetreten – mit katastrophalen Folgen: Auch in Fukushima trat radioaktives Material aus den Reaktorkernen in großem Umfang in die Umwelt. Anders als in Tschernobyl ist wegen des fehlenden Graphitbrands (die Reaktoren in Fukushima sind wie in Deutschland Leichtwasserreaktoren, keine Graphit moderierten Reaktoren wie in Tschernobyl) der radioaktive Fallout wesentlich weniger weit verbreitet als im Falle von Tschernobyl. Durch den Graphitbrand wurde das radioaktive Material in große Höhen transportiert und von den Winden über weite Teile Europas verfrachtet. In Japan ist der nur rund 300 km von Fukushima entfernte Ballungsraum Tokyo kaum betroffen. Besonders tragisch sind in Japan jedoch die Verhältnisse, weil die Reaktorkatastrophe eine Katastrophe in der Katastrophe ist. Der Tsunami für sich genommen, kostete rund 20.000 Menschen unmittelbar das Leben und zerstörte die Infrastruktur der betroffenen Küstenregion einschließlich ganzer Städte. Zudem wird jetzt diese Region durch den Austritt der radioaktiven Stoffe aus den Reaktoren von Fukushima in Atem gehalten. Das erschwerte die Rettungsmaßnahmen und den Wiederaufbau in einem hohen Maße. Nicht nur die Menschen aus den vom Tsunami zerstörten Gebieten, sondern auch die Menschen aus der Evakuierungszone mit einem Radius von 30 km um Fukushima mussten in Notunterkünften untergebracht werden.

Die radioaktiven Stoffe, die ein Reaktor in Deutschland beherbergt, sind die gleichen wie in dem Reaktor von Tschernobyl bzw. in Fukushima, wobei in Fukushima zusätzlich auch Plutonium als Kernbrennstoff verwendet worden sein soll. Ein unerlässlicher Sicherheitsaspekt der Kraftwerkstechnik ist deshalb der sichere Einschluss des radioaktiven Materials, denn das soll unter keinen denkbaren Umständen in die Umwelt gelangen.

Barrierenkonzept
Um diesen sicheren Einschluss auch im ungünstigsten Fall gewährleisten zu können, sind mehrere Barrieren zwischen den radioaktiven Stoffen und der Umwelt errichtet, so dass diese Stoffe auch zurückgehalten werden, wenn einzelne Barrieren versagen sollten.

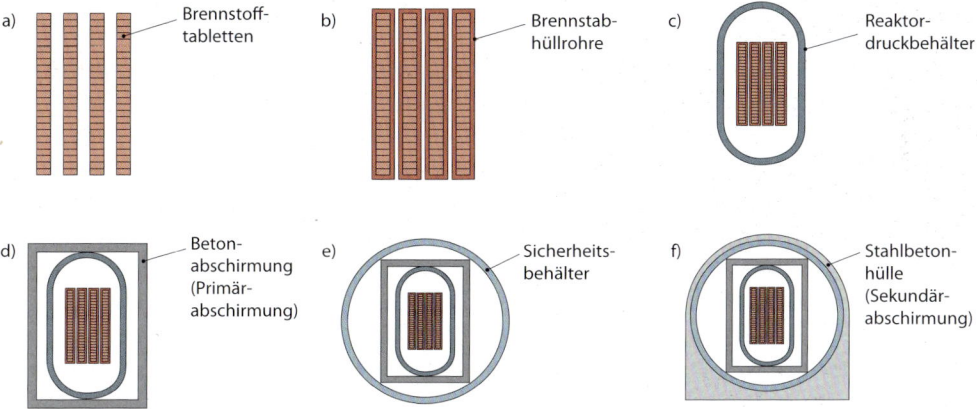

Abb. 4.46 ▶ Die Barrieren gegen das Austreten radioaktiver Stoffe
a) das Kristallgitter des Brennstoffs
b) die Hüllrohre der Brennstäbe
c) das Reaktordruckgefäß
d) die Betonabschirmung
e) der Sicherheitsbehälter
f) die Stahlbetonhülle

Zusätzlich schirmt eine dicke Stahlbetonhülle um den Reaktor, der **biologische Schild**, die Direktstrahlung aus dem Reaktorkern ab.

Während des ungestörten Betriebes eines Kernkraftwerkes werden geringe Mengen radioaktiver Stoffe kontrolliert über Abluft und Abwasser abgegeben. Diese Abgaben müssen unter den gesetzlich vorgeschriebenen Grenzwerten liegen und werden staatlich überwacht.

Beherrschung von Störfällen
Die Sicherheit herkömmlicher Technik wird auch optimiert, indem aufgetretene Schadensfälle analysiert und daraus neue Erkenntnisse gewonnen werden, Das ist bei der Kerntechnik nicht möglich. Hier muss von vornherein gewährleistet werden, dass Störungen, die sich trotz aller Vorsorge nicht völlig ausschließen lassen, zu beherrschen sind.

Da eine nukleare Explosion bei Leichtwasserreaktoren aus physikalischen Gründen ausgeschlossen ist (vgl. Seite 139), gilt als **größter anzunehmender Unfall** (**GAU**) eines Leichtwasserreaktors der Kühlmittelverlust im Primärkreislauf. Dieser könnte beispielsweise durch einen Rohrbruch im Kühlmittelkreislauf entstehen, so dass das Wasser ausdampft. Zwar kämen damit auch die Kettenreaktion und weitere Kernspaltungen zum Erliegen, die radioaktiven Spaltstoffe produzieren jedoch so viel Nachwärme, dass der Reaktorkern sich immer weiter aufheizen und schließlich schmelzen würde (**Kernschmelze**), wenn diese Nachwärme nicht abgeführt werden kann. Im schlimmsten Fall überwände die Kernschmelze die Barrieren – und die radioaktiven Spaltstoffe gelangten nach außen.

Die Sicherheitsmaßnahmen, die ergriffen werden, um die Eintrittswahrscheinlichkeit eines GAUs zu minimieren, werden auch bei anderen extrem sicherheitssensiblen Bereichen angewandt:

- Redundanz
  Wichtige Systeme sind mehrfach vorhanden. So steht auch immer noch ein System bereit, wenn eines ausfällt und das andere gerade in Reparatur ist. Autos haben zum Bespiel Zweikreisbremssysteme. Die Wahrscheinlichkeit, dass zwei Systeme oder noch mehr gleichzeitig versagen, ist wesentlich geringer als die Versagenswahrscheinlichkeit eines Systems.

- Diversität
  Die mehrfach vorhandenen Systeme werden mit unterschiedlichen Funktionsweisen versehen (z. B. elektrisch, mechanisch). Fiele zum Beispiel die Stromversorgung aus, so würde es ja nichts nützen, doppelt ausgelegte, aber jeweils elektrisch betriebene Kühlmittelpumpen zur Verfügung zu haben.

- Räumliche Trennung
  Relevante Sicherheitssysteme werden in Kernkraftwerken räumlich getrennt ausgeführt. So wird verhindert, dass bei Ereignissen wie Explosionen oder einem Flugzeugabsturz alle Sicherheitssysteme gleichzeitig beschädigt werden.

Damit sind nur die wichtigsten Aspekte der Sicherheitskonzeption in deutschen Kernkraftwerken angesprochen. Um die Wahrscheinlichkeit eines großen Störfalls auf ein Minimum zu reduzieren, wurden ausführliche Sicherheitsstudien und Störfallsimulationen durchgeführt. Insgesamt gilt die Technik der Leichtwasserreaktoren als ausgereift und sicher. Absolute Sicherheit aber gibt es prinzipiell nicht, wie noch einmal die Reaktorunglück in Fukushima gezeigt hat.

Eine relativ neue, zusätzliche Gefahr für Kernkraftwerke geht von dem **internationalen Terrorismus** aus. Spätestens seit den Anschlägen auf das World-Trade-Center in New York am 11.09.2001 weiß man, welche Katastrophen wenige zu allem entschlossene Terroristen in der zivilen Welt anrichten können. Kernkraftwerke könnten im Hinblick auf maximalen Schaden ein „lohnendes Ziel" für Terroristen sein. Auch hier kann es keinen absoluten Schutz geben.

Brüter

Ein Kernreaktor, der mehr spaltbares Material erzeugt, als er verbraucht, wird als *Brüter* bezeichnet. In einem Brüter werden also pro gespaltenem Kern im Mittel mehr als ein weiterer spaltbarer Kern erzeugt (= erbrütet). Wie ist das möglich? Aus den bisherigen Ausführungen ist bekannt, dass sich praktisch nur das in der Natur seltene Isotop U 235 spalten lässt. Das viel häufiger natürlich vorkommende, aber nicht spaltbare Isotop U 238 kann aber mit Hilfe einer Kernreaktion (= Brutreaktion) in ein spaltbares Isotop umgewandelt werden. Durch Beschuss eines ^{238}U-Kerns mit einem schnellen Neutron und die nachfolgende radioaktive Umwandlung entsteht ein spaltbarer $^{239}_{94}$Pu -Kern. Die **Brutreaktion** lautet:

$$^{1}_{0}n + {}^{238}_{92}U \rightarrow {}^{239}_{92}U \xrightarrow[23 \text{ min}]{\beta} {}^{239}_{93}Np \xrightarrow[2,3 \text{ d}]{\beta} {}^{239}_{94}Pu$$

Mit dieser Reaktion wird also aus dem nicht spaltbaren U 238 spaltbares Pu 239 erbrütet. Diese Umwandlung bezeichnet man auch als **Konversion**. Das entstehende Plutonium ist ein a-Strahler mit einer Halbwertszeit von 24.390 Jahren und somit ausreichend stabil für die weitere technische Verwendung.

Das in der Natur so gut wie nicht vorkommende Plutonium ist ein gefährlicher Stoff. Zunächst ist es – wie andere Schwermetalle auch – giftig. Wesentlich gefährlicher aber ist die Radioaktivität des Pu 239. Bereits das Einatmen geringster Mengen erhöht die Lungenkrebswahrscheinlichkeit erheblich. Zudem ist Plutonium waffenfähig, das heißt, ein Ausgangsmaterial für Atombomben, wobei Pu 239 eine kleinere kritische Masse besitzt als U 235. Entsprechend gewissenhaft muss mit Plutonium umgegangen werden.

Die Brutreaktion findet auch in Leichtwasserreaktoren statt, sobald ein unmoderiertes Spaltneutron einen U-238-Kern trifft. Deshalb werden in LWR nicht nur die eingebrachten U-235-Kerne gespalten, sondern auch die erbrüteten Pu-239-Kerne. Will man eine höhere Konversionsrate als im LWR erzielen, benötigt man spezielle Brutreaktoren. Da die Brutreaktion mit schnellen Neutronen wesentlich wahrscheinlicher ist als mit thermischen, werden in Brutreaktoren keine Moderatoren verwendet. Solche Brutreaktoren bezeichnet man wegen der schnellen Neutronen als **schnelle Brüter**.

Da ein Brüter nach der erstmaligen Beladung mit Spalt- und mit Brutstoff (üblicherweise U 235 als Spaltstoff und U 238 als Brutstoff) mehr Spaltstoff während des Betriebes erbrütet, als er verbraucht, können damit die natürlichen Spaltstoffvorkommen zeitlich erheblich gestreckt werden. Dazu muss der erbrütete Spaltstoff aus dem Brutreaktor entfernt und in einem **Wiederaufarbeitungsverfahren** aus den abgebrannten Brennelementen extrahiert werden. Nun können daraus neue Brennelemente gefertigt werden.

In Deutschland ist ein schneller Brüter in Kalkar (Nordrhein-Westfalen) fertiggestellt worden; er wurde jedoch, ohne je in Betrieb gegangen zu sein, inzwischen stillgelegt und wird aus politischen Gründen auch nicht weiter verfolgt. Rund um diese Investitionsruine ist ein Freizeitpark entstanden.

Der Brüter in Kalkar war darauf ausgelegt, neben der Bruttätigkeit auch noch 300 MW elektrische Leistung abzugeben. Das heißt, die bei den Kernspaltungen entstehende Wärme sollte wie bei einem LWR zur Stromerzeugung genutzt werden. Da die zur Brutreaktion verwendeten Neutronen aber nicht moderiert werden dürfen, ist Wasser als Kühlmittel nicht geeignet. Man verwendet deshalb flüssiges Natrium als Kühlmittel. Der Umgang mit dem chemisch äußerst reaktiven Natrium ist jedoch problematisch, da es weder mit Luftsauerstoff noch mit Wasser in Berührung kommen darf, sonst kommt es zu einer chemischen Explosion. Der natriumgekühlte schnelle Brüter ist aber nicht nur wegen des flüssigen Natriums sicherheitstechnisch schwieriger zu handhaben als ein LWR. Darauf soll hier aber nicht näher eingegangen werden, zumal die Brütertechnologie in Deutschland auf absehbare Zeit nicht angewendet werden wird. In anderen

Ländern hingegen werden, häufig zu militärischen Zwecken, schon seit langem Brutreaktoren betrieben.

Entsorgung

Die **Versorgung** von Kernkraftwerken mit Kernbrennstoffen, die von der bergmännischen Gewinnung über die Aufbereitung des Uranerzes und die Anreicherung des Natururans bis zur Brennelementeherstellung reicht, wurde bereits skizziert. Dieser Versorgung steht nun die **Entsorgung** gegenüber. Darunter versteht man alle Maßnahmen, die zur Aufbewahrung der ausgedienten Brennelemente und der radioaktiven Abfallstoffe ergriffen werden.

Die während des Betriebes eines Reaktors entstehenden Spaltprodukte wirken zum Teil als starke Neutronenabsorber (Reaktorgifte, vgl. Seite 136). Deshalb müssen die Brennelemente bereits ausgewechselt werden, obwohl sie noch spaltbares U 235 enthalten. In den Brennstäben ist aber noch weiteres spaltbares Material vorhanden: das durch Brutreaktionen entstandene Pu 239. In Anlehnung an konventionellen Brennstoff bezeichnet man die zur Auswechslung anstehenden Brennelemente als **abgebrannt**. Eine Übersicht über die in den abgebrannten Brennelementen enthaltenen Stoffe gibt die folgende Abbildung.

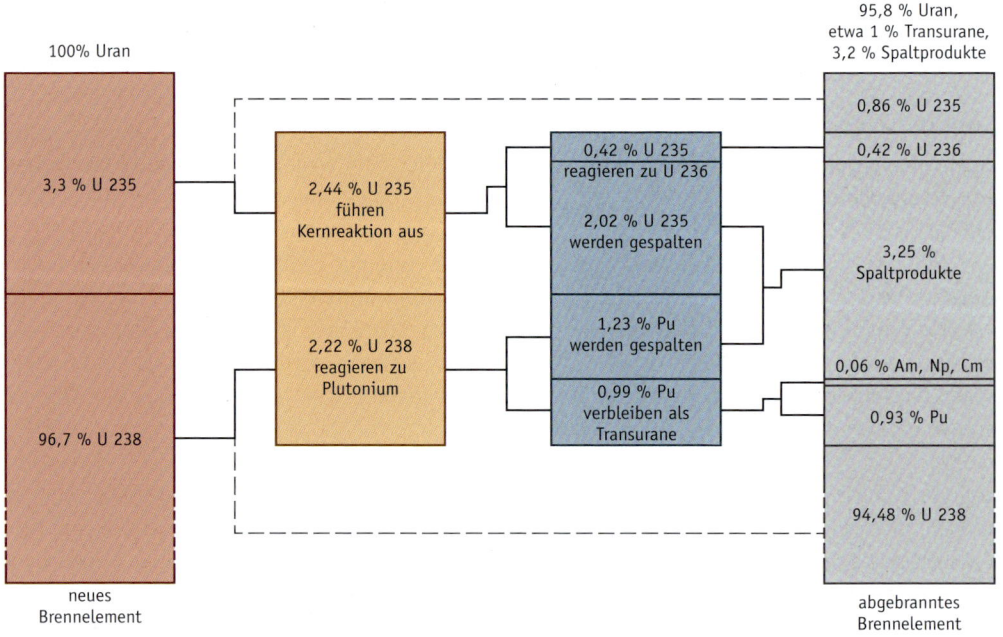

Abb. 4.47 ▶ Zusammensetzung neuer und abgebrannter Brennelemente

Bei einem LWR mit 1000 MW elektrischer Leistung fallen pro Jahr ca. 20 Tonnen abgebrannter Brennelemente an, die entsorgt werden müssen. Diese hoch radioaktiven Brennelemente enthalten viele radioaktive Spaltprodukte mit kurzer Halbwertszeit. Deshalb werden sie nach der Entnahme aus dem Reaktorkern zunächst in einem mit Wasser gefüllten Abklingbecken längere Zeit im Kernkraftwerk zwischengelagert. Inzwischen nimmt die Radioaktivität ab, die langlebigen radioaktiven Substanzen aber bleiben natürlich erhalten. Dabei produzieren die radioaktiven Stoffe Wärme, die abgeführt werden muss.

Wiederaufarbeitung

Da die abgebrannten Brennelemente einen höheren Anteil spaltbaren Materials enthalten als beispielsweise Natururan, liegt der Gedanke nahe, die Brennelemente nicht sofort endzulagern, sondern die enthaltenen Spaltstoffe wieder zu verwenden. Die Brütertechnologie macht ja überhaupt nur Sinn, wenn die erbrüteten Spaltstoffe in anderen Reaktoren wieder verwendet werden. Der Prozess, der aus den abgebrannten Brennelementen die Spaltstoffe extrahiert und sie der Brennelementeherstellung wieder zugänglich macht, wird als **Wiederaufarbeitung** bezeichnet. **Wiederaufarbeitungsanlagen** *(WAA)* arbeiten mit dem sogenannten PUREX-Verfahren[24]. Bei diesem erfolgt die Wiederaufarbeitung in drei Schritten:

1. Die Brennelemente werden in ca. 5 Zentimeter lange Teile zersägt und in konzentrierte Salpetersäure gegeben. Dadurch gehen die Inhalte der Brennstäbe in Lösung, während die Legierung der Hüllrohre erhalten bleibt.
2. Uran und Plutonium werden von den in der Lösung verbleibenden Spaltprodukten getrennt. Die hoch radioaktiven Spaltprodukte werden verfestigt, in Glas eingeschmolzen und in dicht schließenden Edelstahlzylinder eingeschlossen; die mittelradioaktiven Spaltprodukte werden mit Beton ummantelt.
3. Das extrahierte Uran und Plutonium wird getrennt und so aufbereitet, dass es in der Brennelementefertigung weiterverarbeitet werden kann.

Die Wiederaufarbeitung ist eine chemische Verfahrenstechnik mit konzentrierten Säuren, wie sie auch in der Großchemie angewandt wird, hinzu kommt allerdings, dass es sich um hoch radioaktive Stoffe handelt, weshalb auch von heißer Chemie gesprochen wird. WAA sind ebenso wie Brüter im militärischen Bereich seit langer Zeit in Betrieb. Frankreich und England betreiben auch die zivile Wiederaufarbeitung abgebrannter Brennelemente in großem Stil; auch deutsche Kernkraftwerksbetreiber lassen ihre Brennelemente in diesen Ländern wieder aufarbeiten.

Deutschland selbst hat sich aus der Wiederaufarbeitung verabschiedet. Zwar ist sie in einer Versuchsanlage in Karlsruhe erfolgreich erprobt worden, der Bau der im bayerischen Wackersdorf geplanten nationalen WAA ist jedoch nicht zuletzt aufgrund anhaltender massiver Proteste eingestellt worden.

Vorteile der Wiederaufarbeitung:

- Bessere Ausnutzung der Spaltstoffressourcen; etwa 30 % neuer Spaltstoffe werden durch die Wiederaufarbeitung eingespart.
- Vernichtung des gefährlichen langlebigen Plutoniums durch Spaltung
- Komprimierung der endzulagernden hoch radioaktiven Abfälle

Endlagerung

Ob mit oder ohne Wiederaufarbeitung: Bei der friedlichen Nutzung der Kernenergie bleiben hoch radioaktive Stoffe zurück, die für viele Generationen (mehrere Jahrhunderte lang) absolut sicher von der Biosphäre[25] ferngehalten werden müssen. Das wird als **Endlagerung** bezeichnet. Werden die Brennelemente ohne zwischengeschaltete Wiederaufarbeitung endgelagert, so spricht man von **direkter Endlagerung**.

---

24 PUREX = **P**lutonium-**U**ranium-**R**ecovery by **Ex**traction
25 der gesamte Lebensraum, also Erde, Wasser und Luft

Während schwach- und mittelradioaktive Abfälle in Deutschland routinemäßig in stillgelegten Bergwerken eingelagert werden, ist die Endlagerung der hoch radioaktiven Abfälle erst in der Erprobung. Vorgesehen ist die Einlagerung in Salzstöcken oder Granitformationen. Um die sichere Endlagerung für derart lange Zeiträume zu gewährleisten, müssen die Endlagerstätten eine Reihe von Anforderungen erfüllen:

- geologische Stabilität
- keine Verbindung zum Grundwasser
- ausreichende Tiefe
- gute Wärmeleitfähigkeit

Derzeit werden Salzstöcke in Norddeutschland, beispielsweise in Gorleben, für die Endlagerung des radioaktiven Atommülls favorisiert, da sie diese Anforderungen am besten erfüllen: Die Salzstöcke sind seit vielen Millionen Jahren stabil, haben keine Verbindung zum Grundwasser und sind ausreichend tief. Da die hoch radioaktiven Abfälle Wärme produzieren, muss diese Wärme abgeleitet werden, um Überhitzungen der Ummantelung zu vermeiden. Salzstöcke weisen eine gute Wärmeleitfähigkeit auf. Nichts desto trotz ist die Standortfrage politisch hochumstritten, und wird zumal vor Ort vehement abgelehnt.

Die Abbildung 4.48 zeigt die verschiedenen Verfahren der Ver- und Entsorgung von Kernkraftwerken.

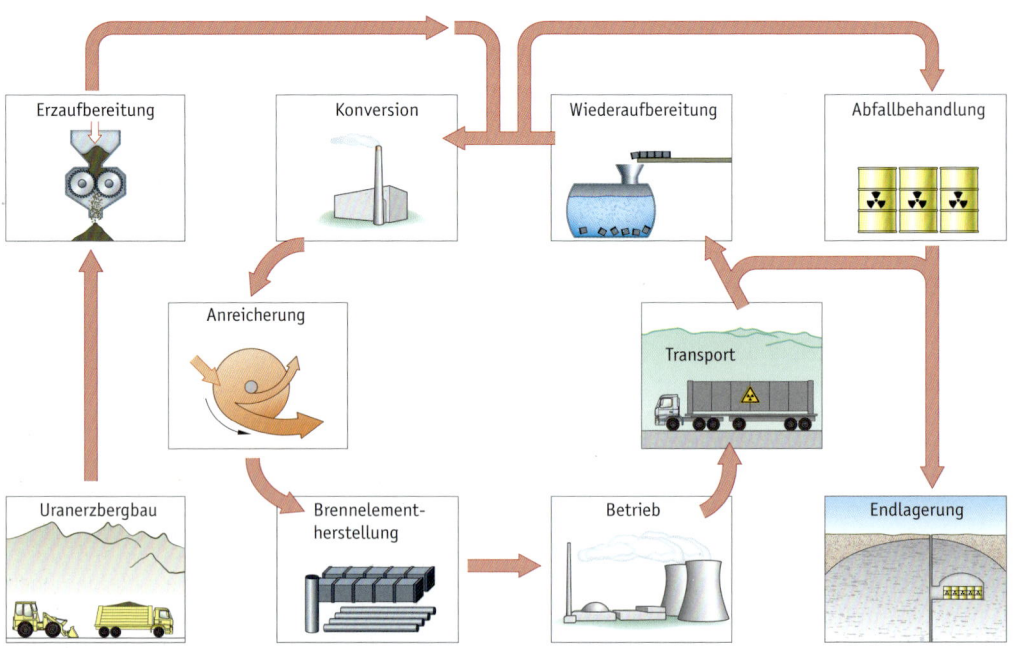

Abb. 4.48 ▶ Der nukleare Brennstoffkreislauf

Obwohl es üblich ist, bei dem Verfahren von einem Brennstoffkreislauf zu sprechen, muss angemerkt werden, dass es nur dann ansatzweise einen Kreislauf gibt, wenn Brennelemente wieder aufgearbeitet werden. Bei der direkten Endlagerung ist keinerlei Kreislauf vorhanden:

Die Rohstoffe werden der Erde entnommen, und die Abfallstoffe in der Erde vergraben; eine Wiederverwendung im Sinne einer Kreislaufwirtschaft existiert also ebenso wenig wie bei den fossilen Brennstoffen.

4.4.3.3 Kernfusion

Während die bisher beschriebenen Technologien der Kernenergiegewinnung – von der Kernspaltung über die Brütertechnologie bis zur Wiederaufarbeitung – erprobte Verfahren sind, ist die Kernfusion noch im Stadium der Erforschung. Erste Fusionskraftwerke erwartet man frühestens ab Mitte dieses Jahrhunderts. Deshalb werden hier nur einige grundlegende Tatsachen der Kernfusion erwähnt.

Wie bereits anhand von Abbildung 4.33 (vgl. Seite 127) ausgeführt, kann Kernbindungsenergie durch die Spaltung schwerer Kerne oder die Verschmelzung leichter Kerne gewonnen werden. Letztere wird hier näher beleuchtet. Auch die Sonne erhält ihre immense Energie aus Fusionsreaktionen, bei denen Wasserstoffisotope zu Heliumkernen fusionieren (siehe Abb. 4.49). Und der Mensch hat sich die unkontrollierte Fusion bereits in Form der Wasserstoffbombe „zunutze" gemacht. Zum Zünden der Fusion benötigt die H-Bombe eine Kernspaltungsbombe, um die extremen Bedingungen herzustellen, die zur Fusion erforderlich sind. Die für die friedliche Nutzung notwendige *kontrollierte* Kernfusion ist ungleich schwerer zu realisieren.

Um abschätzen zu können, welches Potential an Energie in der Fusion steckt, wird die wichtigste Fusionsreaktion betrachtet:

$$^{2}_{1}H + ^{3}_{1}H \rightarrow ^{4}_{2}He + ^{1}_{0}n + 17,6 \text{ MeV}$$

Die **Fusionsenergie** von 17,6 MeV lässt sich leicht aus dem Massendefekt und mit Hilfe der Einstein'schen Formel berechnen. Damit werden bei der Fusion 17,6 MeV/5 = 3,52 MeV pro Nukleon frei, während es bei der Kernspaltung 200 MeV/236 = 0,85 MeV pro Nukleon sind. Das bedeutet, dass pro eingesetzte Masse bei der Fusion etwa viermal so viel Energie wie bei der Spaltung frei wird. Bezogen auf den Vergleich von Kernspaltungsenergie und Verbrennungsenergie der Steinkohle (Seite 133) ergibt sich das Verhältnis der pro Masseneinheit freigesetzten Energien:

$$E_{\text{Fus}} : E_{\text{Spalt}} : E_{\text{Verbrenn}} = 10^7 : 3 \cdot 10^6 : 1$$

Um die Energiemenge, die bei der Fusion von 1 Kilogramm Kerne frei wird, mittels Verbrennung zu erhalten, müssen 10.000 Tonne Steinkohle verheizt werden. Das zeigt, wie stark konzentriert die Fusionsenergie ist.

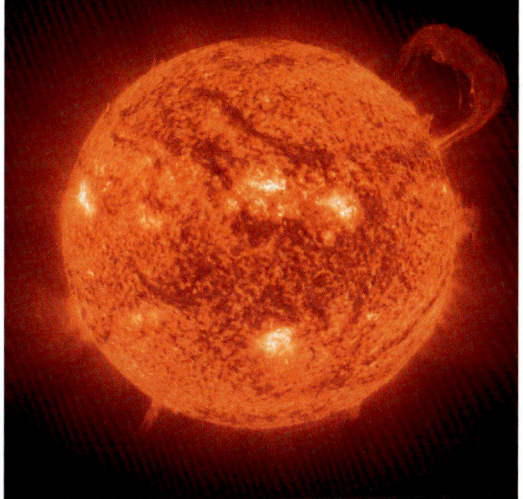

Abb. 4.49 ▶ Der „Fusionsreaktor" Sonne gewinnt seine Energie durch die Fusion (= Verschmelzung) von Atomkernen. Die in der Sonne herrschenden – für irdische Verhältnisse – extremen Drücke und Temperaturen verschmelzen leichte H-Kerne zu schwereren He-Kernen, wobei Energie frei wird.

Die Fusionsbrennstoffe ^{2}H (= D: **Deuterium**) und ^{3}H (= T: **Tritium**) sind in genügender Menge vorhanden bzw. zu gewinnen. D ist in dem natürlichen Wasserstoff als Isotop enthalten und lässt sich aus Wasser gewinnen. Das radioaktive T kann im Fusionsreaktor aus Lithium erbrütet und sogleich wieder verbraucht werden. Die Fusion hat deshalb das Potential, eine wichtige Energiequelle der Menschheit zu werden. Jedenfalls sprechen keine prinzipiellen physikalischen Gründe dagegen, dass die Gewinnung von Fusionsenergie gelingen kann. Allerdings ist noch eine Fülle wissenschaftlicher und technischer Probleme zu lösen.

Wie wird die kontrollierte Kernfusion bewerkstelligt?

Bei der Fusion müssen zwei positive Kerne, zum Beispiel D- und T-Kern, miteinander in Kontakt gebracht werden. Dem steht aber zunächst die Coulomb'sche Abstoßungskraft[26] (Abbildung. 4.50) gegenüber, die zu überwinden ist. Erst wenn sich die Kerne bis auf etwa $3 \cdot 10^{-15}$ m (Kernradius) nahegekommen sind, werden die kurzreichweitigen, aber wesentlich stärkeren Kernkräfte wirksam und verschmelzen die beiden positiv geladenen Kerne zu einem Fusionskern unter Freisetzung der Fusionsenergie. Es ist also zunächst Energie gegen die Abstoßungskräfte aufzuwenden, bevor Fusionsenergie frei werden kann.

Damit zwei Kerne den Coulombwall überwinden können, müssen sie mit hoher Geschwindigkeit aufeinander zufliegen. Hohe Geschwindigkeiten bedeuten bei Gas-Atomen hohe Temperaturen. Damit es zur Fusion kommt, sind zwei schwer zu realisierende Voraussetzungen zu erfüllen:

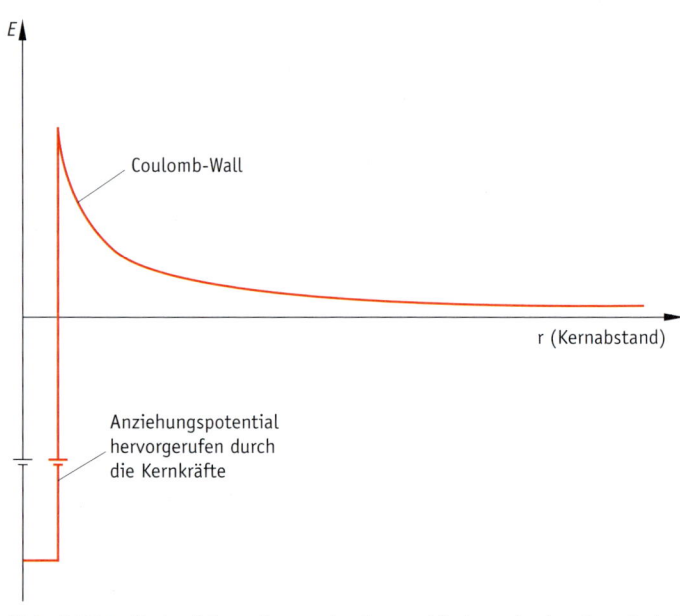

Abb. 4.50 ▶ Verlauf der aufzuwendenden und frei werdenden Energie bei der Fusion in Abhängigkeit von den Kernabständen r

- Die Temperatur der Fusionsbrennstoffe muss ausreichend hoch sein, ca. 100 Mio. K (=10^8 K $\approx 10^8$ °C), damit die Geschwindigkeit[27] der Kerne groß genug ist.

- Eine genügend hohe Dichte n der Fusionsteilchen muss eine gewisse Zeit lang, die Einschlusszeit τ, aufrechterhalten werden, damit genügend Kerne aufeinandertreffen.

---

26 Aus der Physik ist bekannt, dass sich gleichnamige elektrische Ladungen abstoßen. Die Formel, mit der diese Kraft berechnet wird, das *Coulomb'sche Gesetz*, zeigt, dass die Abstoßungskraft bei Verkleinerung des Abstandes zwischen den Ladungen zunimmt (proportional zu $1/r^2$).

27 Bei dieser Temperatur beträgt die Geschwindigkeit der Kerne aufgrund der Wärmebewegung ca. 1000 km/s.

Bei diesen hohen Temperaturen sind die Fusionsatome vollständig ionisiert, das heißt, die negativ geladenen Hüllelektronen und die positiven Kerne sind voneinander getrennt; diesen Zustand der Materie bezeichnet man als **Plasma**. Wegen der darin enthaltenen freien Ladungsträger ist ein Plasma stets elektrisch leitfähig.

Damit die Fusion energetisch lohnend wird, die Fusion also mehr Energie liefert, als zum Aufheizen hineingesteckt wird, muss das Produkt $n \cdot \tau$ eine bestimmte Grenze überschreiten (diese Grenze ist als **Lawson-Kriterium** bekannt). Es gibt zwei Wege, dieses Kriterium zu erreichen: durch sehr hohes n bei kleinem τ (*Laserfusion*) oder durch niedriges n bei relativ großem τ (*Magnetfeldeinschluss*).

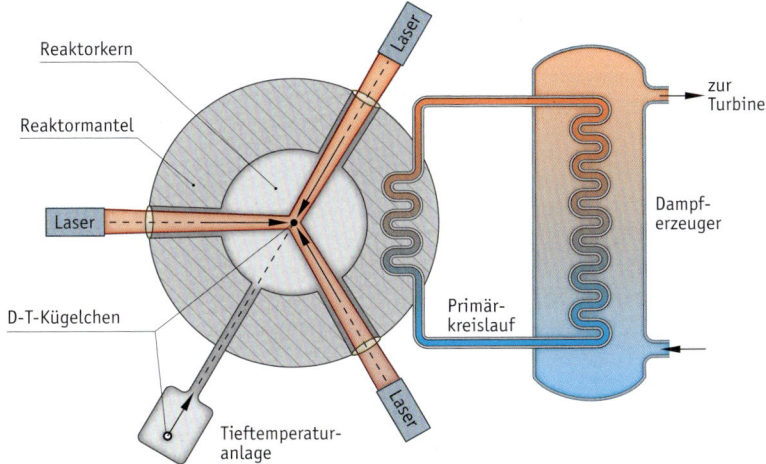

Abb. 4.51 ▶ Prinzip der Laserfusion

Laserfusion

Bei der Laserfusion werden tiefgefrorene Brennstoffkügelchen aus D und T von Hochleistungslasern beschossen. Dadurch werden kurzzeitig die im Kügelchen enthaltenen Kerne derart verdichtet, dass es zu Fusionsreaktionen kommt, bevor die Kerne auseinanderfliegen. Die sehr kurze Einschlusszeit beruht auf der Trägheit der Kerne; man spricht deshalb auch vom **Trägheitseinschluss**. Trotz dieser sehr kurzen Einschlusszeit (≤ 1 ns) kann – ausreichend leistungsfähige Laser vorausgesetzt – das Lawson-Kriterium erfüllt werden. Derzeit fehlt es zwar noch an diesen extrem leistungsfähigen Lasern, doch diese Fusionsforschung wird vor allem in den USA vorangetrieben.

Magnetfeldeinschluss

Bei der Fusion mittels eines Magnetfeldeinschlusses wird das extrem heiße Plasma längere Zeit eingeschlossen; dafür genügt eine kleinere Dichte. Wegen der hohen Temperaturen kann das Plasma allerdings nicht mit materiellen Wänden umgeben werden. Da das Plasma aber aus bewegten elektrisch geladenen Teilchen (Elektronen und Kerne) besteht, können Magnetfelder Kräfte[28] auf diese Teilchen ausüben. Deshalb werden geeignete starke Magnetfelder erzeugt, die das Plasma frei schwebend im luftleeren Raum auf eine Kreisbahn zwingen (Abb. 4.52), so

---

28 Diese Kraft, die *Lorentzkraft*, ist aus dem Physikunterricht bekannt.

dass es zu keinem Kontakt mit materiellen Wänden kommt. Dass dieser Magnetfeldeinschluss des Plasmas möglich ist, wurde bereits in verschiedenen Forschungsanlagen experimentell demonstriert.

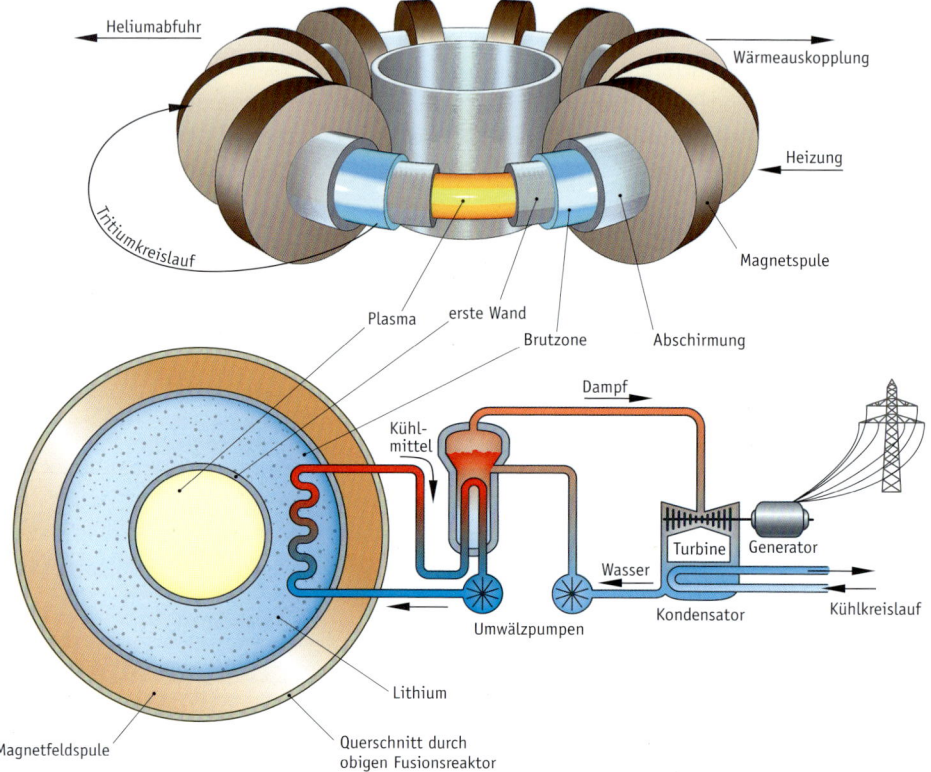

Abb. 4.52 ▶ Prinzip eines Fusionsreaktors mit Magnetfeldeinschluss

Wie bringt man in dieser Anordnung das Plasma auf die erforderliche Temperatur von 100 Mio. K? Zunächst schickt man durch das leitfähige Plasma einen elektrischen Strom, so dass sich das Plasma – wie ein elektrischer Widerstand auch – aufheizt. Da diese Ohm'sche Heizung nicht reicht, werden zusätzlich hoch frequente elektromagnetische Wellen eingekoppelt und schließlich hoch energetische Teilchen in das Plasma geschossen. Mittels dieser drei Heizquellen hofft man das Lawson-Kriterium im magnetisch eingeschlossenen Plasma zu erreichen. Diese Fusionsforschung wird insbesondere in Europa betrieben. Das erste Ziel, das Plasma auf diese Weise zum Zünden zu bringen, ist bereits in experimentellen Fusionsreaktoren gelungen.

Damit hat man aber noch kein **Fusionskraftwerk**, sondern erst einen Fusionsreaktor. Ein daraus hervorgehendes Kraftwerk könnte, wie in Abb. 4.52 dargestellt, realisiert werden. Dazu muss man wissen: Kommt es im Plasma nach der Aufheizung mit den verschiedenen Heizquellen zur Fusion, erhält der bei der Fusion entstehende He-Kern 20 % der frei werdenden Energie und das entstehende Neutron 80 % (vgl. die Reaktionsgleichung), beide in Form von kinetischer Energie. Der Heliumkern (= α-Teilchen) verbleibt wegen seiner elektrischen Ladung im Magnetfeldkäfig und damit im Plasma. Er gibt die Energie an das Plasma ab, so dass die Energieverluste des Plasmas ausgeglichen und die Zündbedingungen aufrechterhalten werden. Das schnelle Neutron verlässt den Plasmabereich, da von dem Magnetfeld wegen der elektrischen Neutralität keine

Kräfte auf das Neutron ausgeübt werden. Der Plasmaschlauch ist, durch eine Wand getrennt, vollständig mit einer Lithiumschicht ummantelt, in die das Neutron eindringt. Zum einen geben die einfallenden Neutronen ihre kinetische Energie an das Lithium ab, so dass es sich erwärmt. Das ist der Mechanismus, der einen Teil (80 %) der Fusionsenergie aus dem eingeschlossenen Plasma nach außen transportiert. Zum anderen reagieren die Neutronen mit den Lithiumkernen; bei diesen Kernreaktionen entsteht unter anderem das als Fusionsbrennstoff benötigte Tritium. Die von den Neutronen erzeugte Wärme in der flüssigen Lithiumumhüllung wird mit Hilfe eines Wärmetauschers abgeführt, womit wiederum in einem konventionellen Wasser-/Dampfkreislauf Strom erzeugt wird.

Doch bis es so weit ist, müssen Wissenschaft und Technik noch schwerwiegende Probleme lösen. Beispielsweise müssen Werkstoffe entwickelt werden, die über längere Zeit dem starken Neutronenfluss eines Fusionsreaktors standhalten. Die heute bekannten Werkstoffe verspröden unter Neutronenbeschuss. Zudem muss das radioaktive Tritium sicher gehandhabt werden. Und die sehr großen, mit supraleitfähigen Spulen erzeugten Magnetfelder müssen störungsfrei beherrschbar sein, da sie einen großen Energieinhalt besitzen.

Aufgrund dieser vielfältigen Probleme ist von der Fusion kein kurz- oder mittelfristiger Beitrag zur Energieversorgung der Menschheit zu erwarten. Aber im Hinblick auf die theoretisch nahezu unerschöpfliche Energiemenge, die damit gewonnen werden könnte, muss die Forschung weitergehen, um zumindest zukünftigen Generationen diese Option zu eröffnen.

Aufgaben

1.1 Was versteht man unter einem Vergleichsdiagramm bzw. Indikatordiagramm?
1.2 Erläutern Sie den Unterschied zwischen innerer und äußerer Verbrennung.

2.1 Beschreiben Sie Aufbau und Funktionsweise eines Ottomotors.
2.2 Stellen Sie die vier Takte des Ottomotors in einem $p(V)$-Vergleichsdiagramm dar.
2.3 Geben Sie die Ventilstellungen während zweier Umdrehungen an.
2.4 Berechnen Sie den theoretischen Wirkungsgrad eines Ottomotors mit einem Verdichtungsverhältnis von 12.
2.5 Weshalb benötigen manche Ottomotoren Superbenzin?
2.6 Welche technischen Neuentwicklungen beim Ottomotor kennen Sie?

3.1 Beschreiben Sie die Unterschiede zwischen Diesel- und Ottomotor.
3.2 Warum haben Dieselmotoren im Allgemeinen einen höheren Wirkungsgrad als Ottomotoren?
3.3 Welche technischen Neuentwicklungen beim Dieselmotor kennen Sie?
3.4 Wie sind Verdichtungsverhältnis, Hubraum und Hub eines Motors definiert?
3.5 Geben Sie typische Werte für diese Kenngrößen an.
3.6 Welche wesentlichen Unterschiede weist der Stirlingmotor gegenüber den etablierten Otto- und Dieselmotoren auf?

4.1   Zeichnen Sie das Vergleichsdiagramm eines Stirlingmotors.

4.2   Wozu dient der Regenerator im Stirlingmotor?

4.3   Welche Vorteile hat der Stirlingmotor gegenüber den herkömmlichen Verbrennungsmotoren?

5.1   Was versteht man unter der Leistungsziffer einer Wärmepumpe?

5.2   Geben Sie realistische Werte für die Leistungsziffer einer Wärmepumpe an und erläutern Sie deren praktische Bedeutung.

5.3   Beschreiben Sie Aufbau und Funktionsweise einer Wärmepumpe.

5.4   Warum wird das Arbeitsmittel in realen Wärmepumpen abwechselnd verdampft und verflüssigt?

5.5   Herr Schlauberger möchte zur Heizung seines Hauses folgende Anordnung aus Wärmepumpe und Stirlingmotor einbauen:
Der Luft soll Umgebungswärme entzogen werden, die mit Hilfe der Wärmepumpe auf ein höheres Temperaturniveau gebracht wird. Einen Teil dieser Hochtemperaturwärme möchte Herr Schlauberger als Energiezufuhr für den Stirlingmotor nutzen, der die Wärmepumpe antreiben soll. Der andere Teil der Wärme dient zum Heizen seines Hauses. Durch diese geschickte Kombination von Wärmepumpe und Stirlingmotor spart Herr Schlauberger die Antriebsenergie für die Wärmepumpe. Wie können Sie Herrn Schlauberger in Bezug auf seine Vorhaben beraten?

6.1   Vergleichen Sie die Energieträger Erdgas und Elektrizität hinsichtlich ihrer Wandlungsfähigkeit, Transportfähigkeit und Speicherfähigkeit.

6.2   Nennen Sie einige Vor- und Nachteile der elektrischen Energie.

6.3   Welche Maßnahmen werden ergriffen, um die nicht großtechnisch speicherbare elektrische Energie den Nachfrageschwankungen anzupassen?

7.1   Zeichnen Sie in einem Blockschaltbild die drei wesentlichen Energiewandler eines Kohlekraftwerkes und geben Sie für die einzelnen Energiewandler realistische Werte für die Wirkungsgrade an. Berechnen Sie daraus den Gesamtwirkungsgrad des Kraftwerkes.

7.2   Erläutern Sie, aufgrund welcher physikalischen Gesetzmäßigkeiten der Wirkungsgrad vergleichsweise niedrig ist.

7.3   Diskutieren Sie Maßnahmen, die zu einer Erhöhung des Wirkungsgrades beitragen können.

8.1   Ein Kohlekraftwerk mit 750 MW elektrischer Leistung und einem Gesamtwirkungsgrad von 37 % wird betrachtet.

8.2   Berechnen Sie die thermische Leistung des Kraftwerkes.

8.3   Wie viel ist der je Stunde vom Kraftwerk erzeugte Strom wert, wenn der aktuelle kWh-Preis zugrunde gelegt wird?

8.4   Wie viele Haushalte kann das Kraftwerk mit Strom versorgen, wenn je Haushalt mit einer Anschlussleistung von 10 kW gerechnet wird?

8.5   Wie viele Tonnen Steinkohle werden je Betriebsstunde verheizt?

8.6   Welche Energiemenge in t SKE wird je Stunde an die Umgebung abgegeben? Welchen Wert in Euro hat diese Abwärme, wenn man sie für 0,06 €/kWh verkaufen könnte?

8.7   Wie viele Einfamilienhäuser ließen sich mit der Abwärme dieses Kraftwerkes heizen, wenn ein Haus eine Heizleistung von 20 kW benötigt?

9   Erklären Sie folgende Begriffe aus der Kernphysik:
     a) Nuklid, b) Nukleon, c) Kernladungs- und Massenzahl, d) Isotop (mit Beispielen), e) Massendefekt

10   Beschreiben Sie in Worten, welche Aussage die berühmte Einstein'sche Formel $E = mc^2$ macht.

11   Erläutern Sie mit Hilfe der Kurve der Bindungsenergie, weshalb man durch die Spaltung schwerer und durch die Fusion leichter Kerne Kernbindungsenergie freisetzen kann.

12.1 Nennen und beschreiben Sie die drei Arten radioaktiver Strahlen. Geben Sie auch an, wie sich die Kerne durch den radioaktiven Zerfall umwandeln.
12.2 Was versteht man unter der Halbwertszeit einer radioaktiven Substanz?
12.3 Welche radioaktiven Isotope kennen Sie?

13   Das radioaktive Jod 131 hat eine Halbwertszeit von 8 Tagen.
13.1 Bestimmen Sie mit Hilfe der auf Seite 129 abgebildeten Diagramme, wie viel Prozent des radioaktiven Jods nach a) 1 Tag, b) 2 Wochen, c) 1 Monat noch vorhanden sind. Lesen Sie außerdem aus den Diagrammen ab, wie lange es dauert, bis nur noch a) 1 % bzw. b) 0,4 % der ursprünglichen radioaktiven Menge vorhanden sind.
13.2 Überprüfen Sie die grafisch ermittelten Werte rechnerisch unter Verwendung des Zerfallsgesetzes.

14   Die im Lehrtext angegebene Reaktionsgleichung einer Kernspaltung von U 235 durch Neutronenbeschuss (vgl. Seite 132) ist nur eine der möglichen Spaltreaktionen. Bei zwei anderen entstehen als Bruchkerne zum einen Cs 140 und Rb 94, zum anderen Sr 93 und Xe 140.
14.1 Geben Sie die vollständigen Kernreaktionsgleichungen für die beiden Spaltreaktionen an.
14.2 Berechnen Sie für die erste Reaktion den Massendefekt und die frei werdende Energie.

15   Erläutern Sie die Fachbegriffe:
     a) Kettenreaktion, b) Moderator, c) Neutronenabsorber, d) langsames Neutron, e) Urananreicherung

16   In Tabelle 4.7 sind die technischen Daten des Kernkraftwerkes Biblis A dargestellt. Führen Sie mit diesen Daten folgende Rechnungen durch:
16.1 Wie viele Tonnen Steinkohle müssten je Betriebsstunde verheizt werden, wenn die gleiche Wärmeenergie durch Kohleverbrennung gewonnen werden müsste? Wie vielen Kohlewaggons entspricht das, wenn einer 50 Tonnen befördern kann?
16.2 Wie viele Kerne müssen je Sekunde gespalten werden, um die angegebene thermische Energie zu erhalten?
16.3 Wie groß ist der Massendefekt je Sekunde, Stunde und Jahr?
16.4 Angenommen, man könnte den Wirkungsgrad um 5 % steigern. Wie viel wäre die damit zusätzlich je Stunde zur Verfügung stehende Energie wert, wenn man sie mit 0,12 €/kWh verkaufen könnte?

17.1 Beschreiben Sie die wesentlichen Komponenten eines Leichtwasserreaktors.
17.2 Erklären Sie die prinzipielle Funktionsweise eines Leichtwasserreaktors.
17.3 Welche Unterschiede bestehen zwischen Siede- und Druckwasserreaktoren?

18.1 Welche Maßnahmen verhindern das unkontrollierte Austreten radioaktiver Stoffe aus Kernreaktoren?
18.2 Um die Wahrscheinlichkeit von Störfällen mit großem Schadenspotential zu minimieren, legt man sicherheitsrelevante Systeme nach den Gesichtspunkten der Redundanz und Diversität aus. Was ist darunter zu verstehen? Kennen Sie Beispiele außerhalb der Kerntechnik?
18.3 Erläutern Sie kurz die Konzepte a) der Brütertechnologie, b) der Wiederaufarbeitung und c) der Endlagerung.

19.1 Was versteht man unter Kernfusion?
19.2 Welche Methoden kennen Sie, mit denen die kontrollierte Kernfusion zur Energiegewinnung genutzt werden soll?

5 Energie und Umwelt

Jede großtechnische Energiewandlungskette, ob fossil oder nuklear, entnimmt der Erdkruste **erschöpfliche Energierohstoffe** (Kohlen, Erdöl, Erdgas, Natururan) und wandelt sie in mehreren Stufen bei relativ großen Verlusten in **Nutzenergie** um. Während die Energie die Kette durchläuft, nimmt ihr Exergieanteil ständig ab, der Anergieanteil zu. Da die oben genannten Energieträger stoffgebunden sind, fallen bei den Umwandlungen zudem beträchtliche Mengen an Rest- und Schadstoffen an. Das Freisetzen dieser Stoffe an die Umwelt (**Emission**) führt zu beträchtlichen Umweltbelastungen durch die gegenwärtigen Energieversorgungssysteme.

Abb. 5.1 ▶ Rauchgas-Emissionen eines fossilen Kraftwerks

5.1 Überblick

Einen Überblick über die wichtigsten Emissionen der Energiewandlungssysteme gibt die nachfolgende Abbildung 5.2:

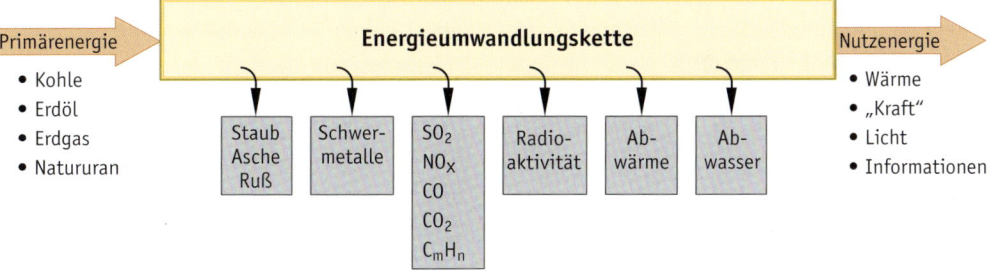

Abb. 5.2 ▶ Wichtige Emissionen von Energiewandlungssystemen

Die emittierten Stoffe reagieren zum Teil mit Stoffen aus der Umwelt, z. B. mit dem Luftsauerstoff, und werden dadurch umgewandelt. Es entstehen komplexe, teilweise noch wenig erforschte Umwandlungsketten. Diese Schadstoffe wirken schädlich auf:

- Menschen → Atemwegserkrankungen, Krebs
- Tiere und Pflanzen → Fischsterben in verschmutzten oder sauren Gewässern, Waldsterben
- Sachgüter → Schäden an (historischen) Bauwerken

Das Niedergehen von Schadstoffen auf Menschen, Tiere, Pflanzen und Sachgüter nennt man **Immissionen**. Aufgrund von Transportmechanismen finden die Immissionen oft weit entfernt von den Emissionen statt. Je nach Wetterbedingungen kann die Immissionsrate deshalb sehr unterschiedlich sein. Da Schadstoffe daher natürlich grenzüberschreitend sind, kann eine nationale Lösung nicht erfolgreich sein.

Gemessen werden Immissionen gewöhnlich in Milligramm Schadstoff je Kubikmeter Luft, beispielsweise 120 mg/m^3 Ozon.

5.2 Luftschadstoffe

Da der größte Teil unserer Energie derzeit durch die Verbrennung der fossilen Energieträger Kohle, Öl und Erdgas gewonnen wird, sind die in großen Mengen emittierten **Luftschadstoffe** von besonderer Bedeutung.

Bestünden die eingesetzten fossilen Primärenergieträger nur aus Kohlenstoff (Kohle) bzw. Kohlenwasserstoffen (Öl, Gas) und die Reaktionspartner aus reinem Sauerstoff, entstünden bei vollständiger Verbrennung lediglich die Rückstände Kohlendioxid und Wasserdampf:

$$C + O_2 \rightarrow CO_2 + \text{Energie} \qquad \text{bzw.} \qquad CH_4 + 2O_2 \rightarrow CO_2 + 2H_2O + \text{Energie}$$
$$\text{(Kohle)} \qquad\qquad\qquad\qquad\qquad \text{(Erdgas)}$$

Tatsächlich enthalten die fossilen Primärenergieträger aber eine Vielzahl zusätzlicher Stoffe. Reaktionspartner ist außerdem nicht reiner Sauerstoff, sondern in der Regel Luft.

Welche und wie viel Emissionen bei der **Verbrennung** auftreten, ist abhängig von
- der chemischen Zusammensetzung der Energieträger
- dem Verbrennungsprozess (vollständige oder unvollständige Oxidation des Kohlenstoffs)
- der Verbrennungstemperatur
- nachgeschalteten Verfahren zur Abgasreinigung.

Die bei der Verbrennung entstehenden Luftschadstoffe im engeren Sinne sind:
- Staub
- Schwefeldioxid (SO_2)
- Kohlenmonoxid (CO)
- Stickoxide (NO_x)
- Kohlenwasserstoffe (C_mH_n)

Eine Übersicht über Entstehung, Wirkungen und technische Rückhalte- und Umwandlungsmaßnahmen im Hinblick auf diese Luftschadstoffe liefert Tabelle 5.1.

Tabelle 5.1 ▶ Die wichtigsten Luftschadstoffe

	Entstehung	Wirkungen	Technische Maßnahmen
Staub	Stäube bestehen aus nicht brennbaren Feststoffpartikeln. Sie entstehen bei Verbrennungsprozessen, insbesondere bei der Verbrennung in Kohlekraftwerken, und in stoffintensiven Industriebetrieben, z. B. in der Zementindustrie.	Stäube lagern sich in den Atemwegen bis hin zur Lunge ab. Sie führen deshalb vermehrt zu Erkrankungen der Atmungsorgane (z. B. Asthma). Zudem sind Staubpartikel Träger der anderen Luftschadstoffe, die sich auf den Staubteilchen ablagern. Das gilt insbesondere für SO_2.	Mit Hilfe von Filtern (mechanische und/oder elektrostatische) werden in Industriebetrieben und Kraftwerken Stäube und Ruß abgeschieden. Dabei werden Entstaubungsraten von über 99 % erzielt. Feinstäube hingegen können nur zu einem geringeren Prozentsatz zurückgehalten werden.
SO_2	Schwefel ist in Kohlen und Erdöl enthalten. Braunkohle hat mit Schwefelanteilen von bis zu 4 % einen besonders hohen Schwefelgehalt. Bei der Verbrennung dieser Stoffe entsteht das gasförmige Schwefeldioxid SO_2. In feuchter Luft entstehen daraus feinstverteilte Tröpfchen Schwefelsäure (H_2SO_4), die als *Aerosole*[1] die Luft anreichern. Hauptverursacher sind Kohlekraftwerke.	SO_2 ist ein Reizgas, das auf Schleimhäute und Atemwege des Menschen wirkt. Es trägt wesentlich zur Smogbildung in der kalten Jahreszeit bei. Zudem entstehen daraus schweflige Säure und Schwefelsäure, die ursächlich für den „sauren Regen" sind, der zu einer **Übersäuerung** von Böden und Gewässern führt, Bäume schädigt und den Steinfraß an Gebäuden bewirkt.	Es können schwefelarme (leichtes Heizöl, Dieselkraftstoff) oder schwefelfreie (Erdgas) Brennstoffe verwendet werden. Die Brennstoffe lassen sich vor Verwendung entschwefeln (Benzin). In Kohlekraftwerken werden die Rauchgase entschwefelt. Dazu wurden inzwischen technisch aufwendige Verfahren entwickelt und nachgerüstet. Die Rauchgasentschwefelung ist auf Seite 161 dargestellt.
CO	Kohlenmonoxid entsteht durch unvollständige Verbrennung und bei Verbrennung unter Sauerstoffmangel. Verbrennungsmotoren und Haushaltsheizungen sind Hauptquellen dieses giftigen Gases. Besonders die explosionsartige Verbrennung des Ottomotors hat CO-Bildung zur Folge. In der Atmosphäre oxidiert CO zu CO_2.	CO verbindet sich anstelle von Sauerstoff mit dem Blutfarbstoff Hämoglobin und behindert damit den Sauerstofftransport im Blut. Es führt bei geringerer Konzentration zu Kopfschmerzen und Übelkeit, bei höheren Konzentrationen zu Atemlähmung und Tod.	Bei kontinuierlich brennenden Feuerungsanlagen kann durch ausreichende Luft- bzw. Sauerstoffzufuhr die Entstehung von CO unterbunden werden. Beim Ottomotor wird durch den Einsatz des Dreiwegekatalysators der CO-Ausstoß um über 90 % verringert, indem in dem Katalysator CO zu CO_2 umgewandelt wird (vgl. Seite 163).

---

1 Aerosole sind über längere Zeit in der Luft schwebende, feinstverteilte feste oder flüssige Stoffe.

	Entstehung	Wirkungen	Technische Maßnahmen
NO_x	Bei hohen Temperaturen verbinden sich die in der Luft enthaltenen Sauerstoff- und Stickstoffmoleküle zu NO und NO_2. Diese beiden Stickoxide werden in der Formel NO_x zusammengefasst. Hauptlieferanten sind neben den Kohlekraftwerken die Verbrennungsmotoren der Autos. Die Stickoxide und ihre Folgeprodukte können in der Luft über 100 Kilometer weit transportiert werden.	Auch die Stickoxide beeinträchtigen die Atemwege des Menschen und verstärken die Wirkung des SO_2. Sie sind wesentlich an der Ozonbildung (O_3) im Hochsommer beteiligt, indem sie bei Sonneneinstrahlung in der Atmosphäre komplexe fotochemische Reaktionsketten auslösen. Dabei entstehen neben dem O_3 weitere Radikale, die ihrerseits zu chemischen Reaktionen führen.	Die Stickoxidbildung kann durch Absenken der Verbrennungstemperaturen reduziert werden. Dadurch sinkt allerdings auch der Wirkungsgrad. Ferner werden katalytische Verfahren zur Rauchgasentstickung in Kraftwerken eingesetzt. Beim Ottomotor werden mit dem Dreiwegekatalysator auch die Stickoxide mit hohen Umwandlungsraten zu N_2 reduziert.
C_mH_n	Unter dem Begriff Kohlenwasserstoffe werden alle Verbindungen aus Kohlen- und Wasserstoff zusammengefasst (Formel: C_mH_n, z. B. CH_4 für Methan). Sie sind in den aus Erdöl und Erdgas gewonnenen Produkten enthalten. Bei unvollständiger Verbrennung, hauptsächlich in Verbrennungsmotoren, bei Lösemittelverwendung und an Tankstellen werden sie in großen Mengen an die Luft abgegeben.	Bei einigen Kohlenwasserstoffen (z. B. Benzol) ist eine Krebs erregende Wirkung nachgewiesen. Bereits beim Einatmen geringer Mengen dieser Stoffe besteht ein erhöhtes Krebsrisiko.	Auch die in den Abgasen der Ottomotoren enthaltenen Kohlenwasserstoffe werden mit dem Dreiwegekatalysator zu Kohlendioxid und Wasser verbrannt und damit weitgehend reduziert. Das Ausdampfen von Kohlenwasserstoffen in die Atmosphäre an Tankstellen und bei Lösemittelanwendungen kann durch Absaugvorrichtungen verringert werden.

Die hier getrennt erläuterten Wirkungen der verschiedenen Luftschadstoffe dürfen nicht darüber hinwegtäuschen, dass die Schadstoffe in komplexer Weise zusammenwirken.

5.2.1 Die Emittenten[2] der Luftschadstoffe

Um sinnvolle Maßnahmen zur Luftreinhaltung durchführen zu können, muss man wissen, aus welchen Quellen die Luftschadstoffe emittiert werden. Dies ist in der Abbildung, bezogen auf Deutschland, dargestellt.

---

2   Das sind die Quellen, welche die Luftschadstoffe abgeben.

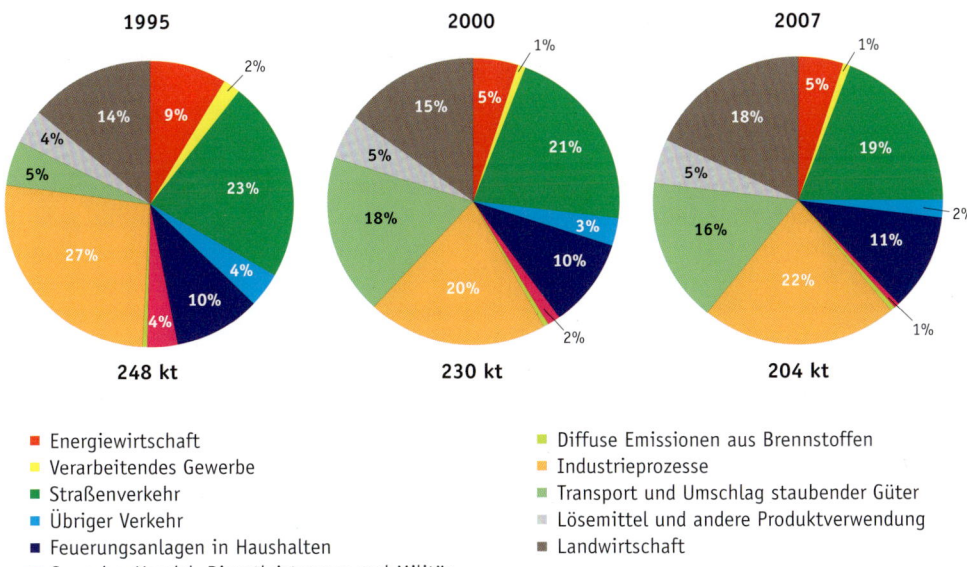

Abb. 5.3 ▶ Die Emittenten der Luftschadstoffe in Deutschland

Die Abbildung zeigt, dass der Verkehr, und das betrifft in erster Linie den Straßenverkehr, der Hauptemittent bei den Luftschadstoffen CO und NO_x ist. Wir alle können also sehr einfach zur Absenkung dieser Emissionen beitragen, indem wir weniger Auto fahren. Die SO_2-Emissionen stammen hauptsächlich aus Kraftwerken.

5.2.2 Maßnahmen zur Luftreinhaltung

Die Umweltpolitik hat erkannt, dass zum Schutz von Menschen, Tieren, Pflanzen und Sachgütern der zunehmenden Luftverschmutzung entgegengewirkt werden muss. Das Bundes-Immissions-schutzgesetz enthält die entsprechenden Rahmenbedingungen. Auf seiner Grundlage wurden Verordnungen erlassen, die **Grenzwerte** für die verschiedenen Luftschadstoffe festlegen. In den einzelnen Ländern wurde ein nahezu flächendeckendes Messwerterfassungssystem für Schad-stoffimmissionen aufgebaut. Doch nur wenn die **Schadstoffkonzentrationen** auch gemessen werden können, ist es sinnvoll, Grenzwerte zu bestimmen und deren Einhaltung zu überprüfen. Die Verordnungen werden von Zeit zu Zeit fortgeschrieben und den neuen technischen wie medizinischen Erkenntnissen angepasst, wobei die zulässigen Grenzwerte verschärft werden. Bei Überschreitung der zulässigen Grenzwerte sind staatliche Zwangsmaßnahmen, zum Beispiel Fahrverbote, möglich.

Darüber hinaus wurden technische Maßnahmen ergriffen, welche die lufthygienische Situation in Deutschland bereits wesentlich verbessert haben. Auf zwei technische Verfahren zur Redu-zierung der Luftschadstoffe wird im Folgenden näher eingegangen.

5.2.2.1 Rauchgasentschwefelung

In neu zu errichtenden Kohlekraftwerken müssen **Rauchgasentschwefelungsanlagen (REA)** eingebaut werden, bei bestehenden Anlagen sind sie nachgerüstet worden. Nur damit können die gesetzlich vorgeschriebenen Grenzwerte bei der Schwefeldioxidemission eingehalten wer-den. Dadurch konnten die emittierten SO_2-Mengen aus Kraftwerken seit Mitte der 1980er Jahre um mehr als 90 % gesenkt werden. Katalysatoren zur Rauchgasentstickung wurden ebenfalls installiert, so dass das aus Kraftwerken emittierte NO_x nur noch etwa 1/5 der Menge von vor zwanzig Jahren beträgt.

Rauchgasentschwefelungsanlage

Von den verschiedenen Verfahren der Rauchgasentschwefelung wird in Deutschland meist das Nassverfahren auf Kalk-/Kalksteinbasis verwendet.

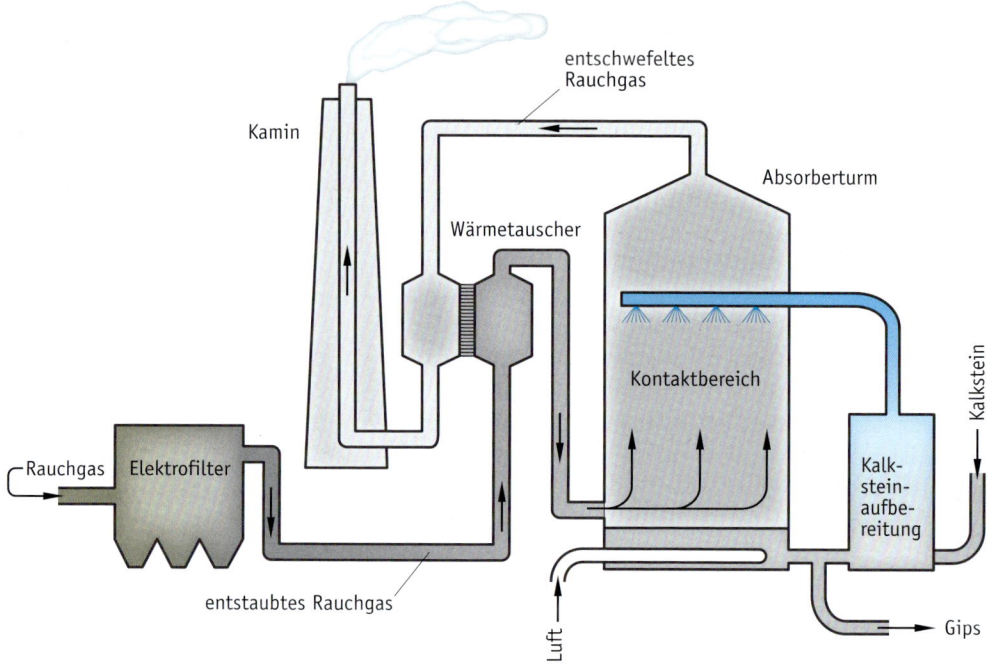

Abb. 5.4 ▶ Prinzipdarstellung einer Rauchgasentschwefelungsanlage

Der in Steinkohle enthaltene Schwefel (1–2 %) oxidiert beim Verbrennen der Kohle zu gasförmigem SO_2, das somit in den Rauchgasen der Feuerungsanlage enthalten ist. Diese Rauchgase durchlaufen zunächst **Elektrofilter** zur Entstaubung, dann wird ihre Temperatur in einem Wärmetauscher von ca. 140 °C auf etwa 50 °C abgesenkt. Die eigentliche Entschwefelung der Rauchgase erfolgt in einem Absorberturm. Diesem wird neben dem schwefelhaltigen Rauchgas auch Kalkstein $CaCO_3$ zugeführt, der zuvor in der Kalksteinaufbereitungsanlage feingemahlen und mit Wasser aufgeschlämmt wurde. In dem Absorberturm wird diese Kalkaufschlämmung den aufsteigenden Rauchgasen entgegengesprüht. Im Kontaktbereich reagiert das Schwefeldioxid mit der Kalklösung zu Calciumsulfit und Kohlendioxid:

$$CaCO_3 + SO_2 \rightarrow CaSO_3 + CO_2$$

Das entstandene Calciumsulfit wird anschließend zu Calciumsulfat (= **Gips**) oxidiert. Der schwerlösliche Gips fällt aus, wird entwässert und dann getrocknet. Gips wird vor allem in der Baustoffindustrie verwendet bzw. muss bei Nichtabnahme deponiert werden.

Die gereinigten Rauchgase werden getrocknet und über den Wärmetauscher wieder auf höhere Temperatur gebracht, um dann über den Schornstein in höhere Luftschichten abgegeben zu werden.

Da eine Rauchgasentschwefelungsanlage die Größenordnung einer chemischen Fabrik hat, war das Nachrüsten bzw. der Bau von REA in Steinkohlekraftwerken mit erheblichen Investitionen verbunden. Diese Investitionen erweisen sich jedoch als wirkungsvolle und die lufthygienische Situation deutlich verbessernde technische Maßnahme: Mit einer REA können über 85 % des in den Rauchgasen enthaltenen SO_2 herausgewaschen werden.

5.2.2.2 Abgaskatalysatoren

In den Abgasen der Verbrennungsmotoren findet man hauptsächlich die Luftschadstoffe CO, NO_x und C_mH_n (vgl. Abbildung 5.3). Die Schadstoffkonzentrationen im Abgas werden ganz wesentlich beeinflusst von dem **Luftverhältnis** λ, mit dem die Verbrennung des Kraftstoff-Luft-Gemisches erfolgt. Unter dem Luftverhältnis versteht man das Verhältnis von tatsächlich vorhandener Luftmasse zur (stöchiometrisch) erforderlichen Luftmasse:

$$\lambda = \frac{\text{vorhandene Luftmasse}}{\text{benötigte Luftmasse}}$$

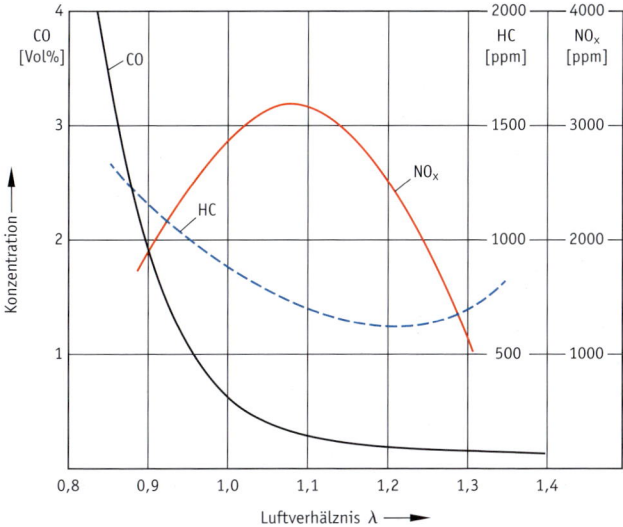

Abb. 5.5 ▶ Die Schadstoffemission in Abhängigkeit vom Luftverhältnis beim Ottomotor

Das Kraftstoff-Luft-Gemisch gilt als **fett**, wenn der Kraftstoffanteil überwiegt, sprich, wenn $\lambda < 1$. Umgekehrt gilt es als **mager**, wenn Luftüberschuss herrscht, also wenn $\lambda > 1$. Im Fall $\lambda = 1$ wird genau die Luftmenge zugeführt, die der Kraftstoff zur vollständigen Verbrennung benötigt.
Wie das Luftverhältnis den Schadstoffausstoß beeinflusst, zeigt Abbildung 5.5. Da sich allein über die Einstellung eines bestimmten Luftverhältnisses kein Minimum aller Schadstoffemissionen erreichen lässt, sind andere technische Maßnahmen zur Schadstoffreduktion erforderlich. Eine weit verbreitete und hoch wirksame Vorrichtung bei Ottomotoren ist der „geregelte Kat".

Geregelter Dreiwegekatalysator

Katalysatoren[3] werden in die Auspuffanlage eingebaut. Sie bestehen in der Regel aus einem wabenförmigen Keramikgrundkörper, der von sehr vielen parallelen Kanälen durchzogen ist, durch welche die Abgase strömen. Die Keramikoberflächen in den Kanälen sind feinstverteilt-mit den Katalysatorsubstanzen Platin und Rhodium beschichtet. Damit diese 1 bis 3 Gramm Edelmetalle ihre katalytische Wirkung entfalten können, müssen sie den vorbeiströmenden Abgasen eine möglichst große Oberfläche bieten. Deshalb dürfen in den Abgasen keine Rückstände enthalten sein, die sich auf den Oberflächen ablagern und damit die katalytische Wirkung mindern.

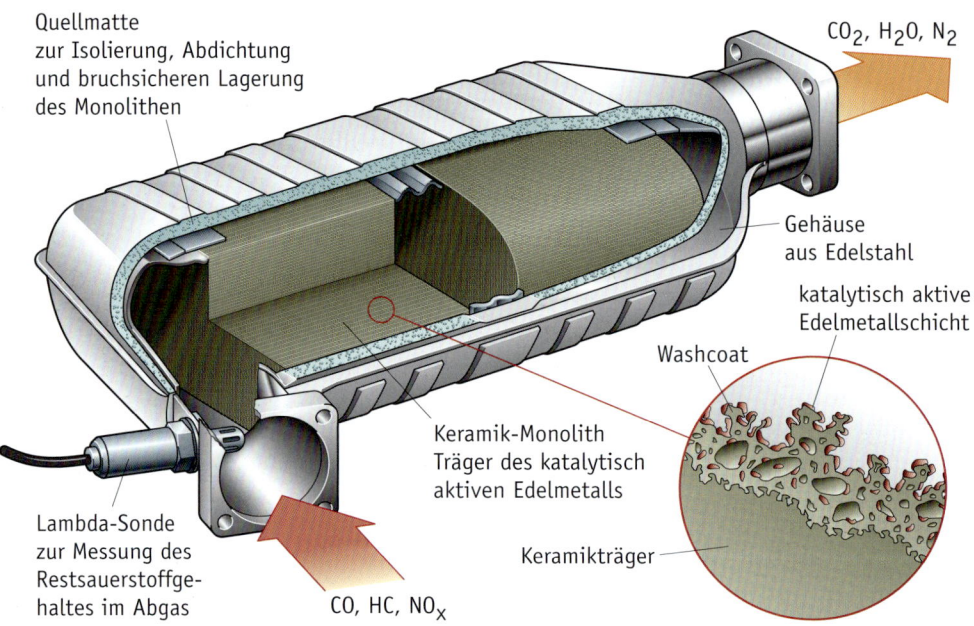

Quellmatte zur Isolierung, Abdichtung und bruchsicheren Lagerung des Monolithen

CO_2, H_2O, N_2

Gehäuse aus Edelstahl

katalytisch aktive Edelmetallschicht

Washcoat

Keramik-Monolith Träger des katalytisch aktiven Edelmetalls

Keramikträger

Lambda-Sonde zur Messung des Restsauerstoffgehaltes im Abgas

CO, HC, NO_x

Abb. 5.6 ▶ Aufbau und Funktionsweise eines Dreiwegekatalysators

Im *Dreiwege*katalysator laufen drei Reaktionen gleichzeitig ab:
1. NO_x wird zu Stickstoff reduziert.
2. Mit dem gewonnenen Sauerstoff wird CO zu ungiftigem Kohlendioxid aufoxidiert.
3. Die Kohlenwasserstoffe C_mH_n reagieren zu CO_2 und Wasser.

---

3   Als **Katalysator** bezeichnet man in der Chemie einen Stoff, der durch seine Anwesenheit chemische Reaktionen auslöst oder beschleunigt, ohne sich selbst zu verändern. Im Zusammenhang mit Abgaskatalysatoren hat es sich eingebürgert, nicht nur diesen Stoff, sondern das komplette Bauteil (einschließlich Gehäuse) so zu nennen.

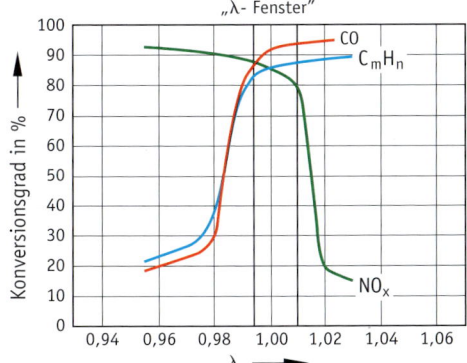

Abb. 5.7 ▶ Der Konversionsgrad[4] des Katalysators in Abhängigkeit vom Luftverhältnis

Damit wandelt der Katalysator die eintretenden giftigen Schadstoffe NO_x, CO und C_mH_n in die ungiftigen Ausgangsstoffe N_2, CO_2 und H_2O um. Man spricht deshalb auch von **Abgasentgiftung**.

Wie gut die Abgasentgiftung per Katalysator, sprich, wie hoch der **Konversionsgrad** ist, hängt von verschiedenen Parametern ab. Neben der erforderlichen Temperatur (> 400 °C) kommt es insbesondere darauf an, dass das Luftverhältnis möglichst genau bei $\lambda = 1{,}00$ liegt. Bereits bei einer Abweichung von 1 % verschlechtert sich der Konversionsgrad. Knapp unterhalb $\lambda = 1{,}00$ nehmen die Kohlenwasserstoffe und das Kohlenmonoxid erheblich zu (unvollständige Verbrennung), knapp oberhalb von $\lambda = 1{,}00$ steigt NO_x sprunghaft an (heiße Verbrennung). Wie aus Abbildung 5.7 hervorgeht, sind nur in einem schmalen „λ-Fenster" um $\lambda = 1{,}00$ optimale Konversionsgrade für alle drei Schadstoff zu erzielen.

Um bei jedem Betriebszustand des Motors dieses Luftverhältnis zu gewährleisten, ist eine Regelung erforderlich: die **Lambda-Regelung**. Regeln bedeutet hier eine Rückkopplung der Ausgangsgröße auf die Eingangsgröße. Zu diesem Zweck wird als Messglied ein Sensor (**Lambda-/λ-Sonde**) in die Abgasanlage zwischen Motor und Katalysator eingebaut (vgl. Abbildung 5.8). Die λ-Sonde meldet den Istwert des Luftverhältnisses[5] an den elektronischen Regler. Dieser stellt ggf. eine Regelabweichung von dem Sollwert $\lambda = 1{,}00$ fest und gibt dann den Befehl an das Stellglied, entsprechend gegenzusteuern. Besonders gut lässt sich die Lambda-Regelung mit **Benzineinspritzanlagen** kombinieren. Ist λ zu groß, gibt der Regler an die Benzineinspritzanlage den Befehl, mehr Kraftstoff einzuspritzen; bei zu kleinem λ erfolgt die Regelung umgekehrt.

Während ungeregelte Katalysatoren nur Konversionsraten von ca. 50 % erzielen, erreichen geregelte Katalysatoren Umwandlungsraten von über 90 %. Allerdings nimmt der Konversionsgrad eines Katalysators mit zunehmendem Alter ab. Zudem erhöht der Katalysator den Kraftstoffverbrauch eines PKWs um ca. 5 %. Dennoch sind geregelte Katalysatoren derzeit die wirkungsvollste technische Maßnahme, um die Abgase von Ottomotoren zu entgiften.

---

4   Der Konversionsgrad gibt an, wie viel Prozent der in den Katalysator einströmenden giftigen Schadstoffe in ungiftige Abgase umgewandelt werden.

5   Tatsächlich misst die λ-Sonde den Restsauerstoffanteil im Abgas. Daraus lässt sich auf das Luftverhältnis schließen.

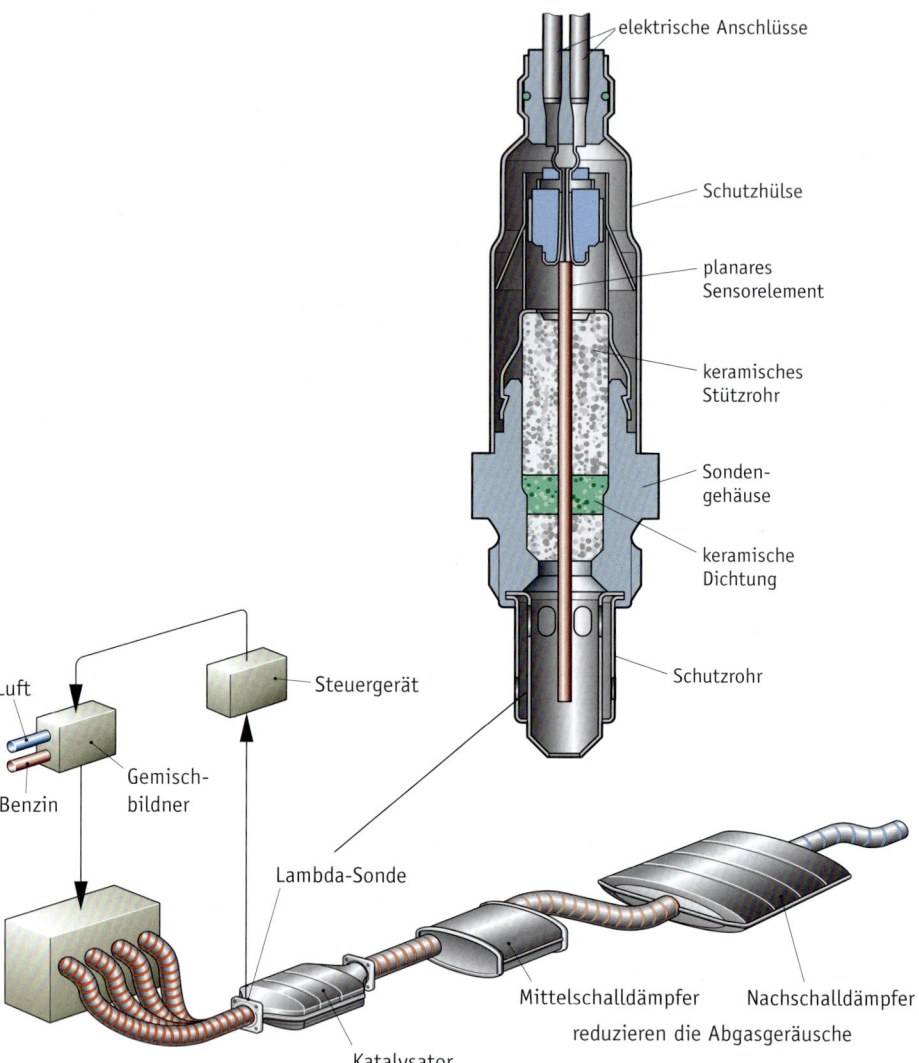

elektrische Anschlüsse

Schutzhülse

planares
Sensorelement

keramisches
Stützrohr

Sonden-
gehäuse

keramische
Dichtung

Schutzrohr

Luft

Steuergerät

Gemisch-
bildner

Benzin

Lambda-Sonde

Mittelschalldämpfer   Nachschalldämpfer

reduzieren die Abgasgeräusche

Katalysator

Abb. 5.8 ▶ Lambda-Sonde und -Regelung

Inzwischen ist der „geregelte Kat" bei Autos mit Ottomotor zur Selbstverständlichkeit geworden. Trotzdem hat sich die Situation im Verkehrsbereich nicht so deutlich verbessert wie bei den Kraftwerken. Das liegt daran, dass durch das ständig steigende Verkehrsaufkommen die Zunahme der Emissionen größer ist als die Reduzierung der Schadstoffe durch Katalysatoren. Zudem wird ein wachsender Anteil des Schwerlastverkehrs von der Schiene auf die Straße verlagert.

5.3   Der Treibhauseffekt

Das gasförmige Standardprodukt eines Verbrennungsprozesses mit kohlenstoffhaltigen Brennstoffen, also mit fossilen Energieträgern oder Biomasse, z. B. Holz, ist das **Kohlendioxid**, kurz

CO_2. Lange Zeit wurde dieses Gas für unbedenklich gehalten, da es nicht toxisch[6] und für das Wachstum der Pflanzen sogar nötig ist. Inzwischen weiß man aber, dass es – bei entsprechender Konzentration in der Atmosphäre – entscheidend zur Veränderung des Weltklimas beiträgt.

5.3.1 Der natürliche Treibhauseffekt

Die auf die Erde einfallenden Sonnenstrahlen bestehen aus elektromagnetischen Wellen. Die kurzwelligen Sonnenstrahlen - ihre größte Strahlungsintensität liegt im Bereich des sichtbaren Lichtes - werden von der Atmosphäre weitgehend durchgelassen und erwärmen die Erdoberfläche. Daraufhin werden von der Erde längerwellige Wärmestrahlen – ihre Wellenlänge liegt im unsichtbaren **Infrarotbereich** – abgegeben. Die elektromagnetischen Wellen des Infrarotbereiches können aber die Atmosphäre nicht wieder ungehindert verlassen; vielmehr werden sie von **Spurengasen**, zu denen auch das CO_2 gehört, absorbiert[7]. Zwar strahlen die Spurengase die absorbierte Energie wieder ab, jedoch erfolgt das ungerichtet und somit teilweise wieder zur Erde zurück.

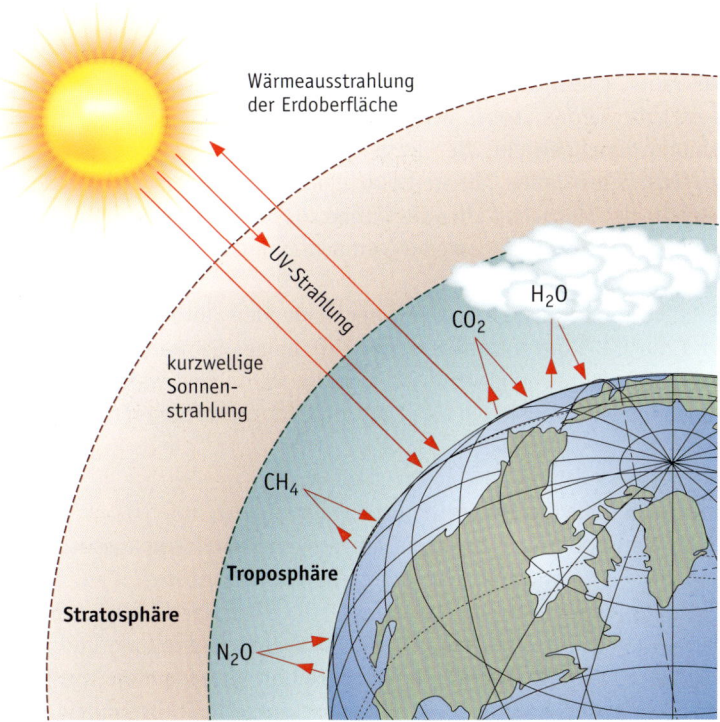

Abb. 5.9 ▶ Schematische Darstellung des Treibhauseffektes

Die Spurengase haben also die gleiche Wirkung wie die Glasscheiben eines Treibhauses: Einerseits lassen sie das von außen einfallende kurzwellige Sonnenlicht durch, andererseits unterbinden sie das Abstrahlen der langwelligen Wärmestrahlung aus dem Inneren des Treibhauses.

---

6   toxisch = giftig
7   Aus der Physik oder Chemie weiß man, dass Gas-Atome oder -Moleküle elektromagnetische Wellen bestimmter Wellenlängen absorbieren. CO_2 hat die Eigenschaft, im Infrarotbereich des elektromagnetischen Spektrums liegende Wellen zu absorbiert. Der Physiker spricht in diesem Zusammenhang davon, dass die Spurengase, so auch CO_2, *Absorptionsbanden* im Infrarotbereich des Spektrums haben.

Dadurch heizt sich die Luft im Inneren des Treibhauses auf, ebenso wie sich die Atmosphäre der Erde durch die „Treibhausgase" erwärmt.

Ohne diesen natürlichen Treibhauseffekt, das heißt ohne Spurengase in der Atmosphäre wäre es auf der Erde um ca. 33 °C kälter. Da die weltweite jährliche Durchschnittstemperatur ca. +15 °C beträgt, wäre die Erde also eine Eiswüste mit Dauerfrost von durchschnittlich −18 °C.

Die den Treibhauseffekt bewirkenden Spurengase[8] sind, wie der Name sagt, nur in geringen Mengen in der Atmosphäre enthalten - hauptsächlich Kohlendioxid, das nur etwa zu 0,04 % in der Luft enthalten ist, und weit weniger bedeutsame Gase wie Distickoxid (N_2O), Methan (CH_4) und Ozon (O_3). Den größten Anteil an dem natürlichen Treibhauseffekt hat der durch Verdunstung in der Atmosphäre enthaltene Wasserdampf. Der Wärme speichernde Effekt des Wasserdampfes ist gut zu beobachten: Während sternenklare Nächte zu einer starken Abkühlung führen, weil die Wärme in den Weltraum abgestrahlt wird, ist die Abkühlung bei wolkenbedecktem Himmel geringer, weil der Wasserdampf in den Wolken die Abstrahlung verhindert.

Der Wärmehaushalt der Erde ist bestimmt von der Einstrahlung der Sonnenenergie und der Abstrahlung in den Weltraum. Letztlich muss die gesamte eingestrahlte Sonnenenergie wieder in den Weltraum abgestrahlt werden, sonst würde sich die Erde immer weiter aufheizen. Es besteht also ein Strahlungsgleichgewicht. Der Treibhauseffekt bewirkt nur eine Verzögerung der Wärmeabstrahlung, was sich in einer höheren Lufttemperatur niederschlägt. Alle weiteren Energieumsetzungen wie die des Menschen oder die Wärme aus dem Erdinneren sind im Vergleich zu der von der Sonne eingestrahlten Energiemenge vernachlässigbar klein.

Im antarktischen Eis sind Lufteinschlüsse aus weit zurückliegenden Zeiten enthalten. Aus deren Analyse weiß man, dass die CO_2-Konzentration in der Luft immer Schwankungen unterworfen war. So zeigt sich, dass bei Eiszeiten niedrigere CO_2-Gehalte vorhanden waren als in Warmzeiten. Das Klima der Erde hängt also in starkem Maße mit den Konzentrationen dieser Spurengase zusammen.

5.3.2 Der anthropogene Treibhauseffekt

Auch die Aktivitäten des Menschen emittieren die klimarelevanten Treibhausgase in die Erdatmosphäre. Dabei steuern die Emissionen der Energiewandlungssysteme 50 % zu dem vom Menschen gemachten (anthropogenen) Treibhauseffekt bei, in erster Linie durch Freisetzen von CO_2 bei der Verbrennung fossiler Energieträger. Mit 20 % sind Herstellung und Anwendung chemischer Produkte am zusätzlichen Treibhauseffekt beteiligt, insbesondere die **Fluorchlorkohlenwasserstoffe** (FCKW), die als Kühlmittel in Kältemaschinen (vgl. Abschnitt 4.3) und zum Aufschäumen von Kunststoffen eingesetzt werden. Die FCKW-Moleküle zerstören nicht nur die schützende Ozonschicht der Atmosphäre, sondern wirken auch als Treibhausgas. Zwar sind die emittierten Mengen im Vergleich zum CO_2 sehr gering, die FCKW-Moleküle haben jedoch eine um den Faktor 10.000 höhere Treibhauswirkung als die CO_2-Moleküle. Immerhin 15 % trägt der Raubbau an den Tropenwäldern zum Treibhauseffekt bei. Durch Brandrodungen wird nicht nur CO_2 freigesetzt, die Erde verliert damit auch eine CO_2-Senke[9], denn immer weniger Pflanzen sind vorhanden, um CO_2 aufzunehmen und zu speichern. Die restlichen 15 % der anthropoge-

---

8   Man nennt sie deshalb auch *Treibhausgase*.
9   Eine Senke ist das Gegenteil von einer Quelle, also ein Ort, der etwas aufnehmen kann.

nen Treibhausgase gehen auf die Landwirtschaft etc. zurück: Im Nassfeldreisanbau und in der Rinderhaltung entsteht Methan, ebenso in Mülldeponien, und bei der Düngung wird Distickoxid, N_2O freigesetzt.

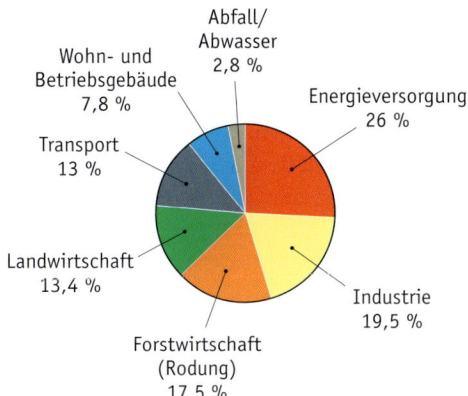

Abb. 5.10 ▶ Die Ursachen des **menschgemachten (zusätzlichen)** Treibhauseffektes (Quelle: BMWi, Stand: 2010)

Das CO_2-Problem

Das Verbrennen fossiler Energieträger setzt in großen Mengen CO_2 frei, hinzu kommt das durch Brandrodung der Regenwälder und das Verrotten von Biomasse freigesetzte CO_2. Dass sich seit der Industrialisierung der CO_2-Gehalt in der Luft erhöht, bestätigen entsprechende Messungen.

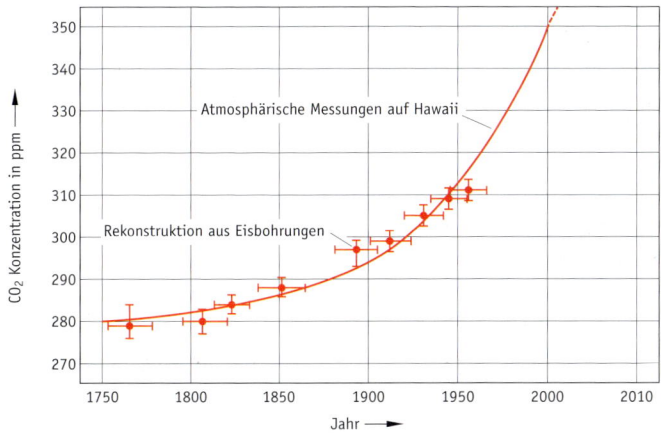

Abb. 5.11 ▶ Der CO_2-Anstieg[10] in den letzten 260 Jahren

Seit der Industrialisierung ist die CO_2-Konzentration von etwa 280 ppm auf ca. 380 ppm angestiegen, das heißt um etwa 35 %. Aufgrund des steigenden Weltenergiebedarfs ist mit einer

---

10 Bei der im Diagramm angegebenen Einheit ppm steht „ppm" ursprünglich für *parts per million*, also Anzahl von Fremdteilchen auf 1 Million Teilchen. In diesem Zusammenhang sind Millionstel Volumenanteile gemeint. Bei 300 ppm CO_2-Konzentration macht das CO_2-Volumen 300 Millionstel des Luftvolumens aus, das entspricht 0,3 Promille oder 0,03 %.
Der oben abgebildete Kurvenzug ist geglättet dargestellt, tatsächlich sind dieser Kurve jahreszeitliche Schwankungen um ca. ±3 ppm überlagert, hauptsächlich bedingt durch die verschiedenen Vegetationsperioden.

weiteren Zunahme der CO_2-Emissionen durch Verbrennen fossiler Energieträger vor allem in den Schwellenländern und demzufolge mit einer weiteren Erhöhung der CO_2-Konzentration in der Atmosphäre zu rechnen. Besonders bedrohlich ist, dass sich sogar die jährliche Zuwachsrate erhöht. Das emittierte CO_2 sammelt sich in der Atmosphäre an. Ohne Gegenmaßnahmen ist ein Anwachsen der CO_2-Konzentration bis zur Mitte dieses Jahrhunderts auf ca. 560 ppm zu erwarten – das bedeutet: eine Verdoppelung im Vergleich zur vorindustriellen natürlichen Konzentration. Durch Menschenhand.

Wird in einem Verbrennungsprozess 1 mol C-Atome oxidiert – das entspricht den Gesetzen der Chemie zufolge – 12 Gramm Kohlenstoff, so entstehen 44 Gramm CO_2-Gas, wie folgende Rechnung zeigt:

$$C \ + \ O_2 \ \rightarrow \ CO_2$$
$$12 \text{ g} + 2 \cdot 16 \text{ g} \ = \ 44 \text{ g}$$

Weltweit werden allein durch das Verbrennen fossiler Energieträger derzeit ca. 22 Gt, also 22 Milliarden Tonnen CO_2 jährlich erzeugt und in die Luft geblasen. In Deutschland sind es immerhin etwa 0,8 Gt/a, wobei Deutschland diese Emissionen in den letzten zwei Jahrzehnten um 20 % senken konnte. Global aber – und das ist das Entscheidende – nehmen die CO_2-Emissionen weiterhin zu.

Beispiele

Wie kann man sich die Abgasmenge von 0,8 Milliarden Tonnen CO_2, die jährlich aus deutschen Schloten, Schornsteinen und Auspuffen in die Atmosphäre gepustet werden, vorstellen?

a) Deutschland hat eine Einwohnerzahl von etwa 80 Millionen. Das bedeutet, dass in Deutschland pro Kopf und Jahr ein Aufkommen von 10 Tonnen CO_2 entsteht. Das ist auch im Vergleich zu den 4 Tonnen herkömmlichen Mülls (einschließlich Industriemüll), die jeder Bundesbürger pro Jahr produziert, eine enorme Menge.

b) CO_2 ist schwerer als Luft und bliebe am Boden, wenn es nicht durch Luftströmungen in der Atmosphäre verteilt würde. Es wird berechnet, bis zu welcher Höhe das jährlich in Deutschland produzierte CO_2-Gas Deutschland dann bedecken: Da 1 mol eines (idealen) Gases bei *Normbedingungen* (p_0 = 1013,25 hPa, T_0 = 273,2 K = 0° C) stets 22,4 Liter Volumen einnimmt, nehmen 44 Gramm CO_2, das ist 1 mol CO_2, eben 22,4 Liter Volumen in Anspruch. Also benötigt 0,8 Gt CO_2 ein Volumen von $4,1 \cdot 10^{11}$ m^3. Das bedeutet: Dieses Gas würde bereits nach einem Jahr – bei einer Landfläche von 357 000 km^2 – rund 1,1 Meter hoch stehen und alles unter sich ersticken.

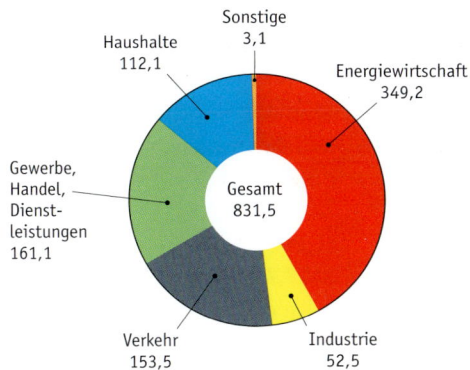

Abb. 5.12 ▶ CO_2-Emissionen in Deutschland nach Verursachern

In Abbildung 5.12 ist dargestellt, welchen Anteil an der CO_2-Emission die verschiedenen Sektoren in Deutschland haben.

Für die Luftschadstoffe SO_2, NO_x usw. wurden technische Maßnahmen zur Zurückhaltung oder Umwandlung dieser Stoffe entwickelt und werden großtechnisch mit Erfolg eingesetzt. Verfahren zur **CO_2-Abscheidung und -speicherung** (engl. *Carbon Dioxide Capture and Storage*, kurz **CCS**) gibt es auch in Deutschland in Form von Pilotanlagen im Erprobungsstadium: Bei Kohlekraftwerken werden diese Verfahren entwickelt und teilweise schon erprobt, mit denen CO_2 aus Abgasen von Kohlekraftwerken abgetrennt und dann unterirdisch gespeichert wird. Ob CCS einen wirklich substanziellen Beitrag zur Verminderung der CO_2-Emissionen liefern kann und ob es von der Bevölkerung akzeptiert wird, muss die Zukunft zeigen. Doch da die Welt auf Kohle zur Stromerzeugung mittel- und auch längerfristig wohl nicht verzichten kann, *müssen* diese Technologien entwickelt werden.

Im Prinzip stellen auch die Weltmeere eine wichtige Senke für CO_2 dar. Allerdings sinkt ihre Aufnahmekapazität mit zunehmender Temperatur, weshalb positive Rückkopplungseffekte[11] bei **weiterer** Erwärmung der Erde zu befürchten sind.

Dieser Einblick in die Problemvielfalt, die mit der Erderwärmung und der Veränderung des Weltklimas verbunden ist, zeigt, welche Lawine bereits losgetreten worden sein könnte. Hinzu kommt, dass die große Wärmekapazität der Ozeane dazu führt, dass sich Temperaturerhöhungen aufgrund des anthropogenen Treibhauseffekts erst mit einer Verzögerung von dreißig bis fünfzig Jahren auswirken. Das bedeutet aber gleichzeitig, dass auch Gegenmaßnahmen erst dann wirksam werden.

---

11 Eine „positive Rückkopplung" hat einen Verstärkungseffekt: Dadurch, dass es wärmer wird, können die Ozeane weniger CO_2 lösen, wodurch mehr davon in die Atmosphäre kommt und damit zu weiterer Erwärmung auch des Ozeanwassers beiträgt, wodurch dieses wiederum weniger CO_2 lösen kann …

Wie viel CO_2 die verschiedenen C-haltigen Brennstoffe bei der Erzeugung von 1 kWh Wärmeenergie bzw. 1 kWh elektrischer Energie (deshalb der Index „e") abgeben, ist in Tabelle 5.2 aufgeführt.

Tabelle 5.2 ▶ CO_2-Ausstoß je erzeugte Kilowattstunde bei verschiedenen C-haltigen Energieträgern

Energieträger	kg CO_2/kWh	Prozent	kg CO_2/kWh$_e$	Prozent
Braunkohle	0,40	100%	1,11	100%
Steinkohle	0,33	83%	0,87	78%
Erdöl (schwer)	0,29	73%	0,75	68%
Erdgas	0,19	48%	0,60	54%
Biomasse, besonders Holz	0,30	75%		

Dass technische Maßnahmen zur Verminderung des CO_2-Ausstoßes großtechnisch schwer umsetzbar sein werden, liegt auch an den enormen CO_2-Mengen, die bei der Verbrennung entstehen. Die herkömmlichen Luftschadstoffe wie SO_2 und NO_x fallen rein mengenmäßig um den Faktor 500 bis 1000 geringer an und können schon deshalb einfacher durch sogenannte **End-of-pipe-Technologien** zurückgehalten und entsorgt werden.

Mögliche Folgen des Treibhauseffektes

In den letzten Jahren ist die Klimaforschung erheblich intensiviert worden, um die Auswirkungen der von der Menschheit verursachten Veränderungen der Erdatmosphäre zu verstehen. Der **Weltklimarat** (**IPCC** - Intergovernmental Panel on Climate Change) geht in seinem Report, welcher die wichtigsten aktuellen Forschungsarbeiten von Klimaexperten zusammenfasst, davon aus, dass der anthropogene Treibhauseffekt zu einer **Erhöhung der mittleren globalen Temperatur** um

$$\Delta T = 4 \text{ K} \pm 2 \text{ K}$$

führen wird.

Das klingt harmlos – ist es aber nicht. Welche Brisanz in dieser Temperaturänderung der Erde steckt, erkennt man bereits daran, dass in der Vergangenheit ein Wechsel zwischen Eis- und Warmzeit eine Veränderung der mittleren globalen Temperatur von 4°C bis 5°C bedeutete. Diese Schwankungen vollzogen sich aber innerhalb von vielen Jahrtausenden und nicht, wie prognostiziert, in einem Jahrhundert. Außerdem sagt die globale gemittelte Temperaturänderung noch nichts über regionale Schwankungen aus, die wesentlich höher (und auch in entgegengesetzter Richtung) ausfallen können.

Noch hoffen die Politikerinnen und Politiker, den globalen Temperaturanstieg auf 2°C begrenzen zu können. Denn: Wird dieses „**Zwei-Grad-Ziel**" verfehlt, fürchten viele Klimaforscher aufgrund ihrer Modellrechnungen einen Dominoeffekt, bei dem das Klima regelrecht kippt. Dass diese zwei Grad einen **Schwellenwert** darstellen, liegt an einer Reihe „positiver" Verstärker. So reflektieren die schwindenden Schnee- und Eisflächen weniger Sonnenlicht zurück in den Weltraum, auftauende Permafrostböden geben das Treibhausgas Methan in die Atmosphäre ab, die erwärmten Ozeane speichern weniger CO_2 usw. Die Auswirkungen wären in diesem Fall noch dramatischer - und unumkehrbar. Das lässt sich nur verhindern, wenn die meisten Staaten in wenigen Jahren eine drastische Verminderung des CO_2-Ausstoßes erreichen. Danach sieht es derzeit aber leider nicht aus.

Als Folgen der globalen Erwärmung der Erde werden folgenden Szenarien erwartet:

- Zusammenbruch von Ökosystemen, die aufgrund der Veränderungsgeschwindigkeit überfordert sind.
- Verschiebung der Vegetationszonen: Aus fruchtbaren Gebieten werden Trockenwüsten, aus Steppen Feuchtgebiete.
- Zunahme der Niederschlagsmengen aufgrund der höheren Verdunstungsrate bei gestiegener Temperatur. Die Folge: Überschwemmungen.
- Zunahme von Stürmen, Wirbelstürmen, Sturmfluten und Unwettern[12] aufgrund der höheren Energie in der Atmosphäre.
- Veränderte Meeresströmungen (z. B. Golfstrom), so dass sich regional völlig andere (auch niedrigere) Temperaturen ergeben können.
- Ansteigen der Meeresspiegel durch Volumenausdehnung des erwärmten Wassers und allmähliches Abschmelzen der Polkappen. Die Folge: Überschwemmungen der Küstenregionen, wodurch dicht bevölkerte Siedlungs- und fruchtbare Anbauflächen verlorengehen.
- Millionen von „Klimaflüchtlingen", deren angestammte Gebiete keine Nahrung mehr hergeben oder vom Meer geschluckt wurden.

Abb. 5.13 ▶ Häufigere und heftigere Unwetter mit entsprechenden Schäden sind eine erwartete Folge der globalen Erwärmung: 80 Liter je Quadratmeter Regen am 6. Juni 2011 in Hamburg

Diese Auswirkungen sind das Ergebnis aufwendiger Modellrechnungen. Während an der zu erwartenden Temperaturerhöhung kaum mehr Zweifel besteht, haben die dargestellten Auswirkungen aber auch spekulativen Charakter, weil die Reaktion der Atmosphäre als komplexes System mit vielen Parametern nicht ausreichend genau erfasst werden kann. Trotzdem halten viele Wissenschaftler die Klimaänderung neben einem Nuklearkrieg für die derzeit größte Bedrohung der Menschheit.

Gegenmaßnahmen

Da die zu erwartenden Auswirkungen des Treibhauseffektes mit einer Verzögerung von dreißig bis fünfzig Jahren eintreten und die emittierten Treibhausgase Jahrzehnte, oft Jahrhunderte in der Atmosphäre verbleiben, kann nicht mit Gegenmaßnahmen gewartet werden, bis alle Auswirkungen wissenschaftlich eindeutig geklärt sind. Bereits 1987 rief der Deutsche Bundestag deshalb die Enquetekommission „Vorsorge zum Schutz der Erdatmosphäre" ins Leben, die eine Vielzahl wissenschaftlicher Erkenntnisse zusammenfasste und damit eine solide Datenbasis schuf. Da aber kein Staat der Welt alleine den globalen Treibhauseffekt bekämpfen kann – das bedeutet nicht, dass ein Staat nicht mit gutem Beispiel vorangehen sollte –, fand 1992 der erste sogenannte **Umweltgipfel**

---

12 Viele Versicherungsgesellschaften stellen in ihren Statistiken bereits wachsendes Schadensaufkommen fest, verursacht durch zunehmende Unwetter.

in Brasilien statt. Das Ergebnis: Mehr als 150 Staaten unterzeichneten die Klimakonvention. Ziel dieser Konvention ist die weltweite Absenkung des CO_2-Ausstoßes. Noch bedeutender für den Klimaschutz war jedoch die 1997 im japanischen Kyoto abgehaltene Klimakonferenz. Nach zähem Ringen zwischen Industriestaaten und Entwicklungsländern trat 2005 das sogenannte **Kyoto-Protokoll** in Kraft. Darin wurden völkerrechtlich verbindliche Zielwerte für die Verminderung des Ausstoßes von Treibhausgasen festgelegt. Auch der **Handel mit Emissionszertifikaten** geht auf das Kyoto-Protokoll zurück. Die USA haben das Kyoto-Protokoll als einziger Industriestaat nicht unterzeichnet. 2012 läuft es aus. Um ein Nachfolgeprotokoll wird derzeit, hauptsächlich zwischen Industrie- und Entwicklungsländern, heftiger denn je gerungen.

Um den CO_2-Ausstoß wirksam zu reduzieren, muss eine Vielzahl von Maßnahmen ergriffen werden:

- Verstärkte Verwendung C-armer Brennstoffe (vgl. Tabelle 5.2), das heißt weniger Braunkohle, mehr Erdgas.
- Nutzung C-freier Energieträger; großtechnisch sind das bisher nur die Kernenergie und die Wasserkraft.
- Die Energieumwandlung muss mit höheren Wirkungsgraden erfolgen.
- Verstärkte dezentrale Nutzung regenerativer Energieträger, z. B. Sonnenwärme, Windkraft.
- Rationelle Energieverwendung, z. B. durch bessere Wärmeisolierung von Wohnräumen.
- Aktives/Bewusstes Energiesparen.

Beim letzten Punkt kann jeder von uns sofort beginnen. Gerade die Menschen in den Industrieländern besitzen ein riesiges Einsparpotential. Man wird sich zukünftig zweimal überlegen müssen, ob man eine auf Knopfdruck zur Verfügung stehende Energiedienstleistung benötigt, wenn man die Zusammenhänge und die Folgen des Energiekonsums bedenkt. Letztlich aber werden wir um die Menschheitsaufgabe nicht herumkommen, uns von den fossilen Energieträgern zu verabschieden. Stark steigende Preise für Erdgas und Erdöl werden den Umstieg unterstützen.

5.4 Radioaktivität

In diesem Abschnitt wird auf die Risiken in Zusammenhang mit der radioaktiven Strahlung eingegangen. Das Problem der radioaktiven Strahlung tritt bei der Energiegewinnung mittels Kernumwandlungen auf, also sowohl bei der Kernspaltung als auch in abgeschwächter Form bei der Kernfusion. Bei der Kernspaltung – und nur um sie soll es hier gehen – stellt die Radioaktivität der Spaltprodukte das Hauptproblem bei der friedlichen Nutzung der Kernenergie dar. Die physikalischen Grundlagen der Radioaktivität sind in Abschnitt 4.4.3 dargestellt. Da die radioaktive Strahlung Leben schädigen kann und damit stark umweltbelastend wirkt, sollen auch ihre Wirkungen thematisiert werden.

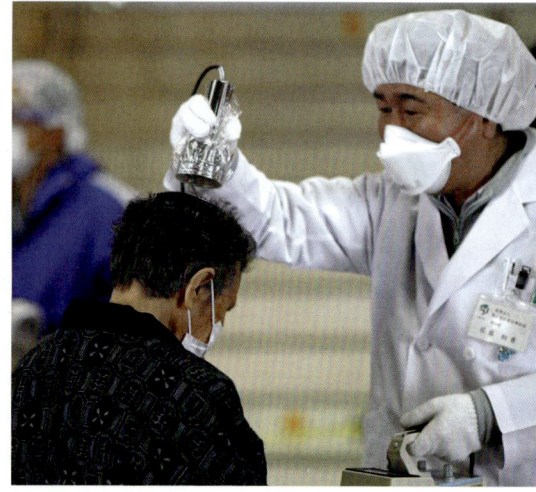

Abb. 5.14 ▶ Messung der radioaktiven Strahlung nach der Reaktorkatastrophe in Fukushima.

5.4.1 Natürliche und künstliche Radioaktivität

Die **natürliche Radioaktivität** auf der Erde wird aus zwei Quellen gespeist. Zum einen sind radioaktive Isotope in der Erdkruste enthalten, beispielsweise Uranerzeinschlüsse in bestimmten Gesteinsarten. Das ist ein Grund dafür, dass die natürliche Radioaktivität je nach Standort erheblich schwankt. Dieser Anteil an der natürlichen Radioaktivität wird **terrestrische Strahlung** genannt. Zum anderen wird die natürliche Radioaktivität durch die auf die Erde einfallende **kosmische Strahlung** hervorgerufen. Diese energiereiche Strahlung trifft, aus dem Weltall kommend, auf die Atome in der Lufthülle. Durch Wechselwirkungen zwischen kosmischer Primärstrahlung und den Kernen der Luftmoleküle entsteht eine radioaktive Sekundärstrahlung, die bis zum Erdboden gelangt.

Die **künstliche Radioaktivität** wird durch technische Eingriffe des Menschen erzeugt. Dazu gehören die Anwendungen in der Medizintechnik wie Röntgenuntersuchungen, „Bestrahlungen" usw., frühere oberirdische Kernwaffenversuche, das Betreiben technischer Geräte, die Strahlung abgeben (z. B. Röhren-Monitore) und der Betrieb kerntechnischer Anlagen, insbesondere Kernkraftwerke.

Jedes Lebewesen auf der Erde ist dieser natürlichen und künstlichen Radioaktivität ausgesetzt, wobei die Strahlenbelastungen je nach Standort und Zeitpunkt verschieden hoch sind.

5.4.2 Maße für die radioaktive Strahlung

Radioaktive Strahlung kann relativ einfach mit einem **Geiger-Müller-Zähler** gemessen werden. Dabei wird die **ionisierende Wirkung** der radioaktiven Strahlung ausgenutzt, also die Fähigkeit der Strahlung, aus der Hülle von Atomen Elektronen herauszulösen und damit geladene Teilchen (**Ionen**) zu erzeugen. Man spricht deshalb auch von **ionisierenden Strahlen**. Meist ist an den Geiger-Müller-Zähler auch ein Lautsprecher angeschlossen, so dass ein radioaktiver Zerfall als deutlich hörbares Knacken zu hören ist.

1. Aktivität A

Die Aktivität eines radioaktiven Stoffes gibt an, wie viel radioaktive Zerfälle pro Zeiteinheit stattfinden. Die Einheit der Aktivität ist das **Becquerel**, das 1 Zerfall pro Sekunde bedeutet:

$$[A] = 1 \text{ Bq} = 1 \text{ Zerfall/s} = 1 \text{ s}^{-1}$$

Das Becquerel ist eine sehr kleine Einheit. So weist 1 Gramm Radium 226 eine Aktivität von $3,7 \cdot 10^{10}$ Bq auf. Das war die historische Einheit 1 Ci (Curie) für die Aktivität. Demnach zerfallen in 1 Gramm Radium $3,7 \cdot 10^{10}$ Kerne pro Sekunde. Demgegenüber hat 1 Kilogramm fränkischer Schiefer eine Aktivität von nur etwa 1000 Bq. Das Aktivitätsinventar eines 1-GW-Kernreaktors beträgt nach längerer Betriebszeit bis zu $26 \cdot 10^{19}$ Bq. Der radioaktive Abfall eines Kernkraftwerkes wird als hochaktiv klassifiziert, wenn seine Aktivität $\geq 3,7 \cdot 10^{14}$ Bq/m^3 ist.

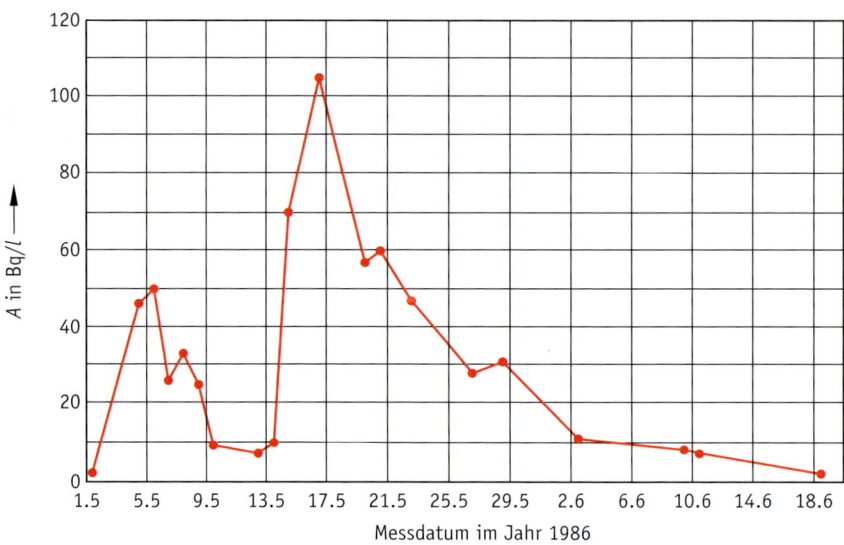

Abb. 5.15 ▶ Gemessene [131]J-Aktivitätswerte in bayerischer Frischmilch als Folge des Reaktorunfalls von Tschernobyl[13]

Als weitere Anwendung der Größe Aktivität sind in Abbildung 5.15 die gemessenen Aktivitätswerte in Frischmilch aus dem Raum Nürnberg angegeben, wie sie infolge des Reaktorunfalls von Tschernobyl (26. April 1986) auftraten.

2. Energiedosis D

Während die Aktivität ein Maß für den radioaktiven Stoff ist, der die Strahlung aussendet, bezeichnet man die Wirkung der Strahlung auf Materie als **Dosis** und die durch die Zeit dividierte Dosis als **Dosisleistung**.

Als Energiedosis definiert man insbesondere den Quotienten aus absorbierter Strahlenenergie und Masse des bestrahlten Körpers in der Einheit **Gray**:

$$D = \text{absorbierte Energiemenge/Körpermasse} \quad \text{mit } [D] = 1 \text{ Gy} = 1 \text{ J/kg}$$

Die alte Einheit war das *rad* (rd). Es gilt: 1 Gy = 100 rd.

Tabelle 5.3 Qualitätsfaktoren

Strahlenart	QF	Strahlenart	QF
Röntgen- und γ-Strahlung	1	schnelle Neutronen	10
β-Strahlung	1	α-Strahlung	10
langsame Neutronen	5		

---

13 Quelle: Landesgewerbeanstalt Bayern.
    Als Grenzwert für den Verzehr der Milch wurde damals festgelegt: 500 Bq/l Aktivität von Jod 131.

3. Äquivalentdosis *H*

Die schädigende biologische Wirkung hängt von der Energiedosis und von der Strahlenart ab. Schwerere Teilchen schädigen einen Organismus bei gleicher Energiedosis im Allgemeinen stärker als leichte. Man führt deshalb noch einen Qualitätsfaktor **QF** ein, dessen Wert von der Strahlenart abhängt (s. Tabelle 5.3). Mit Hilfe von QF definiert man die Äquivalentdosis folgendermaßen:

$$H = QF \cdot D \text{ mit der Einheit } \textbf{Sievert} \text{ (Sv)}$$

Die alte Einheit war das **rem**. Es gilt: 1 Sv = 100 rem.

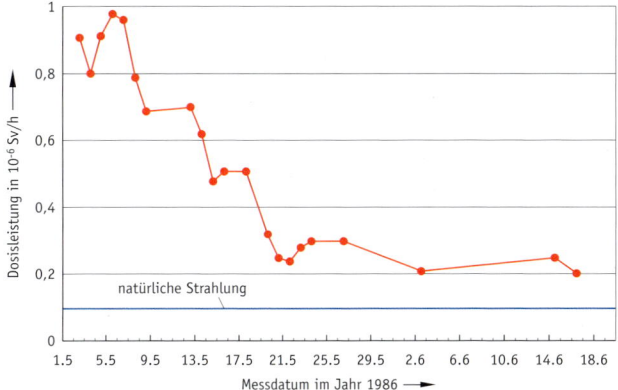

Abb. 5.16 ▶ In Nürnberg gemessene Dosisleistung als Folge des Reaktorunfalls von Tschernobyl im Vergleich zu der natürlichen Strahlenbelastung (Quelle: Landesgewerbeanstalt Bayern)

Zur Veranschaulichung der Einheit Sievert ist in Abbildung 5.16 die gemessene Dosisleistung in der Luft von Nürnberg nach dem Reaktorunglück von Tschernobyl im Vergleich zu der natürlichen Strahlenbelastung aufgetragen.

Personen, die beruflich Strahlenbelastungen ausgesetzt sein müssen, dürfen höchstens eine Dosis von 0,05 Sv jährlich aufnehmen. Das entspricht bei einer Wochenarbeitszeit von vierzig Stunden einer durchschnittlichen Dosisleistung von $2,5 \cdot 10^{-5}$ Sv/h. Dabei stellt die oben angegebene Dosis keinen Schwellenwert dar, sondern einen Kompromiss aus Strahlenschutz und beruflicher Notwendigkeit. Ob es einen Schwellenwert gibt, unterhalb dessen eine Strahlenbelastung völlig ungefährlich ist, lässt sich nicht sagen. Deshalb geht man sicherheitshalber von einer **linearen Dosis-Wirkung-Beziehung** aus, das heißt, es wird angenommen, dass auch geringe Dosen das Strahlenrisiko erhöhen.

5.4.3 Wirkungen radioaktiver Strahlung

Wenn radioaktive Strahlung in Materie eindringt, wird sie aufgrund von Wechselwirkungen längs ihres Weges abgebremst und läuft sich schließlich tot. Die Reichweiten der verschiedenen Strahlen sind auf Seiten 129 und 130 angegeben.

Für die Wirkung der radioaktiven Strahlung in lebenden Organismen ist die **Ionisationsfähigkeit** der Strahlung ausschlaggebend. Dadurch entstehen in den Körperzellen chemisch sehr reaktionsfähige Stoffe (Zellgifte, freie Radikale), die chemische Veränderungen in den Zellen auslösen. Als Folge davon kann die Zelle absterben oder in ihrer Funktion gestört sein. Diese Veränderungen können sich auch auf den genetischen Code auswirken, so dass diese Schäden bei Zellteilungen an die Tochterzellen weitergegeben werden (Spätschäden wie Strahlenkrebs). Tritt eine Schädigung der Keimzellen auf, können Erbschäden, z. B. Missbildungen, in der Nachkommenschaft auftreten.

Welche Wirkungen nach kurzzeitiger **Ganzkörperbestrahlung** mit γ-Strahlung auftreten, zeigt Tabelle 5.4:

Tabelle 5.4 ▶ Wirkung von kurzzeitiger γ-Strahlung auf den Menschen in Abhängigkeit von der empfangenen Dosis

Dosis	Wirkung
< 0,2 Sv	keine erkennbaren Spontanschäden
0,2 – 1 Sv	vorübergehende Strahlenerkrankung, z. B. in Form von Übelkeit und Erbrechen
um 5 Sv	50 % Todesfälle innerhalb weniger Wochen
> 10 Sv	tödliche Dosis, fast 100 % Todesfälle innerhalb weniger Tage
> 0,3 Sv	erkennbare Spätschäden wie Leukämie und andere Krebsarten mit Latenzzeiten von 5 bis 10 Jahren, zum Teil über 30 Jahren

Der Mensch ist radioaktiver Strahlung aus zwei Richtungen ausgesetzt. Zum einen durch Strahlenquellen, die von außerhalb auf ihn einwirken. So beträgt die natürlich vorhandene Dosis aus terrestrischer und kosmischer Strahlung im Mittel 0,8 mSv/a. Zum anderen nimmt er radioaktive Substanzen über Atemluft und Nahrung in den Körper auf; er **inkorporiert** sie. Diese Stoffe können sich bevorzugt an bestimmten Stellen im Körper ansammeln (Lunge, Schilddrüse, Knochen etc.), so dass zwar nur eine geringe Ganzkörperbestrahlung resultiert, sich lokal aber wesentlich höhere Strahlenbelastungen ergeben können.

Tabelle 5.5 liefert einen Überblick über die mittlere Strahlenbelastung in Deutschland.

Tabelle 5.5 ▶ Mittelwerte der Strahlenbelastung in der Bundesrepublik Deutschland

Strahlenquelle	Äquivalentdosis in mSv/a
Strahlenbelastung aus natürlichen Quellen	
Kosmische Strahlung	0,3
Terrestrische Strahlung	0,5
Mit der Nahrung aufgenommene Radionuklide	0,3
Mit der Atemluft aufgenommene Radionuklide	1,3
Strahlenbelastung aus künstlichen Quellen	
Diagnostische Anwendungen in der Medizin	1,5
Kerntechnik (in Deutschland)	<0,01
Fall-out aus Tschernobyl	0,04
Kernwaffen-Fall-out	<0,01
Technische Anwendungen und Störstrahler	<0,02
Berufliche Strahlenbelastung (gemittelt über Gesamtbevölkerung)	<0,01
Mittlere gesamte Strahlenbelastung	ca. 4

Im Normalbetrieb geben Kernkraftwerke radioaktive Substanzen kontrolliert an die Umwelt ab. Hier ist in erster Linie das radioaktive Isotop ^{85}Kr zu nennen, das mit der Abluft abgegeben wird und den größten Teil der aus Kernkraftwerken emittierten Radioaktivität ausmacht. Von besonderer Bedeutung ist auch das Isotop des Jods ^{131}J, das mit der Abluft und dem Abwasser abgegeben wird. Das Jod wird mit der Nahrung aufgenommen und lagert sich fast ausschließlich in der Schilddrüse ab, so dass es lokal zu höheren Dosen kommen kann. Radioaktives Tritium wird hauptsächlich über das Abwasser abgegeben.

Aus Tabelle 5.5 geht hervor, dass die Strahlenbelastung aus Kernkraftwerken für die Bevölkerung mit unter 0,01 mSv/a im Vergleich zu der natürlichen und übrigen künstlichen Radioaktivität von ca. 4 mSv/a verschwindend gering ist.

Das gilt allerdings nicht mehr, wenn durch einen Unfall große Mengen des Reaktorinventars in die Umwelt gelangen, wie die bislang schwersten Reaktorunfälle von Tschernobyl und Fukushima exemplarisch gezeigt haben. Kernreaktoren haben ein Aktivitätspotential, das bei unkontrollierter Freisetzung zu einer unfassbaren Katastrophe führen kann. Welche Maßnahmen in deutschen Kernkraftwerken dieses Risiko beherrschbar machen sollen, wurde bereits (s. Seiten 141 bis 144) dargestellt. Hinzu kommt, dass die hochaktiven Abfälle transportiert werden müssen, vom Kernkraftwerk zum Endlager oder zur WAA und von dort zum Endlager. Anschließend müssen sie für Jahrhunderte sicher von der Biosphäre abgeschottet werden, ein Problem, das bisher ungelöst ist.

5.5 Bilanzierung von Energiewandlungssystemen

Unsere derzeitigen Energieversorgungssysteme beruhen überwiegend auf erschöpflichen Energievorräten und belasten die Umwelt in hohem Maße. Sie werden damit dem Leitbild einer „**nachhaltigen Entwicklung**", wie sie auf den Weltklimagipfeln der Vereinten Nationen gefordert werden, nicht gerecht. Die unterschiedlichen Energieversorgungssysteme müssen deshalb danach beurteilt werden, ob sie einer nachhaltigen Energieversorgung dienen, sprich, ob sie ohne Raubbau an der Natur und nicht auf Kosten nachkommender Generationen betrieben werden können.

Ob zum Beispiel die Stromerzeugung mit Solarzellen diesem Ziel entspricht, ist noch nicht abschließend geklärt: Erst muss untersucht werden, ob die bei der Herstellung der Siliziumzellen benötigte Energie während des Lebenszyklus der Zellen wieder gewonnen werden kann und ob die Schadstoffemission bei Herstellung, Transport usw. nicht zu hoch ist. Was mit den Zellen am Ende ihres Lebensweges wird, muss ebenfalls in die Bilanz einfließen. Auch bei der Entscheidung, ob sich jemand einen PKW mit Otto- oder Dieselmotor anschafft, werden häufig nur wirtschaftliche Aspekte berücksichtigt (Welche Variante verursacht weniger Kraftstoffkosten? Wie sieht es mit den Kosten für Steuer und Versicherung?). Im Sinne der nachhaltigen Entwicklung sind diese Überlegungen aber marginal. Hingegen spielen ökologische Gesichtspunkte bei einer Kaufentscheidung selten eine entscheidende Rolle.

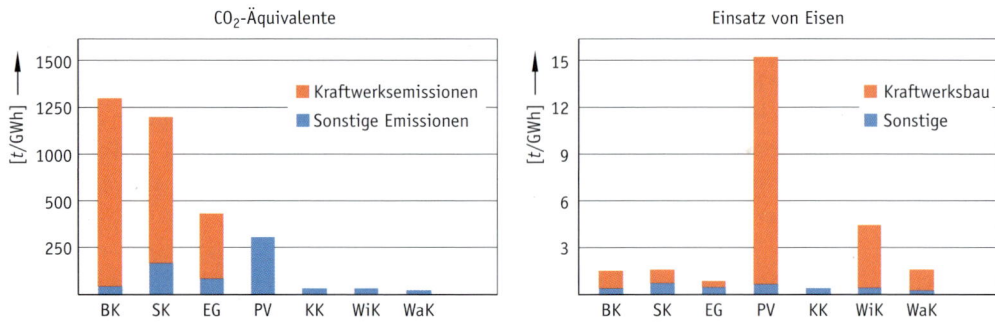

Abb. 5.17 ▶ Beispielhafte Resultate für Lebensweganalysen

(BK = Braunkohlekraftwerk, SK = Steinkohlekraftwerk, KK = Kernkraftwerk, PV = Photovoltaikanlage, WiK = Windkraftwerk)

Dass solche Untersuchungen **quantitativ** (zahlenmäßig) durchgeführt werden müssen, zeigt die Abbildung 5.17 sehr deutlich. So sind die **kumulierten** (= aufsummierten) CO_2-Emissionen je Energieeinheit bei **Photovoltaikanlagen (PV)** höher als bei der Stromerzeugung durch Kernkraftwerke, was an den hohen energetischen Aufwendungen bei der Herstellung der Solarzellen liegt. Bei den fossilen Kraftwerken entstehen die meisten Emissionen im Betrieb, bei den anderen beim Bau der Anlagen (linkes Diagramm). Auch der Einsatz von Eisen je erzeugter Energieeinheit (Materialaufwendungen) ist bei Photovoltaikanlagen im Vergleich zu anderen Kraftwerken sehr hoch, wie das rechte Diagramm zeigt.

Natürlich sind die exemplarisch abgebildeten Diagramme keineswegs ausreichend, um die genannten Energiewandlungssysteme in Bezug auf ihre Nachhaltigkeit beurteilen zu können. Erst eine ganzheitliche Bilanzierung kann die notwendigen Vergleichszahlen liefern.

5.5.1 Ganzheitliche Bilanzierung

Bei der **Methode der ganzheitlichen Bilanzierung** werden alle Stoff- und Energieströme während des gesamten Lebenszyklus eines Produktes (Herstellung, Nutzung, Entsorgung) erfasst und in die Bilanz einbezogen. Es handelt sich um ein sehr aufwändiges Verfahren mit einer enormen Datenmenge, die nur computergestützt bewältigt werden kann. Nach der Erfassung der **Input- und Outputflüsse (Sachbilanz)** müssen diese einer **Wirkungsanalyse** unterzogen werden. Beispielsweise ist zu bewerten, wie hoch die Umweltbelastung der einzelnen emittierten Stoffe einzuschätzen ist.

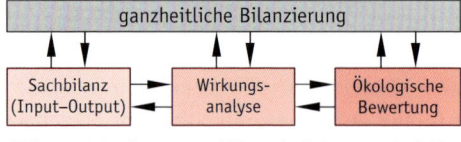

Abb. 5.18 ▶ Zusammenhänge bei der ganzheitlichen Bilanzierung

Die Wirkungsanalyse führt schließlich zu der ökologischen Bewertung des Produktes bzw. Systems, weshalb man statt von ganzheitlicher Bilanzierung auch häufig von **Ökobilanz** spricht.

5.5.2 Sachbilanz

Der erste Schritt bei der ganzheitlichen Bilanzierung, die Sachbilanz, erfordert das Erfassen einer breiten Datenbasis, die mit Hilfe von Berechnungen, Messungen, Schätzungen und Statistiken gewonnen wird. Dazu müssen alle in das Produkt einfließenden und von diesem ausgehenden Mengen quantitativ erfasst werden. Die Sachbilanz für unterschiedliche Systeme zur Stromerzeugung ist in Tabelle 5.6 wiedergegeben.

Tabelle 5.6 ▶ Auf eine Kilowattstunde erzeugter elektrischer Energie bezogene Input-Output-Werte bei verschiedenen Energiewandlern (Sachbilanz)

Bilanzgröße	Einheit	Braunkohle	Steinkohle	Kernkraft	Photovoltaik	Windkraft
Staub	mg/kWh	222	64	25	124	18
CO_2	g/kWh	1054	838	17	334	36
CmHn	mg/kWh	94	4716	0	908	166
NO_x	mg/kWh	830	696	48	443	49
SO_2	mg/kWh	401	275	73	507	68
Rn-222	kBq/kWh	-	-	17	-	-
C-14	kBq/kWh	-	-	31	-	-
Radioaktivität	10^{-12} PersSv/ kWh	7	12	4656	1693	27
Entnahme an Bauxit	mg/kWh	19	20	27	2041	44
Eisen	mg/kWh	2102	2306	420	5346	5212
Kupfer	mg/kWh	8	2	6	241	65
Kalkstein	mg/kWh	20302	12837	806	10523	2493

Quelle: IER Forschungsbericht, Universität Stuttgart

Die Sachbilanz in Tabelle 5.6 gibt jeweils die kumulierten Werte aus Bau, Betrieb und Abriss der entsprechenden Anlage wieder. Alle Größen sind auf 1 kWh erzeugter elektrischer Energie bezogen. Nur so ist ein Vergleich der Zahlenwerte möglich. Die Sachbilanz weist vergleichsweise hohe Werte für Photovoltaikanlagen aus, die sich in erster Linie aus der Herstellung der Solarzellen ergeben. Wegen der geringen Energiedichte erfordern sie einen hohen Materialeinsatz je erzeugte Kilowattstunde. Der Herstellungsprozess treibt auch die Werte für die Emissionen nach oben. Diese Sachbilanz macht also bereits deutlich, dass hier umweltschonendere Herstellungsprozesse und Produkte erforderlich sind. Mit *amorphen* Siliziumzellen (oben sind die Werte für polykristalline angegeben) ist man bereits auf dem richtigen Weg.

5.5.3 Wirkungsanalyse

Nach dem Aufstellen der Sachbilanz ist zu bewerten, in welchem Maße die erfassten Energie- und Stoffströme auf die Umwelt einwirken, welche Schäden sie an der Natur und an Sachgegenständen verursachen. Beispielsweise sind die Fragen zu beantworten: Welchen Folgen hat die Emission von CO_2 im Vergleich zu SO_2? Wie ist der Verbrauch erschöpflicher Energievorkommen zu bewerten.

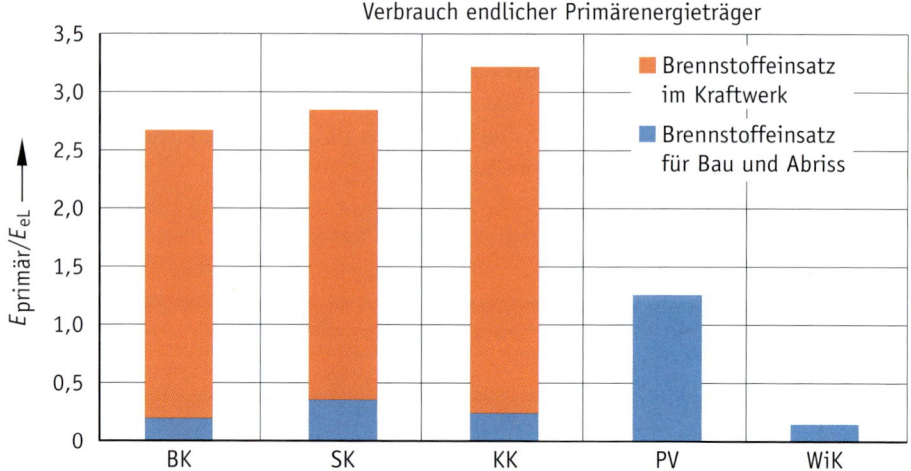

Abb. 5.19 ▶ Einsatz an erschöpflicher Primärenergie bei den verschiedenen Stromerzeugungssytemen (BK = Braunkohlekraftwerk, SK = Steinkohlekraftwerk, KK = Kernkraftwerk, PV = Photovoltaikanlage, WiK = Windkraftwerk)

In obiger Abbildung ist der Einsatz an erschöpflicher Primärenergie bei den verschiedenen Stromerzeugungssystemen im Kraftwerksbetrieb sowie bei Bau und Abriss gezeigt. Der Anteil des Brennstoffeinsatzes im laufenden Betrieb beträgt bei den fossilen Kraftwerken und beim Kernkraftwerk zwischen 85 % und 95 %. Ganz anders ist das bei den regenerativen Stromerzeugungssystemen: Sie benötigen endliche Primärenergieträger nur während der Herstellung und zum Abriss. Kernkraftwerke haben die höchsten kumulierten Energieaufwendungen. Diese Inanspruchnahme endlicher Energieträger stellt neben den in der Sachbilanz ermittelten Emissionen eine negative Wirkung auf zukünftige Lebenschancen dar.

5.5.4 Ökologische Bewertung

Anhand der Wirkungsanalyse muss eine ökologische Bewertung des bilanzierten Systems erfolgen. Hierzu ist eine Gesamtschau der einzelnen Wirkungen auf Umwelt, Mensch und Sachgegenstände, die durch das jeweils betrachtete System verursacht werden, vorzunehmen. Auf diese Weise wird jede Technik einer quantitativen Bewertung unterzogen, und zwar *vor* der Entscheidung für oder gegen bestimmte Systeme.

Aufgaben

1 Beschreiben Sie die Bedeutung der Fachbegriffe Emission und Immission.

2.1 Nennen Sie die fünf wichtigsten Luftschadstoffe.

2.2 Erläutern Sie, wie Schwefeldioxid entsteht, wer es hauptsächlich emittiert, welche schädlichen Wirkungen es hat und wie es zurückgehalten werden kann.

2.3 Welche technischen Maßnahmen im Kraftwerks- und Verkehrsbereich wurden ergriffen, um die lufthygienische Situation zu verbessern?

2.4 Durch welche Maßnahme kann die Stickoxidbildung direkt bei der Verbrennung reduziert werden?

3.1 Erklären Sie den natürlichen Treibhauseffekt.

3.2 Inwiefern verstärkt die CO_2-Emission den natürlichen Treibhauseffekt?

3.3 Welche Treibhausgase – außer Kohlendioxid – gibt es noch?

3.4 Was versteht man unter einer End-of-pipe-Technologie? Nennen Sie Beispiele.

3.5 Der Treibhauseffekt führt zur globalen Erwärmung der Erde. Welche Folgen werden erwartet?

4 In dem Beispiel auf Seite 170 wurde angegeben bzw. berechnet, wie hoch das jährliche CO_2-Aufkommen in Deutschland ist. Bestimmen Sie mit Hilfe der dort genannten Zahlenwerte:

4.1 Welche Höhe hat die je Bundesbürger und Jahr erzeugte CO_2-Säule bei einer Grundfläche von 1 m^2 (unter Normbedingungen)?

4.2 Auf welche Höhe nimmt das jährlich in Deutschland erzeugte CO_2 auf deutschem Boden an, wenn das Gas nicht 0 °C, sondern 20 °C hat?

5 Informieren Sie sich über das Internet, wie CCS-Technologien funktionieren und wie viele Pilotanlagen es in Deutschland gibt.

6 Das Kyoto-Protokoll war der erste völkerrechtlich verbindliche Zielkatalog zur Verminderung der CO_2-Emissionen. Setzen Sie sich ausführlicher mit den Inhalten des Kyoto-Protokolls auseinander.

6.1 Recherchieren Sie, welche Länder welche Klimaziele hatten und inwieweit sie eingehalten wurden.

6.2 Informieren Sie sich, wie der Handel mit Emissionsrechten funktioniert und wozu dieses Instrument eingeführt wurde.

6.3 Wie erklärt sich der Konflikt zwischen den Industrieländern einerseits und den Entwicklungs- und Schwellenländern anderseits im Hinblick auf den Klimaschutz?

6.4 Um das Zwei-Grad-Ziel zu erreichen, müssen bis 2020 die CO_2-Emissionen stabilisiert und bis 2050 gegenüber dem Stand von 2000 halbiert werden und zwar global. Informieren Sie sich, welche Anstrengungen die Weltgemeinschaft in dieser Hinsicht unternimmt.

7 Was versteht man unter ionisierender Strahlung?

7.1 Definieren Sie Aktivität und erläutern Sie deren Einheit.

7.2 Was ist der Unterschied zwischen der Energiedosis und der Äquivalentdosis?

6 Erneuerbare Energien

Dass die Menschheit ihr Energieversorgungssystem einseitig auf die fossilen Energieträger ausgerichtet hat, wurde bereits mehrfach betont. Deutschland hat zwar einen **Energiemix**[1], allerdings nach wie hauptsächlich bestehend aus den drei fossilen Energiequellen Kohle, Öl und Erdgas. Andere Energieträger haben bislang nur untergeordnete Bedeutung. Daraus ergeben sich zwei zentrale Probleme im Hinblick auf eine zukunftsträchtige, umweltgerechte Energieversorgung: Die fossilen Energieträger sind in absehbarer Zeit erschöpft, und was derzeit noch drängender ist, sie schädigen die Umwelt dermaßen, dass die natürlichen Lebensgrundlagen der Menschheit in Gefahr sind (vgl. Kapitel 5). Wenn die Erde ein bewohnbarer Ort für Menschen bleiben soll, *muss* also eine **Energiewende** her.

Die aber ist nur durch drastisch verstärkte Nutzung **erneuerbarer Energien** herbeizuführen.

> Als *erneuerbare oder regenerative Energiequellen* bezeichnet man Energiequellen, die sich auf natürliche Weise selbständig und unabhängig von ihrer Nutzung erneuern.[2]

Abb. 6.1 ▶ Montage einer Windkraftanlage im Windpark *Alpha Ventus*

---

1   Unter *Energiemix* versteht man die Verteilung der Energieversorgung auf verschiedene Energiequellen.
2   Die erneuerbaren Energien (EE) werden zunehmend als „grüne Energien" oder – noch poetischer – als „Energien des Himmels" bezeichnet. Entsprechend sind die fossilen Energien die „Energien der Hölle".

Da regenerative Energien ohnehin umgesetzt werden, unabhängig davon, ob vom Menschen genutzt oder nicht, und in der Regel emissionsfrei sind, ist zu erwarten, dass ihre Nutzung die Umwelt weniger beeinträchtigen wird als das exzessive Verbrennen fossiler Energieträger. Insofern spricht man auch gerne von **sauberer Energie** („clean energy").

6.1 Übersicht

Eine Übersicht über die regenerativen Energiequellen gibt Abbildung 6.2. Schaut man, aus welchen Quellen wiederum diese regenerativen Energiequellen eigentlich gespeist werden, so zeigt sich: Hauptquelle ist – bis auf wenige Ausnahmen – die auf die Erde einfallende **Sonnenstrahlung**. Das gilt in direkter Weise natürlich für die Solarstrahlung[3], die sich über unterschiedliche Umwandlungssysteme auf vielfältige Weise nutzen lässt. In indirekter Weise sind aber auch Wind- und Wasserkraft auf die Sonneneinstrahlung zurückzuführen. Und selbst pflanzliche Biomasse entsteht über die Photosynthese mittels Sonnenlicht. Auf dem Weg über die Pflanzen findet man gespeicherte Sonnenenergie schließlich auch in der tierischen Biomasse, beispielsweise in der Gülle. Die Umgebungswärme in der Luft, im Wasser und im Boden, die mit Hilfe von Wärmepumpen (vgl. Abschnitt 4.3) genutzt werden kann, stellt mengenmäßig den größten regenerativen Energiespeicher dar; und auch er wird hauptsächlich dank der Sonneneinstrahlung gefüllt.

Abb. 6.2 ▶ Erneuerbare Energiequellen

---

3   lat. solar = von der Sonne herrührend, die Sonne betreffend

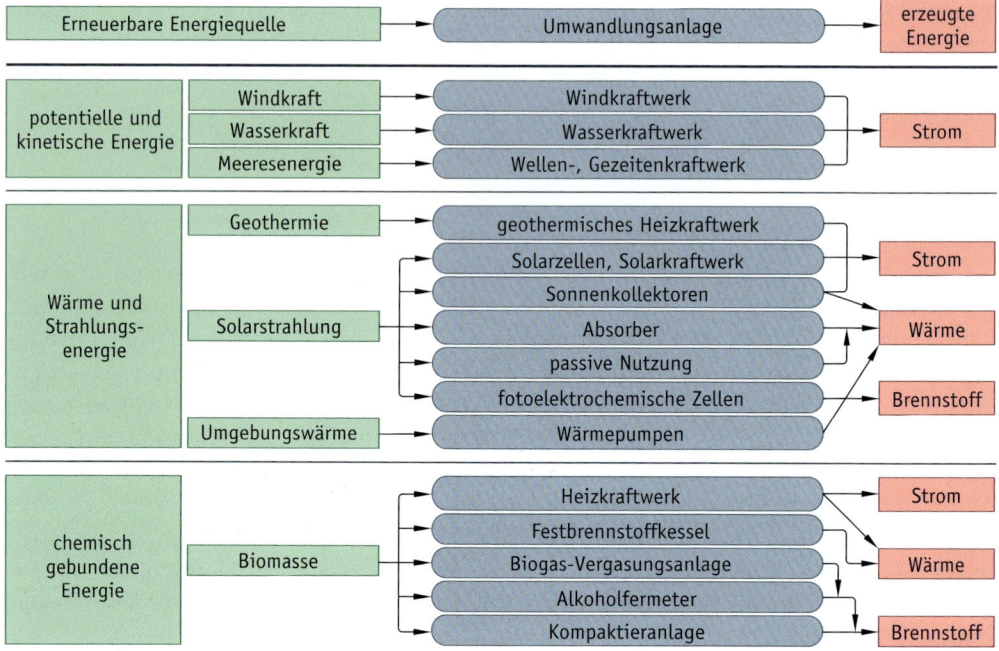

Abb. 6.3 ▶ Übersicht über die regenerativen Energiequellen und ihre Umwandlungssysteme

Der Vollständigkeit halber sei darauf hingewiesen, dass letztlich auch die fossilen Energieträger nichts anderes sind als gespeicherte Sonnenenergie, da sie sich in einem erdgeschichtlich einmaligen Vorgang aus organischen Stoffen gebildet haben.

Die Meeresenergie hingegen ist, zumindest was die Gezeiten, also das Wechselspiel zwischen Ebbe und Flut anbelangt, auf die Gravitationskräfte zwischen Erde und Mond sowie Erde und Sonne zurückzuführen, während die Wellenbewegung in erster Linie durch den Wind und somit ebenfalls durch die Sonneneinstrahlung in Gang gesetzt wird.

Mit Geothermie ist die Wärme aus dem Erdinneren gemeint; sie wird einerseits gespeist durch den heißen Kern der Erde und andererseits durch radioaktive Zerfälle in der Erdkruste.

Bleibt schließlich der Müll: Er gehört nicht zu den klassischen regenerativen Energieträgern. Man zählt ihn aber hinzu, weil er ohnehin anfällt. Seine energetische Verwertung dient allerdings mehr der Entsorgung als der Versorgung mit Energie.

6.2 Nutzung der Sonnenenergie

Ohne die von der Sonne auf die Erde eingestrahlte Energie wäre Leben auf unserem Planeten nicht möglich. Die aus Kernfusionsprozessen erzeugte und abgestrahlte Energie der Sonne – ihre die gesamte Strahlungsleistung beträgt $4,0 \cdot 10^{23}$ kW – trifft nur zu knapp einem halben Milliardstel auf die Erde. Um ermessen zu können, welche Bedeutung **dieses Bruchteilchen** für die Erde hat, ist es aufschlussreich, sich die **Energiebilanz der Erde** anzusehen.

Die an der Grenze der Erdatmosphäre ankommende Strahlung beträgt bei senkrechtem Einfall 1,37 kW/m², diesen Wert bezeichnet man als **Solarkonstante**. Das führt insgesamt zu einem jährlichen solaren Energiestrom von rund $5,6 \cdot 10^{24}$ J. Damit hat die Sonnenenergie einen Anteil an den Energieumsetzungen auf der Erde von über 99,9 %. Im Grunde sind die anderen Energien im Vergleich dazu also vernachlässigbar gering. Trotzdem gelang es dem Menschen mit den von ihm initiierten Energieumsetzungen, die gerade mal 0,006 % der gesamten Einstrahlung oder etwa 0,04 % der auf die Kontinentalflächen einfallenden Sonnenenergie ausmachen, das Klima der Erde aus dem Gleichgewicht zu bringen. Offensichtlich praktizieren wir eine Form der Energienutzung, die nicht im Einklang mit der Natur steht.

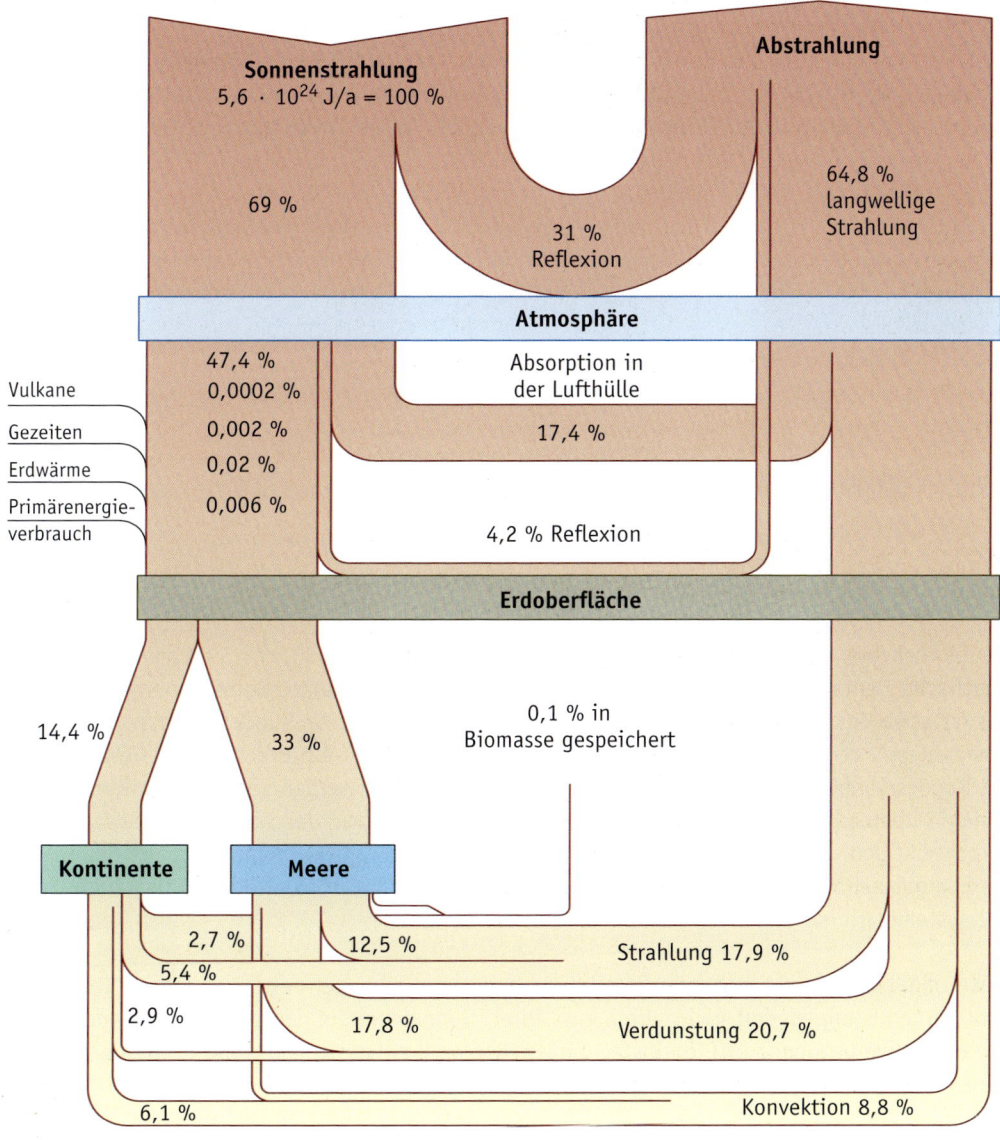

Abb. 6.4 ▶ Die Energiebilanz der Erde

Laut Abbildung 6.4 werden bei durchschnittlicher Bewölkung 31 % der eingestrahlten Energie bereits an der Atmosphäre reflektiert und weitere 4,2 % an der Erdoberfläche, so dass insgesamt etwa 35 % der einfallenden Strahlung ohne Frequenzänderung kurzwellig in das Weltall zurückgestrahlt werden. Die restlichen rund 65 % werden als langwellige Wärmestrahlung wieder abgestrahlt. Da sich die Erde im thermodynamischen Gleichgewicht befindet, muss die gesamte eingestrahlte Energie im Jahreszyklus auch wieder abgegeben werden: Ca. 17 % der Sonnenenergie erwärmen die Erdatmosphäre, weshalb etwa 48 % – das sind rund $2{,}65 \cdot 10^{24}$ J/a – auf der Erdoberfläche für Verdunstung, Wärmestrahlung und Wärmeströmung (= Konvektion) zur Verfügung stehen. Nur etwa 0,1 % des eingestrahlten Sonnenlichts werden mittels **Photosynthese** in organischen Stoffen eingelagert.

Neben diesen globalen Daten aus sind natürlich auch regionale Einstrahlungen von Interesse: Der durchschnittliche Wert der **Globalstrahlung beträgt in Deutschland 1000 kWh/m²** im Jahr, das ergibt eine mittlere **Einstrahlleistung von 114 W/m²**. In sonnenreichen, äquatorialen Ländern wird mehr als das Doppelte eingestrahlt.

Natürlich hängt die Strahlleistung, die experimentell relativ einfach bestimmt werden kann (vgl. Aufgaben), von den Wetterverhältnissen ab. In Deutschland erhält man in etwa Ergebnisse laut Tabelle 6.1:

Tab. 6.1 ▶ Globale Sonneneinstrahlung in Deutschland

Wetter / Bedingung	Hochsommer bei klarem Himmel	Leichte Bewölkung	Diesiger Sommertag	Trüber Wintertag
Gesamte Strahlungsleistung	1000 W/m²	600 W/m²	300 W/m²	100 W/m²

Durchschnittliche Strahlleistung in Deutschland	114 W/m²
Jährlich in Deutschland eingestrahlte Energie	1000 kWh/(m²a)

Die jährlich pro Quadratmeter in Deutschland eingestrahlten 1000 kWh ergeben auf die Gesamtfläche Deutschlands umgerechnet $3{,}57 \cdot 10^{14}$ kWh eingestrahlte Sonnenenergie pro Jahr, das ist etwa das 90-Fache dessen, was die hoch industrialisierte Bundesrepublik jährlich an Primärenergie verbraucht. Dabei ist aber zu bedenken, dass nur ein Bruchteil der Gesamtfläche der Bundesrepublik zur Sonnenenergienutzung herangezogen werden könnte, zum Beispiel die ohnehin überbaute Fläche. Darüber hinaus ist der Wirkungsgrad der Sonnenenergiewandler zu berücksichtigen. Und erschwerend kommt hinzu, dass sich das Energieangebot der Sonne und die Energienachfrage zeitlich nicht zusammenfallen (vgl. Abb. 6.4), was leistungsfähige Speichersysteme erforderlich macht.

Diese Überlegungen zeigen, dass die relativ sonnenarme, aber sehr energiehungrige Bundesrepublik ihren Energiebedarf nicht allein aus „ihrer" Sonnenenergie decken kann. Dennoch: Jede von der Sonne bezogene kWh entlastet die Umwelt, weil entsprechend weniger fossile Energieträger verbrannt werden müssen.

Für die technische Nutzung der Sonnenenergie gibt es im Prinzip zwei unterschiedliche Varianten:

- die **thermische Energieumwandlung**
  (Umwandlung des Energieflusses der Sonne in Wärmeenergie)

- die **photovoltaische Energieumwandlung**
  (Umwandlung des Sonnenlichts in elektrische Energie mittels halbleitender Solarzellen)

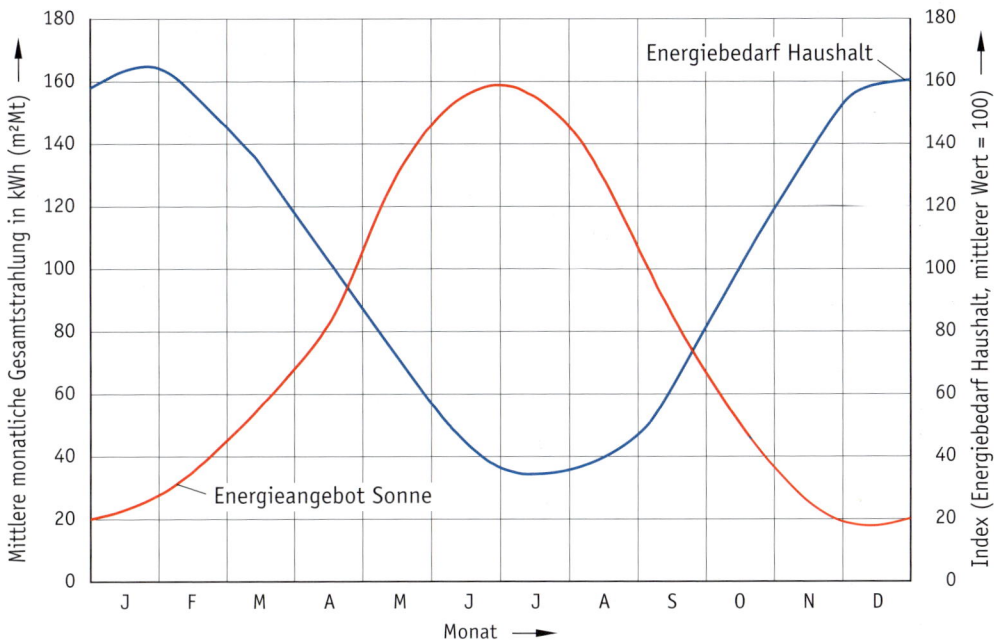

Abb. 6.5 ▶ Energieangebot der Sonne im Vergleich zum Energiebedarf der Haushalte

6.2.1 Thermische Nutzung der Sonnenenergie

Die einfachste Möglichkeit, Sonnenenergie zu nutzen, besteht darin, die Wärmewirkung der Sonneneinstrahlung zu verwerten. Dabei ist auch die Art der Sonneneinstrahlung zu beachten. In Deutschland fallen nur etwa 1/3 der Sonnenenergie als direkt eingestrahltes Sonnenlicht, 2/3 hingegen als diffuse Streustrahlung an. In Äquatornähe dominiert die Direktstrahlung, insbesondere in Wüstenregionen. So ist es in Deutschland sinnvoll, mit Nutzungssystemen auch die diffuse Strahlung einzufangen, während in Wüstenregionen Systeme zur Nutzung der Direktstrahlung eingesetzt werden können. Auf einige Möglichkeiten, Solarenergie thermisch zu nutzen, wird im Folgenden eingegangen.

Passive Nutzung

Bei klimagerechter Planung und Bauweise von Gebäuden kann Sonnenenergie zu Heizzwecken genutzt werden, ohne dass zusätzliche Systeme erforderlich sind. Um damit Wärmegewinne zu erzielen, muss das Gebäude auf der Südseite große, transparente Flächen (Fenster) besitzen, durch welche die Sonnenstrahlung bei niedrigem Sonnenstand im Winter in das Gebäude eindringen kann. Die Wände und Böden im Inneren erwärmen sich tagsüber und geben nachts die gespeicherte Sonnenenergie in Form von Wärme ab. Das Gebäude benötigt eine optimale Wärmeisolierung, um die in den Gebäudemassen gespeicherte Sonnenenergie möglichst lange im Gebäude halten zu können. In der heißen Jahreszeit müssen Vorrichtungen zur Abschattung der Fensterflächen sowie Lüftungsmöglichkeiten vorhanden sein, um eine Überhitzung zu verhindern. Heute werden zunehmend sogenannte Niedrigenergiehäuser mit dieser Solararchitektur gebaut.

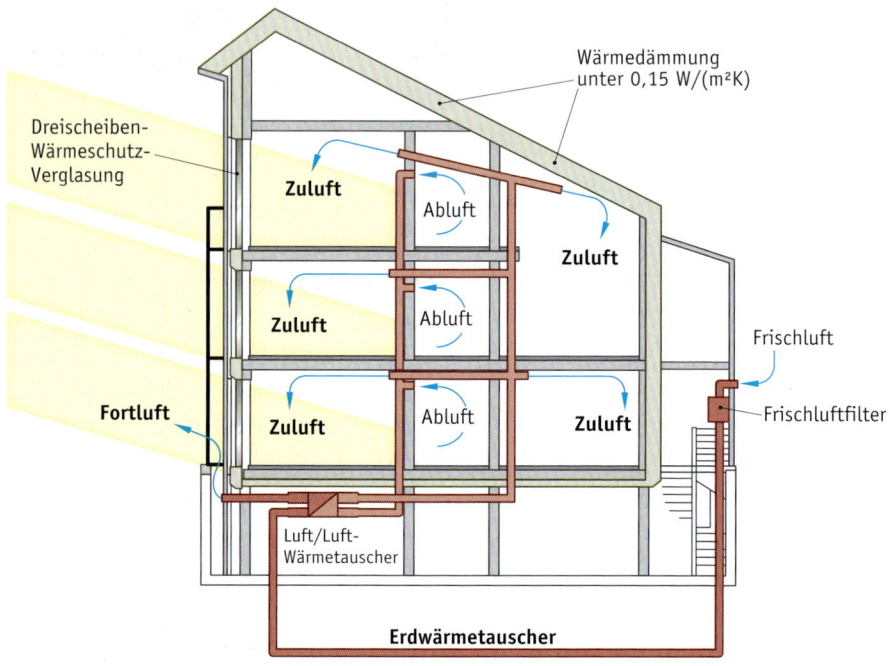

Abb. 6.6 ▶ Passivenergiehaus

Sonnenkollektoren

Die einfachsten Systeme zur aktiven Nutzung der Sonnenenergie sind sogenannte **Absorber**. Dabei handelt es sich um einen Gegenstand (Platte, Rohr) mit geschwärzter Oberfläche[4], welche die direkte und diffuse Sonnenstrahlung absorbiert[5] und in Wärme umwandelt. Dass dieses einfache Prinzip funktioniert, kann jeder mit einem Gartenschlauch ausprobieren: Setzt man einen mit Wasser gefüllten Gartenschlauch längere Zeit der Sonnenstrahlung aus, so erreicht das Wasser beachtliche Temperaturen; es besteht sogar die Gefahr, dass der Schlauch platzt. Reine Absorbersysteme haben den Nachteil, dass sie einen Teil der gewonnenen Wärme wieder abstrahlen.

Genau das verhindern die **Kollektoren**. Sie bestehen im Wesentlichen aus einem Absorber, einer oder zwei lichtdurchlässigen Abdeckungen, einer rückseitigen Wärmedämmung und einem Rohrsystem zum Abtransport der gewonnenen Wärme mit Hilfe eines Wärmeträgers, beispielsweise Wasser. Das Ganze ist in einem Gehäuse untergebracht.

---

4   Dadurch werden ein hoher Absorptions- und ein geringer Reflexionsgrad der einfallenden Sonnenstrahlung erreicht.
5   **absorbieren** (lat. *absorbere*) = *absaugen, aufsaugen*

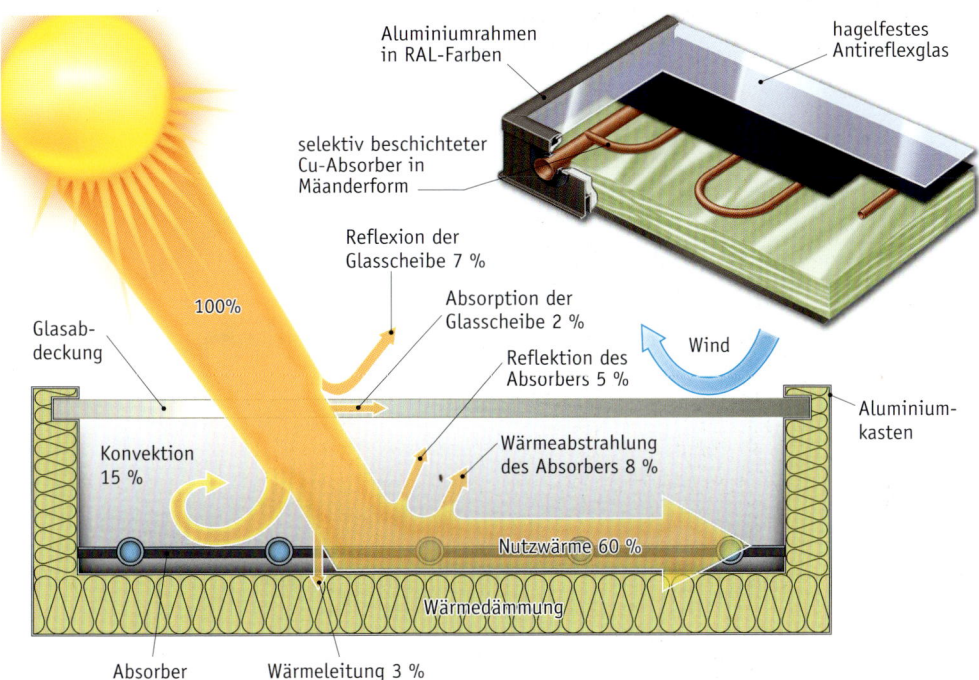

Abb. 6.7 ▶ Aufbau und Wirkungsweise eines Flachkollektors[6]

Und so funktioniert der Kollektor: Die transparente Abdeckung und die Isolierung verringern die Abstrahlungsverluste des erwärmten Absorbermaterials. Dadurch werden höhere Temperaturen erreicht als bei reinen Absorbersystemen. Bei Vakuumkollektoren wird zusätzlich der Raum zwischen Absorber und Abdeckung evakuiert, wodurch sich die Abstrahlungsverluste fast vollständig unterbinden lassen.

Sonnenkollektoren werden üblicherweise auf der südlichen Seite der Hausdächer montiert. Sie wandeln das eingestrahlte Licht zu etwa 60 % (Vakuumkollektoren bis 90 %) in Wärme um. Diese gewonnene Wärme wird über einen Wärmetauscher abgegeben, meist zur Aufheizung von Brauchwasser. Abbildung 6.8 zeigt ein derartiges Anlagenschema.

---

6 Flachkollektoren haben einen wie der Name schon sagt flachen Aufbau, so dass sie der Sonneneinstrahlung eine möglichst große Fläche bei kleinem Volumen bieten. Demgegenüber gibt es auch Röhrenkollektoren, bei denen der Absorber in luftleeren Röhren untergebracht ist. Diese werden auch Vakuumkollektoren genannt.

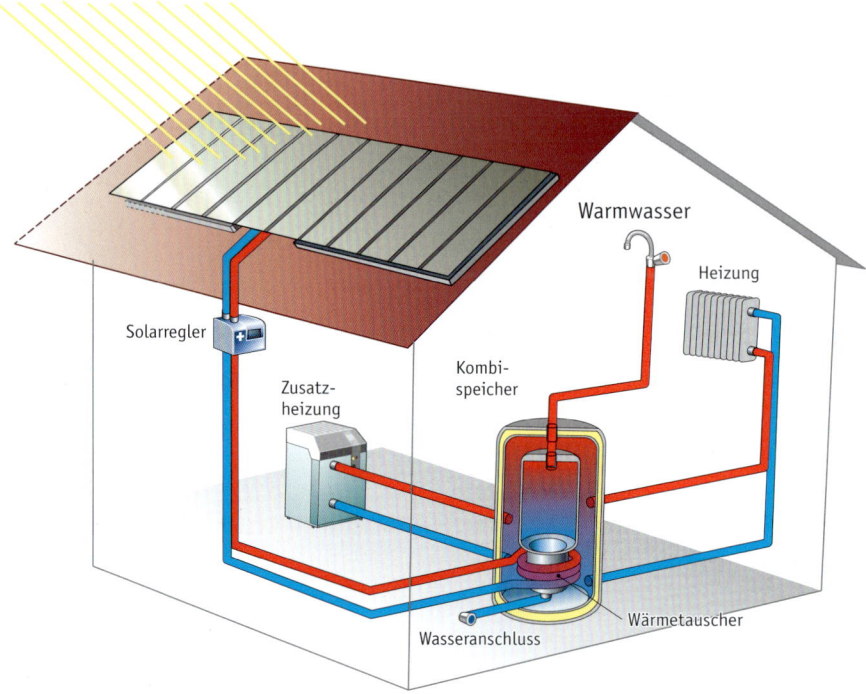

Abb. 6.8 ▶ Schematische Darstellung einer Kollektoranlage zur Warmwasserbereitung

Will man die Kollektoranlage zur Raumheizung nutzen, benötigt man auch in der kühleren Jahreszeit ein höheres Temperaturniveau, als es die Kollektoranlage zu liefern vermag. Das kann durch Zwischenschalten einer Wärmepumpe realisiert werden, die den Kollektor als kalte Seite benutzt. Je nach Kollektorfläche können damit in unseren Breiten bis zu 60 % der Heizwärme von der Sonne bezogen werden. Zur Überbrückung der kältesten Tage ist jedoch nach wie vor ein konventionelles Heizsystem erforderlich.

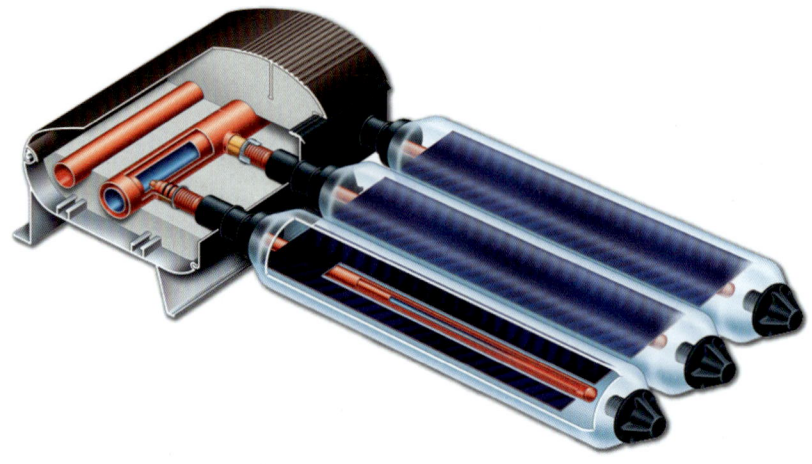

Abb. 6.9 ▶ Vakuumkollektoren

Konzentrierende Kollektoranlagen

Während mit den oben beschriebenen Sonnenkollektoren in Deutschland Temperaturen bis knapp 100 °C erreicht werden können, sind mit Systemen, die das Sonnenlicht fokussieren, noch höhere Temperaturen zu erzielen. Da für solche Anlagen direkt eingestrahltes Sonnenlicht erforderlich ist, sind sie nur in Gegenden mit hoher Direkteinstrahlung sinnvoll. Zur Fokussierung sind verschiedene Vorrichtungen denkbar und in Pilotanlagen teilweise auch schon realisiert worden. Allen gemeinsam ist, dass die einfallende Direktstrahlung über große Reflektorflächen auf eine kleine Absorberfläche konzentriert wird. Von den verschiedenen Varianten wird hier nur die Parabolrinnenanlage näher betrachtet.

Parabolrinnenanlagen bestehen, wie Abbildung 6.10 zeigt, aus langgestreckten Spiegelrinnen mit parabolischem Querschnitt. Damit wird die einfallende Direktstrahlung auf die Brennlinie fokussiert, wo sich ein Absorberrohr befindet, durch das ein Wärmeträger strömt. Auf diese Weise kann entweder direkt oder über einen Wärmetauscher eine Turbine angetrieben werden, so dass während der Sonnenstunden auf konventionelle Art Strom erzeugt wird. Das ist besonders zweckmäßig, wenn während der heißen Tageszeit ein hoher Strombedarf abzudecken ist, etwa für den Betrieb von Klimaanlagen. Die Parabolspiegel müssen dem Sonnenstand nachgeführt werden, damit möglichst hohe Einstrahlwerte erzielt werden. Eine solche *Solarfarm* wird unter anderem in Almeria (Spanien) als Demonstrationsanlage betrieben.

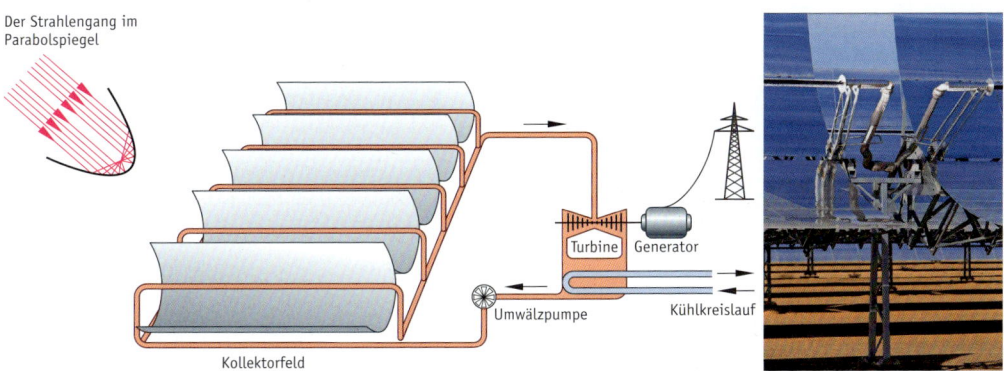

Abb. 6.10 ▶ Solarkraftwerk mit Parabolrinnenanlage

6.2.2 Photovoltaische Nutzung der Sonnenenergie

Die technisch anspruchsvollste Nutzung der Sonnenenergie besteht darin, die einfallende Lichtenergie direkt – also ohne Wärme als Zwischenstufe – in elektrische Energie umzuwandeln. Diese Umwandlungstechnik bezeichnet man als **Photovoltaik**. Realisiert wird die Umwandlung mit Hilfe von **Solarzellen**. Das sind in der Regel aus Silicium bestehende Halbleiterbauelemente.

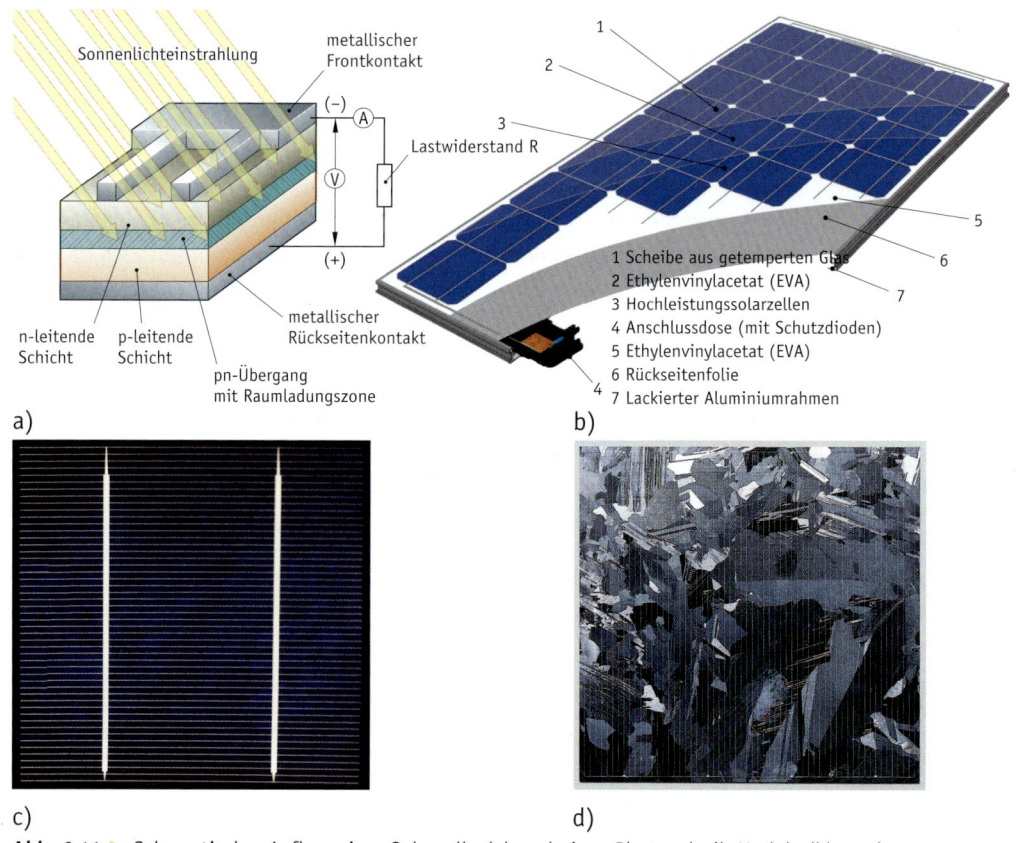

Abb. 6.11 ▶ Schematischer Aufbau einer Solarzelle (a) und eines Photovoltaik-Moduls (b) sowie monokristalline (c) und polykristalline (d) Solarzelle

Um Aufbau und Funktionsweise von Solarzellen beschreiben zu können, sind einige Grund-
begriffe aus der **Halbleitertechnik** erforderlich: Eine Solarzelle besteht, wie Abbildung 6.11a
zeigt, im Wesentlichen aus zwei unterschiedlich dotierten[7], dünnen Halbleiterschichten (p- und
n-dotierte Schicht[8]). Die Grenze zwischen beiden Schichten, der **pn-Übergang**, spielt die entscheidende Rolle bei dem **photovoltaischen Effekt**. Denn dort ist ein inneres elektrisches Feld
ausgebildet, das ein Spannungsgefälle bewirkt, und zwar so, dass auf der n-Seite der Pluspol
und auf der p-Seite der Minuspol dieser inneren Spannung liegt. Im Bereich des pn-Überganges
bildet sich eine an freien Ladungsträgern verarmte **Sperrschicht** aus. Trifft nun ein Lichtstrahl
mit ausreichender Energie auf ein Bindungselektron in der Sperrschicht, so wird das Elektron aus
der Bindung herausgelöst; es entsteht ein **Elektron-/Loch-Paar**, also ein freier negativer und
ein freier positiver Ladungsträger. Aufgrund des Spannungsgefälles wird das Elektron zur positiven Seite der Spannung, in das n-Gebiet, und das Loch in das p-Gebiet gezogen. Somit findet
eine **Ladungstrennung** statt – das Kennzeichen einer **Spannungsquelle**. Wird die Solarzelle

---

7   In das Kristallgitter dotierter Halbleiter sind Fremdatome eingebaut.
8   Grob gesagt: In der n-Schicht sind frei bewegliche negative Ladungsträger (*Elektronen*) vorhanden, in der
    p-Schicht frei bewegliche positive Ladungsträger (*Löcher*). Löcher verhalten sich wie frei bewegliche posi-
    tive Ladungsträger, tatsächlich aber sind es fehlende Elektronen in einer ursprünglich neutralen Bindung
    im Kristallgitter.

weiterhin bestrahlt, so reichert sich das n-Gebiet mit Elektronen und das p-Gebiet mit Löchern an, bis die sich dadurch aufbauende äußere Spannung so groß ist wie die innere Spannung und diese kompensiert. Das wird als **Leerlaufspannung** der Solarzelle bezeichnet.

Schließt man den äußeren Stromkreis, so fließt ein Strom. Stromstärke und Spannung hängen von der Größe des Lastwiderstands R_L ab. Beträgt er null, so fließt der größte Strom (= **Kurzschlussstrom**, I_K), ist er unendlich (Leerlauf), so erhält man die größte Spannung (= **Leerlaufspannung**, U_o). Die zwischen diesen Extremwerten liegenden Strom- und Spannungswerte entnimmt man der **Strom-Spannungs-Kennlinie** der Solarzelle, die punktweise aufgenommen werden kann.

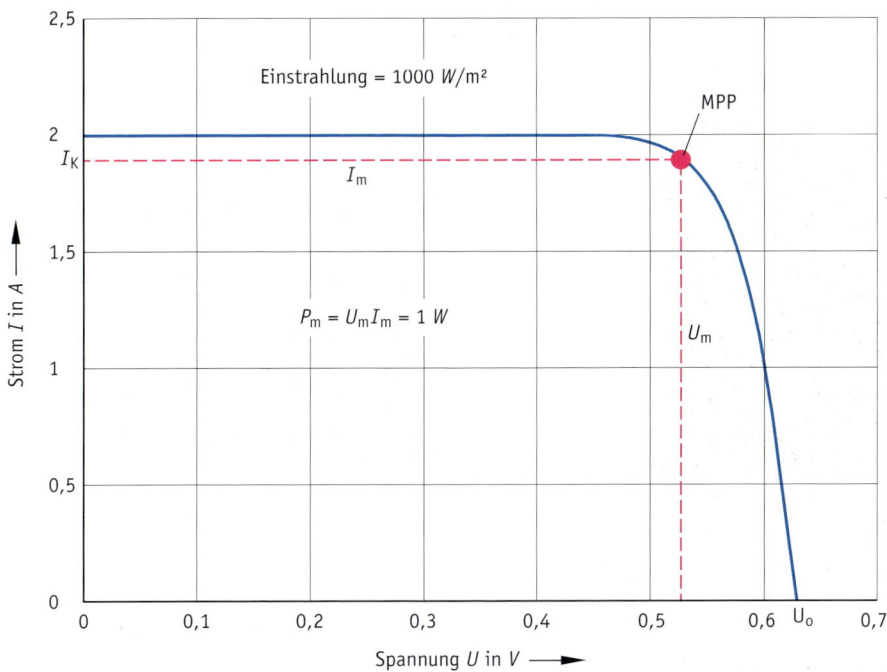

Abb. 6.12 ▶ Strom-Spannungs-Kennlinie einer bestrahlten Solarzelle einschließlich des Kennlinienpunktes größter Leistungsabgabe (**M**aximum **P**ower **P**oint)

Für jeden möglichen Wert des Lastwiderstandes erhält man einen Punkt auf der Strom-Spannungs-Kennlinie. Wichtig ist nun die Frage, bei welchem Kennlinienpunkt mit dem zugehörigen Strom I_m und der Spannung U_m man die maximale Leistung P_m aus der Solarzelle erhält. In diesem Betriebspunkt (**MPP**) sollte die Zelle im Interesse einer möglichst effektiven Energiegewinnung betrieben werden. Da sich diese maximale Leistung aus dem Produkt

$$P_m = U_m \cdot I_m$$

berechnet, entspricht P_m der Fläche des größten in die Kennlinie einbeschreibbaren Rechteckes. Weil sich die Kennlinie und damit auch die Lage des MPP in Abhängigkeit von der Temperatur und der eingestrahlten Leistung ändern, ist für eine optimale Energieausbeute ein **MPP-Regler** erforderlich.

Um höhere Ströme und Spannungen zu erhalten, setzt man nicht einzelne Solarzellen ein, sondern verwendet sogenannte **Solarmodule**, bei denen mehrere Solarzellen in Reihen- und Parallelschaltung zu einer Einheit zusammengefasst sind.

 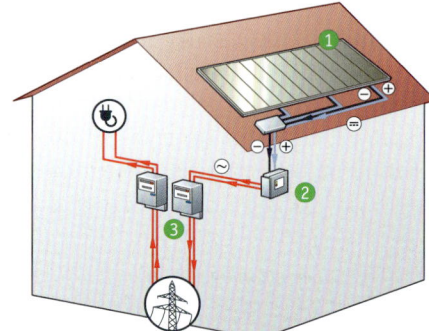

1 Die Solarzellen erzeugen aus der Energie der Sonnenstrahlen Gleichstrom.
2 Der Wechselstromrichter wandelt den Gleichstrom in Wechselstrom um, damit er ins Stromnetz eingespeist werden kann.
3 Die Stromzähler messen, wie viel Strom eingespeist und wie viel Strom wieder aus dem Netz bezogen wird.

Abb. 6.13 ▶ Handelsübliche Solarmodule und ihre Installation

Die technische Herstellung von Solarzellen ist verfahrenstechnisch, aber auch energetisch sehr aufwendig. Praktisch sind ähnlich hohe Anforderungen zu erfüllen wie bei der Herstellung von anderen Halbleiterbauelementen. Die gefertigte Stückzahl konnte in den letzten Jahren sowohl in Deutschland als auch weltweit deutlich gesteigert werden, so dass die Preise bereits gesunken sind und auch weiter sinken werden. Meist wird Silicium als Halbleitermaterial verwendet, wobei die Faustformel gilt: Je aufwendiger die Herstellungsverfahren, desto besser die technischen Kennwerte und desto höher der Preis.

Neben den Solarmodulen sind für eine funktionierende Solaranlage üblicherweise Energiespeicher in Form von Akkumulatoren, ein Laderegler und der schon erwähnte MPP-Regler erforderlich. Solche Anlagen rechnen sich am ehesten im Inselbetrieb, also dort, wo ein Anschluss an das öffentliche Versorgungsnetz hohe Investitionen bedeuten würde. Deshalb findet man Solarpanels bereits bei unzähligen Anwendungen wie Parkautomaten, Notrufsäulen, Wohnmobilen, Bojen, Berghütten usw.

Freilich fallen diese Anwendungen der Photovoltaik energetisch bislang kaum ins Gewicht. Es werden jedoch zunehmend Solarmodule auf Hausdächern, Gewerbeimmobilien und vor allem auf landwirtschaftlichen Gebäuden montiert, um solar erzeugten Strom in das Netz

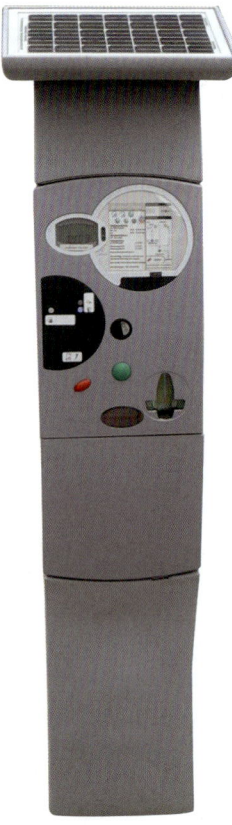

Abb. 6.14 ▶ Photovoltaikpanels im Alltag

einzuspeisen. Diese Investitionen lohnen sich aufgrund des Einspeisegesetzes für regenerative Energie. Demnach muss der so erzeugte Strom zu staatlich festgelegten Preisen von den Elektrizitätsunternehmen abgenommen werden. Diese deutlich erhöhten kWh-Preise aus den Solarmodulen werden durch einen Aufschlag beim kWh-Preis für alle Stromkunden finanziert. Um Solarstrom in das Netz einspeisen zu können, werden sogenannte **Wechselrichter** benötigt, die den Gleichstrom der Solarzellen in Wechselstrom umwandeln.

Wirkungsgrad

Der theoretische Wirkungsgrad von Solarzellen liegt – je nach Halbleitermaterial – bei rund 25 %. Mit zunehmender Betriebstemperatur sinkt der Wirkungsgrad. Im praktischen Betrieb werden diese hohen theoretischen Werte nicht annähernd erreicht. Wichtiger für die Praxis ist der Modulwirkungsgrad. Dieser ist schon deshalb geringer, weil die Modulfläche größer ist als die Summe der Zellenflächen.

Im Dauerbetrieb ergibt sich ein durchschnittlicher Wirkungsgrad von etwa 12 %.

Tatsächlich variieren die realen Wirkungsgrade verschiedener Solarmodule zwischen 5 % und 20 %, je nach eingesetzter Herstellungsmethode. **Monokristalline** Solarzellen haben den höchsten Wirkungsgrad und sind am aufwendigsten herzustellen, **polykristalline** Zellen nehmen beim Wirkungsgrad einen Mittelplatz ein, und **amorphe** haben den geringsten Wirkungsgrad, sind aber auch am billigsten. Der größte Teil der einfallenden Strahlung wird in Wärme umgewandelt, der geringere reflektiert.

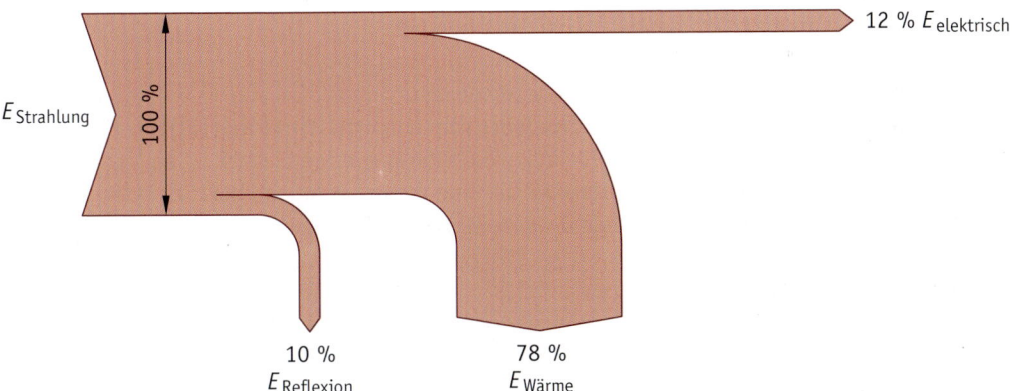

Abb. 6.15 ▶ Energieflussbild eines Solarmoduls mit typischen Werten

Zahlenbeispiele

a) Bei einer photovoltaischen Fläche von 1 m² erhält man bei der höchsten in Deutschland auftretenden Einstrahlung von 1000 W/m² eine elektrische Leistung von ca. 100 W, bei ungünstigen Wetterbedingungen (vgl. Tabelle 6.1) nur 10 W. Die Jahreseinstrahlung in Deutschland liefert etwa 1000 kWh/(m²a) auf eine horizontale Fläche, demnach erhält man pro m² Photovoltaik eine solare Ernte von 100 kWh/a oder knapp 0,3 kWh/d, also den Gegenwert von derzeit etwa 20,– €

jährlich oder 6 Cent täglich.[9] Der Preis für Solarmodule[10] liegt bei etwa 200 bis 300 €/m², so dass sich die Investitionskosten nach zehn bis fünfzehn Jahren amortisieren würden. Der Wirkungsgrad von Solarzellen nimmt mit der Zeit ab. Man rechnet aber mit einer Nutzungsdauer von mehr als zwanzig Jahren.

Was die energetische Ernte anbelangt, so liegt diese etwa bei dem Faktor 4, das heißt, die Solarmodule liefern in ihrer Lebenszeit viermal so viel Energie wie zu ihrer Herstellung nötig war. Man hofft, die realen Wirkungsgrade in Zukunft noch deutlich verbessern zu können. Zudem soll der Material- und Energieaufwand durch Dünnschicht-Siliziumzellen gesenkt werden. Insbesondere höhere Stückzahlen würden den Preis reduzieren, schätzungsweise auf etwa 100 €/m².

b) 1 Tonne Steinkohle in einem Kohlekraftwerk verstromt, ergibt ab Steckdose beim Endverbraucher – bei einem Wirkungsgrad von rund 30 % – eine Energiemenge von knapp 2500 kWh. Diese Tonne Brennstoff spart 1 m² Photovoltaik in etwa 25 Jahren ein (die Energie für seine Herstellung nicht eingerechnet).

c) Der Jahresstrombedarf eines durchschnittlichen Haushaltes beträgt 4500 kWh. Wie groß muss die Solarzellen-Fläche ausgelegt werden, wenn der Strom ausschließlich solar erzeugt werden soll?

Da pro m² und Jahr etwa 100 kWh erzeugt werden können, sind 45 m² erforderlich. Das ist eine Fläche, die ein Eigenheimbesitzer als Dachfläche ohne weiteres zur Verfügung hat. Es muss allerdings für optimale Einstrahlverhältnisse (Südseite, keine Abschattung) gesorgt sein, weshalb die angegebene Fläche eher die untere Grenze darstellt. Zusätzlich ist noch nicht das Problem der Energiespeicherung (die Sonne scheint tagsüber, Strom zur Beleuchtung ist aber nachts erforderlich) berücksichtigt, durch welches die Ausbeute an elektrischer Energie zusätzlich vermindert wird. Mit üblichen Batteriespeichersystemen lässt sich der Solarstrom einige sonnenlose Tage vorhalten, das Problem der Überbrückung der sonnenarmen Winterzeit ist jedoch ungelöst, so dass nach gegenwärtigem Stand der Technik eine 100-prozentige Eigendeckung nicht sinnvoll erscheint. Zudem sind die Investitionskosten für eine derartige Anlage noch zu hoch, als dass sich die Errichtung einer solchen Anlage unter rein wirtschaftlichen Gesichtspunkten rentiert.

Fazit

Die Photovoltaik ist eine innovative Technik zur geräuschlosen und emissionsfreien Energiegewinnung, die in vielen Nischenbereichen, von der Armbanduhr über den Parkautomaten bis zum Campingplatz, einsetzbar ist. Auch in Gebäude wird sie zunehmend integriert (an Hochhausfassaden, auf Hausdächern). Einen spürbaren Beitrag zur Deckung des Energiebedarfs in Deutschland wird sie in absehbarer Zukunft aber nicht leisten können, wenn man den ganzjährigen Bedarf zugrunde legt.

---

9 Dank staatlich geförderter Einspeisevergütung für erneuerbare Energien wird momentan ein höherer kWh-Preis bei Einspeisung in das Netz erzielt.

10 Die Preise für Solarmodule werden üblicherweise nicht pro m² angegeben, sondern pro kW$_p$. Der Index „p" steht für das englische Wort „peak" und meint die Spitzenleistung, welche die Anlage bei optimaler Einstrahlung von 1000 W/m² abgibt. Für 1 kW$_p$ werden derzeit etwa 10 m² Modulfläche benötigt.

6.2.3 Wüstenstrom aus der Sahara für Europa

Neben unzähligen kleinen Einzelprojekten ist nun auch ein echtes Großprojekt namens **„Desertec"** in Planung. Ein Betreiberkonsortium namhafter Konzerne will erneuerbare Energien für Europa und darüber hinaus nutzbar machen. In diesem gigantischen Projekt, das sich über ganz Europa, Nordafrika (Sahararegion) und den Nahen Osten erstreckt, sollen die regenerativen Energien dort angezapft werden, wo das entsprechende Angebot herrscht. So werden Solarkraftwerke im Sonnengürtel der Sahara und des Nahen Ostens errichtet, Windkraftparks an und vor den Küsten usw. Die so gewonnene Energie wird dann in einem riesigen Netz dorthin transportiert, wo die entsprechende Nachfrage besteht, aber vor allem nach Europa.

Abb. 6.16 ▶ Das Kontinente umfassende Desertec-Konzept

Ziel ist eine langfristige CO_2-freie Energieerzeugung im großtechnischen Maßstab mit einer Vielzahl von hauptsächlich solaren Kraftwerken und einem Stromnetz mit extremen Ausmaßen. Nicht nur die technischen Herausforderungen sind hoch, sondern auch die politischen und finanziellen Dimensionen.

6.2.4 Solar-Wasserstoff-Technik

Die regenerativen Energiequellen bieten ein zeitlich stark schwankendes (= **intermittierendes**) Energieangebot, das in der Regel nicht zeitgleich mit der Energienachfrage auftritt. Bei der Nutzung regenerativer Energie besteht also das Problem der **Energiespeicherung**. Bei den herkömmlichen Energiequellen spielt dieser Aspekt keine so zentrale Rolle. Kohle beispielsweise wird einfach auf Halde geschüttet. Zudem liegen die Angebots- und Nachfragestandorte regenerativer Energien oft weit auseinander (Sonnenenergieangebot in der Sahara – Nachfrage nach Solarstrom in Deutschland), weshalb sich auch die Frage nach dem Energietransport stellt.

Eine Vision, die sowohl das Problem der Energiespeicherung als auch jenes des Energietransports zu lösen verspricht, ist die **energetische Nutzung von Wasserstoff**. Darüber hinaus bietet Wasserstoff die Möglichkeit, in der mobilen Energieanwendung, zum Beispiel als Treibstoff für Autos, eingesetzt zu werden. Insgesamt hat der Wasserstoff damit das theoretische Potential, das drängende Problem der Speicherung regenerativer Energien zu lösen und die erschöpflichen sowie umweltverschmutzenden fossilen Energieträger, vor allem Erdöl und Erdgas, zu substituieren. Manche Vertreter der Wasserstoffwirtschaft halten den solar erzeugten Wasserstoff in Bezug auf Verbreitung und Bedeutung sogar für das Erdöl von morgen.

Vor allem könnten mit dem **Energieträger Wasserstoff** die drängenden Umweltprobleme entschärft werden: Der Wasserstoff wird durch elektrolytische Zerlegung aus Wasser unter Verwendung regenerativer Energien[11] dort erzeugt werden, wo die regenerativen Energiequellen besonders ergiebig sind. Die gewonnene Energiemenge ist im Wasserstoff gespeichert und wird – genau wie das Erdöl oder Erdgas – per Tanker oder Pipeline dorthin transportiert, wo die Energie nachgefragt wird. Am Ort der Energieanwendung wird der Wasserstoff in Nutzenergie umgewandelt, beispielsweise indem er verbrannt wird. Als Verbrennungsprodukt entsteht lediglich Wasser, sprich der Ausgangsstoff. Die Luftschadstoffe fossiler Energieanwendung entstehen mit Ausnahme geringer Mengen NO_x erst gar nicht, vor allem wird kein CO_2 emittiert, weil Wasserstoff C-frei ist. **Wasserstoff ist folglich der sauberste chemische Energieträger.**

Während die konventionellen Energiewandlungsketten für die fossilen und nuklearen Energieträger **offene Enden** besitzen, indem sie erschöpfliche Rohstoffe aus der Erde entnehmen und Rest- und Schadstoffe an die Umwelt abgeben, wird die Wasserstoff-Energiewirtschaft eine **Kreislaufwirtschaft** sein.

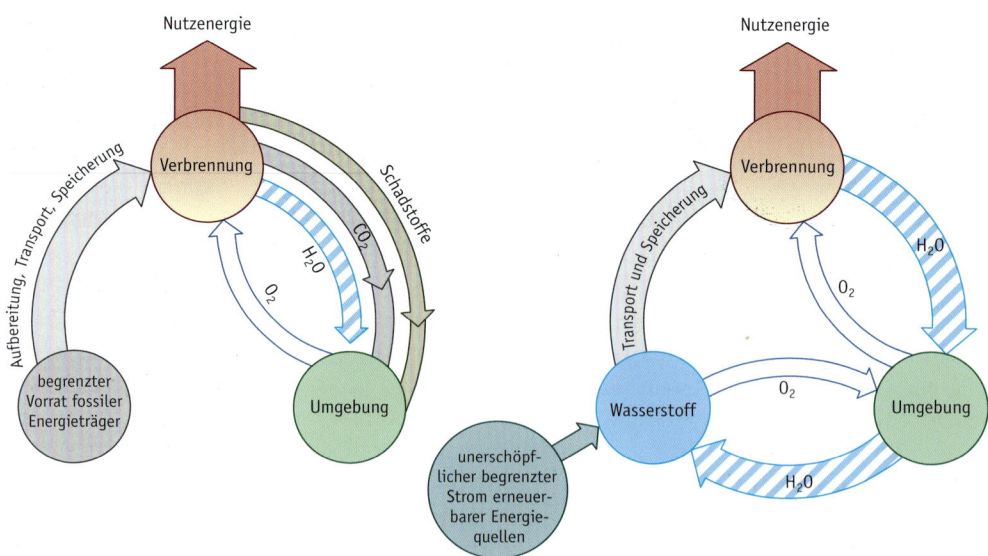

Abb. 6.17 ▶ Das offene Energieversorgungssystem der fossilen Energieträger (links) im Vergleich zur Kreislaufwirtschaft des zukünftigen Energieträgers Wasserstoff (rechts)

---

11 Prinzipiell kann der Energieträger Wasserstoff aus allen Energiequellen gewonnen werden, die elektrische Energie liefern: aus Photovoltaik, Windenergie, Wasserkraft und Kernenergie.

Ohne auf technische Einzelheiten des Energieträgers Wasserstoff einzugehen, sollen hier einige Anmerkungen genügen: In Neunburg vorm Wald (Bayern) werden in einer Anlage alle Stationen einer solaren Wasserstoffwirtschaft unter einheimischen Klimabedingungen erprobt, und zwar in industriellem Maßstab. Die Abbildung 6.18 zeigt die verschiedenen Stationen, die typisch sind für die verschiedenen Möglichkeiten des Energieträgers Wasserstoff.

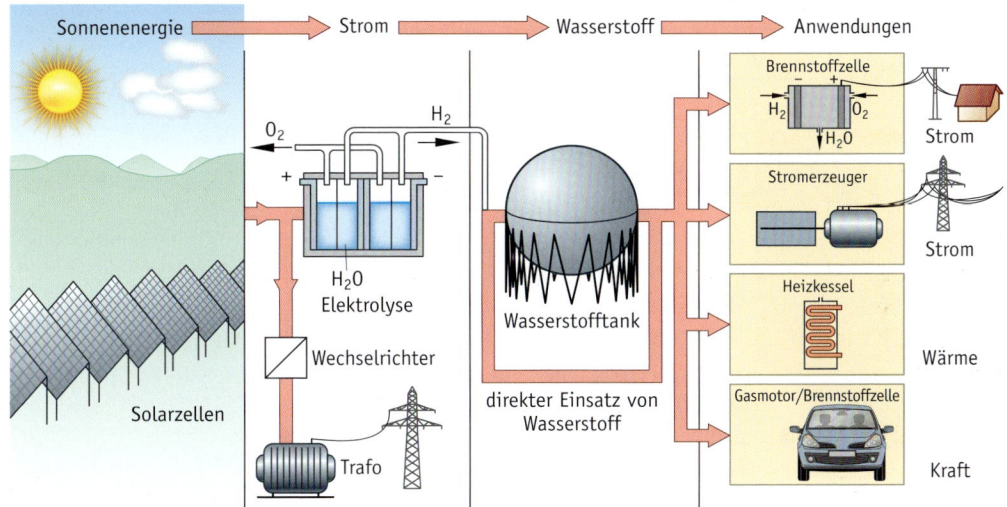

Abb. 6.18 ▶ Die einzelnen Stationen der solaren Wasserstoff-Erzeugung und -Anwendung

Zum einen wird per Photovoltaik elektrische Energie erzeugt, die zum Teil über Wechselrichter direkt in das Stromnetz eingespeist wird. Zum anderen wird mit solarem Strom Wasser, also H_2O, elektrolytisch in seine Bestandteile H_2 und O_2 zerlegt. Der Energieträger H_2 wird gespeichert. Dafür sind verschiedene Techniken in Erprobung. Zwar ist Wasserstoff bezogen auf die Gewichtseinheit ein hervorragender Energiespeicher mit einer Energiedichte von 120 MJ/kg (Benzin erreicht zum Beispiel nur etwas mehr als 1/3 dieses Wertes); bezogen auf sein Volumen ist Wasserstoff jedoch ein schlechter Energieträger. Bei Normbedingungen speichert Wasserstoff eine Energiemenge von 10,8 MJ/m^3, Erdgas hingegen etwa das Dreifache. Will man – und das ist ja das Ziel – große Energiemengen im Wasserstoff speichern, so benötigt man entweder großvolumige Tanks oder Behälter mit sehr hohen Drücken. Eine weitere Möglichkeit, die erforscht wird, ist deshalb auch die Speicherung von flüssigem Wasserstoff. Man benötigt dazu sehr gut isolierte Tanksysteme, da der Wasserstoff bei Atmosphärendruck eine Siedetemperatur von -253 °C besitzt. Weitere Speichertechniken, auf die nicht eingegangen wird, sind in Erprobung. Der Energieträger Wasserstoff schließlich kann auf vielfältige Weise in andere Energieformen umgewandelt werden: Er lässt sich sehr schadstoffarm verbrennen und damit in Wärme umwandeln. Bei dieser Verbrennung oxidiert der Wasserstoff mit dem Luftsauerstoff wieder zum Ausgangsprodukt H_2O.

Mittels Gasmotoren kann Wasserstoff auch in mechanische Energie (Kraft) umgewandelt werden. Und schließlich ist es möglich, den Wasserstoff in sogenannten **Brennstoffzellen** direkt, also ohne die Zwischenstufe Wärme in elektrische Energie umzuwandeln, gewissermaßen als Umkehrung der Elektrolyse. Damit entfällt auch die Beschränkung durch den Carnot'schen Wirkungsgrad. Noch hat die Brennstoffzelle trotz jahrelanger Forschungs- und Entwicklungsarbeit keine

Marktreife erlangt. Ob sich im mobilen Bereich eher rein batteriegetriebene Elektrofahrzeuge oder wasserstoffbetankte Automobile durchsetzen werden, ist daher noch schwer abzuschätzen.

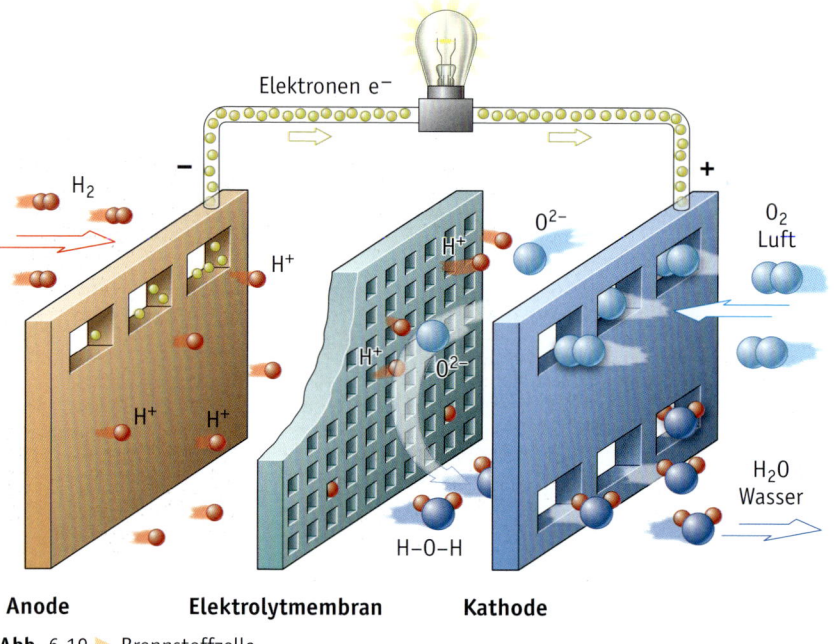

Elektronen e$^-$

H_2

$-$

$+$

H^+

O^{2-}

O_2
Luft

H^+

H^+

O^{2-}

H^+

H^+

H_2O
Wasser

$H-O-H$

Anode   **Elektrolytmembran**   **Kathode**

Abb. 6.19 ▶ Brennstoffzelle

Dass die Wasserstoff-Energietechnik funktioniert, ist bereits erwiesen: Etliche Automobilfirmen haben schon wasserstoffangetriebene Prototypen entwickelt. In Freiburg steht ein energieautarkes Haus, das solar erzeugten Wasserstoff zu Energieanwendungen im Haushalt wie Kochen und Heizen benutzt und damit lang anhaltende sonnenarme Zeiten überbrückt. Die entsprechende Technik ist noch in der Entwicklung und deshalb relativ teuer und großvolumig. Sicher wird es noch lange dauern, bis die Wasserstoff-Energiewirtschaft auf breiterer Basis realisiert ist. Auch die Frage, ob die Wasserstoffwirtschaft wirtschaftlich konkurrenzfähig werden kann, ist noch offen. Der größte Konkurrent für den aus Wasser regenerativ erzeugten Wasserstoff als Energieträger der Zukunft ist die regenerativ erzeugte Elektrizität, falls sich deren Speicherproblematik lösen lässt. Aber obwohl die Wasserstoff-Energiewirtschaft noch viele Fragen aufwirft, so bietet sie doch eine ernstzunehmende Perspektive für eine umweltverträglichere Energieversorgung der Menschheit.

6.3 Windkraft

Die durch unterschiedlich starke Sonneneinstrahlung hervorgerufenen Temperaturunterschiede in der Atmosphäre führen zu Druckunterschieden. Die daraus resultierenden Luftströmungen, die **Winde**, sind eine alltägliche Erfahrung. Bereits im Altertum haben die Menschen diese regenerative Energiequelle genutzt. In den letzten Jahren erlebt die Stromerzeugung mit Windenergie nicht nur in Deutschland einen regelrechten Boom. **Windkraftanlagen** sind in vielen Gegenden Bestandteil der Landschaft geworden. So ist es nicht verwunderlich, dass die Windenergie den größten Beitrag aller erneuerbaren Energie zur Stromerzeugung liefert.

Da sich die Windenergie proportional zur 3. Potenz der **Windgeschwindigkeit** verhält, wächst auch die dem Wind entnehmbare Energie dementsprechend mit der Windgeschwindigkeit[12]. Als Standorte für Windkraftanlagen kommen daher nur Regionen mit genügend hoher Windgeschwindigkeit in Frage. Die mittlere jährliche Windgeschwindigkeit sollte mindestens etwa 4 m/s betragen. Das ist in Deutschland in küstennahen Regionen und auf den Höhenzügen der Mittelgebirge der Fall. Da die Windgeschwindigkeit mit der Höhe zunimmt, ernten auch höhere Anlagen mehr Windenergie.

Abb. 6.20 ▶ Montage des Windrades

Abb. 6.21 ▶ Wartung einer Windkraftanlage

Der Bau von Windkraftanlagen erfordert ein hohes technisches Know-how, da diese Anlagen extremen Belastungen ausgesetzt sind. Nachdem der Betrieb von Großanlagen[13] im MW-Bereich anfangs nicht zu dem erwünschten Erfolg geführt hatte, setzten sich zunächst dreiflüglige Windkraftanlagen mit kleineren und mittleren Leistungen von 100 bis 800 kW durch. Inzwischen hat man gelernt, auch 5-MW-Anlagen mit 120 Meter Turmhöhe und 120 Meter Rotordurchmesser sicher zu beherrschen; 6-MW-Anlagen sind in der Erprobung. Sie erreichen Wirkungsgrade bis zu 40 % (die theoretische Grenze liegt bei knapp 60 %). Man musste also erst lernen, so große Anlagen technisch zu beherrschen. Inzwischen sind die Dimensionen von Windkraftanlagen so groß, dass man sich wohl einer Leistungsgrenze nähert. Denn sowohl der Transport als auch die Montage noch größerer Anlagen scheinen kaum realisierbar.

12 Die fünffache Windgeschwindigkeit liefert demnach die 5^3 = 125-fache Windenergiemenge.
13 Die große Windenergieanlage GROWIAN mit 3 MW Nennleistung, 100 Meter Turmhöhe und 100 Meter Rotordurchmesser ging 1983 in Betrieb, wurde aber wegen technischer Schwierigkeiten kurze Zeit später wieder demontiert.

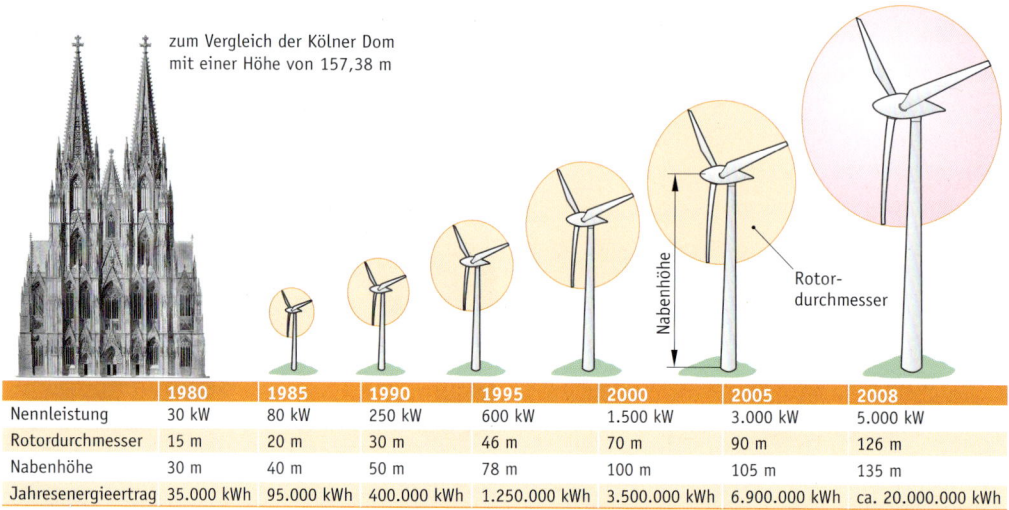

zum Vergleich der Kölner Dom mit einer Höhe von 157,38 m

Nabenhöhe

Rotor-durchmesser

	1980	1985	1990	1995	2000	2005	2008
Nennleistung	30 kW	80 kW	250 kW	600 kW	1.500 kW	3.000 kW	5.000 kW
Rotordurchmesser	15 m	20 m	30 m	46 m	70 m	90 m	126 m
Nabenhöhe	30 m	40 m	50 m	78 m	100 m	105 m	135 m
Jahresenergieertrag	35.000 kWh	95.000 kWh	400.000 kWh	1.250.000 kWh	3.500.000 kWh	6.900.000 kWh	ca. 20.000.000 kWh

Abb. 6.22 ▶ Die Lernkurve bei der Windenergienutzung

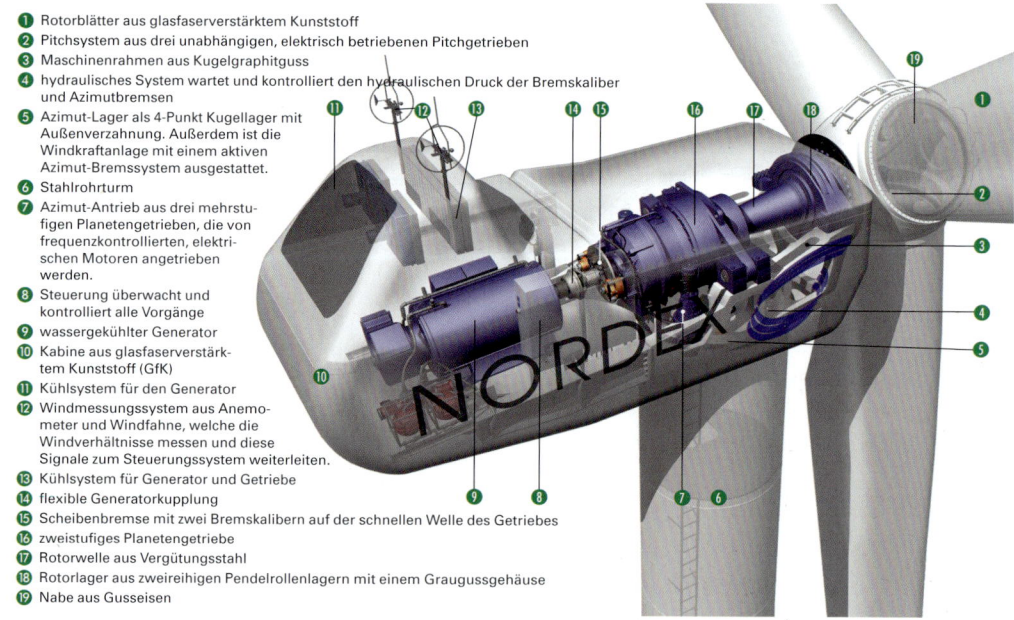

❶ Rotorblätter aus glasfaserverstärktem Kunststoff
❷ Pitchsystem aus drei unabhängigen, elektrisch betriebenen Pitchgetrieben
❸ Maschinenrahmen aus Kugelgraphitguss
❹ hydraulisches System wartet und kontrolliert den hydraulischen Druck der Bremskaliber und Azimutbremsen
❺ Azimut-Lager als 4-Punkt Kugellager mit Außenverzahnung. Außerdem ist die Windkraftanlage mit einem aktiven Azimut-Bremssystem ausgestattet.
❻ Stahlrohrturm
❼ Azimut-Antrieb aus drei mehrstufigen Planetengetrieben, die von frequenzkontrollierten, elektrischen Motoren angetrieben werden.
❽ Steuerung überwacht und kontrolliert alle Vorgänge
❾ wassergekühlter Generator
❿ Kabine aus glasfaserverstärktem Kunststoff (GfK)
⓫ Kühlsystem für den Generator
⓬ Windmessungssystem aus Anemometer und Windfahne, welche die Windverhältnisse messen und diese Signale zum Steuerungssystem weiterleiten.
⓭ Kühlsystem für Generator und Getriebe
⓮ flexible Generatorkupplung
⓯ Scheibenbremse mit zwei Bremskalibern auf der schnellen Welle des Getriebes
⓰ zweistufiges Planetengetriebe
⓱ Rotorwelle aus Vergütungsstahl
⓲ Rotorlager aus zweireihigen Pendelrollenlagern mit einem Graugussgehäuse
⓳ Nabe aus Gusseisen

Abb. 6.23 ▶ Komponenten einer Windkraftanlage

Tabelle 6.2 ▶ Typische Daten einer modernen Windkraftanlage (Stand 2010)

Nennleistung[14]	4 MW
Turmhöhe	120 m
Rotordurchmesser	100 m
Kosten	5 Mio. €
Einschaltgeschwindigkeit	ab 3 m/s Wind
max. Leistung	ca. 20 m/s Wind
Abschaltgeschwindigkeit	ab 25 m/s Wind
Überlebensgeschwindigkeit	60 m/s Wind
Rotordrehzahl	10–30 U/min
Schallemission	95–105 dB
Energieertrag pro Jahr	12 GWh

Um die Leistung eines 800-MW-Kohlekraftwerks zu erbringen, müssten 200 4-MW-Windkraftanlagen bei Volllast betrieben werden. Die Windgeschwindigkeit und damit auch die mögliche Windenergieausbeute unterliegen jedoch starken Schwankungen.

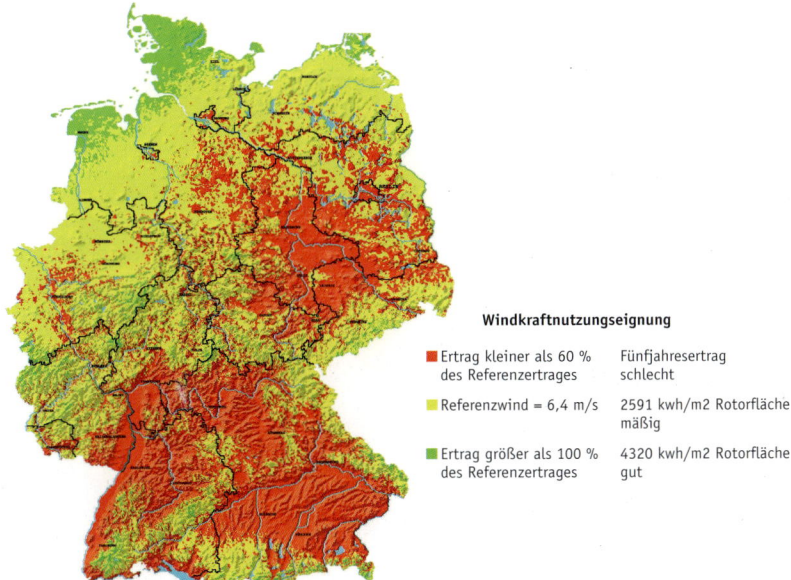

Windkraftnutzungseignung

- Ertrag kleiner als 60 % des Referenzertrages — Fünfjahresertrag schlecht
- Referenzwind = 6,4 m/s — 2591 kwh/m2 Rotorfläche mäßig
- Ertrag größer als 100 % des Referenzertrages — 4320 kwh/m2 Rotorfläche gut

Abb. 6.24 ▶ Standortfaktor: Windgeschwindigkeit 80 m über Rasensohle

Um die **Ausnutzungsdauer** der oben angegebenen Anlage zu berechnen, dividiert man die jährlich erzeugte Strommenge durch die Nennleistung (maximale Leistung) der Anlage, also 12 GWh/ 4 MW. Die sich ergebende Ausnutzungsdauer von 3000 h ist die Zeit, welche die Anlage unter Volllast betrieben werden müsste, um den jährlichen Energieertrag dieser Anlage zu liefern. Demnach beträgt die Ausnutzungsdauer für diese Anlage etwa 34 % der Gesamtzeit des Jahres.

---

14 Das ist die abgegebene elektrische Leistung, für welche die Anlage ausgelegt ist.

Um den Energieertrag von 12 Mio. kWh der obigen Windkraftanlage zu veranschaulichen, wird der Betrag meist in zu versorgende Haushalte umgerechnet: Ein Haushalt verbraucht im Jahr (ohne Heizung) ca. 4500 kWh elektrische Energie. Demzufolge ergibt sich rechnerisch die Versorgung einer Kleinstadt mit knapp 2700 Haushalten. Diese Angabe ist statistisch korrekt, verschleiert aber die Tatsache, dass es um die Elektrizitätsversorgung dieser Kleinstadt schlecht bestellt wäre, wenn sie nur auf diese Windkraftanlage angewiesen wäre. Tatsächlich ist Windenergie im „Stand-alone-Betrieb" nicht sinnvoll zu betreiben. Für windschwache Zeiten müssen Kraftwerke vorgehalten werden, denn nur 5 % der Windenergie gelten als gesichert. Zusätzlich bedarf es des Stromnetzes und Speicher für elektrische Energie. Große Mengen elektrischer Energie lassen sich derzeit eigentlich nur über den Umweg von Pumpspeicherkraftwerken in Form von hoch gelagertem Wasser vorhalten. Da diese aber normalerweise nicht in Küsten- bzw. Windkraftanlagennähe liegen, kommen erhebliche Transportwege hinzu, die eingerechnet werden müssen, will man einen realistischen Eindruck für den Beitrag der Windenergie erhalten.

Die Zukunft des weiteren Ausbaus der Windenergie wird hauptsächlich im **Offshore-Bereich**, also im Meer selbst (beispielsweise in der Nordsee) gesehen. Dort werden Windparks mit bis zu 1000 Anlagen errichtet. Das sind nicht nur technische, sondern auch ökologische Herausforderungen, die zum Teil noch nicht abschließend erforscht sind. Zwar haben diese Anlagen die unbestreitbaren Vorteile eines emissionsfreien Betriebes (wenn man von Schallemissionen absieht) und der Nutzung einer unerschöpflichen wie kostenlosen Energiequelle.

Abb. 6.25 ▶ Offshore-Windpark

Das weltweite theoretische Potential der Windenergie ist relativ hoch, da etwa 2 % der eingestrahlten Sonnenleistung in Luftströmung umgesetzt werden. Da diese Energie aber sehr großvolumig verteilt ist, lässt sich allenfalls ein winziger Bruchteil nutzen. Hinzu kommt, dass man die Küstenregionen auf der Welt schon aus optischen Gründen nicht alle mit Windrädern zustellen kann.

Im Sinne einer CO_2-Verminderungsstrategie sind die Beiträge der Windenergie in Deutschland sehr wertvoll. Nicht zuletzt deshalb wird die Windenergienutzung finanziell gefördert und stark ausgebaut. Im Jahr 2010 wurden 5 TWh elektrische Energie aus der Windenergie gewonnen; das sind etwa 7 % des gegenwärtigen Strombedarfs, und bis 2020 soll dieser Wert noch einmal mehr als verdoppelt werden.

6.4 Biomasse

Biomasse ist gespeicherte Sonnenenergie. Sie gehört zu den regenerativen Energiequellen, weil sie in überschaubaren Zeiträumen nachwächst, sprich sich erneuert.

Biomasse wird – ohne jedes Zutun des Menschen – beim Wachstum der Pflanzen aus den Grundstoffen des Lebens – Kohlendioxid und Wasser – unter Energiezufuhr gebildet. Die Energie für diese endotherme Reaktion liefert das Sonnenlicht. Dieser Prozess der **Photosynthese** läuft nach folgender Reaktionsgleichung ab:

$$6CO_2 + 6H_2O \xrightarrow{\text{Licht}} \underset{\text{Traubenzucker}}{C_6H_{12}O_6} + 6O_2$$

Die Photosynthese bindet also Kohlendioxid aus der Atmosphäre und entlässt Sauerstoff dorthin. Nach dem Absterben der Biomasse läuft unter Freisetzung von Energie der umgekehrte Vorgang ab: Die Biomasse zersetzt sich bzw. verrottet, wobei das gebundene CO_2 unter Sauerstoffaufnahme wieder freigesetzt wird. Das Gleiche passiert beim Verbrennen der Biomasse. Demnach wird bei der energetischen Nutzung von Biomasse gerade so viel CO_2 freigesetzt, wie zum Wachsen dieser Pflanze gebunden und damit aufgenommen wurde. Demzufolge ist die energetische Nutzung von Biomasse CO_2-neutral, sofern man nicht mehr Biomasse verbrennt als nachwächst. Eine planvolle Nutzung von Biomasse ist – im Gegensatz zur Verbrennung fossiler Energieträger – **klimaunschädlich**. Ein Vorteil gegenüber den anderen regenerativen Energien ist die von der Natur selbst bereits vorgenommene Speicherung des Sonnenlichts in der Biomasse. Die Nutzung der Biomasse ist deshalb ohne zusätzliche teurere Speichersysteme je nach Bedarf einsetzbar.

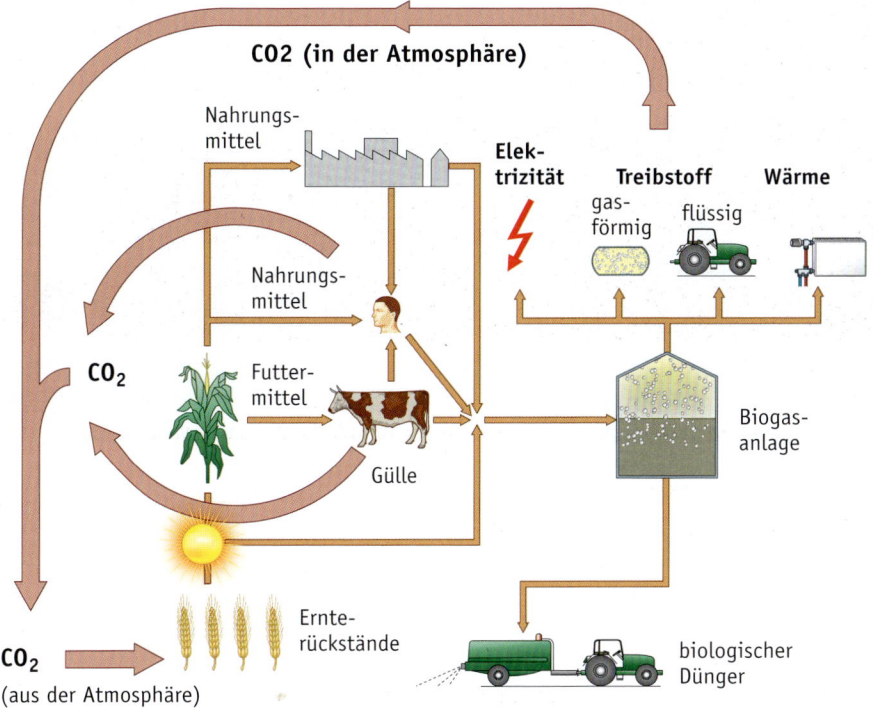

Abb. 6.26 ▶ Der CO_2-Kreislauf bei Verwendung von Biomasse

Was ist Biomasse?

Biomasse ist der Oberbegriff für alle Substanzen, Abfallstoffe und Rückstände von Pflanzen, Tieren und Menschen, also von Lebewesen. Konkret versteht man darunter Holz[15], Stroh, schnell wachsende Pflanzen und Algen einerseits sowie tierische und menschliche Exkremente, Klärschlämme und organische Abfälle andererseits.

Abb. 6.27 ▶ Biomasse

Die energetischen Nutzungsmöglichkeiten von Biomasse sind sehr vielfältig.

---

15 Vor dem Zeitalter der fossilen Brennstoffe der wichtigste Energieträger

Tabelle 6.3 ▶ Energetische Nutzungsmöglichkeiten von Biomasse

Biomasse	Holz, Stroh, Hausmüll	Gülle, Mist	Zucker- und stärkehaltige Pflanzen	Ölhaltige Pflanzen	Schnell wachsende Pflanzen
Umwandlungs-verfahren	direkte Verbrennung oder Verschwelung	Faulung oder biologische Oxidation	Vergärung	Auspressen	Verbrennung
Energieträger	Heizgas oder Schwelgas	Biogas oder Wärme	Alkohol	Pflanzenöl, Biodiesel	Heizwärme
Nutzenergie	Wärme (Kraft)	Wärme	Kraft	Kraft	Wärme

Das theoretische Potential der Biomasse ist sehr hoch, da jährlich rund 150 Mrd. Tonnen Biomasse gebildet werden. Davon kann allerdings nur ein geringer Teil technisch genutzt werden. Der großflächige Anbau von **Energiepflanzen**, beispielsweise von chinesischem Schilfgras, in sogenannten Energiefarmen würde landwirtschaftlich genutzte Flächen in Anspruch nehmen und riesige Monokulturen zur Folge haben, die auch ökologisch bedenklich sind. Hingegen ist die bessere energetische Nutzung landwirtschaftlicher Reststoffe wie Stroh und Holz sicherlich eine sehr sinnvolle Maßnahme. Auch die Nutzung von Deponiegasen, Klärgasen und **Biogas** in Blockheizkraftwerken wird in Deutschland zunehmend intensiviert. Schließlich bieten bäuerliche Genossenschaften verstärkt **Biodiesel** an, der aus ölhaltigen Pflanzen, meist großflächig angebautem Raps, gewonnenen wird. Dieser kann herkömmlichem Diesel beigemischt werden, moderne Dieselmotoren lassen sich aber auch mit reinem Biodiesel betreiben.

Biogas-Anlage
Für die Biogasproduktion eignen sich Gülle und feste Biomasse. Mit einem Rind von 500 kg Gewicht kann pro Tag z. B. eine Gasausbeute von maximal 1,5 Kubikmeter erzielt werden. Energetisch entspricht dies in etwa einem Liter Heizöl. Nachwachsende Rohstoffe liefern jährlich zwischen 6000 Kubikmeter (Wiesengras) und 12000 Kubikmeter (Silomais/Futterrüben) Biogas pro Hektar Anbaufläche.

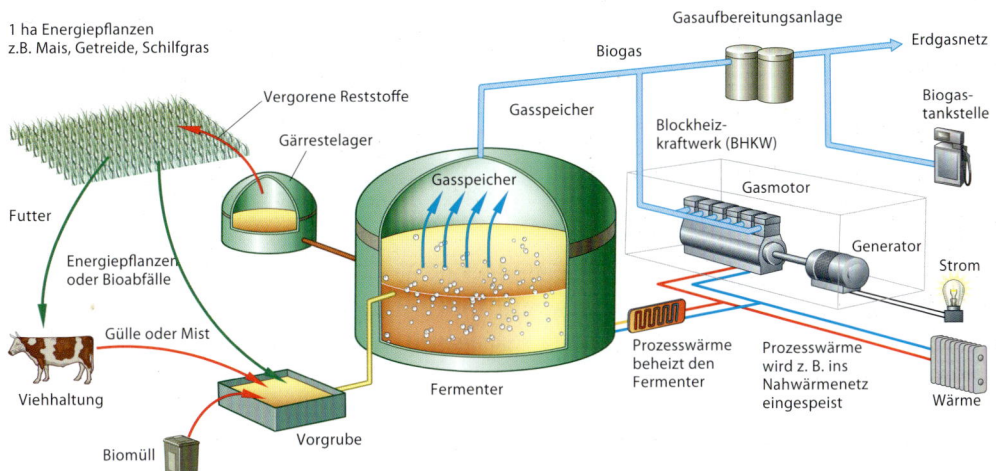

Abb. 6.28 ▶ Aufbau und Funktionsweise einer Biogasanlage

All diese Verfahren zeigen, dass die energetische Nutzung von Biomasse eine sehr vielfältige, von örtlichen Gegebenheiten abhängige Struktur hat, die sich in Zukunft noch weiter ausdifferenzieren wird. Dabei darf nicht übersehen werden, dass mit dem Anbau von Energiepflanzen landwirtschaftliche Nutzfläche verlorengeht und Monokulturen zulasten kleinbäuerlicher Strukturen entstehen Die Biomasse befindet sich bei vielen Verfahren an der Schwelle zur Wirtschaftlichkeit; sie hat eine höhere Energiedichte als Sonnen- und Windenergie, ist speicherbar und somit gut in vorhandene Energieversorgungssysteme zu integrieren. Auf Basis einer Energieversorgung mit erneuerbaren Energien können sich Sonnen- und Windenergie einerseits und Biomasse anderseits gut ergänzen: Die gespeicherte Energie aus Biomasse wird immer dann eingesetzt, wenn Sonnen- oder Windenergie keinen ausreichenden Beitrag liefern können. Auch die Versorgung mit Kraftstoffen für mobile Energieanwendungen (sprich: Auto fahren) ist mit Biokraftstoffen möglich, da sie flüssigen Treibstoff liefern und Öl ersetzen können. Derzeit werden in Deutschland etwa 10 % der landwirtschaftlich nutzbaren Fläche für den Anbau von Bioenergie genutzt. Eine weitere Zunahme ist zu erwarten. Wo die Grenze liegt – auch im Hinblick auf die Nahrungserzeugung – muss die Zukunft zeigen.

6.5   Wasserkraft

Wie die Windkraft, so ist letztlich auch die **Wasserkraft** von der Natur in mechanische Energie umgewandelte Sonnenenergie.

Abb. 6.29 ▶ Rheinfall Schaffhausen

Im Gegensatz zur Windenergie ist die mechanische Energie des Wassers aber stark konzentriert. Das erleichtert ihre technische Nutzung zu wirtschaftlichen Bedingungen erheblich. Folgerichtig ist die Wasserkraft weltweit die bedeutendste kommerziell genutzte regenerative Energie bei der Stromerzeugung. In Deutschland wurde sie in dieser Hinsicht von der Windkraft abgelöst. Denn die Potentiale in Sachen Wasserkraft sind in Deutschland nahezu ausgeschöpft. Heute trägt sie bei uns mit etwas mehr als 20 TWh/a erzeugter elektrischer Energie ca. 5 % zur Stromerzeugung bei. Weltweit sind aber noch große ungenutzte Wasserkraftpotentiale vorhanden. Trotz der sauberen Energieerzeugung darf allerdings nicht unberücksichtigt bleiben, dass Wasserkraftwerke oft erhebliche Eingriffe in die Landschaft und Natur bedeuten und ihr weiterer Zubau deshalb gründlich abgewogen werden muss. So stellt etwa der „Drei-Schluchten-Damm" in China, bei dem mehr als eine Million Menschen umgesiedelt wurden, einen massiven Eingriff in die natürlichen Abläufe dar, dessen Folgen kaum absehbar sind.

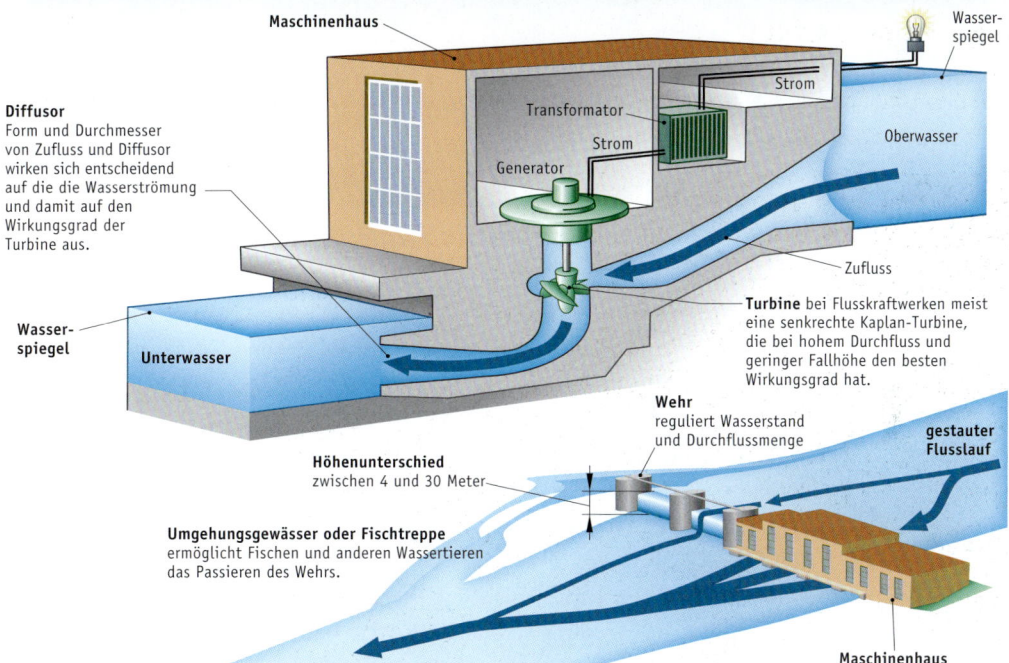

Maschinenhaus

Diffusor
Form und Durchmesser von Zufluss und Diffusor wirken sich entscheidend auf die die Wasserströmung und damit auf den Wirkungsgrad der Turbine aus.

Transformator

Strom

Generator

Strom

Wasser-spiegel

Oberwasser

Wasser-spiegel

Unterwasser

Zufluss

Turbine bei Flusskraftwerken meist eine senkrechte Kaplan-Turbine, die bei hohem Durchfluss und geringer Fallhöhe den besten Wirkungsgrad hat.

Wehr
reguliert Wasserstand und Durchflussmenge

gestauter Flusslauf

Höhenunterschied
zwischen 4 und 30 Meter

Umgehungsgewässer oder Fischtreppe
ermöglicht Fischen und anderen Wassertieren das Passieren des Wehrs.

Maschinenhaus

Abb. 6.30 ▶ Funktionsweise eines Laufwasserkraftwerkes

Die Wasserkraftwerke nutzen die mechanische Energie der Binnengewässer, wobei **Laufwasser-kraftwerken** von **Speicher- und Pumpkraftwerken** zu unterscheiden sind. Die Turbinen der Wasserkraftwerke wandeln die kinetische Energie des durchströmenden Wassers in Rotations-energie um, mit der dann ein Generator angetrieben wird. Aufgrund der hohen Energiedichte werden Umwandlungswirkungsgrade bis zu 90 % erreicht.

Da sich elektrische Energie großtechnisch nicht direkt speichern lässt und das Angebot re-generativ erzeugter Elektrizität oft zeitlich nicht mit der Nachfrage zusammenfällt, werden **Pumpspeicherkraftwerke** in Zukunft an Bedeutung gewinnen: Bei geringer Nachfrage nach elektrischer Energie wird das Wasser in das Hochbecken gepumpt und in Form von potentieller Energie gespeichert. Bei Nachfragespitzen lässt man das Wasser dann zu Tal fließen, um Turbi-nen zur Stromerzeugung anzutreiben.

Abb. 6.31a ▶ Pumpspeicherkraftwerk

Oberbecken

Einlaufbauwerk

Pumpbetrieb **Turbinenbetrieb**

Druckrohre

Kupplung — Absperrschieber

Pumpe — Motor / Generator — Turbine

h

Pumpspeicherkraftwerk

Auslaufbauwerk

Netzeinspeisung

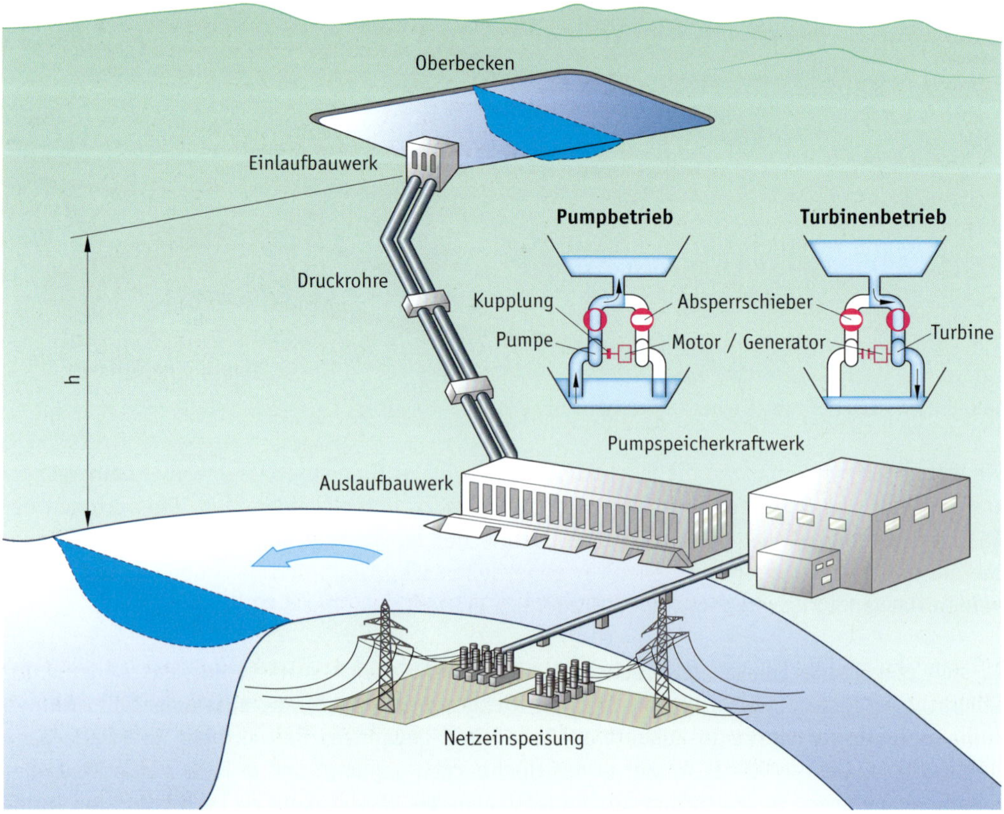

Abb. 6.31b ▶ Funktionsweise eines Pumpspeicherkraftwerkes

Der Nutzung der Meeresenergie hingegen kommt bislang keine größere Bedeutung zu. Zwar gibt es bereits vereinzelte **Gezeiten- und Meereswellenkraftwerke**, in absehbarer Zeit ist jedoch kein relevanter Ausbau solcher Kraftwerke zu erwarten. Von regionalen Einzelprojekten abgesehen, liefert die Nutzung der Meeresenergie folglich auch keinen spürbaren Beitrag zur Energie- oder auch nur zur Stromerzeugung – wenngleich das theoretische Potential der Meeresenergie sehr hoch ist. Aber ihre Nutzung erweist sich als technisch aufwendig und ist mit teuren Baumaßnahmen an den Küsten verbunden.

6.6 Sonstige

6.6.1 Umgebungswärme

Die in Luft, Wasser und Boden gespeicherte Wärme, die **Umgebungswärme**, stellt ein riesiges Energiepotential auf niedrigem Temperaturniveau dar. Während die erneuerbaren Energien Sonne (außer bei der Solarthermie), Wind und Wasser zur Stromerzeugung genutzt werden, geht es bei der Umgebungswärme um die Bereitstellung von Heizwärme. Um die kostenlose und vor Ort verfügbare Umgebungswärme zu Heizzwecken nutzen zu können, muss ihr Temperaturniveau angehoben werden. Das geschieht technisch mittels **Wärmepumpen** (s. Abschnitt 4.3). Je nachdem aus welchem Reservoir man die Umgebungswärme bezieht, unterscheidet man verschiedene Systeme.

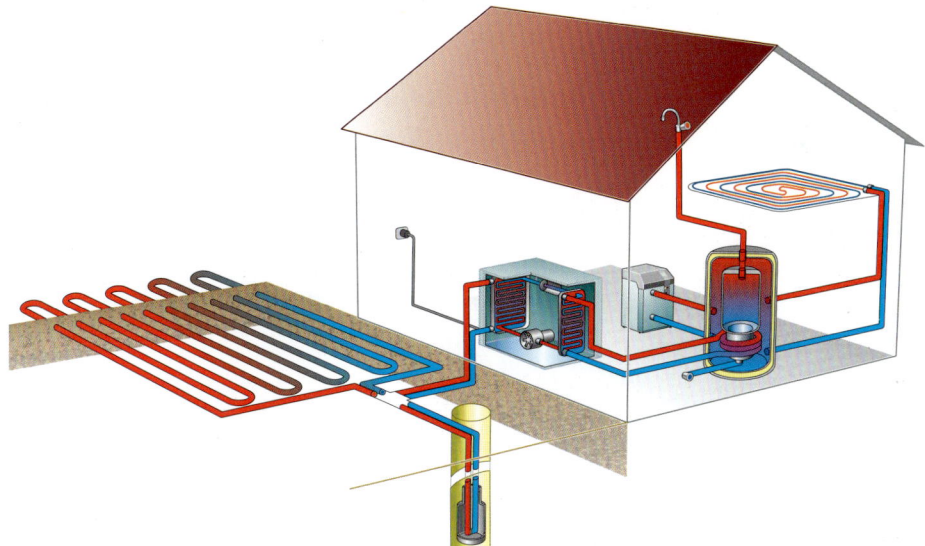

Abb. 6.32 ▶ Funktionsweise einer Wärmepumpenanlage mit Kollektor bzw. Erdwärmesonde

Für eine bezahlbare hochwertige elektrische Kilowattstunde erhält der Betreiber der Wärmepumpe 3 bis 4 Kilowattstunden niederwertige Heizenergie. Die eigentliche Wärmepumpe ist ein unspektakuläres Aggregat (umgekehrter Kühlschrank), bestehend aus den in Abschnitt 4.3 beschriebenen Bestandteilen.

Wenn ein zum Heizen benutztes Wärmepumpensystem die Wärme aus dem Erdboden bezieht (vgl. Abb. 6.32), sei es durch einen vergrabenen Flachkollektor oder durch bis zu 100 Meter tiefen, vertikale Erdsonden, so wird damit nicht der heiße Kern der Erde angezapft, sondern dem Erdboden nur Umgebungswärme entzogen.

6.6.2 Geothermie

In dem Kern der Erde ist eine große Menge Wärmeenergie mit einer Temperatur von 3000 K und höher gespeichert. Von deren Potential können wir uns bei Vulkanausbrüchen überzeugen. 99 % des Erdvolumens sind heißer als 1000 °C. Diese geothermische Energie speist sich aus zwei Quellen, zum einem aus radioaktivem Zerfall in der Erdkruste, zum anderen aus der Hitze im Erdkern, die durch die Erdkruste aufsteigt. Der heiße Erdkern rührt daher, dass die Erde früher glühend heiß war und sich noch immer im Prozess der Abkühlung befindet. Wir leben lediglich auf einer dünnen Erdkruste im Vergleich zu dem riesigen heißen Erdkern.

Leider ist dieses enorme Energiereservoir schwer anzuzapfen, weshalb sie bisher nur dort in größerem Stil genutzt werden kann, wo geothermische Anomalien vorliegen. In Europa ist das hauptsächlich in Island und Oberitalien der Fall. Dort steigt in porösen Gesteinsformationen heißes Wasser oder Dampf von selbst nach oben und kann für Heizzwecke, zum Teil auch zur Stromerzeugung genutzt werden.

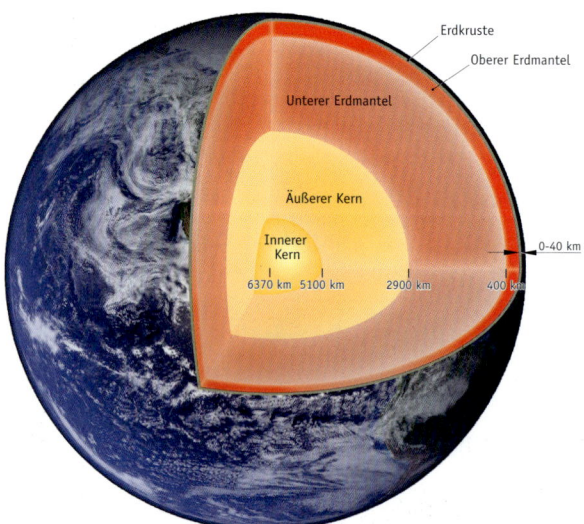

Abb. 6.33 ▶ Schalenförmiger Aufbau der Erde mit heißem Kern   **Abb.** 6.34 ▶ Geysir

Auch in Deutschland sind einige geothermische Kraftwerke realisiert worden. Um geothermisch genügend hohe Temperaturen zur Stromerzeugung zu bekommen, müssen kilometertiefe Bohrungen vorgenommen werden. Und auch dann besteht keine Gewissheit, dass die geothermischen Verhältnisse an der Bohrstelle ausreichen, um ein Kraftwerk zu betreiben. Geothermische Kraftwerke haben aber natürlich den Vorteil, kontinuierlich Strom zu erzeugen; sie sind anders als Sonnen- und Windenergie „grundlastfähig". Wärmeenergie aus diesen Tiefen zu beziehen ist immer möglich, da mit der Tiefe die Temperatur der Gesteinsmassen ansteigt. Allerdings sind diese Bohrung extrem teuer und – zum Beispiel gegenüber einer Wärmepumpenlösung – aus wirtschaftlicher Sicht, von lokalen Sonderfällen abgesehen, nicht konkurrenzfähig.

b)

a)

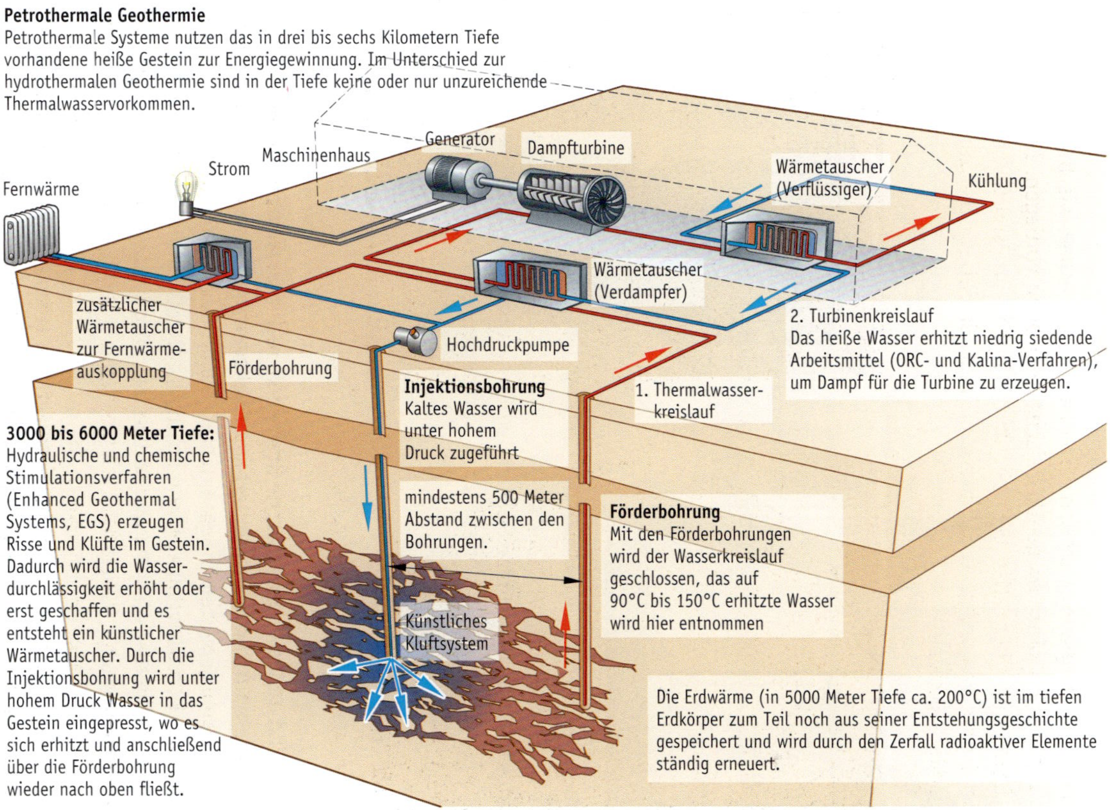

Petrothermale Geothermie
Petrothermale Systeme nutzen das in drei bis sechs Kilometern Tiefe vorhandene heiße Gestein zur Energiegewinnung. Im Unterschied zur hydrothermalen Geothermie sind in der Tiefe keine oder nur unzureichende Thermalwasservorkommen.

Kühlung

Wärmetauscher (Verflüssiger)

2. Turbinenkreislauf
Das heiße Wasser erhitzt niedrig siedende Arbeitsmittel (ORC- und Kalina-Verfahren), um Dampf für die Turbine zu erzeugen.

Generator

Dampfturbine

Maschinenhaus

Wärmetauscher (Verdampfer)

1. Thermalwasser-kreislauf

Strom

Hochdruckpumpe

Injektionsbohrung
Kaltes Wasser wird unter hohem Druck zugeführt.

Förderbohrung
Mit den Förderbohrungen wird der Wasserkreislauf geschlossen, das auf 90°C bis 150°C erhitzte Wasser wird hier entnommen.

mindestens 500 Meter Abstand zwischen den Bohrungen.

Die Erdwärme (in 5000 Meter Tiefe ca. 200°C) ist im tiefen Erdkörper zum Teil noch aus seiner Entstehungsgeschichte gespeichert und wird durch den Zerfall radioaktiver Elemente ständig erneuert.

Künstliches Kluftsystem

Förderbohrung

Fernwärme

zusätzlicher Wärmetauscher zur Fernwärme-auskopplung

3000 bis 6000 Meter Tiefe:
Hydraulische und chemische Stimulationsverfahren (Enhanced Geothermal Systems, EGS) erzeugen Risse und Klüfte im Gestein. Dadurch wird die Wasser-durchlässigkeit erhöht oder erst geschaffen und es entsteht ein künstlicher Wärmetauscher. Durch die Injektionsbohrung wird unter hohem Druck Wasser in das Gestein eingepresst, wo es sich erhitzt und anschließend über die Förderbohrung wieder nach oben fließt.

Abb. 6.35 ▲ Wärmegewinnung mittels Tiefengeothermie (a) und Forschungsbohranlage InnovaRig während des Abteufens der 4000 m tiefen Genesys-Bohrung zum Zwecke der Erdwärmenutzung in Hannover (b)

In Deutschland wird die Geothermie auch in absehbarer Zukunft keinen nennenswerten Beitrag zur allgemeinen Energieversorgung leisten können, von einigen lokalen Nutzungsmöglichkeiten abgesehen.

6.6.3 Müllverbrennung

Die Müllverbrennung ist nicht eigentlich eine regenerative Energiequelle, wird aber trotzdem hier mit aufgenommen, weil sich auch der anfallende Müll sozusagen ständig erneuert und nicht gänzlich vermieden werden kann. Die Verbrennung von Müll ist natürlich nicht CO_2-neutral. Und gerade die unkontrollierte Zusammensetzung des Mülls erfordert eine aufwendige Verbrennungs- und Filtertechnik, um die Emission toxischer Stoffe wie Dioxine, Furane und Schwermetalle unter den vorgegebenen Grenzwerten zu halten.

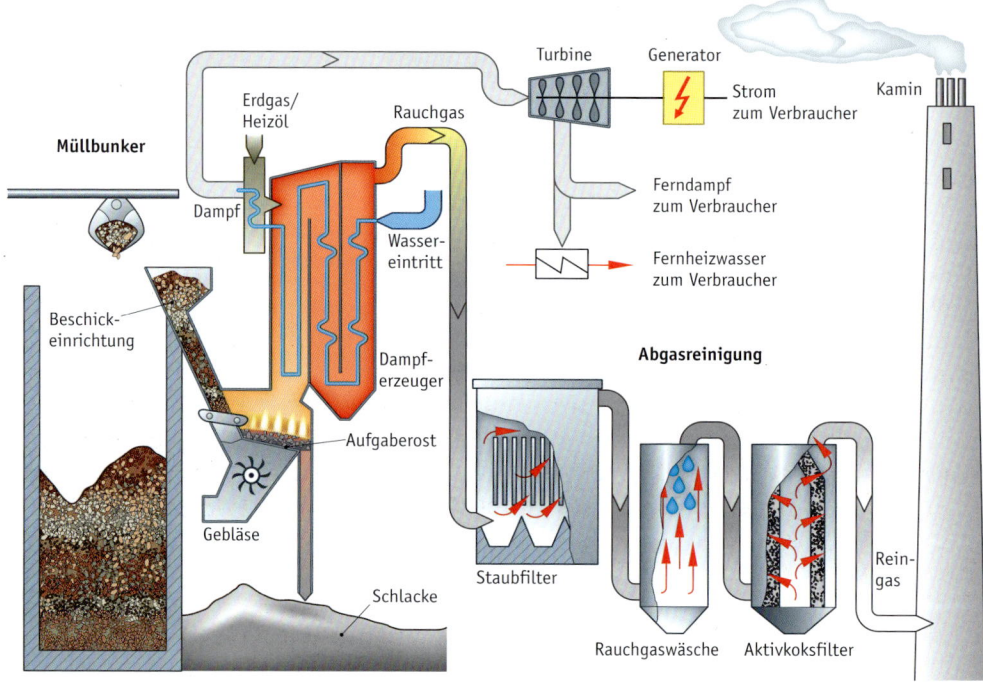

Abb. 6.36 ▶ Thermische Abfallbehandlungsanlage

In Müllverbrennungsanlagen werden meist Strom und Fernwärme erzeugt. Die Müllverbrennung trägt derzeit aber weniger als 1 % zur öffentlichen Stromerzeugung bei.

6.7 Ausblick

Die Situation der Nutzung erneuerbarer Energieträger hat sich in den letzten Jahren nicht zuletzt dank erheblicher staatlicher Förderung positiv entwickelt. Man sieht es an der Anzahl der aufgestellten Windräder, an den mit Solarkollektoren und/oder Photovoltaikanlagen bestückten Dächern sowie an den neu gebauten Biogasanlagen. Auch der Preis für regenerativ erzeugte Energie konnte deutlich gesenkt werden. Ein beachtlicher Anteil bei der Stromerzeugung lässt sich durch Windenergie erzielen, während der Beitrag der Photovoltaik in Deutschland – trotz massiven Ausbaus – noch unter 1 % liegt.

Bezieht man den Anteil der erneuerbaren Energien auf den gesamten Primärenergieverbrauch Deutschlands, also nicht nur auf die Stromerzeugung, so reduziert sich ihr Anteil deutlich. Und ihr Beitrag zur Deckung des Weltprimärenergieverbrauchs ist bislang verschwindend gering. Bei der Energieversorgung dieser Welt dominieren nach wie vor die fossilen Energieträger. Dass dies nicht so bleiben kann, ist schon wegen der Endlichkeit dieser Energieträger klar. Der Umbau des Weltenergiesystems ist eine Herkulesaufgabe mit enormen Herausforderungen, aber auch mit riesigen Chancen – und alternativlos. Deutschland hat in der Entwicklung der erneuerbaren Energien einen Spitzenplatz inne und ist in einigen Bereichen der „grünen Energieerzeugung" Weltmarktführer. Wenn diese Position gehalten oder sogar ausgebaut wird, kann eine neue **Schlüsselindustrie** entstehen.

Nutzbare Potentiale regenerativer Energien

Es stellt sich die Frage, ob die erneuerbaren Energien überhaupt das Potential haben, ein Industrieland wie Deutschland oder gar die gesamte Erde ausreichend mit Energie zu versorgen. Das theoretische Potential ist sicher vorhanden, wie die auf die Erde eingestrahlte Energiemenge (vgl. Abbildung 6.4) im Verhältnis zum Weltprimärenergiebedarf zeigt. Im Jahr 2010 lieferten die erneuerbaren Energien einen Beitrag von etwa 10 % zur Deckung des Primärenergieverbrauchs in Deutschland, 2020 sollen es, so wird prognostiziert, 20 % sein und 2050 sogar 50 %. Optimisten sehen zu diesem Zeitpunkt bereits eine vollständige Versorgung Deutschlands mit erneuerbaren Energien als machbar an. Das reduziert nicht nur die Umweltbelastung, sondern erhöht auch die Versorgungssicherheit, da die Importabhängigkeit verringert wird. Der Umstieg auf die Erneuerbaren braucht aber seine Zeit und wird aller Wahrscheinlichkeit nach auch nicht zu 100 % erfolgen können. Denn den Vorteilen der Nutzung regenerativer Energieträger – ihre vergleichsweise gute Umweltverträglichkeit und ihre Unerschöpflichkeit – stehen ihre Nachteile – **geringe Energiedichte**, **intermittierendes Energieangebote** und **zeitliche Diskrepanz** zwischen Energieangebot und Energiebedarf – gegenüber. Deshalb ist es dringend erforderlich, dass Speichertechnologien für regenerativ erzeugten Strom entwickelt und zur Marktreife gebracht werden. Auf diesem Gebiet stehen die entscheidenden Durchbrüche noch aus. Zudem sind teilweise neue intelligente **Stromnetze** aufzubauen, um die regenerativen Energien dort abzuholen, wo sie in besonderem Maße zur Verfügung stehen (Windenergie aus Offshore-Anlagen, Solarenergie aus der Wüste etc.), und zu den Orten zu transportieren, wo sie nachgefragt werden (in Industrie- und Ballungszentren). Unter dem Motto „IT trifft ET" – meint: Informationstechnik und Energietechnik wachsen zusammen – wird an intelligenten Stromnetzen (engl. **smart grids**) gearbeitet und geforscht: Dabei werden die elektrischen Verbraucher durch die informationstechnische Vernetzung so gesteuert, wie es das momentane Angebot an regenerativen Energien gerade sinnvoll erscheinen lässt. Beispielsweise werden Waschmaschinen in den Haushalten ferngesteuert in Betrieb genommen, wenn gerade viel Windenergie eingespeist werden kann. Das alles sind wichtige Aufgabenfelder für Techniker und Ingenieure.

Außerdem werden die regenerativen Energieträger voraussichtlich zu einer eher dezentralen Struktur der Energiewirtschaft führen: Nicht nur die zentrale Energieversorgung mit ihren großtechnischen Wandler- und überregionalen Verteilungssystemen wird die regenerativen Energiequellen in großem Stile nutzen, sondern viele kleine Einheiten werden das Bild der „grünen Energien" bestimmen. Dabei ist eine bunte Mischung und regionale Differenzierung verschiedenster Systeme zu erwarten, weil sich der Einzelne wieder stärker mit seiner Energieversorgung befassen und dazu beitragen wird. Im übertragenen Sinn könnte man sagen, der „Strom" kommt zukünftig nicht mehr nur aus der Steckdose.

Aufgaben

1   Die notwendige Energiewende ist nur mit Hilfe der regenerativen Energien möglich.

1.1   Was versteht man unter regenerativen Energiequellen?

1.2   Nennen Sie die wichtigsten regenerativen Energiequellen.

1.3   Woraus werden diese Erneuerbaren gespeist?

2   Die **Solarkonstante** beträgt 1,37 kW/m². Das ist die Leistung, die pro m² von der Sonne auf die Erde, genauer auf die Erdatmosphäre eingestrahlt wird.

2.1   Berechnen Sie, wie viel kWh Energie die Sonne damit auf 1 m² im Jahr einstrahlt.

2.2   Welche Leistung in der Einheit kWh/d (= Kilowattstunden pro Tag) wird von der Sonne pro m² Fläche eingestrahlt?

2.3   Rechnen Sie die Energiemenge von Aufgabe 2.1 in t SKE um, beziehen Sie sie auf die Fläche Deutschlands und vergleichen Sie sie mit dem Primärenergieverbrauch Deutschlands.

2.4   Welche Pro-Kopf-Leistung strahlt die Sonne auf Deutschland (außerhalb der Atmosphäre) ein?

3   Aus der Energiebilanz der Erde (vgl. Abbildung 6.4) gehen alle wesentlichen Leistungsanteile der Sonnenstrahlung für die Erde hervor. Recherchieren Sie die Größe der Landfläche der Kontinente und die Anzahl der Weltbevölkerung.

3.1   Berechnen Sie die Einstrahlungsleistung der Sonne auf die Landfläche in kWh/d insgesamt und pro m².

3.2   Ermitteln Sie, wie hoch die tägliche Sonneneinstrahlung auf der Landfläche der Erde in kWh je Person ist. Vergleichen Sie diese Einstrahlung mit dem täglichen Pro-Kopf-Primärenergieverbrauch der Menschheit.

4   In Tabelle 6.1 sind die Einstrahlwerte der Sonne für Deutschland angegeben.

4.1   Berechnen Sie die im Mittel pro Tag eingestrahlte Energiemenge in Deutschland und setzen Sie diese Menge in das Verhältnis zum deutschen Primärenergieverbrauch pro Tag.

4.2   Wenn man einen Wirkungsgrad von 15 % zugrunde legt: Wie viel Prozent der Fläche Deutschlands würde benötigt, um den **Endenergiebedarf** Deutschlands auf diese Weise zu decken. Warum lässt sich Deutschlands Energiebedarf nicht auf diese Weise befriedigen?

5   Zur Messung der Intensität der Sonnenstrahlung wird folgendes Experiment vorgeschlagen: Man nehme eine schwarze, funktionierende Kochplatte und setze sie der Sonnenstrahlung aus. Nachdem sie sich aufgeheizt hat, wird ihre Temperatur gemessen. Nachdem sie sich wieder abgekühlt hat, bringt man die Kochplatte ohne Sonneneinstrahlung mit Hilfe einer steuerbaren Spannungsquelle auf die gleiche Temperatur. Aus der Strom- und Spannungsmessung kann die dazu erforderliche Leistung berechnet werden, die auch die Sonne aufgebracht hat. Schließlich kann noch mit Hilfe der Kochplattenfläche die Strahlungsdichte in W/m² berechnet werden.

Abb. 6.37 ▶ Kochplatte

5.1 Überprüfen Sie mit dieser Methode die in Tabelle 6.1 angegebenen Werte experimentell.

5.2 Warum muss die verwendete Kochplatte schwarz sein?

6 Ein großer Hoffnungsträger für die Energiewende ist die Sonnenenergie.

6.1 Welche Möglichkeiten, die Sonnenenergie zu nutzen, kennen Sie?

6.2 Recherchieren Sie, welche noch nicht im Text genannten Systeme zur Nutzung der Sonnenenergie es außerdem gibt. Finden Sie heraus, ob und ggf. wo solche Systeme in Europa installiert sind.

6.3 Beschreiben Sie Aufbau und Funktionsweise eines Flachkollektors.

6.4 Bei der maximalen Einstrahlung im Hochsommer von 1 kW/m^2, einem Kollektorwirkungsgrad von 60 % und einer Kollektorfläche von 10 m^2 soll berechnet werden, wie viel Liter Wasser damit während eines Sonnentages (6 Stunden) von 20 °C auf 60 °C erwärmt werden können.

6.5 Warum sind Sonnenkraftwerke mit konzentrierenden Kollektoren für Deutschland nicht geeignet?

6.6 Beschreiben Sie Aufbau und Funktionsweise einer photovoltaischen Solarzelle.

6.7 Bei einer Einstrahlung von 1000 kWh/(m^{2}a) und einem Wirkungsgrad von 15 % soll berechnet werden, wie lange man mit 10 m^2 Photovoltaikfläche die Beleuchtung eines Hauses (Anschlussleistung 2 kW) betreiben kann.

7 Die Stadtwerke einer Kleinstadt mit 10.000 Einwohnern verkaufen im Jahr 11 Mio. kWh elektrische Energie, die sie von einem großen Elektrizitätsversorgungsunternehmen beziehen. Sie möchten einen Teil dieser Energie zukünftig selbst regenerativ erzeugen. Auf einem städtischen Grundstück soll zu diesem Zweck eine 5.000 m^2 große Photovoltaikanlage errichtet werden.
Bei der Planung der Anlage wird mit einer solaren Einstrahlung von 1000 kWh/(m^{2}a) und einem Wirkungsgrad der PV-Module von 10 % gerechnet.

7.1 Bei der Angabe „11 Mio. kWh jährlich" handelt es sich eigentlich um eine Leistungsangabe, nämlich $11 \cdot 10^6$ kWh/a. Rechnen Sie diese in kWh/d (d = engl. day) um. Berechnen Sie außerdem, wie viel kWh jeder Einwohner täglich bezieht, also die elektrische Leistung in kWh/(pd), wobei das p für engl. person steht.

7.2 Wie viele kWh im Jahr kann die zu errichtende PV-Anlage zukünftig zur Elektrizitätsversorgung der Stadt beitragen? Wie viel Prozent der Gesamtmenge sind das?

7.3 Wie viele kW$_p$ (p = engl. peak/Spitzenleistung) liefert die PV-Anlage, wenn die Sonne im Sommer mit 1000 W/m^2 einstrahlt? Geben Sie diese Leistung auch in kWh/d und kWh/(pd) an.

7.4 Welche (durchschnittliche) Leistung in kW und in kWh/d hat die PV-Anlage? Wie viel Prozent der Spitzenleistung sind das?

7.5 Wie viele t SKE spart die PV-Anlage insgesamt und je Einwohner ein, wenn die Stadtwerke diese Energiemenge nicht mehr von dem Kohlekraftwerk des Elektrizitätsversorgungsunternehmens beziehen? Dabei werden ein Kraftwerkswirkungsgrad von 38 % und ein Transportverlust von 5 % angenommen. Wie viele t CO_2-Emissionen werden damit jährlich vermieden?

8   Eine Windkraftanlage mit einer Nennleistung von 500 kW liefert im Jahr durchschnittlich 2500 Stunden elektrische Energie bei voller Leistung.

8.1   Wie hoch ist der Ausnutzungsdauer der Anlage? Wie viel Prozent der gesamten Jahreszeit sind das?

8.2   Wie viel kWh bzw. GWh elektrische Energie liefert die Anlage jährlich? Wie viel ist diese Energie wert (bei aktuellem kWh-Preis)?

8.3   Wie viel Tonnen Steinkohle müssen pro Jahr weniger verbrannt werden, wenn das Kohlekraftwerk einen Wirkungsgrad von 40 % hat?

8.4   Wie viele Haushalte können mit Strom versorgt werden, wenn der durchschnittliche Stromverbrauch eines Haushaltes 4500 kWh/a beträgt?

9   Die im Text genannten technischen Daten einer modernen Windkraftanlage sollen zugrunde gelegt werden.

9.1   Berechnen Sie den Nutzungsgrad in Stunden der Windkraftanlage und ermitteln Sie, wie viel Prozent der gesamten Jahresstundenzahl diese beträgt.

9.2   Wie groß ist die durchschnittliche Jahresleistung der Anlage in GW, kW und kWh/d?

9.3   Die Anlage wird einen stürmischen Tag lang (24 h) bei Volllast betrieben.

9.3.1   Wie viel kWh Energie liefert sie in dieser Zeit?

9.3.2   Ein in der Nähe liegendes Pumpspeicherkraftwerk hat eine Höhendifferenz zwischen beiden Wasserbecken von 80 Metern und einen Wirkungsgrad für das Hochpumpen von 85 %.
Wie viele Liter Wasser lassen sich mit der an diesem Tag gelieferten Energie hochpumpen?
Wir groß ist das Fördervolumen pro Minute?

10   Einen wichtigen Beitrag zur regenerativen Energieversorgung liefert die Biomasse.

10.1   Was versteht man unter Biomasse?

10.2   Wieso ist die energetische Nutzung von Biomasse CO_2-neutral?

10.3   Welche Vorteile hat die Biomasse gegenüber den Erneuerbaren Sonne und Wind?

10.4   Zurzeit wird in Deutschland auf etwa 2 Mio. Hektar, das sind etwa 10 % der landwirtschaftlichen Nutzfläche, Bioenergie angebaut. In Deutschland beträgt die durchschnittliche Sonnenleistung 114 W/m²; etwa 1 % der Sonneneinstrahlung wird in Biomasse gespeichert. Mit diesen Rahmendaten können einige Abschätzungen in Bezug auf die Biomasse vorgenommen werden.

10.4.1 Wie viel Prozent der Fläche Deutschlands werden momentan für den Bioenergieanbau verwendet?

10.4.2 Wie viel kWh Bioenergie pro Jahr wird auf der momentan in Deutschland dafür genutzten Fläche wachsen? Wie viel Prozent des Primärenergiebedarfs sind das?

10.4.3 Angenommen, man wollte den gesamten Primärenergiebedarf Deutschland über Bioenergie abdecken. Wie viel Prozent der Landfläche müssten dann mit Energiepflanzen überzogen werden?

10.5   Im Jahr wachsen in Deutschland etwa 120 Mio. Kubikmeter Holz nach. Nur diese sollen im Sinne einer nachhaltigen Bewirtschaftung für Energiezwecke genutzt werden. Welche Daten Sie zur Beantwortung benötigen, finden Sie sicher selbst heraus, und auch diese Daten zu ermitteln dürfte kein großes Problem sein. Welche Energiemenge lässt sich daraus gewinnen? Wie groß ist die Leistung in kWh/d und in kWh/(pd). Recherieren Sie zum Vergleich die benötigte Heizwärme einer Person in Deutschland.

11   Ein Problem der erneuerbaren Energien ist ihre geringe „Leistungsdichte", die zu einem großen Flächenbedarf und hohem Materialeinsatz führt. Unter Leistungsdichte soll hier die abgegebene Leistung eines Energiewandlers pro Flächeneinheit verstanden werden.

11.1 Mit der Sonneneinstrahlung erhält man in unseren Breiten 1000 kWh/(m²a). Eine PV-Anlage mit 10 % Wirkungsgrad gibt dann 100 kWh/(m²a). Berechnen Sie die Leistungsdichte der Photovoltaik in W/m². Recherchieren Sie, welche Leistungsdichte sich mit der gleichen Technik in sonnenreicheren Gebieten wie Nordafrika erreichen lässt.

11.2 Die „Whitelee Windfarm" in Schottland (Abbildung 6.38), einer windigen Gegend, besitzt 140 Turbinen mit einer Nennleistung von zusammen 322 MW auf einer Fläche von 55 km². Die mittlere Leistung ist naturgemäß geringer, weil natürlich nicht alle Turbinen die ganze Zeit mit maximaler Leistung arbeiten. Das Verhältnis von mittlerer Leistung zu Spitzenleistung heißt „Kapazitätsfaktor". Dieser hängt von der Anlage und von ihrem Standort ab. Bei guten On-Shore-Standorten und modernen Anlagen beträgt er um 30 %.

Abb. 6.38 ▶ Whitelee Windfarm

Berechnen Sie aus den angegebenen Daten die Leistungsdichte der Windenergie in W/m².

11.3 Ein modernes 800-MW-Steinkohlekraftwerk hat eine Betriebsfläche von 50 Hektar. Berechnen Sie seine Leistungsdichte.
      Warum ist der Vergleich nicht ganz fair bzw. was wurde bei der Leistungsdichte nicht berücksichtigt?

11.4 Bringen Sie die erforderlichen Daten für ein Wasserkraftwerk und für ein Kernkraftwerk in Erfahrung und berechnen Sie damit deren Leistungsdichten.

11.5 Weshalb sind die regenerativen Energiequellen Wasser- und Windkraft einfacher zu nutzen als die anderen?

11.6 Bei mobilen Energiewandlern wie Automotoren ist die Leistung je Gewichtseinheit interessanter als je Flächeneinheit. Warum?
      Ermitteln Sie die Leistungsdichte in kW/kg eines typischen Auto-Benzin- und eines Auto-Dieselmotors. Vergleichen Sie diese mit einer Autobatterie.

7 Energieeffizienz

Energie ist ein knappes, teures Gut – muss es auch sein, damit es nicht verschwendet wird. Anthropogener Energieeinsatz bedeutet derzeit nämlich Vernichtung unwiederbringlicher Ressourcen und beträchtliche Umweltbelastungen. Selbst wenn in Zukunft ein höherer Anteil des Energiebedarfs durch regenerative Energien gedeckt wird, muss mit Energie weiterhin sparsam umgegangen werden. Kapitel 6 hat gezeigt, wie aufwändig es ist, regenerative Energiequellen zu nutzen. Deshalb ist und bleibt der rationelle[1] Umgang mit Energie, die **Energieeffizienz**[2], wichtigstes Gebot der Energienutzung durch den Menschen. Denn es gilt: Die vermiedene Kilowattstunde ist die umweltverträglichste und ressourcenschonendste Kilowattstunde.

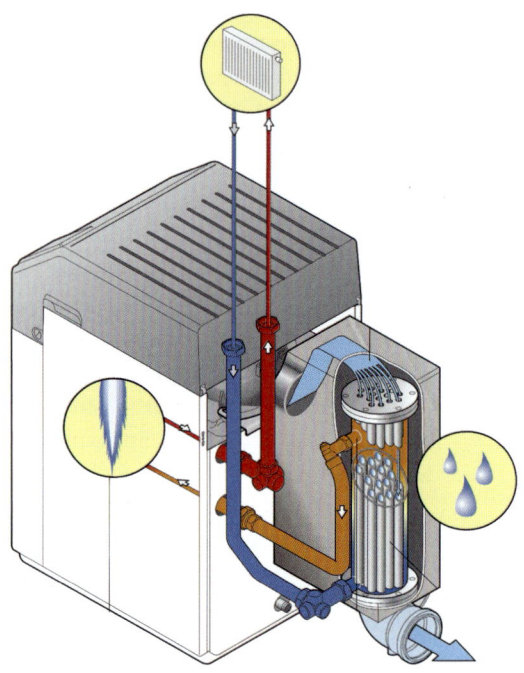

Abb. 7.1 ▶ Ölbrenner mit Brennwerttechnik

Dass – zumindest in den Industrieländern – Einsparpotenziale vorhanden sind, haben die Anstrengungen und auch Erfolge bei den Energiesparmaßnahmen im Zusammenhang mit den Öl(preis)krisen von 1973 und 1979 gezeigt. Während die Energieverbrauchskurve für Deutschland bis 1973 steil nach oben zeigt, stagniert der Primärenergieverbrauch seit Ende der 70er-Jahre, trotz weiter steigenden Bruttosozialproduktes; eine Entwicklung, die alle damaligen Prognosen über den Haufen geworfen hat.

Bei Energieeffizienz geht es um einen möglichst intelligenten Umgang mit Energie. Ohne große Einbußen an Komfort soll der Energieverbrauch reduziert werden. Energieeffizienz ist somit ein weites Feld, das sich nicht in wenigen Maßnahmen erschöpft. Dazu gehören unter anderem:

Abb. 7.2 ▶ Bei elektrischen Straßenbahnen wird die Bremsenergie in das Stromnetz zurückgespeist, was die Energieeffizienz beim „Stop and Go"-Verkehr wesentlich erhöht.

- ◼ *Technische Maßnahmen*
  - Verbessern der Wirkungsgrade bei den konventionellen Energiewandlungstechniken
  - Entwickeln effizienterer Wandlungssysteme
  - Verringern von Energieverlusten, zum Beispiel durch Wärmedämmung
  - Energierückgewinnung und Mehrfachnutzung
  - Einsatz von Mess-, Steuer- und Regelungstechnik

---

1 frz. *rationelle* = verständig, sparsam, haushälterisch
2 Die Begriffe „rationeller Energieeinsatz" und „Energieeffizienz" werden synonym verwendet. Energieeffizienz meint, einen gewünschten Nutzen wie eine geheizte Wohnung mit möglichst geringem Energieaufwand zu bewerkstelligen.

- *Verhaltensänderung*
  - Vermeiden unnötigen Verbrauchs
  - Überprüfen von Gewohnheiten (Raumtemperatur, Lüftung etc.)
  - Umstieg vom Individual- auf Massenverkehrsmittel

- *Politische Zielvorgaben*
  - Förderung Energie sparender und umweltschonender Verfahren
  - Besteuerung von hohem Energieverbrauch
  - Aufklärung über rationelle Energienutzung

Energieeffizienz ist also nur mittels sehr vieler – auch scheinbar kleiner – Maßnahmen zu erreichen. Dazu kann und muss jeder Einzelne beitragen. Denn Energiesparen entlastet nicht nur die Umwelt, indem die Emissionen verringert werden, es werden auch wichtige Ressourcen für die nachfolgenden Generationen erhalten. So ist beispielsweise Erdöl ein wichtiger Rohstoff für die chemische Industrie und eigentlich viel zu wertvoll, um ihn einfach zu verbrennen.

Im Folgenden werden einige technische Maßnahmen aus dem komplexen Gebiet „Energieeffizienz" näher beleuchtet.

Abb. 7.3 ▶ Als Wärmedämmstoffe eignen sich Materialien mit vielen Lufteinschlüssen, die den Wärmetransport vermindern.

1 Verklebung   **2** Dämmung
3 Armierungsmasse   **4** Armierungsgewebe
5 Grundierung   **6** Schlussbeschichtung

7.1   Kraft-Wärme-Kopplung

Die großtechnische Stromerzeugung erfolgt entweder in Wasserkraftwerken oder – und das ist bei über 80 % der elektrischen Energieerzeugung der Fall – in Wärmekraftwerken. Bei Letzteren muss aus thermodynamischen Gründen (vgl. Kapitel 3) ein Teil der erzeugten Wärmeenergie an ein kaltes Reservoir abgegeben werden. Praktisch sieht das so aus: Etwa das 1,2- bis 1,5-Fache der erzeugten elektrischen Energie – bei Kernkraftwerken ist dieser Anteil noch größer – wird als Niedertemperaturwärme über Kühltürme ungenutzt an die Umgebung abgegeben.

Insofern ist es naheliegend, diese Abwärme zu Heizzwecken zu verwenden. Man bezeichnet die gleichzeitige Nutzung des Dampfes zur Erzeugung mechanischer Energie und Wärme als **Kraft-Wärme-Kopplung**.

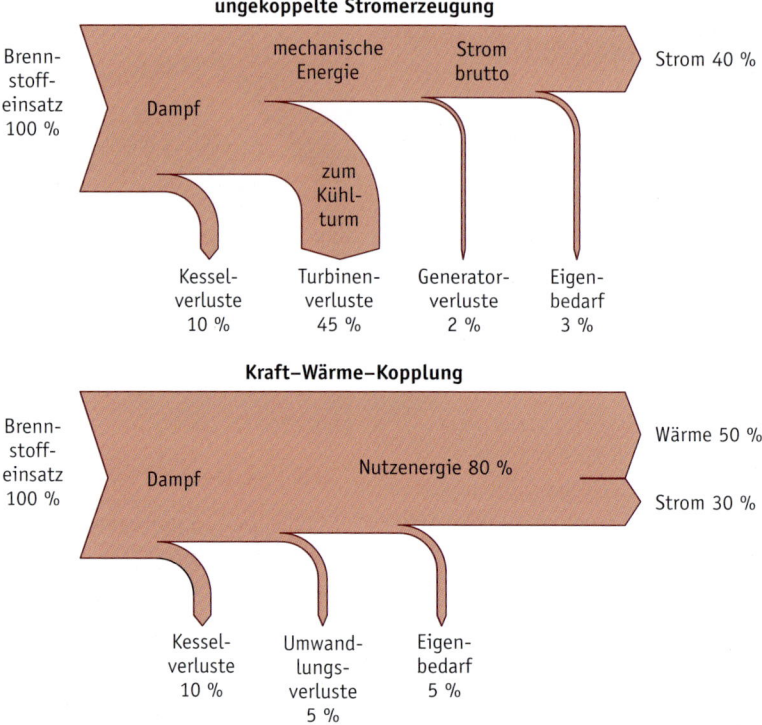

Abb. 7.4 ▶ Die Energieflüsse bei „reiner" Stromerzeugung und bei Kraft-Wärme-Kopplung

Die Kraft-Wärme-Kopplung nutzt den Energieinhalt des Brennstoffes also wesentlich besser aus, als das bei reiner Stromerzeugung der Fall ist. Da bei der Kraft-Wärme-Kopplung ein Teil des Dampfes als Wärme höherer Temperatur verwendet wird, besitzt der dafür ausgekoppelte Dampf einen entsprechenden Exergieanteil, der nicht mehr für die Stromproduktion zur Verfügung steht. Deshalb sinkt bei dieser Doppelnutzung der Anteil der Stromerzeugung. Trotzdem nutzt diese Methode der Kraft-Wärme-Kopplung die im Brennstoff gespeicherte Energie etwa doppelt so gut aus wie bei reiner Stromerzeugung. Ein Beispiel für rationellen Energieeinsatz. Es erfordert allerdings beträchtliche Investitionen in Fernwärmenetze und setzt voraus, dass in Kraftwerksnähe genügend Bedarf an **Fernwärme** besteht. Denn nur bei ausreichender Verbraucherdichte in Kraftwerksnähe ist die Versorgung mit Fernwärme von zentraler Stelle aus wirtschaftlich durchzuführen.

Blockheizkraftwerke
Besser geeignet zur Kraft-Wärme-Kopplung sind deshalb meist kleine, dezentrale **Blockheizkraftwerke (BHKW)**. Sie werden mit Erd-, Deponie-, Klärgas oder Diesel entweder primär zur Stromerzeugung unter Nutzung der Abwärme oder zur Wärmeversorgung unter Einspeisung des nebenbei erzeugten Stromes betrieben. Dabei wird die Abwärme der den Generator antreibenden Wärmekraftmaschine (Gasturbine oder Dieselmotor) zu Heizzwecken genutzt. Der Vorteil der BHKW gegenüber den großen Kraftwerkseinheiten liegt in der räumlichen Nähe zu den Wärmeabnehmern, so dass sich ein kapitalintensives Fernwärmenetz erübrigt. Kommunen und andere meist öffentliche Einrichtungen betreiben BHKW.

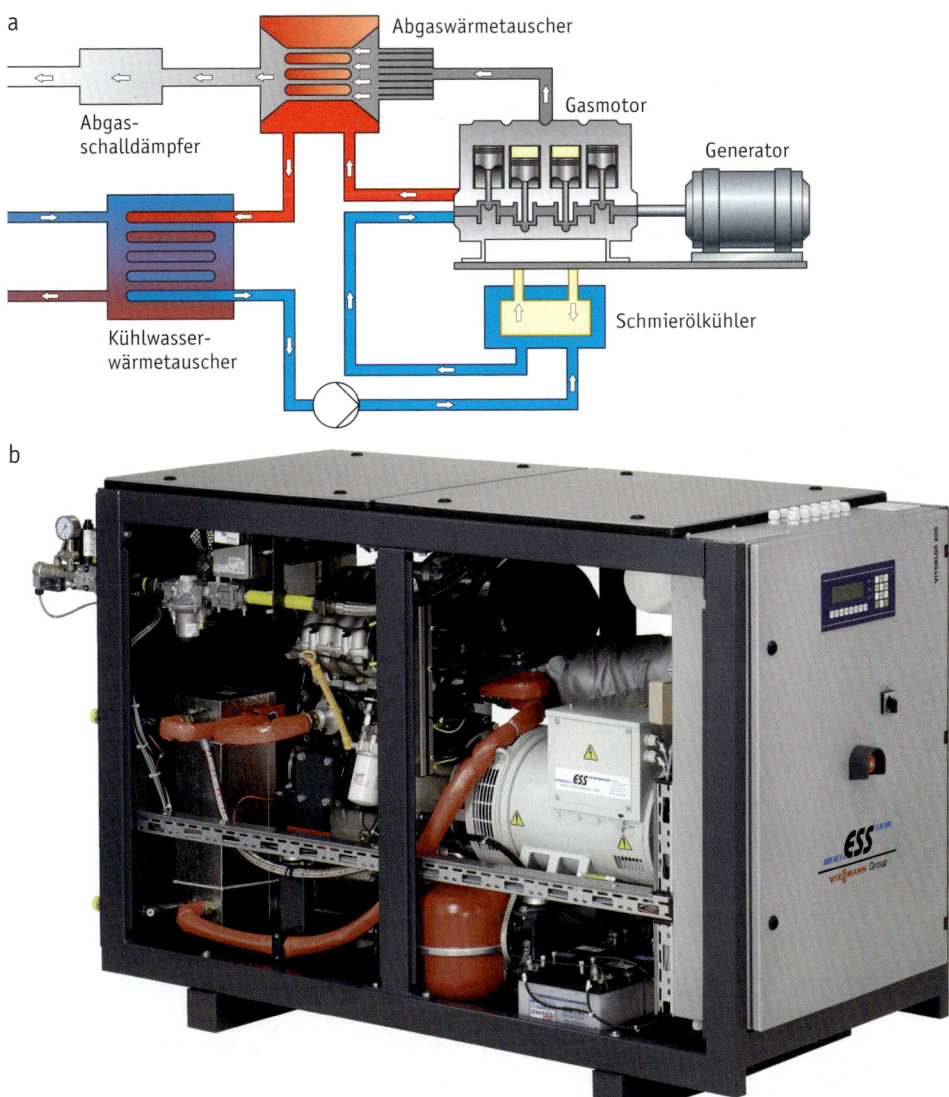

a

Abgaswärmetauscher

Abgas-
schalldämpfer

Gasmotor

Generator

Kühlwasser-
wärmetauscher

Schmierölkühler

b

Abb. 7.5 ▶ Funktionsweise eines **B**lock**h**eiz**k**raft**w**erkes (a) und Mini-BHKW für die Versorgung eines Mehr-
familienhauses (b)

Im Prinzip sind auch Systeme zur gleichzeitigen Erzeugung und Nutzung von Wärme und Strom
für einzelne Häuser oder Häuserblocks denkbar. Sie könnten den Brennstoff wesentlich effizienter nutzen als große zentrale Kraftwerkseinheiten. Als Antriebsmaschine böte sich – wegen
seiner Laufruhe und seines wartungsarmen Betriebes – der Stirlingmotor an (vgl. Abschnitt
4.2).

7.2   Einsparen von Heizenergie

Wie bereits ausgeführt, wird in Privathaushalten die mit Abstand meiste Energie für die Raumheizung aufgewandt. Hier sind deshalb auch die größten Einspareffekte zu erzielen. Der Heizenergieverbrauch einer Wohnung hängt von diversen Faktoren ab. Hier einige Möglichkeiten, um Heizenergie einzusparen:

- **■ *Bauliche Maßnahmen***
  - – Ausrichtung des Baukörpers im Hinblick auf die passive Nutzung der Sonnenenergie (bei Neubauten)
  - – Wärmedämmung der Gebäudehülle (Außenwände, Dach, Keller)
  - – Einbau von Energiesparfenstern

- **■ *Heizungstechnische Maßnahmen***
  - – Energiespar- und/oder Brennwertkessel einbauen
  - – Rohrleitungssystem isolieren
  - – steuer- und regelungstechnische Maßnahmen (Nachtabsenkung, Thermostatventile)
  - – regelmäßige Wartung der Heizungsanlage

- **■ *Das eigene Verhalten überprüfen***
  - – Raumtemperatur absenken
  - – Anzahl der geheizten Räume reduzieren
  - – energiebewusstes Lüftungsverhalten (z. B. keine gekippten Fenster während der Heizperiode)

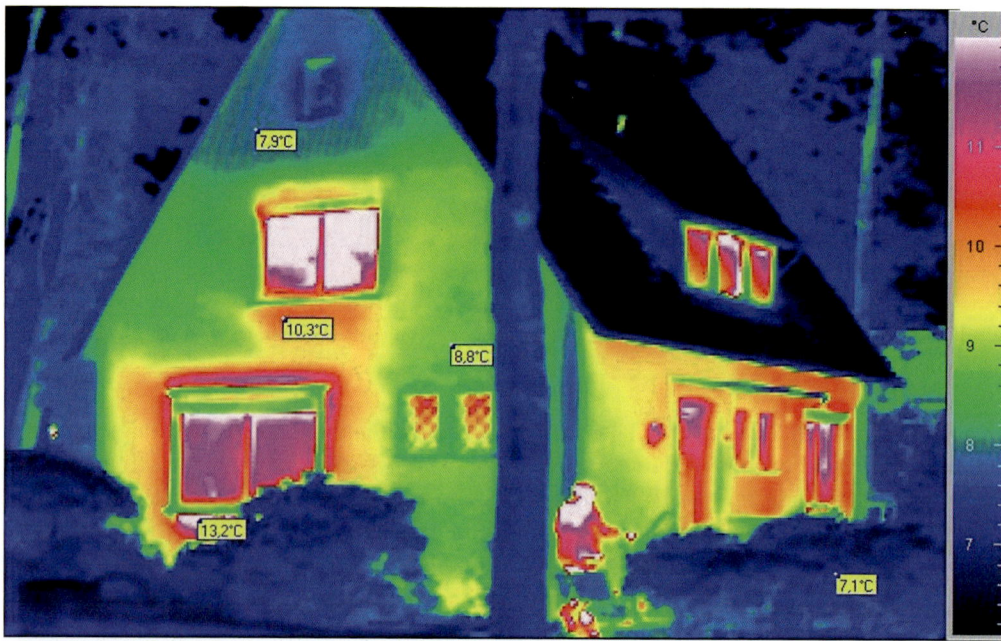

Abb. 7.6 ▶ Mit Hilfe einer Infrarotkamera können die Stellen großen Wärmeverlustes eines Gebäudes sichtbar gemacht werden

Energiebilanz eines Gebäudes

Die Jahresenergieströme eines Gebäudes sind in Abb. 7.7 qualitativ dargestellt. Demnach reicht auch in der Jahresbilanz der durch die Sonne einfallende Energiestrom bei den hiesigen klimatischen Verhältnissen nicht aus, um den Energiebedarf des Gebäudes zu decken. Da der *Jahres*energiefluss abgebildet ist, haben die einzelnen Energieströme während der unterschiedlichen Jahreszeiten, bei Tag und bei Nacht etc. eine teilweise ganz andere Gewichtung. So spielt zum Beispiel auch die in den Gebäudemassen gespeicherte Wärme eine wichtige Rolle im Wärmehaushalt eines Gebäudes.

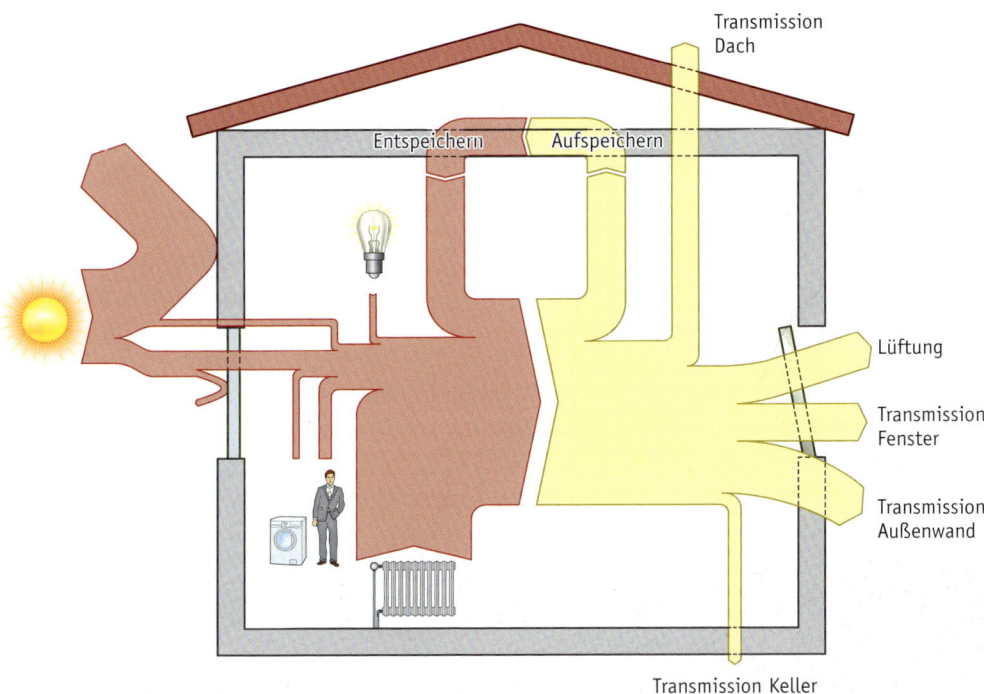

Abb. 7.7 ▶ Qualitatives Jahresenergieflussbild für ein Gebäude

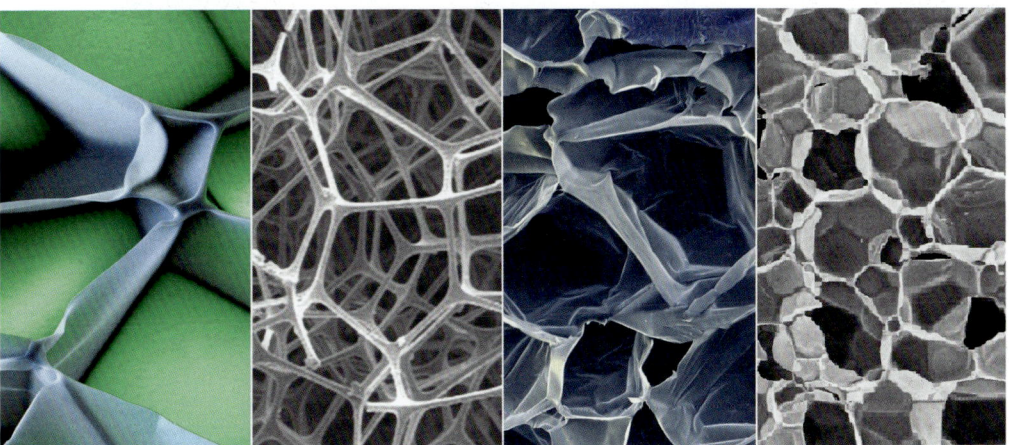

Abb. 7.8 ▶ Schaumstoffe zu Dämmzwecken: Styrodur® C, Basotect®, Neopor® und Polyurethan-Hartschäume (von links nach rechts). Dämmmaterial kann die Verlustwärmeströme eines Gebäudes wesentlich verringern.

Wärmeverluste eines Gebäudes entstehen aufgrund von *Transmission*[3] durch Außenwände, Dach, Keller und Fenster sowie durch Lüftung. Hier kann eine sinnvolle Wärmedämmung viel bewirken. Dass solche Maßnahmen zu spürbaren Erfolgen führen, zeigt Abb. 7.9.

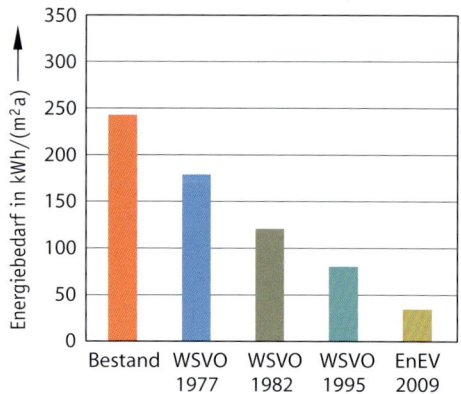

Abb. 7.9 ▶ Jährlicher Energiebedarf pro m² Wohnfläche für verschiedene Häusertypen (Wärmeschutzverordnung WSVO; Energieeinsparverordnung EnEV)

Die nach den Energieeinsparverordnug EnEV ausgeführten Bauten weisen in erster Linie eine bessere Wärmedämmung auf, was zu einem spürbaren Rückgang des Energiebedarfs im Vergleich zu ungedämmten Häusern führt.

Bauphysikalische Grundlagen der Wärmedämmung

Wärme kann grundsätzlich nicht in einem Raum eingeschlossen werden, der ein höheres Temperaturniveau aufweist als die Umgebung. Aufgrund des Temperaturgefälles zwischen Innen und Außen kommt es zu einem *Wärmestrom* Φ durch die den Raum begrenzenden Wände. Dieser Wärmestrom, der das Bestreben hat, die Temperaturdifferenz aufzuheben, berechnet sich aus der während der Zeit t durch die Wände hindurchfließenden Wärmemenge Q gemäß:

$$\Phi = \frac{Q}{t} \quad \text{in} \quad \frac{J}{s}$$

Für die Bauphysik ist es wichtig zu wissen, von welchen Größen der Wärmestrom abhängt. Man stellt fest, dass gilt: Φ *ist proportional zur Wandfläche A, indirekt proportional zur Wanddicke d und proportional zur Temperaturdifferenz* $\Delta\vartheta$. Daraus ergibt sich die Formel:

$$\Phi = \frac{Q}{t} = \lambda \frac{A}{d} \Delta\vartheta$$

Der Proportionalitätsfaktor λ ist von dem Wandmaterial abhängig und heißt *Wärmeleitfähigkeit*. Seine Einheit ergibt sich durch Auflösen obiger Formel nach λ:

$$\lambda = \frac{\Phi \cdot d}{A \cdot \Delta\vartheta} \; , \;\; \text{daraus folgt: } [\lambda] = 1 \frac{\frac{J}{s} m}{m^2 K} = 1 \frac{W}{m \cdot K}$$

---

3   Durchlässigkeit

Verschiedene Baustoffe haben unterschiedliche Wärmeleitfähigkeiten. Je größer für einen Baustoff der Wert von λ, umso geringer ist seine Wärmedämmfähigkeit. Beispielsweise gilt:

$$\lambda_{Beton} = 2 \text{ W/(mK) und } \lambda_{Lochziegel} = 0,33 \text{ W/(mK)}$$

Demnach hat eine Betonwand bei sonst gleichen Bedingungen einen rund 6-fachen Wärmestrom im Vergleich zu einer Lochziegelwand.

Beispiele:

Tab. 7.1 ► Die Wärmeleitfähigkeit einiger Stoffe

Stoff	λ in W/(mK) bei 20 °C	Stoff	λ in W/(mK) bei 20 °C
Kupfer	393	Glaswolle	0,04
Aluminium	221	Schaumstoffe	0,035
Stahl	50	Korkplatte	0,05
Normalbeton	2	Glas	0,8
Ziegelmauerwerk	0,33	Luft	0,0024

Wie aus der Tabelle 7.1 hervorgeht, hat Luft eine sehr geringe Wärmeleitfähigkeit. Das wird bei Wärmedämmstoffen ausgenutzt. Sie sind in der Regel so aufgebaut, dass sie in Poren oder Zwischenräumen Luft einschließen und so die Wärmedämmung bewirken. Gute Dämmstoffe enthalten folglich einen hohen Luftanteil.

Wärmeübergang und Wärmedurchgang
Die Formel für den Wärmestrom beschreibt nur den **Wärmedurchgang** durch eine homogene Wand. Zusätzlich treten aber **Wärmeübergänge** zwischen Wand und umgebender Luft sowohl im Rauminneren als auch außen auf.

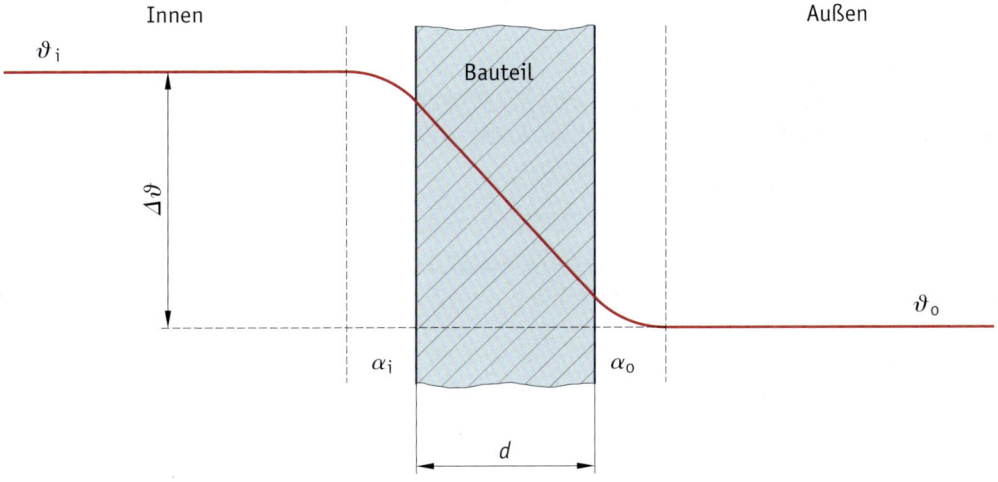

Abb. 7.10 ► Temperaturverlauf durch die innere und äußere Luftschicht sowie durch die Wand

Diese Wärmeübergänge werden durch die **Wärmeübergangskoeffizienten** α_i und α_a beschrieben. α_i und α_a geben die übertragene Wärme pro Zeit, pro Temperaturdifferenz und pro Flächeneinheit zwischen Wand und umgebender Luft an.

Für Hauswände können folgende Mittelwerte angenommen werden:

$$\alpha_i = 6 \text{ W/(m}^2\text{K) und } \alpha_a = 25 \text{ W/(m}^2\text{K)}$$

Die Wärmeübergänge zwischen Luft und Wand (jeweils innen und außen) und der Wärmedurchgang durch die Wand werden zusammenfassend dargestellt mit Hilfe der *Wärmedurchgangszahl k* (sogenannter *k-Wert*), die sich folgendermaßen berechnet:

$$k = \frac{1}{\dfrac{1}{\alpha_i} + \dfrac{d}{\lambda} + \dfrac{1}{\alpha_a}}$$

Für den Fall, dass die Werte der Wärmeübergangskoeffizienten sehr groß werden, können die zugehörigen Brüche vernachlässigt werden. Dann ergibt sich der einfache Zusammenhang zwischen *k*-Wert und Wärmeleitfähigkeit gemäß:

$$k = \frac{\lambda}{d}$$

Daraus folgt für die Einheit des *k*-Wertes: $\quad [k] = 1\,\dfrac{\text{W}}{\text{m}^2\text{K}}$

Ferner ist festzustellen, dass sich bei bekanntem *k*-Wert der Wärmestrom nach der einfachen Formel berechnet:

$$\Phi = k \cdot A \cdot \Delta\vartheta$$

Der *k*-Wert lässt sich auch für mehrschichtige Wände (z. B. Innenputz, Isolierschicht, Mauer, Außenfassade) einfach berechnen, wenn die Wärmeleitfähigkeiten der einzelnen Baustoffe bekannt sind. Dann gilt die Formel:

$$\frac{1}{k} = \frac{1}{\alpha_i} + \frac{d_1}{\lambda_1} + \frac{d_2}{\lambda_2} + \; \dots \; + \frac{1}{\alpha_a}$$

Der *k*-Wert kann für verschiedene Bauteile eines Gebäudes berechnet oder aus Tabellen bestimmt werden. Bei den Herstellern sind die *k*-Werte für Mauerwerk, Fenster, Dämmstoffe usw. zu erfahren. Wichtig ist der Zusammenhang:

- hoher *k*-Wert $\rightarrow$ hohe Wärmeverluste, also hohe Heizkosten, schlechte Wärmedämmung
- niedriger *k*-Wert $\rightarrow$ geringe Wärmeverluste, niedrige Heizkosten, gute Wärmedämmung

Beispiel

Betrachtet wird eine 100 m² große und 20 cm dicke Stahlbetondecke bei einer Temperaturdifferenz von $\Delta\vartheta = \vartheta_i - \vartheta_a = 25 \text{ °C} = 25 \text{ K}$, und zwar
   a) ohne Wärmedämmung
   b) mit 15 cm Wärmedämmung aus Schaumstoff (Styropor)

Die Zahlenangaben sind zum Teil der Tabelle B1 (Anhang B) entnommen.

zu a) $\dfrac{1}{k_a} = \dfrac{1}{\alpha_i} + \dfrac{d}{\lambda} + \dfrac{1}{\alpha_a} = \dfrac{1}{6\,\frac{W}{m^2K}} + \dfrac{0{,}2\text{ m}}{2\,\frac{W}{mK}} + \dfrac{1}{25\,\frac{W}{m^2K}} \quad \Rightarrow \quad k_a = 3{,}3\,\dfrac{W}{m^2K}$

Daraus berechnet sich ein Wärmestrom (= Verlustleistung) von:

$$\Phi_a = k_a \cdot A \cdot \Delta\vartheta = 3{,}3\,\frac{W}{m^2K} \cdot 100 \text{ m}^2 \cdot 25 \text{ K} = 8{,}25 \text{ kW} \,,$$

so dass in 24 Stunden ein Wärmeverlust von

$$Q = \Phi \cdot t = 8{,}25 \text{ kW} \cdot 24 \text{ h} = 198 \text{ kWh}$$

entsteht.

zu b) $\dfrac{1}{k_b} = \dfrac{1}{\alpha_i} + \dfrac{d_1}{\lambda_1} + \dfrac{d_2}{\lambda_2} + \dfrac{1}{\alpha_a} = \dfrac{1}{k_a} + \dfrac{d_2}{\lambda_2} = \dfrac{1}{3{,}3\,\frac{W}{m^2K}} + \dfrac{0{,}15\text{ m}}{0{,}035\,\frac{W}{m^2K}} \quad \Rightarrow \quad k_b = 0{,}22\,\dfrac{W}{m^2K}$

Daraus errechnet sich wie oben eine Verlustleistung von 0,55 kW und ein 24-stündiger Wärmeverlust von nur 13 kWh.

Das Rechenbeispiel zeigt, dass durch die ungedämmte Decke etwa die 15-fache Wärmeenergie abfließt. Die Bedeutung einer guten Isolierung beheizter Räume ist also enorm. Daher sieht die Wärmeschutzverordnung Mindeststandards für die Wärmedämmung vor. Man schätzt, dass in Deutschland rund 15 % der gesamten Primärenergie alleine durch Verluste bei der Raumwärme verlorengehen. Das ist fast doppelt so viel wie die regenerativen Energien momentan zur Bedarfsdeckung beitragen. Hier besteht also noch erhebliches Einsparpotential.

7.3   Energieeinsparungen im Verkehrssektor

Die zunehmende **Mobilität** von Menschen und Gütern erhöht das Verkehrsaufkommen in solchem Maß, dass sowohl der benötigte Energiebedarf (fast ausschließlich Mineralölprodukte) als auch die damit verbundenen Umweltbelastungen zu erheblichen Problemen führen. Das gilt für Deutschland, aber auch weltweit. Weltweit wächst die Anzahl der motorisierten Fahrzeuge mit ca. 5 % jährlich derzeit schneller als die Weltbevölkerung. In Deutschland (80 Mio. Einwohner) sind über 40 Millionen PKW zugelassen. Tendenz steigend. Die Folgen: verstopfte Straßen, kilometerlange Staus, Sommersmog ...

Abb. 7.11 ▶ Fliegen ist die schnellste, aber auch energieintensivste Art des Reisens

Abb. 7.12 ▶ LKW sind die Lastesel des immer weiter anwachsenden Güterverkehrs

Abb. 7.13 ▶ Die energieeffizienteste Art des modernen Reisens: der ICE

Abb. 7.14 ▶ Mobilität mit Sonnenenergie: der SolarRacer

Wie im Verkehrsbereich Energie eingespart und somit auch Schadstoffe vermieden werden können, wird ersichtlich, wenn man die **Energieintensität** der verschiedenen Transportmittel miteinander vergleicht: Bei dem Personentransport im Inland ist per Flugzeug eine Energie von 3000 kJ pro Person und Kilometer (= Personenkilometer, Pkm) erforderlich.

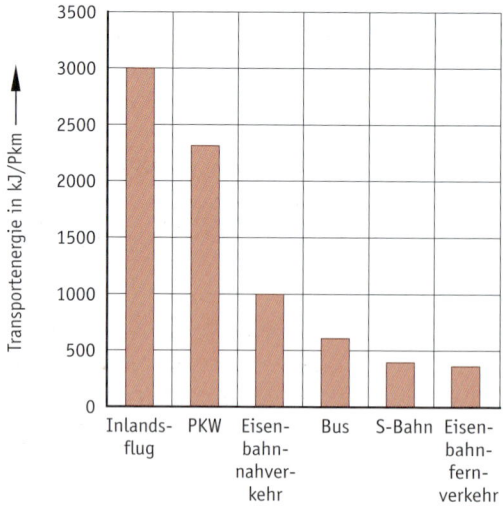

Abb. 7.15 ▶ Die Energieintensität der verschiedenen Personentransportmittel pro Personenkilometer (Pkm)

Damit hat das Flugzeug **eindeutig** die höchste Energieintensität, gefolgt vom PKW. Aus Abb. 7.15 geht hervor, dass das Umsteigen vom PKW auf die Massenverkehrsmittel Bus und Bahn sowie von Inlandsflügen auf den Eisenbahn-Fernverkehr deutliche Energieeinspareffekte hat. Tatsächlich aber werden in Deutschland noch immer über 80 % des Personenverkehrs mit dem PKW durchgeführt. Attraktive Hochgeschwindigkeitsbahnstrecken könnten in Deutschland einen wichtigen Beitrag leisten beim Umsteigen von Flugzeug auf Bahn; denn das würde eine Energieeinsparung von fast 90 % bedeuten.

Beim Gütertransport findet nach wie vor eine Verlagerung von der Schiene auf die Straße statt. So werden derzeit rund 2/3 des gesamten Güterverkehrsaufkommens in Deutschland mit dem LKW abgewickelt. Wie ungünstig das unter Energiegesichtspunkten ist, zeigt Abbildung 7.16.

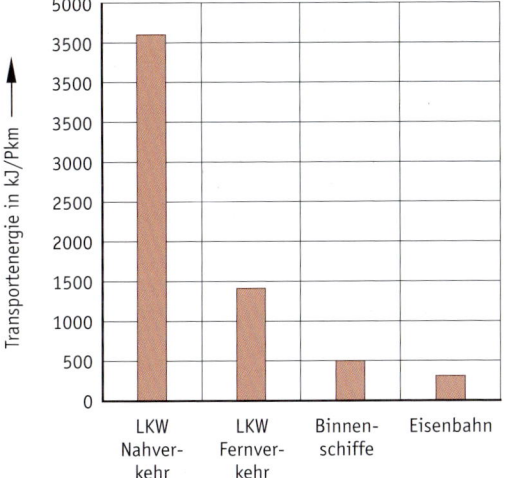

Abb. 7.16 ▶ Die Energieintensität der verschiedenen Gütertransportmittel pro Tonne und Kilometer (tkm)

Aus energetischen Gründen – aber nicht nur deshalb – sollten die Anstrengungen, den Güterverkehr zurück auf die Schiene zu bringen, weiter verstärkt werden. Erste Ansätze und Investitionen in diese Richtung sind zurzeit erkennbar.

Verkehrsleitsysteme

Da die Beliebtheit des Transportweges Straße für Güter wie für Personen ungebrochen ist – mit allen negativen Begleiterscheinungen –, sollen moderne *Verkehrsleitsysteme* für ein umweltfreundlicheres, Energie und Zeit sparenderes Fahren sorgen. Über Induktionsschleifen, Videoüberwachung und später auch mittels satellitengestützter Verfahren werden laufend Informationen über den Verkehrsfluss erhoben und in Computern verarbeitet. Daraus sich ergebende Rückmeldungen an die Fahrzeuglenker, zum Beispiel über angepasste Tempolimits und Umgehungsstrecken, sollen den Verkehr in Fluss halten. Mit Hilfe immer leistungsfähigerer Informations- und Computertechnik – sowohl in der Verkehrszentrale als auch in jedem Fahrzeug – lässt sich der Verkehrsfluss also immer effektiver steuern und regeln. Entsprechende Pilotprojekte gibt es bereits in mehreren großen Städten.

Fahrverhalten

Einige einfache physikalische Überlegungen zeigen, dass Energie und damit auch Kosten dank einer vernünftigen Fahrweise reduziert werden können.

Bei konstanter Geschwindigkeit eines Fahrzeuges auf ebener Strecke wird die mechanische Antriebsenergie im Wesentlichen zur Überwindung der Rollreibung und des Luftwiderstands benötigt. Die geschwindigkeitsunabhängige Rollreibungskraft berechnet sich nach folgender Formel:

$$F_R = \mu m g \qquad \mu: \text{Rollreibungszahl, } m: \text{Fahrzeugmasse und } g = 9{,}81 \text{ ms}^{-2}$$

Die Formel für den Luftwiderstand ist etwas aufwendiger. Wichtig ist, dass die Luftreibungskraft F_L proportional zum Quadrat der Geschwindigkeit des Fahrzeugs ist. Es gilt:

$$F_L = \frac{1}{2} \rho \, c_w A v^2 \qquad \rho: \text{Dichte der Luft} \qquad c_w: \text{Luftwiderstandsbeiwert}$$

$$A: \text{Stirnfläche des Fahrzeugs} \qquad v: \text{Fahrzeuggeschwindigkeit}$$

Beide Reibungskräfte überlagern sich additiv zu der Gesamttreibungskraft

$$F_{GR} = F_R + F_L$$

Um die zur Überwindung dieser Rückhaltekräfte erforderliche Motorleistung zu berechnen, wird der physikalische Zusammenhang zur Leistung P hergestellt:

$$P = \frac{W}{t} = \frac{F \cdot s}{t} = F \cdot \frac{s}{t} = F \cdot v$$

Angewandt auf die beiden Reibungskräfte von oben, ergibt sich für die erforderliche mechanische Antriebsleistung folgende Formel:

$$P_{GR} = P_R + P_L = \mu m g v + \frac{1}{2} \rho \, c_w A v^3$$

Demnach wächst die zur Überwindung des Rollwiderstands benötigte Leistung linear mit der Geschwindigkeit, während die Leistung zur Überwindung des Luftwiderstands sogar mit der 3. Potenz von v zunimmt. In Abb. 7.17 sind diese Leistungen, wie sie sich aus obiger Formel mit den Kennwerten für einen Mittelklasse-Wagen ergeben, in Abhängigkeit von der Geschwindigkeit dargestellt.

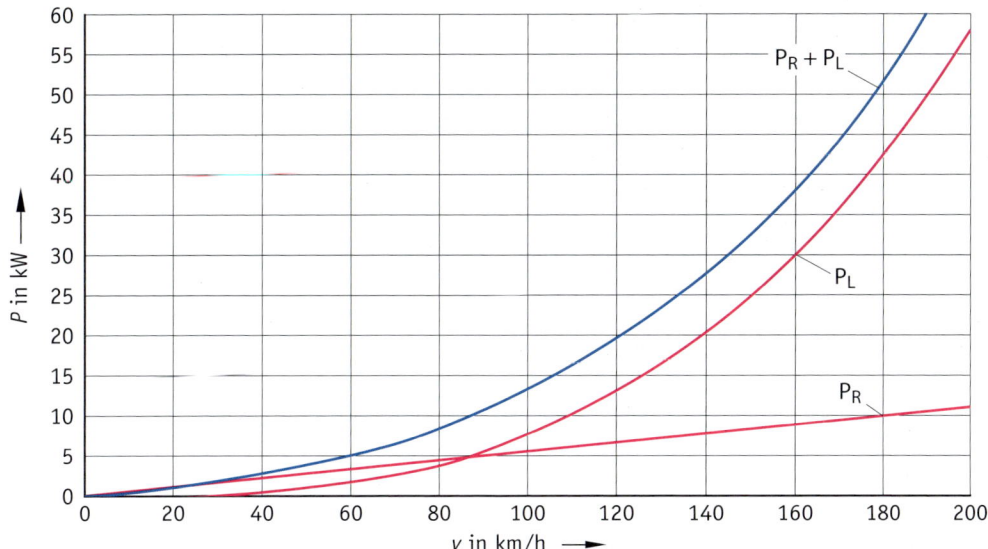

Abb. 7.17 ► Die erforderlichen mechanischen Leistungen zur Überwindung des Rollwiderstands P_R und des Luftwiderstands P_L in Abhängigkeit von der Geschwindigkeit bei einem Mittelklasse-PKW sowie die Summe beider Leistungen.

Es wird deutlich, dass die aufzubringende Leistung mit der Geschwindigkeit sehr stark zunimmt, so dass auch der Treibstoffverbrauch entsprechend höher ist. Allein die Überwindung des Luftwiderstands erfordert bei doppelt so hoher Geschwindigkeit die 8-fache Leistung. Deshalb bedeutet eine vernünftige, selbst gewählte Geschwindigkeitsbegrenzung nicht nur mehr Fahrsicherheit, sondern ist dank der eingesparten Energie und des damit reduzierten Schadstoffausstoßes auch ein wichtiger Beitrag zur rationellen Energienutzung.

Der Rollwiderstand, der immerhin bis zu einer Geschwindigkeit von 90 km/h der dominierende Anteil ist, hängt einerseits von der Rollreibungszahl, andererseits von der Masse des Fahrzeugs ab. Während die Rollreibung durch die Art der Straßenbeläge und Reifen bestimmt ist, sollte eine deutliche Gewichtsreduzierung der Fahrzeuge angestrebt werden.

Ausblick
Der Verkehr, insbesondere der Autoverkehr, rückt aufgrund seiner Wachstumsraten zunehmend ins Blickfeld, wenn es um rationellen Energieeinsatz und Schadstoffreduzierung geht. Hier konnten nur einige Aspekte aufgezeigt werden. Insgesamt aber existieren zahlreiche Forschungsansätze, Experimentierfahrzeuge, Ökoautos und vieles mehr. Bislang haben diese Ansätze zwar wenig Einfluss auf die Modellbaureihen der Automobilhersteller, doch diese haben inzwischen erkannt, dass deutlicher Nachholbedarf besteht.

Abb. 7.18 ▶ Zukunftshoffnung ist das emissionsfreie Auto: Diese Busse der Hamburger Hochbahn AG werden mit Wasserstoff betrieben. Brennstoffzellen dienen als Energiewandler, so dass aus dem Auspuffrohr Wasserdampf entweicht.

Abb. 7.19 ▶ „Tankstelle" für das Elektroauto: Eine andere Realisierung des emissionsfreien Autos sind batteriebetriebene Elektrofahrzeuge, deren Akkus wieder aufgeladen werden.

Noch ist allerdings unklar, wie das „Auto der Zukunft" aussehen und welches Antriebssystem sich durchsetzen wird. Mindestens zwei Systeme sind aber am Start: das akkubetriebene Elektroauto, das wohl eher auf kurzen Strecken im Stadtbereich zu Hause sein wird, und das mit der Wasserstoffwirtschaft zusammenhängende Brennstoffzellen-Auto. Mit diesem sind auch lange Strecken und größere Leistungen, zum Beispiel für Busse und LKW, realisierbar. Momentan werden vor allem Hybridfahrzeuge angeboten, die sowohl einen Verbrennungs- als auch einen Elektromotor besitzen.

7.4   Verändertes Verbraucherverhalten

Energiesparen und umweltbewusstes Handeln finden heute in weiten Teilen der Bevölkerung hohe Akzeptanz. Trotzdem werden oft Verhaltensweisen beibehalten, die zu unnötigem Energieverbrauch beitragen. Unnötiger Energieverbrauch entsteht, wenn Nutzenergie keine zusätzliche Produktivität, Dienstleistung oder verbesserte Lebens- und Arbeitsbedingungen schafft, sondern ins „Leere" läuft. Beispiele hierfür sind zu hohe Raumtemperaturen sowie der Leerlauf von Maschinen und Anlagen. Nach wie vor werden die Verbrauchsanteile und Energiesparpotentiale der verschiedenen Anwendungsbereiche häufig falsch eingeschätzt. Und die Vorstellungen darüber, was unnötiger Verbrauch ist, gehen weit auseinander: Wer denkt schon daran, dass man mit der Energie einer Kilowattstunde zum Beispiel eine Vierzimmerwohnung viermal komplett staubsaugen, mit dem gleichen Energiebetrag aber nur etwa zwei bis drei Minuten lang warm duschen kann? Licht und mechanische Energie hingegen werden oft überbewertet, während die Bedeutung von Wärme, insbesondere im Niedertemperaturbereich, stark unterschätzt wird. So führt beispielsweise die Reduzierung der Raumtemperatur in der Heizperiode um 1 °C zu einem Minderverbrauch an Heizenergie von etwa 6 %. Würde man in dieser Zeit auf jegliche Beleuchtung im Haushalt verzichten, ließe sich nicht annähernd die gleiche Einsparung erreichen.

Das Wort Verzicht ist im Allgemeinen negativ besetzt. Im Hinblick auf den Energieverbrauch ist Verzicht aber nicht nur wünschenswert, sondern überlebensnotwenig. Das Einsparen von Energie ist eine Energiequelle, der bislang viel zu wenig Beachtung geschenkt wurde. Statt dauernd die Energieproduktion zu erhöhen – mit allen negativen Begleiterscheinungen – müssen wir Energie intelligenter und effizienter nutzen. Denn auf diese Weise lassen sich große Mengen Energie längs der Energiewandlungskette einsparen, ohne dass es beim Endverbraucher zu Komfortverlust oder gar Mangelerscheinungen führt.

Aufgaben

1 Recherchieren Sie, was man unter Brennwerttechnik versteht und warum man damit Heizenergie einsparen kann.

2 Bei der Erzeugung elektrischer Energie treten in Wärmekraftwerken hohe Verluste auf. Eine Möglichkeit, diese zu reduzieren, ist die sogenannte Kraft-Wärme-Kopplung.

2.1 Was versteht man unter Kraft-Wärme-Kopplung? Welchen Vorteil gegenüber der getrennten Erzeugung von Kraft (= mechanische Energie) und Wärme hat die Kraft-Wärme-Kopplung?

2.2 Weshalb ist die Kraft-Wärme-Kopplung bei sogenannten Blockheizkraftwerken besonders vorteilhaft durchzuführen?

3 Nennen Sie fünf Maßnahmen, die geeignet sind, Heizenergie einzusparen.

4 Berechnen Sie unter Vernachlässigung der Wärmeübergangskoeffizienten und mit den Zahlenangaben im Text (s. Seite 229) die k-Werte einer 20 cm dicken Ziegelmauer und einer 1 cm starken Fensterglasscheibe. Was können Sie aus dem Vergleich der k-Werte schließen?

4.1 Welche Möglichkeiten kennen Sie, um die k-Werte von Fenstern zu verkleinern?

4.2 Informieren Sie sich, welche k-Werte moderne Isolierglasfenster besitzen, und vergleichen Sie diese mit dem k-Wert der obigen Ziegelmauer.

5 Im Text wurde der Leistungsbedarf eines PKW in Abhängigkeit von der Geschwindigkeit bei gleichförmiger Bewegung dargestellt. Welche anderen Faktoren wirken sich ebenfalls ungünstig auf den Treibstoffverbrauch eines PKW aus?

6 Machen Sie eine energetische Bestandsaufnahme in Ihrem Haushalt: Welche Elektrogeräte verbrauchen besonders viel Energie? Wie viele Prozent sind neue Geräte energieeffizienter? Wie viele Euro lassen sich jährlich einsparen?

Abb. ▶ 7.20 Wärmeschutzverglasung, 3-fach-Scheiben

8   Schlussbemerkung

Der Mensch braucht für ein menschenwürdiges Leben ein gewisses Maß an technisch bereitgestellter Energie und, noch wichtiger, er ist angewiesen auf die natürlichen Lebensgrundlagen wie unverseuchte Böden, den Wasserkreislauf, saubere Luft, Flora und Fauna, die ihm die Natur zur Verfügung stellt. Indem er aber technisch bereitgestellte Energie nutzt, um die Lebensqualität zu erhöhen, gefährdet er zunehmend die Leistungen der Natur, die keine Technologie ersetzen kann. Zwischen diesen beiden Polen, der Energienutzung einerseits und der Erhaltung der Umwelt andererseits, muss ein tragfähiges Gleichgewicht hergestellt werden – sonst gerät der Lebensraum Erde zunehmend in Gefahr.

Im 20. Jahrhundert wurde die anthropogene Energienutzung zu stark auf Kosten der Umwelt intensiviert. Vor allem in den Industrieländern kam es in den Jahren nach dem Zweiten Weltkrieg zu einem nie da gewesenen Anstieg des Energieverbrauchs, der erst in den 70er Jahren wieder abflachte. Parallel dazu wuchs die Weltbevölkerung exponentiell, woraus eine explosionsartige Zunahme des Weltenergieverbrauchs resultierte. Allein die Jahre von 1950 bis 1970 führten fast zu einer Verdreifachung des Energiehungers der Menschheit mit zweistelligen prozentualen Zuwachsraten pro Jahr. Eine solche Entwicklung bedeutet Raubbau an der Natur, zumal diese Energienachfrage fast ausschließlich mit fossilen Energieträgern gedeckt wurde.

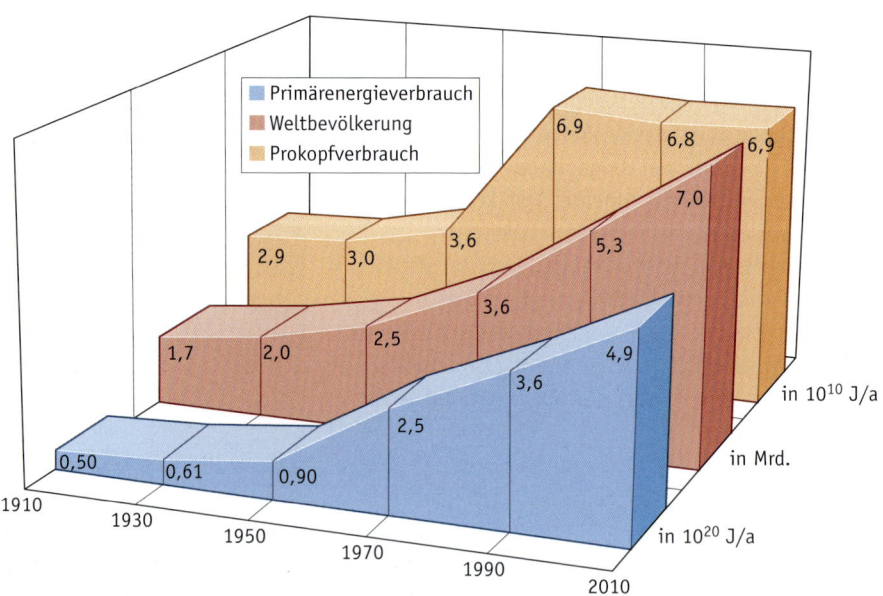

Abb. 8.1 ▶ Die zeitlichen Entwicklungen des Weltprimärenergieverbrauchs, der Weltbevölkerung und des Pro-Kopf-Energieverbrauchs in den letzten 100 Jahren

Ein US-Amerikaner benötigt im Durchschnitt etwa 320 GJ Primärenergie pro Jahr, ein Europäer 175 GJ, und für einen Inder stehen gerade mal 16 GJ zur Verfügung. Die Menschen in den Entwicklungsländern haben also einerseits einen Nachholbedarf beim Pro-Kopf-Verbrauch, andererseits geht die Zunahme der Weltbevölkerung vor allem auf die hohen Zuwachsraten der Bevölkerung in den Entwicklungsländern zurück. Zwei Wachstumsfunktionen, die sich multiplizieren.

Aller Voraussicht nach wird der Weltenergieverbrauch auch weiter erheblich wachsen. Eine Milliarde Menschen haben derzeit den westlichen, sprich unseren Lebensstandard und Energieverbrauch. Zwei Milliarden Menschen in den Schwellenländern sind auf dem Weg dahin. Bis zum Jahr 2050 wird deshalb eine weitere Verdoppelung des Weltenergieverbrauchs erwartet – und das vor dem Hintergrund der Endlichkeit fossiler und nuklearer Energieträger sowie der globalen Umweltprobleme im Zuge der Energienutzung. Deshalb können insbesondere die Auswirkungen des damit verbundenen Klimawandels nicht ernst genug genommen werden.

„SO LEBEN WIR, SO LEBEN WIR, SO LEBEN WIR ALLE TAGE...''

Abb. 8.2 ▶ Unser momentaner Umgang mit den natürlichen Ressourcen ist das Gegenteil von nachhaltiger Entwicklung!

Aus dieser Analyse ergibt sich eine Reihe von Problemen, die besser heute als morgen gelöst werden müssen:

Die Energiewirtschaft ist gezwungen, in den nächsten Jahrzehnten alle verfügbaren Energieträger zu nutzen bzw. nutzbar zu machen. Parallel sind große Anstrengungen zu unternehmen, um die Umweltbelastungen durch die Verbrennung fossiler Energieträger weiter zu verringern und die Risiken durch die Kernenergie möglichst zu vermindern, und zwar nicht nur in Deutschland, sondern weltweit. Zudem ist eine Verlagerung von den dominierenden fossilen Energieträgern zu den regenerativen Energien erforderlich. Nur sie erlauben nach heutigen Erkenntnissen eine langfristige, umweltgerechte Energienutzung durch den Menschen. Bis dahin ist aber noch jede Menge Forschungs- und Entwicklungsarbeit zu leisten. Der aktuelle Beitrag der Erneuerbaren zur Energiebedarfsdeckung ist – zumindest global betrachtet – enttäuschend gering. Das muss und wird sich in Zukunft ändern. Schließlich haben insbesondere die Industrieländer ein riesiges Einsparpotential, das ohne Verzicht auf Energiedienstleistungen deutliche Reduzierungen beim Primärenergieverbrauch bringen kann. Der Einsatz hochentwickelter, intelligenter Technik wird dazu einen wichtigen Beitrag leisten. Aber letztlich kann jeder durch vernünftigen, sparsamen Umgang mit Energie dazu beitragen, den Primärenergieverbrauch zu senken. Die Primärenergie ist ein wirtschaftliches Gut, bei dem nicht Zuwachsraten für erfolgreiches Wirtschaften stehen, sondern weniger Verbrauch. Dafür Anreize zu schaffen ist auf längere Sicht ein zentrales wirtschaftspolitisches Ziel.

Die Weltgemeinschaft hat die mit der gegenwärtigen Energienutzung verbundenen Risiken offenbar erkannt. Bereits auf der 1992 in Rio tagenden UNO-Konferenz für Umwelt und Entwicklung bekannten sich mehr als 170 Länder zu *sustainable development*, also zu **nachhaltiger Entwicklung**. Mit nachhaltiger Entwicklung ist ein Wirtschaften gemeint, das ohne Zerstörung der Umwelt, ohne Plünderung der Ressourcen auskommt, so dass langfristig stabile Erträge im Einklang mit der Natur erzielt werden können. Diese Nachhaltigkeit gilt es vor allem auf dem Energiesektor zu fördern.

Leitziel der nachhaltigen Entwicklung ist es, die Verbesserung der ökonomischen und sozialen Lebensbedingungen aller Menschen – sowohl der heute als auch der zukünftig auf der Erde lebenden – an die langfristige Sicherung der natürlichen Lebensgrundlagen zu knüpfen. Jetzt kommt es auf das Handeln, auf die Umsetzung jener Maßnahmen an, welche die Welt diesem Ziel näherbringen. Dieses Handeln muss sowohl auf lokaler Ebene – bei jedem Einzelnen, in den Städten und Gemeinden – als auch auf globaler Ebene – bei den Regierungen und internationalen Organisationen – erfolgen. „Global denken. Lokal handeln" heißt das Motto zur Rettung der Welt. Denn genau darum geht es!

Wir haben das Potenzial, um diese Herausforderung zu bewältigen. Die Fähigkeiten des Menschen, seine Kreativität, die wissenschaftlichen Erkenntnisse und technischen Möglichkeiten sind starke Verbündete, um aus der Energiefalle herauszukommen. Es wäre nicht das erste Mal, dass eine Krise dazu führt, dass ihre Bewältigung zu einer „besseren Welt" führt. Weltuntergangsszenarien an die Wand zu malen ist ebenso wenig angebracht wie den Kopf in den Sand zu stecken. Vielmehr kommt es darauf an, das Problem anzunehmen und an der Lösung zu arbeiten. Denn Probleme bergen immer auch die Chance **auf positive Entwicklung**!

Anhang A

Formelsammlung zur Thermodynamik

A1 Ideales Gas

Zustandsgleichung: $\dfrac{p \cdot V}{T} = konst.$

$$\dfrac{p_1 \cdot V_1}{T_1} = \dfrac{p_2 \cdot V_2}{T_2}$$

$$p \cdot V = m \cdot R_i \cdot T$$

A2 Isobarer Prozess

Kennzeichen: $p = konst.$

Zustandsgleichung: $\dfrac{V}{T} = konst.$

Arbeit: $W_{12} = -p \cdot \Delta V$

A3 Isochorer Prozess

Kennzeichen: $V = konst.$

Zustandsgleichung: $\dfrac{p}{T} = konst.$

Arbeit: $W_{12} = 0$

A4 Isothermer Prozess

Kennzeichen: $T = konst.$

Zustandsgleichung: $p \cdot V = konst.$

Arbeit: $W_{12} = -m \cdot R_i \cdot T \cdot \ln\dfrac{V_2}{V_1} = -m \cdot R_i \cdot T \cdot \ln\dfrac{p_1}{p_2}$

A5 Adiabater Prozess

Kennzeichen: $Q_{12} = 0$

Zustandsgleichungen: $p \cdot V^\kappa = konst.$ $\qquad \dfrac{T_1}{T_2} = \left(\dfrac{p_1}{p_2}\right)^{\frac{\kappa-1}{\kappa}} = \left(\dfrac{V_2}{V_1}\right)^{\kappa-1}$

Arbeit: $W_{12} = -\dfrac{m \cdot R_i \cdot T_1}{1-\kappa}\left[\left(\dfrac{V_1}{V_2}\right)^{\kappa-1} - 1\right] = -\dfrac{m \cdot R_i \cdot T_1}{1-\kappa}\left[\left(\dfrac{p_2}{p_1}\right)^{\frac{\kappa-1}{\kappa}} - 1\right] = -\dfrac{m \cdot R_i}{1-\kappa}(T_2 - T_1)$

Anhang B

Maßeinheiten und Umrechnungstabellen

B1 Einheitenvorsätze

Tabelle 20 ▶ Einheitenvorsätze und ihre Bedeutung

Vorsatz	Kurzzeichen	Faktor	Vorsatz	Kurzzeichen	Faktor
Kilo	k	10^3	Milli	m	10^{-3}
Mega	M	10^6	Mikro	µ	10^{-6}
Giga	G	10^9	Nano	n	10^{-9}
Tera	T	10^{12}	Pico	p	10^{-12}
Peta	P	10^{15}	Femto	f	10^{-15}
Exa	E	10^{18}	Atto	a	10^{-18}

B2 Energie
Gesetzliche Einheit: **Joule (J)**

$$[E] = 1\ J = 1\ Ws\ \text{(Wattsekunde)} = 1\ Nm\ \text{(Newtonmeter)} = 1\ \frac{kg \cdot m^2}{s^2}$$

Wichtige Umrechnungen zum Merken:

$$\textbf{1 kWh} = 10^3 \cdot 3600\ Ws = 3{,}6 \cdot 10^6\ J$$

$$\textbf{1 kg SKE} = 29{,}3 \cdot 10^6\ J = 8{,}14\ kWh$$

Tabelle 21 ▶ Umrechnungstabelle von Energieeinheiten

		J	kWh	kg SKE	kg RÖE	kcal	eV
Joule	**1 J**	1	$2{,}78 \cdot 10^{-7}$	$34{,}1 \cdot 10^{-9}$	$2{,}39 \cdot 10^{-8}$	$2{,}39 \cdot 10^{-4}$	$6{,}24 \cdot 10^{18}$
Kilowattstunde	**1 kWh**	$3{,}6 \cdot 10^6$	1	0,123	0,086	860	$2{,}25 \cdot 10^{25}$
Steinkohleeinheit	**1 kg SKE**	$29{,}3 \cdot 10^6$	8,14	1	0,7	$7 \cdot 10^{-3}$	$1{,}83 \cdot 10^{26}$
Rohöleinheit	**1 kg RÖE**	$41{,}9 \cdot 10^6$	11,6	1,43	1	$1 \cdot 10^4$	$2{,}61 \cdot 10^{26}$
Kilokalorie	**1 kcal**	$4{,}18 \cdot 10^3$	$1{,}163 \cdot 10^{-3}$	$1{,}42 \cdot 10^{-4}$	$1 \cdot 10^{-4}$	1	$2{,}61 \cdot 10^{22}$
Elektronenvolt	**1 eV**	$1{,}6 \cdot 10^{-19}$	$4{,}45 \cdot 10^{-26}$	$5{,}45 \cdot 10^{-27}$	$3{,}82 \cdot 10^{-27}$	$3{,}83 \cdot 10^{-23}$	1

Große Einheiten:

$$1\ TWh\ \text{(Terawattstunde)} = 10^{12}\ Wh = 10^9\ kWh = 0{,}123 \cdot 10^9\ kg\ SKE = 0{,}123\ Mt\ SKE = 3{,}6\ PJ$$

$$1\ TWa\ \text{(Terawattjahr)} = 24 \cdot 365\ TWh = 8760\ TWh = 31{,}2\ EJ$$

Anhang C

Energieflussdiagramm Deutschlands

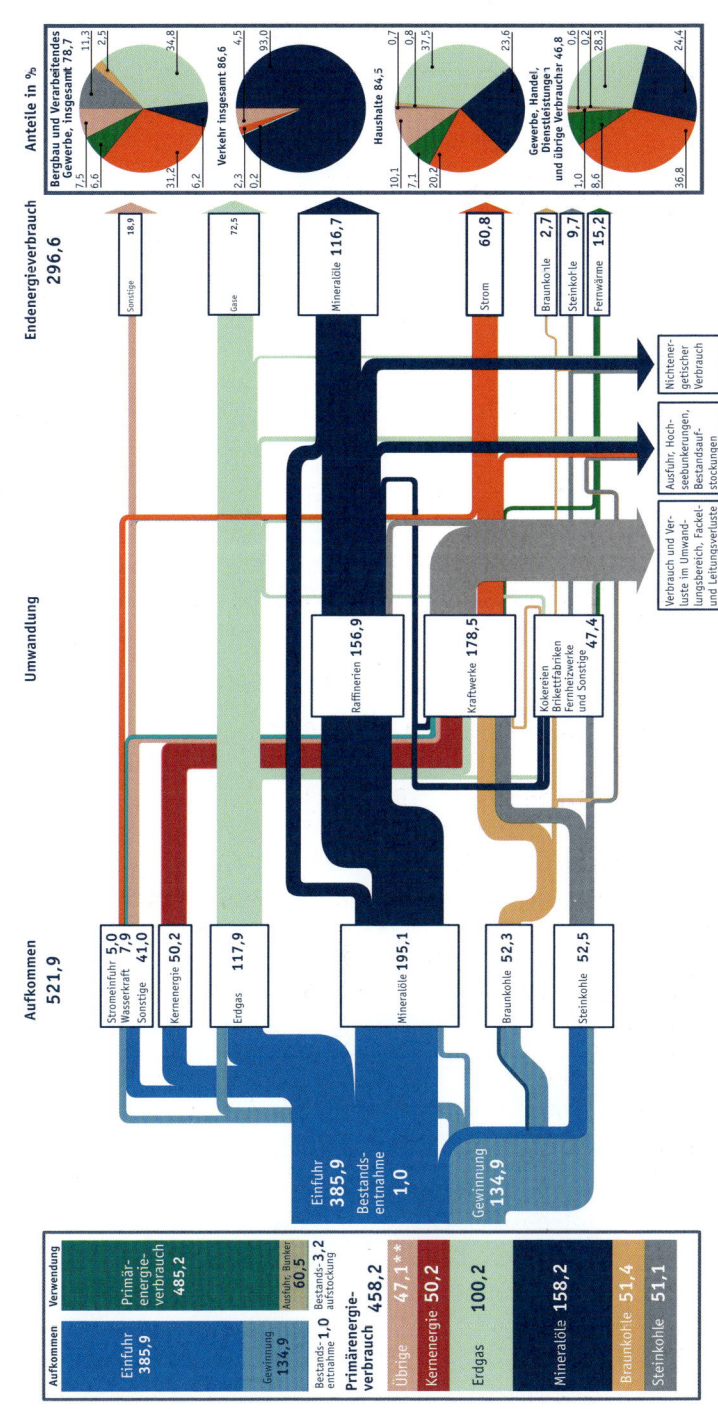

Energieflussbild der Bundesrepublik Deutschland 2010 Mio. t Steinkohleneinheiten (SKE)*)

*) 1 Mio. t SKE = 29,308 Petajoule (PJ)

**) Wasserkraft, Windkraft sonstige erneuerbare Energieträger (u.a. Brennholz). Außenhandelssaldo Strom und sonstige Gase. Der Anteil der erneuerbaren Energieträger am Primärenergieverbrauch liegt insgesamt bei 8,9 %.

Stichwortverzeichnis

Verzeichnis verwendeter Formelzeichen

Formelzeichen	Einheit	Bedeutung
A	Bq	Aktivität
A	m^2	Fläche
c	kJ/(kg K)	spezifische Wärmekapazität
c	m/s	Lichtgeschwindigkeit
D	Gy	Energiedosis
E	J	Energie
F	N	Kraft
H	Sv	Äquivalentdosis
I	A	Strom
k	-	Vermehrungsfaktor
k	$W/(m^2K)$	k-Wert
m	kg	Masse
n	-	Polytropenexponent
p	Pa	Druck
P	W	Leistung
Q	J	Wärmeenergie
R	J/(mol K)	universelle Gaskonstante
R_i	J/(kg K)	spezifische Gaskonstante
T	K	Temperatur
t	s	Zeit
$T_{1/2}$	s	Halbwertszeit
U	J	innere Energie
v	m/s	Geschwindigkeit
V	m^3	Volumen
v	m^3/kg	spezifisches Volumen
W	J	Arbeit
w	J/kg	spezifische Arbeit
α	$W/(m^2K)$	Wärmeübergangskoeffizient
λ	W/(m K)	Wärmeleitfähigkeit
ν	mol	Stoffmenge
ρ	kg/m^3	Dichte
Φ	J/s	Wärmestrom
ϑ	°C	Temperatur
η	-	Wirkungsgrad
ε	-	Verdichtungsverhältnis
ε	-	Leistungszahl
λ	-	Luftverhältnis
φ	-	Einspritzverhältnis
κ	-	Adiabatenexponent